"十二五"职业教育国家规划教材
经全国职业教育教材审定委员会审定

工业和信息化人才培养规划教材 　　高职高专计算机系列

综合布线技术项目教程（第3版）

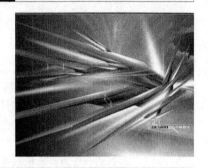

Integrated Wiring Technology
Project Tutorial

禹禄君 张治元 金富秋 ◎ 主编

U0212893

人民邮电出版社
北京

图书在版编目（CIP）数据

综合布线技术项目教程 : 第3版 / 禹禄君，张治元，金富秋主编. -- 北京 : 人民邮电出版社，2016.6

工业和信息化人才培养规划教材. 高职高专计算机系列

ISBN 978-7-115-35073-2

Ⅰ. ①综… Ⅱ. ①禹… ②张… ③金… Ⅲ. ①智能化建筑－布线－高等职业教育－教材 Ⅳ. ①TU855

中国版本图书馆CIP数据核字(2014)第061413号

内 容 提 要

本书依照最新的相关国家标准，以一个综合布线工程具体实施过程为主线，采用任务驱动方式组织编写。书中分 7 个项目，将综合布线系统的基本概念和实际操作技能贯穿于工程项目的招标、投标、需求分析、产品选型、方案设计、施工图设计、安全施工、施工监理、工程质量检验与验收、工程结算和竣工资料整理等任务之中。读者可在边学边操作中掌握综合布线工程基础知识和布线技能，学以致用，实现教学与就业岗位的零距离对接。

本书适合作为计算机网络、通信技术、自动控制和建筑电气等专业的高职教材，亦可作为培训教材以及作为上述领域的工程设计、施工、监理等人员的参考用书。

◆ 主　编　禹禄君　张治元　金富秋

　　责任编辑　范博涛

　　责任印制　焦志炜

◆ 人民邮电出版社出版发行　北京市丰台区成寿寺路 11 号

　　邮编　100164　电子邮件　315@ptpress.com.cn

　　网址　http://www.ptpress.com.cn

　　固安县铭成印刷有限公司印刷

◆ 开本：787×1092　1/16

　　印张：24　　　　　　　　　　2016 年 6 月第 1 版

　　字数：605 千字　　　　　　　2024 年 7 月河北第 19 次印刷

定价：56.00 元

读者服务热线：(010)81055256　印装质量热线：(010)81055316
反盗版热线：(010)81055315

前　言

21世纪是知识经济时代，随着Internet技术的飞速发展和在世界范围内的迅速普及，电子商务、电子政务、网络医疗、远程教育、网上娱乐等网络应用将各个行业、各个阶层的人们都拉入到了网络应用的行列。信息技术在交通、能源、水利、环保等领域得到了深度应用；电子政务业务系统的应用使政府各部门实现了跨部门信息共享和业务协同；医疗、教育、社保、文化等领域信息化运用，给人们的生活带来了极大的便利。电子信息已经渗透到了人们工作、生活、娱乐的方方面面，人们对网络的需求越来越多，也对带有电子信息通道的智能建筑提出了更高的要求。"十二五"时期，随着国家战略工程三网融合的建设，光纤到户、光纤到桌面应用的推进，信息技术的应用正在接近国际先进水平。信息技术的发展对综合布线有了更高的要求，综合布线已逐渐成为建筑物不可分割的重要组成部分。

综合布线概念起源于20世纪80年代初美国的智能建筑，最初使用分散式布线，后来发展为结构化综合布线。结构化综合布线解决了过去建筑物内各种布线系统彼此独立、互不兼容的问题，产生了巨大的变革。综合布线系统以建筑物为平台，采用高质量的标准缆线和相关连接器件，在建筑物内组成标准、灵活、开放的信息传输系统，并与外部网络相连接。综合布线作为一个系统工程已经成为现代化智能大楼、智能园区不可缺少的基础设施。为了适用建筑技术和综合布线系统技术不断发展的需要，国家于2006年12月颁布了《智能建筑设计标准》GB/T 50314—2006，又于2007年4月颁布了《综合布线系统工程设计规范》GB 50311—2007和《综合布线系统工程验收规范》GB 50312—2007。随着高职教育改革的不断深入，"工学结合""任务驱动""基于工作过程的项目教学"等教学理念深入人心，需要我们不断创新编写理念，更新教材内容。本书以最新国标为准，淡化综合布线系统理论知识，进一步强调操作技能的培养，以真实工作任务及其工作过程为依据，从综合布线实际项目出发，并结合现阶段高职高专学生自身的学习特点，进一步优化教材的体系结构。把职业岗位所要求的知识点与技能点融入教材，基于理实一体化教学的实训平台，采用项目导向、任务驱动、案例教学手段着重培养学生的实际动手能力。

本书的参考教学时数为76学时，建议安排2周实训。

本书以学生宿舍楼群的综合布线工程项目实施为背景。所有内容按照综合布线工程项目的实际实施流程展开，将所有知识点和操作技能分解到7个项目的17个具体任务之中。

项目一　初识综合布线工程：包括任务1至任务3。

任务1认识综合布线系统，目标是了解什么是综合布线系统及其系统组成，它有哪些特点？理解它与语音网、数据网的关系以及目前国内外主要综合布线标准；任务2认识布线缆线和连接器件，目标是认识组成综合布线系统链路的各个部件，了解其种类和性能，掌握其功能和作用；任务3认识综合布线中使用的布线器材和机柜，目标是认识综合布线工程用到的各种辅助材料（线管、线槽、桥架和机柜），掌握其性能和选用方法。

项目二　安装综合布线工程：包括任务4至任务7。

任务4组织施工，目标是实现工程项目的规范化施工和安全管理；任务5综合布线工程通道施工，目标是学会使用管槽和桥架安装施工工具，熟悉相关安装规范，掌握管槽和桥架的安装技能，从而建设合格的布线通道；任务6布放缆线，目标是学会使用常用缆线布线工具，完成配线、干线和建筑群缆线的布放工作；任务 7 缆线终接，目标是学会使用缆线端接工具，掌握光纤接续和光缆成端端接技能；掌握铜缆终接和信息插座安装技能；熟悉机柜和配线设备安装方法。

项目三 测试综合布线工程：包括任务 8。

任务 8 综合布线工程测试，目标是学会使用相关测试仪器测试综合布线系统工程的方法、步骤，掌握系统性能检测技能，快速定位布线故障，方便排除，最终得到合格的布线链路。

项目四 承发包综合布线工程：包括任务 9。

任务 9 承发包综合布线工程，目标是让读者了解综合布线工程的承发包过程，学会编写招标公告和招投标文件。

项目五 设计综合布线工程：包括任务 10 至任务 15。

任务 10 综合布线工程需求分析，目标是在充分理解综合布线工程与建筑工程的关系的基础上，完成综合布线工程用户需求分析，编写综合布线工程需求文档，为综合布线工程设计打下坚实的基础；任务 11 综合布线工程总体方案设计，目标是正确理解综合布线系统结构、分级与组成，了解布线厂商、品牌，学会选用综合布线工程产品，完成综合布线工程总体方案设计；任务 12 综合布线工程详细设计，目标是完成综合布线系统工程各个子系统设计，电气保护设计和接地系统设计，包括确定布线方案、计算材料用量等；任务 13 绘制综合布线工程施工图，目标是学习绘图知识，掌握综合布线工程施工图的作用、种类，掌握使用绘图软件绘制综合布线工程施工图的基本技能；任务 14 编制综合布线工程概预算，目标是了解通信工程概预算的定义，理解定额及其分类和费用定额，掌握综合布线工程费用的构成、相关定额和计算规则，完成综合布线工程预算的编制；任务 15 综合布线工程施工图设计，目标是学会编写简单的工程设计文档，提供完整的综合布线工程项目施工图设计方案。

项目六 验收综合布线工程：包括任务 16。

任务 16 综合布线工程验收，目标是掌握综合布线工程验收的标准、方式、项目及内容，实现工程项目的顺利移交。

项目七 综合布线工程监理：包括任务 17。

任务 17 综合布线工程监理，目标是掌握综合布线工程监理的概念、内容、职责和监理方法，确保工程的施工质量和进度，控制工程项目的投资。

全书由湖南邮电职业技术学院禹禄君、张治元、金富秋任主编，陶永进、蒋建军、饶东、陈雪蓉参编。在本书的编写过程中，得到了湖南邮电职业技术学院领导及张炯、李儒银等同行的大力支持和帮助，在此一并表示感谢。

由于编者水平有限，书中难免存在不足之处，敬请广大读者批评指正。

编 者

2016 年 1 月 于湖南长沙

目 录 CONTENTS

项目一   初识综合布线工程   1

任务 1   认识综合布线系统   1
1.1   什么是综合布线系统   1
1.2   综合布线系统组成   3
1.3   综合布线系统结构及其布线系统组成   5
1.4   理解综合布线系统与语音网、数据网的关系   7
1.5   综合布线系统的特点   9
1.6   国内外主要综合布线标准   10
思考与练习 1   11
项目实训 1   12

任务 2   认识布线缆线及其连接器件   12
2.1   认识电缆   12
2.2   认识布线用电缆连接器件   21
2.3   认识光缆   24
2.4   认识布线用光纤连接器件   33
思考与练习 2   35
项目实训 2   36

任务 3   认识综合布线中使用的布线器材和机柜   40
3.1   认识线管   40
3.2   认识线槽   43
3.3   认识桥架   43
3.4   认识机柜和机架   47
3.5   其他   47
思考与练习 3   48
项目实训 3   49

项目二   安装综合布线工程   50

任务 4   组织施工   50
4.1   综合布线工程的施工特点   50
4.2   综合布线工程的施工准备   50
4.3   安全施工规范   55
4.4   施工管理   56
4.5   编写施工组织方案   58
思考与练习 4   65
项目实训 4   65

任务 5   综合布线工程通道施工   66
5.1   正确使用管槽安装工具   66
5.2   建筑物布线方式及路由   69
5.3   安装配线通道   74
5.4   安装干线通道   83
5.5   建筑群地下管道施工   87
5.6   建筑电缆沟   91
思考与练习 5   92
项目实训 5   92

任务 6   布放缆线   95
6.1   认识布线工具   95
6.2   缆线的牵引技术   96
6.3   布放配线缆线   100
6.4   布放干线缆线   102
6.5   布放建筑群缆线   103
思考与练习 6   105
项目实训 6   105

任务 7   缆线终接   108
7.1   安装机柜和配线架   108
7.2   对绞电缆端接   114
7.3   光缆成端端接   127
7.4   光纤/对绞电缆混合缆线的连接   136
思考与练习 7   137
项目实训 7   138

项目三　测试综合布线工程　145

任务 8　测试综合布线工程	145
8.1　测试内容	145
8.2　对绞电缆布线测试	146

8.3　光缆布线测试	158
思考与练习8	164
项目实训8	166

项目四　承发包综合布线工程　179

任务 9　综合布线工程项目招投标	179
9.1　综合布线工程招投标主体	179
9.2　综合布线工程施工招标	180

9.3　综合布线工程施工投标	187
思考与练习9	190
项目实训9	191

项目五　设计综合布线工程　192

任务10　综合布线工程需求分析	192
10.1　理解综合布线工程与建筑工程的关系	192
10.2　综合布线工程用户需求分析	194
10.3　建筑物现场勘查	198
10.4　综合布线工程需求分析的结果描述	198
思考与练习 10	204
项目实训 10	205
任务11　综合布线工程总体方案设计	205
11.1　设计概述	206
11.2　综合布线系统分级与组成	206
11.3　综合布线系统结构设计	208
11.4　综合布线工程总体方案设计	215
思考与练习 11	221
项目实训 11	222
任务12　综合布线工程详细设计	222
12.1　一个楼层的综合布线工程设计	222
12.2　一栋楼的综合布线工程设计	231
12.3　一个园区（多栋楼）的综合布线工程设计	240
12.4　管理设计	244
12.5　其他设计	248
思考与练习 12	254
项目实训 12	255

任务13　绘制综合布线工程施工图	256
13.1　设计参考图集	256
13.2　通信工程制图的整体要求和统一规定	257
13.3　识图	263
13.4　绘制综合布线工程施工图	266
思考与练习 13	272
项目实训 13	273
任务14　编制综合布线工程概预算	276
14.1　综合布线工程概预算定义	276
14.2　通信建设工程定额	276
14.3　通信建设工程费用定额	283
14.4　编制综合布线工程预算	298
思考与练习 14	311
项目实训 14	312
任务15　综合布线工程施工图设计	316
15.1　设计步骤	316
15.2　设计文档参考格式	318
15.3　综合布线工程项目施工图设计完整方案	319
附录1：施工图	321
附录2：综合布线系统的计算方法	327
附录3：办公楼工程计算配置示例	336
项目实训15	343

项目六　验收综合布线工程　346

任务 16　综合布线工程验收　346

16.1　综合布线工程验收标准　346

16.2　综合布线工程的验收方式　347

16.3　综合布线工程验收项目及内容　347

16.4　综合布线工程竣工验收　354

思考与练习 16　357

项目实训 16　357

项目七　综合布线工程监理　360

任务 17　综合布线工程监理　360

17.1　综合布线工程监理依据　360

17.2　综合布线工程监理职责　361

17.3　综合布线工程项目监理机构　361

17.4　综合布线工程监理阶段及工作内容　363

17.5　综合布线工程监理施工阶段的
　　　质量控制　364

17.6　综合布线工程监理的进度控制　366

17.7　综合布线工程监理的投资控制　368

17.8　综合布线工程监理的合同管理和
　　　信息管理　370

17.9　监理大纲、监理规划和监理细则　371

17.10　综合布线工程监理的方法　375

思考与练习 17　375

PART 1

项目一
初识综合布线工程

综合布线系统作为智能建筑中的神经系统，提供信息传输的高速通道，是智能建筑的重要组成部分和关键内容，是建筑物内用户与外界沟通的主要渠道。但综合布线工程和智能建筑工程是不同类型、不同性质的工程项目，它们彼此结合形成不可分割的整体，必然有相互融合的需要，同时也有发生彼此矛盾的地方。因此，在综合布线工程的规则、设计、施工和使用的全过程都和智能建筑工程有着极为密切的关系，相关单位必须相互联系、协调配合，采取妥善合理的方式来处理，以满足各方面的要求。

任务 1　认识综合布线系统

综合布线项目的实施是一项系统工程，它是建筑、通信、计算机和监控等方面的先进技术相互融合的产物。本任务的目标是了解什么是综合布线系统及其系统组成，它有哪些特点？理解它与语音网、数据网的关系，并了解目前国内外主要综合布线标准。

1.1　什么是综合布线系统

1.1.1　什么是智能建筑

随着人类社会的不断进步和科学技术的突飞猛进，尤其是 Internet 技术的发展，人类已经迈入了以数字化和网络化为平台的智能化社会，国民经济信息化、信息数字化、设备智能化已经成为知识经济的主要特征。人类对其居住条件和办公环境提出了更高的要求，人们需要健康舒适、安全可靠、便利高效、具备适应信息化社会发展需求的各种信息手段和设备的建筑，20世纪 80 年代初，智能建筑（Intelligent Building，IB）概念在美国幸运而生。所谓智能建筑，国家《智能建筑设计标准》GB/T 50314—2006 将其定义为：以建筑物为平台，兼备信息设施系统、信息化应用系统、建筑设备管理系统、公共安全系统等，集结构、系统、服务、管理及其优化组合为一体，向人们提供安全、高效、便捷、节能、环保、健康的建筑环境。

公共安全系统（Public Security System，PSS）是指为维护公共安全，综合运用现代科学技术，以应对危害社会安全的各类突发事件而构建的技术防范系统或保障体系。

建筑设备管理系统（Building Management System ，BMS）是指对建筑设备监控系统和公共安全系统等实施综合管理的系统。

信息设施系统（Information Technology System Infrastructure，ITSI）是指为确保建筑物与外部信息通信网的互联及信息畅通，对语音、数据、图像、多媒体等各类信息予以接收、交换、传输、存储、检索、显示等进行综合处理的多种类信息设备系统加以组合，提供实现建筑物业务及管理等应用功能的信息通信基础设施。

信息化应用系统（Information Technology Application System，ITAS）是指以建筑物信息设施系统、建筑设备管理系统等为基础，为满足建筑物各类业务和管理功能的多种类信息设备与应用软件需求而组合的系统。

在智能建筑和数字社区的规划和设计中主要使用两套标准。其中，智能化标准侧重于：以建筑物为平台，强调智能化系统设计与建筑结构的配合与协调，如综合布线系统（GCS 或 PDS）、安保系统（SAS）、建筑设备管理系统（BAS）、火灾报警系统（FAS）等，在技术应用方面主要涉及监控技术应用和自动化技术应用等。数字化标准侧重于：以数字化信息集成为平台，强调楼宇物业与设施管理、一卡通综合服务、业务管理系统的信息共享、网络融合、功能协同，如综合信息集成系统、楼宇物业与设施管理系统、楼宇管理系统、综合安防管理系统、一卡通管理系统等，在技术应用方面主要涉及信息网络技术应用、信息集成技术应用、软件技术应用等。

智能化集成系统（Intelligented Integration System，IIS）是指将不同功能的建筑智能化系统，通过统一的信息平台实现集成，以形成具有信息汇集、资源共享及优化管理等综合功能的系统。集成系统能够实现将分散的、相互独立的弱电子系统，用相同的网络环境和相同的软件界面进行集中监视，使得原本各自独立的子系统在集成平台的角度看来，就如同一个系统一样，无论信息点和受控点是否在一个子系统内部都可以建立联动关系。

智能建筑系统集成实施的子系统包括综合布线、楼宇自控、电话交换、机房工程、监控、防盗报警、公共广播、门禁、楼宇对讲、一卡通、停车管理、消防、多媒体显示、远程会议等系统。

楼宇自控系统（BAS）对整个建筑的所有公用机电设备，包括建筑的中央空调系统、给排水系统、供配电系统、照明系统、电梯系统，进行集中检测和控制，保证所有设备的正常运行，并达到最佳状态，创造出一个高效、舒适、安全的工作环境，提高建筑的管理水平，降低设备故障率，减少维护及营运成本。

1.1.2 智能建筑与综合布线系统的关系

综合布线系统在建筑物内部和其他设施一样，都是附属于建筑物的基础设施，通过综合布线系统能够把智能建筑内的各种信息终端（包括语音终端、数据终端、图像终端和各种传感设备）及其设施相互连接起来，形成完整配套的整体，为智能建筑的主人或用户服务。因此，综合布线系统是保证建筑物内部和建筑物之间提供优质高效信息服务的基础设施之一。综合布线系统作为智能建筑中的神经系统，提供信息传输的高速通道，是智能建筑的重要组成部分和关键内容，是用户与外界沟通的主要渠道，也是衡量智能建筑智能化程度的重要标志。在衡量智能建筑的智能化程度时，起决定作用的重要因素是综合布线系统的配线能力，包括设备配置是否成套，技术功能是否完善，网络分布是否合理，工程质量是否优良等。通过这一系统，既实现了网络内部和外部的信息沟通，又为网络以后的改造、扩充、维护提供了便利条件。但也要看到，综合布线系统和智能建筑是不同类型和性质的工程项目，它们彼此结合形成不可分离的整体，必然会有相互融合的需要，同时也有发生彼此矛盾的可能。因此，在综合布线系统的规则、设计、施工和使用的全过程都与智能建筑有着极为密切的关系，相关单位必须相互联系、协调配合，采取妥善合理的方式来处理，以满足各方面的要求。

1.1.3 什么是综合布线系统

综合布线系统（Generic Cabling System，GCS 或 Premises Distributed System ，PDS ）是建筑物或建筑群内的传输网络。它使电话交换系统和数据通信系统及其他信息管理系统彼此相连，同时又使这些设备与外部通信网络相连接。它包括建筑物到外部网络或线路上的连接点与工作区的语音或数据终端之间的所有电缆、光缆及相关联的布线部件。

布线系统（Cabling System，CS）是指由能够支持信息电子设备相连的各种缆线、跳线、接插软线和连接器件组成的系统。

综合布线系统涉及的内容广泛，包括数据网、电话网、电视网、监控、保安、温控等系统的布线，但就目前的情况看，使用最为广泛的布线工程在实施上往往遵循结构化布线系统（Structured Cabling System，SCS）标准。通常所说的综合布线系统也是指结构化布线系统，但实际上，结构化布线系统有别于综合布线系统，它仅限于语音和计算机网络的布线。

1.2 综合布线系统组成

综合布线系统以一套单一的配线系统，综合通信网络、信息网络和控制网络，可以使相互间的信号实现互联互通。综合布线系统能支持语音、数据、图像、多媒体业务等信息的传递。建筑与建筑群综合布线系统结构如图 1-1 所示，其中，信息点（TO）是指实现电缆或光缆终接的信息插座模块（信息插座）；多用户信息插座是指在某一地点的若干信息插座模块的组合；缆线是指电缆或光缆。从设计的角度分为工作区、设备间、进线间、配线子系统、干线子系统、建筑群子系统和管理 7 个部分，如图 1-2 所示。

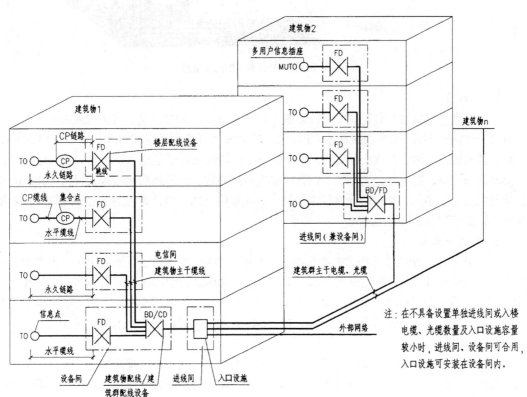

图 1-1 综合布线系统结构

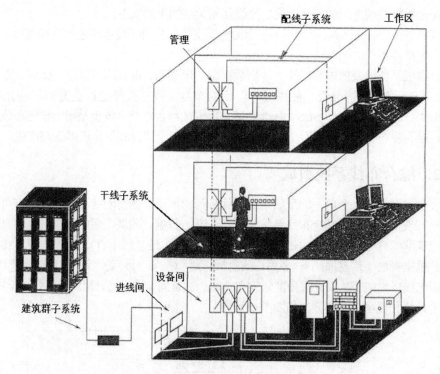

图 1-2　综合布线系统组成示意图

1. 工作区

工作区是一个独立的需要设置终端设备（TE）的区域，如办公室、机房、酒店房间等需放置电话、计算机终端的某个或某些小空间。工作区由配线子系统的信息插座模块（TO）延伸到终端设备处的连接缆线及适配器组成。工作区中的终端设备可以是电话机、计算机、电视机、传感器的探测器、监视器，也可以是仪器仪表等数据终端。对于结构化布线来说，工作区的常见情况如图 1-3 所示，它包括计算机中的网卡、连接信息插座和计算机网卡的接插软线，以及连接电话插座和电话机的用户线。

2. 配线子系统

图 1-2 所示，配线子系统是布线系统的重要组成部分，3 个布线子系统之一，也是综合布线系统中用缆线量最大、施工要求较高的部分，缆线的两端分别终接到电信间的楼层配线设备（FD）和信息插座模块（TO）上。配线子系统由工作区用的信息插座模块、信息插座模块至电信间配线设备（FD）的配线电缆或光缆、电信间的配线设备及设备缆线和跳线等组成。

3. 设备间

图 1-1 所示，设备间是安装各种设备的房间，对综合布线系统工程而言，主要是安装建筑物配线设备（BD）、建筑群配线设备（CD），同一楼层的楼层配线设备（FD）、入口设施也可安装在其中。

电信间如图 1-1 所示，又叫楼层配线间，是放置电信设备、楼层配线设备（FD）并进行缆线交接的房间或场所。

4. 进线间

图 1-1 所示，进线间是建筑物外部通信和信息管线的入口部位，并可作为入口设施和建筑群配线设备（CD）的安装场地。

5. 干线子系统

干线子系统是布线系统的重要组成部分，3个布线子系统之一，它提供建筑物的干线路由。干线子系统是指由设备间至电信间的干线电缆或光缆、安装在设备间的建筑物配线设备（BD）及设备缆线和跳线组成的系统。图1-1所示，缆线的两端分别终接于设备间的BD和电信间的FD上。

6. 建筑群子系统

如图1-1所示，建筑群子系统是布线系统的一个可能的组成部分，3个布线子系统之一，是将一座建筑物中的缆线延伸到另一座建筑物的布线部分，由建筑群配线设备（CD）、建筑物之间的干线电缆或光缆、设备缆线、跳线等组成。

7. 管理

管理是针对布线系统工程的技术文档及工作区、电信间、设备间、进线间的配线设备、缆线、信息插座等设施按一定的模式进行标识和记录。内容包括管理方式、标识（贴在TO、FD、BD、CD和缆线上的标签）和交叉连接（通过跳线等实现配线和干线、干线和建筑群缆线之间的连接、变换，如图1-4所示）等，这些内容的实施有利于今后的维护和管理。

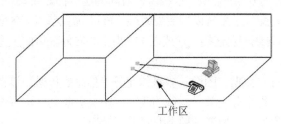

图1-3 工作区示意图

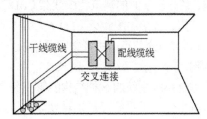

图1-4 管理的交叉连接示意图

1.3 综合布线系统结构及其布线系统组成

1.3.1 综合布线系统结构

综合布线系统结构为开放式星型拓扑结构（即分层星型拓扑结构），如图1-5所示，配线架设置在设备间或电信间中，电缆、光缆安装在两个相邻层次的配线架之间，根据条件敷设在管道、电缆沟、电缆竖井、线槽、桥架、暗管等通道中，其设计和安装均应符合国家有关标准的规定，且允许将不同配线架的功能组合在一个配线架中。

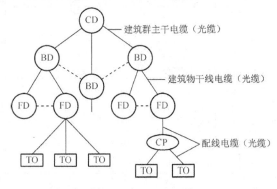

图1-5 综合布线系统分层星型拓扑结构

1.3.2 综合布线系统的基本构成

综合布线系统包含配线子系统、干线子系统和建筑群子系统 3 个布线子系统，其基本构成如图 1-6 所示。

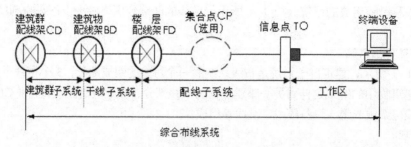

图 1-6 综合布线系统基本构成

1.3.3 3 个布线子系统结构及构成

3 个布线子系统均为星型拓扑结构。建筑群子系统以主设备间的建筑群配线架（CD）为主节点，各分设备间的建筑物配线架（BD）为分节点；干线子系统以设备间的建筑物配线架（BD）为主节点，各楼层配线架（FD）为分节点；配线子系统以楼层配线架（FD）为主节点，各信息点（TO）为分节点，两者之间采用独立的缆线相互连接，形成以 FD 为中心向外辐射的星型拓扑结构。

综合布线系统的这种结构能够支持语音、数据、图像、多媒体业务等信息的传递，该结构下的每个分支子系统都是相对独立的单元，每个分支单元系统的改动都不会影响其他子系统。只要改变节点连接就可使网络在星型、总线型、环型等各种类型间进行转换。

3 个布线子系统的构成如图 1-7 所示，虚线表示 BD 与 BD 之间，FD 与 FD 之间可以设置主干缆线；FD 可以经过主干缆线直接连至 CD，TO 也可以经过配线缆线直接连至 BD。配线子系统中可以设置集合点（CP 点），也可以不设置集合点。

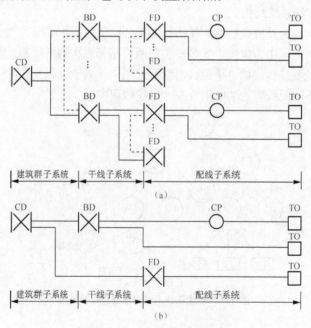

图 1-7 3 个布线子系统构成

1.4 理解综合布线系统与语音网、数据网的关系

1.4.1 理解综合布线系统接口

所谓接口是指设备的连接点。综合布线系统的接口位于各个布线子系统的端部（TO、FD、BD、CD之上），用以连接有关设备，其连接方式可以是互连，也可以是交叉连接。

1. 互连

所谓互连，是指不用接插软线或跳线，直接使用连接器件（是指用于连接电缆线对和光纤的一个器件或一组器件）的连接器把一端的电缆、光缆与另一端的电缆、光缆直接相连的一种连接方式，如图1-8所示。

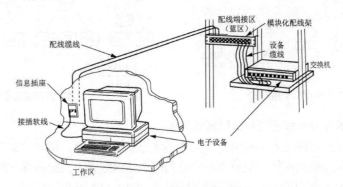

图1-8 互连示意图

2. 交接

所谓交接（交叉连接），是指配线设备和信息通信设备之间采用接插软线或跳线上的连接器件相连的一种连接方式，如图1-9所示。

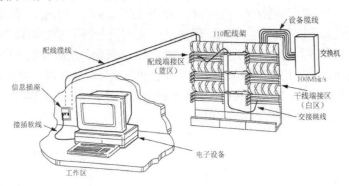

图1-9 交接示意图

1.4.2 理解综合布线系统与语音网的关系

电话交换系统宜采用本地电信业务经营者所提供的虚拟交换方式、配置远端模块或设置独立的综合业务数字程控用户交换机系统等方式，提供建筑物内电话、传真等通信业务。

园区电话系统通常采用语音接入网形式进入局端交换机，对于其中有内部电话通信要求的团体，常采用电信局提供的分组虚拟交换方式实现，这种方式不仅可以实现方便的内部电话，而且分机号纳入本机外线号码中，使用更方便，可靠性更高，用户无须进行设备维护。布线方法即为常用的从用户终端接线盒经分线盒到达交接箱（或楼宇配线间配线架），再经园区主干与局端设备相连，如图1-10所示。

语音业务可连接至星型结构的布线拓扑上，图 1-11 所示为模拟和/或数字语音业务接入综合布线系统的一个例子。

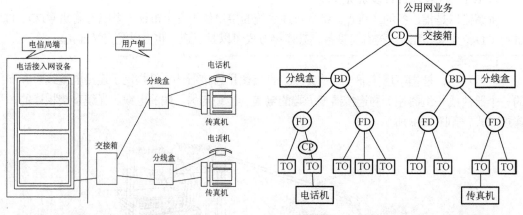

| 图 1-10　分组虚拟交换方式 | 图 1-11　语音业务在综合布线系统上的实现 |

1.4.3　理解综合布线系统与数据网的关系

信息网络系统应以满足各类网络业务信息传输与交换的高速、稳定、实用和安全为规划与设计的原则，宜采用以太网等交换技术和相应的网络结构方式，按业务需求规划二层或三层的网络结构，系统桌面用户接入可根据需要选择配置 10/100/1000Mbit/s 信息端口。

随着我国宽带智能小区建设速度的加快，越来越多的运营商开始采用 FTTB+LAN 的方式，即采用以太网技术+综合布线技术来构建小区宽带网络。

以太网接入通常采用以太交换机将多个局域网网段连接起来形成更大的局域网。以太网交换机能在端口之间建立多个不同的点对点专用通道，它采用带宽独占模式，大大降低了网络发生拥塞的可能性，显著提高网络的传输效率。使用虚拟局域网（VLAN）技术，可根据用户的要求将网络划分成若干较小的独立子网，隔离广播风暴，提高网络的效率和安全性。

通常，园区以太接入网由三级设备组成，如图 1-12 所示，小区交换机具有三层交换功能，主要实现网间路由，连接上层 IP 城域网和楼宇交换机以及各种服务器。楼宇交换机由若干台带多个光接口的交换机组成，主要汇接楼层交换机的数据流量，以节省上级楼宇交换机的端口数。楼层交换机直接连接用户。

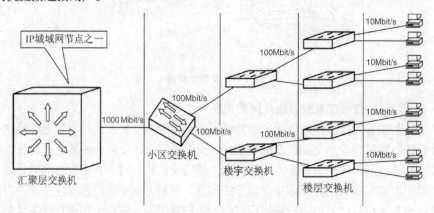

图 1-12　智能园区中的计算机网络结构

计算机网络设备与综合布线系统的连接点如图 1-13 所示。

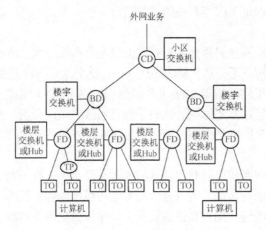

图 1-13　数据业务在综合布线系统上的实现

1.5　综合布线系统的特点

综合布线系统的发展与城市建设及工业企业的通信事业发展密切相关。在过去设计大楼内的语音及数据业务线路时，常使用各种不同的传输线、配线插座和连接器件。例如，用户电话交换机通常使用对绞线，而局域网络（LAN）则可能使用对绞电缆或同轴电缆，这些不同的设备使用不同的传输线来构成各自的网络；同时，连接这些不同布线的插头、插座及配线架均无法互相兼容，相互之间达不到共用的目的。在综合布线系统中，将所有语音、数据、图像及多媒体业务设备的布线网络组合在一套标准的布线系统上，并且将各种设备终端插头插入标准的插座内。当终端设备的位置需要变动时，只需做一些简单的跳线管理即可，不需要再布放新的缆线及安装新的插座。与传统布线相比较，综合布线系统除具有布线综合性外，还具有兼容性、开放性、灵活性、可靠性、先进性、经济性等特点。

1. 兼容性

所谓兼容性是指它是完全独立的，与应用系统相对无关，可以适用于多种应用系统。综合布线系统使用一套由共用配件组成的配线系统，将各个不同制造厂家的各类设备综合在一起同时工作，均可相互兼容。

2. 开放性

开放性是指综合布线系统采用开放式体系结构，可以作为各种不同工业产品标准的基准。综合布线系统的每个分支子系统都是相对独立的单元，对每个分支单元系统的改动都不会影响其他子系统。

3. 灵活性

综合布线系统采用标准的传输缆线和相关连接硬件，模块化设计，所有通道都是通用的，支持各种标准终端。大楼智能化建设中的建筑设备、监控、出/入口控制等系统的设备在提供满足 TCP/IP 协议接口时，都可以使用综合布线系统作为信息的传输介质，为大楼的集中监测、控制与管理打下了良好的基础。

4. 可靠性

可靠性是指综合布线系统采用高品质的布线器材和组合压接技术，每条通道都采用专用仪器测试有关性能指标，以保证其性能，以此构成一套高标准的信息传输通道。综合布线系统采用开放式星型拓扑结构，任何一条链路故障均不会影响其他链路的运行，为链路的运行维护及故障检修提供了方便，保证了应用系统的可靠运行。

5. 先进性

先进性是指综合布线系统采用光缆与对绞电缆混合布线方式，所有电缆链路均按 8 芯对绞电缆配置，极为合理地构成了一套完整的布线系统。整个综合布线系统由建筑群配线架（CD）、建筑物配线架（BD）、楼层配线架（FD）和通信引出端（TO）组成三级配线网络，每级均采用星型拓扑结构，各条链路互不影响。这对于综合布线系统的分析、检查、测试和排除障碍都极为简便，可以节约大量的维护费用，提高工作效率，方便系统的改建和扩建。

6. 经济性

经济性是指综合布线系统可以利用最低的成本在最小的干扰下对设于工作地点的终端设备进行重新安排与规划。综合布线系统将分散的专业布线系统综合到统一的、标准化信息网络系统中，减少了布线系统的缆线品种和设备数量，简化了信息网络结构，统一了日常维护管理、大大减少了维护工作量，节约了维护管理费用。

1.6 国内外主要综合布线标准

布线标准是布线系统产品设计、制造、安装和维护中所应遵循的基本原则。该标准对于生产厂商和布线施工人员都十分重要，生产厂商必须十分清楚如何设计和制造符合布线系统标准的产品，布线施工人员需要掌握符合综合布线系统标准的各种施工技术和测试方法。

世界上有许多标准化组织致力于综合布线系统标准的开发。其中，国际标准化组织（ISO）的职责是保证所有普遍性的标准得到所有成员国的一致认可。在欧洲，有欧洲标准化委员会（CENELEC）。在北美洲，有 4 个标准化组织为北美市场开发或推行布线系统标准，即美国国家标准化协会（ANSI）（于 1918 年在美国成立）、电子工业协会（EIA）（建立于 1924 年）、电信工业协会（TIA）（是一家由 ANSI 授权的单独的组织）和 CSA 国际（源自加拿大标准协会，成立于 1919 年，是一家非赢利的独立组织，其任务是开发标准，并在各种 ISO 委员会中代表加拿大）。

1991 年 TIA 和 EIA 颁布了商用建筑通信布线标准第一版，称为 ANSI/TIA/EIA-568，简称 TIA/EIA-568。随后不断修订，于 1995 年发布了 TIA/EIA-568-A，又在 1999 年秋发布了该标准的增补版，称为 TIA/EIA-568-A.5。之后于 2002 年 6 月又发布了整个标准的全新增补版，即 TIA/EIA-568-B。

现行国际、国内综合布线系统设计、施工、测试、验收主要参考标准和规范如下。

① ANSI/TIA/EIA-568-A/B（CSAT529-95）商业大楼通信布线标准。

② ANSI/TIA/EIA-607（CSA T527）商业大楼布线接地保护连接需求。

③ ANSI/TIA/EIA-606（CSA T528）商业大楼通信基础设施管理标准。

④ ANSI/TIA/EIA 570-A 智能住宅电信布线标准。

⑤ ISO/IEC 11801：2002 国际标准化组织/国际电工委员会制定的《建筑物信息技术类布线标准》。

⑥ GB 50311—2007 中华人民共和国国家标准《综合布线系统工程设计规范》。

⑦ GB 50312—2007 中华人民共和国国家标准《综合布线系统工程验收规范》。

思考与练习 1

一、填空题

1. 从设计的角度，综合布线系统一般分为_____、_____、_____、_____、_____和_____7 个部分。

2. 工作区由配线子系统的信息插座模块延伸到终端设备处的_____和_____组成。

3. 配线子系统是指由_____、_____和_____等组成的系统。

4. 干线子系统缆线的两端分别端接于_____和_____的配线架上。

5. 建筑群子系统是_____的布线部分。

6. _____是建筑物外部通信和信息管线的入口部位，并可作为入口设施和建筑群配线设备的安装场地。

7. _____是针对布线系统工程的技术文档及工作区、电信间、设备间、进线间的配线设备、缆线、信息插座模块等设施按一定的模式进行标识和记录。

二、选择题（答案可能不止一个）

1. 综合布线系统的接口用于连接有关设备。其连接方式包括（ ）。
A. 互连　　　　B. 串联　　　　C. 并联　　　　D. 交叉连接

2. 综合布线系统中直接与用户终端设备相连的部分是（ ）。
A. 工作区　　　B. 配线子系统　C. 干线子系统　D. 管理

3. 综合布线系统中用于连接两幢建筑物的子系统是（ ）。
A. 配线子系统　B. 干线子系统　C. 进线子系统　D. 建筑群子系统

4. 综合布线系统中用于连接楼层配线设备和建筑物配线设备的子系统是（ ）。
A. 工作区　　　B. 配线子系统　C. 干线子系统　D. 建筑群子系统

5. 综合布线系统中用于连接信息点与楼层配线设备的子系统是（ ）。
A. 工作区　　　B. 配线子系统　C. 干线子系统　D. 管理

三、判断题

1. 布线标准不仅对生产厂商，而且对布线施工人员也十分重要。（ ）

2. 干线子系统只能用光缆作为传输介质。（ ）

3. 配线子系统可以用光缆作为传输介质。（ ）

4. 结构化布线有别于综合布线，仅包括语音和计算机网络的布线。（ ）

四、名词解释

1. 智能建筑　2. 布线系统　　3. 工作区　　4. 电信间　5. 管理
6. 信息点　7. 设备间　　8. 接口　　9. 互连　　10. 交接

五、简答题

1. 简述综合布线系统和智能建筑的关系。

2. 综合布线系统由哪几个部分组成？

3. 综合布线系统与传统布线相比，具有哪些特点？

4. 电信间和设备间该如何配置？

项目实训 1

一、实训目的

通过参观施工现场等实践，区分系统中的不同部分，了解综合布线系统所用的设备及其为用户提供的服务业务。如有条件可参观当地一座智能化建筑，理解综合布线系统的作用，掌握综合布线系统的基本组成以及每一部分的覆盖范围、结构和所采用的设备。

二、实训内容

① 参观访问一个采用综合布线系统构建的校园网或企业网。

② 根据参观情况，画出该网络系统的布线结构简图。

三、实训过程

1. 参观访问一个采用综合布线系统构建的校园网或企业网

① 在老师或技术人员的带领下，先了解该网络的基本情况，其中包括建筑物的面积、层数、功能、用途，建筑物的结构，信息点的布置、数量等。

② 参观建筑物的设备间，并记录设备间所用设备的名称和规格，注意各设备之间的连接情况，观察各设备和连接线上是否有相应的标志；了解设备间的环境状况。

③ 参观电信间，了解并记录电信间的环境、面积和设备配置。查看是否设置有配线架，如果有请注意配线架的规格和标志；分析该布线系统中，设备间和电信间是分开设置还是二者合用。

④ 观察干线子系统是采用何种方式进行敷设的；了解缆线的类型、规格和数量。

⑤ 观察配线子系统的走线路由；了解配线子系统所选用的介质类型、规格和数量，并观察其布线方式。

⑥ 观察工作区的面积；了解信息插座的配置数量、类型、高度和缆线的布线方式。

2. 画出该网络系统的布线结构简图

① 在参观、做记录的基础上，画出该网络系统的布线结构示意图。

② 在图中标明所用设备的型号、名称、数量，各布线子系统选用介质的类型及数量。

③ 画出该系统与公用网络的连接情况。

四、实训总结

① 根据分析观察结果，判断该布线系统的组成部分。

② 以分组的方式讨论该布线系统的设计特点，并指出其中的优点和不足。

任务 2　认识布线缆线及其连接器件

通过任务 1 的学习，我们已经知道综合布线系统由 7 个部分组成，分布于建筑物的不同位置，起着各自重要的作用。那么构成这些部分的部件又是什么呢？本任务的目标是认识组成综合布线系统链路的各个部件，了解其种类和性能，掌握其功能和作用。

缆线（cable）是综合布线系统的重要组成部分，包括电缆和光缆两大类。

2.1　认识电缆

电缆又叫铜缆，是指以铜导体作为信息传输介质的缆线。综合布线用电缆主要是对绞电缆，在国际布线标准中，称为平衡电缆（balanced cable）。

2.1.1 认识对绞电缆

对绞（Twisted Pairs，TP）电缆是由一对或多对按一定绞距反时钟方向相互缠绕在一起的金属导体线对（pair）包裹绝缘护套层构成的。电缆护套可以保护其中的导体线对免遭机械损伤和其他有害物质的损坏，也能提高电缆的物理性能和电气性能。电缆内部的铜芯线对采用两两相绞的绞线技术可以抵消相邻线对之间的电磁干扰和减少串音，绞距越短，抗干扰的能力越强。

2.1.2 对绞电缆的分类

对绞电缆有多种分类方法，下面介绍常用的 3 种。

（1）按对绞电缆包缠的是否有金属屏蔽层分类

（2）对绞电缆可以分为屏蔽对绞电缆和非屏蔽对绞电缆两种。

① 非屏蔽对绞电缆。非屏蔽对绞电缆（Unscreened Twisted Pairscable，UTP）是指不带任何屏蔽物的对绞电缆。具有重量轻、体积小、弹性好和价格便宜等优点，但抗外界电磁干扰的性能较差，不能满足电磁兼容（EMC）规定的要求。同时这种电缆在传输信息时易向外辐射泄漏，安全性较差，在党政军和金融等重要部门的工程中不宜采用。

② 屏蔽对绞电缆。屏蔽对绞电缆（Screened Twisted Pairscable，STP）是指带有总屏蔽和／或每线对均有屏蔽物的对绞电缆。具有抗电缆外来电磁干扰和防止向电缆外辐射电磁波的优点，但也有重量重、体积大、价格高和不易施工等缺点。

屏蔽对绞电缆的命名，通常采用 ISO/IEC 11801 中推荐的统一命名方法，如图 2-1 所示。

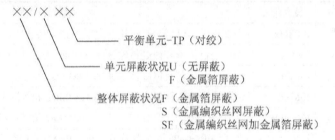

图 2-1　电缆命名方法

对于屏蔽对绞电缆，根据防护的要求又分为 F/UTP（电缆金属箔屏蔽）、U/FTP（线对金属箔屏蔽）、SF/UTP（电缆金属编织丝网加金属箔屏蔽）和 S/FTP（电缆金属编织丝网屏蔽加线对金属箔屏蔽）等多种。前 3 种屏蔽对绞电缆的结构如图 2-2 所示。

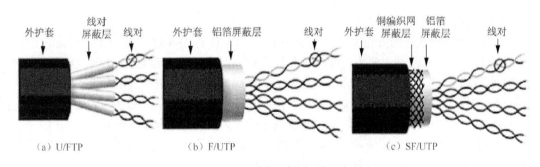

（a）U/FTP　　　　　　（b）F/UTP　　　　　　（c）SF/UTP

图 2-2　部分屏蔽对绞电缆结构

S/FTP 屏蔽对绞电缆的结构及横截面示意图，如图 2-3 所示。

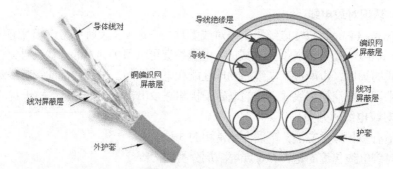

图 2-3　S/FTP 屏蔽对绞电缆结构及横截面示意图

不同的屏蔽电缆会产生不同的屏蔽效果。一般认为，金属箔对高频、金属编织丝网对低频的电磁屏蔽效果较佳。如果采用双重绝缘（SF/UTP 和 S/FTP），则屏蔽效果更为理想，可以同时抵御来自线对之间和外部的电磁辐射干扰，减少线对之间及线对对外部的电磁辐射干扰。

（3）按对绞电缆的性能高低（带宽）分类

EIA/TIA 和 ISO/IEC 分别为对绞电缆定义了 7 种不同质量的型号标准，其对应情况如表 2-1 所示。

表 2-1　常用对绞电缆分类标准

TIA/EIA	ISO/IEC	最大带宽	备注
CAT 1	A 类	100kHz	主要用于 20 世纪 80 年代初之前的语音传输，不用于数据传输
CAT 2	B 类	4MHz	用于语音传输和最高传输速率 4Mbit/s 的数据传输
CAT 3	C 类	16MHz	用于语音传输及最高传输速率 10Mbit/s 的数据传输
CAT 4		20MHz	用于语音传输和最高传输速率 16Mbit/s 的数据传输
CAT 5	D 类	100MHz	用于语音传输和最高传输速率 100Mbit/s 的数据传输
CAT 5e	E 类	100MHz	在 1000Base-T 系统中采用 5 级（PAM-5）编码，可达 125Mbit/s 的标称速率
CAT 6	F 类	250MHz	用于语音传输和最高传输速率为 1000Mbit/s 的数据传输
CAT 7	G 类	600MHz	为屏蔽电缆，用于最高传输速率为 1000Mb it/s 的数据传输

注：在 TIA/EIA 568 B.2—10 标准中还规定了 6A 类（增强 6 类）布线系统支持的传输带宽为 500MHz。

（4）按对绞电缆中的线对数分类

（5）通常将对绞电缆分为 4 对对绞电缆和大对数（25 对、50 对、100 对等）对绞电缆两类。

① 4 对对绞电缆。4 对对绞电缆主要用于配线布线。为了区分线对，4 对对绞电缆的线对颜色编码依次为蓝色、橙色、绿色和棕色。此外，不同色类的线对的缠绕密度也不完全相同，在同一条 4 对对绞电缆中，蓝色线对的绞距最短（因而缠绕密度最大），棕色线对的绞距最长，绿色和橙色线对的绞距居中。当然，这种差别绝不会太大，误差范围在 0.5% 左右。

常用超 5 类 4 对非屏蔽对绞电缆的构造及横截面如图 2-4 所示，采用 24AWG（直径为 0.511mm）的实心铜导线，以氟化乙烯做绝缘材料。

② 大对数对绞电缆。大对数对绞电缆主要用于建筑物主干的语音布线，常用对数有 3 类的 25 对、50 对、100 对、200 对和 5 类的 25 对（见图 2-5）、50 对、100 对以及全塑市内通信电缆等。

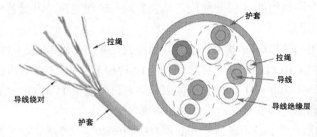

图 2-4 超 5 类 4 对 UTP 电缆结构及横截面示意图　　图 2-5 5 类 25 对非屏蔽对绞电缆实物图

25 对对绞电缆中的 25 对线一般分为 5 组 (对应白色、红色、黑色、黄色和紫色),每组有 5 个线对 (对应蓝色、橙色、绿色、棕色和灰色)。因此,25 对线的颜色依次为白蓝、白橙、白绿、白棕,白灰、红蓝、红橙、红绿、红棕,红灰、黑蓝、黑橙、黑绿、黑棕,黑灰、黄蓝、黄橙、黄绿、黄棕,黄灰、紫蓝、紫橙、紫绿、紫棕,紫灰。

2.1.3　全塑市内通信电缆

1.　电缆结构

全塑市内通信电缆的缆芯主要由芯线、芯线绝缘、芯线扭绞、缆芯结构、缆芯包带等组成。

① 芯线:为符合 GB 3953 规定的 TR 型软圆铜线,其标称直径为 0.32mm、0.4mm、0.5mm、0.6mm、0.7mm、0.8mm 共 5 种。

② 芯线绝缘:全塑市内通信电缆芯线绝缘的结构主要有:实心聚烯烃绝缘,如图 2-6 (a) 所示;泡沫聚烯烃绝缘,如图 2-6 (b) 所示;泡沫/实心皮聚烯烃绝缘,如图 2-6 (c) 所示。根据芯线绝缘的颜色可将全塑市内通信电缆分为普通色谱和全色谱两种。

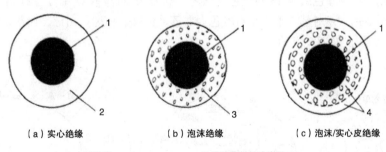

〔a〕实心绝缘　　　　　　〔b〕泡沫绝缘　　　　　　〔c〕泡沫/实心皮绝缘

1 金属导线　　　　　　　3 泡沫聚烯烃绝缘层
2 实心聚烯烃绝缘层　　　4 泡沫/实心皮聚烯烃绝缘层

图 2-6　缆芯绝缘结构

③ 芯线扭绞:芯线扭绞常用对绞和星绞两种,如图 2-7 所示。

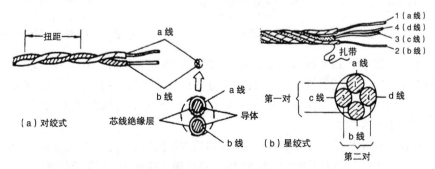

〔a〕对绞式　　　　　　　　　　　〔b〕星绞式

图 2-7　芯线扭绞

扭绞是将一对线的两根导线或一个四线组的 4 根导线均匀地绕着同一轴线旋转。电缆芯线沿轴线旋转一周的纵向长度称为扭绞节距。

④ 缆芯结构：对绞全塑市内通信电缆的缆芯结构有同心式、单位式、束绞式和 SZ 绞 4 种。单位式缆芯是先把单位束分为基本单位（10 对、25 对）或子单位（12 对+13 对=25 对），再由基本单位或子单位绞合成超单位（50 对、100 对），称为单位束，然后再将若干个单位束分层绞合而成。这种结构对于大对数市内通信电缆的接续、配线和安装都较方便。

⑤ 缆芯包带：为保证缆芯结构的稳定性，必须在缆芯外面重叠绕包或纵包一二层非吸湿性的绝缘材料带（聚乙烯或聚酯薄膜带）作为缆芯包带，然后再用非吸湿性的扎带束扎牢固。缆芯包带应具有隔热性能好和机械强度高的特点，以保证缆芯在加屏蔽层和挤压塑料护套以及使用过程中，不会遭到损伤、变形或黏结。

⑥ 铝塑黏结综合护套：屏蔽用 0.30mm 厚的双面涂塑铝带，纵包于缆心包带之外，两边搭接大于 6mm 并黏合在一起，400 对以上采用轧纹纵包；护套用黑色低密度聚乙烯。

⑦ 识别和长度标记：电缆表面印有永久性识别标记，标记间隔 1m，标记内容有：型号、规格、厂名、商标、制造年份及长度标记。

2. 色谱

常用全色谱对绞单位式全塑市话电缆。全色谱的含义是指电缆中的任何一对芯线，都可以通过各级单位的扎带颜色和线对颜色来识别，即给出线号就可以找出线对，拿出线对就可以说出线号。

① 基本单位：全色谱单位式缆芯的基本单位有 25 对和 10 对两种。

25 对全色谱对绞单位式缆芯色谱：采用白（代号 W）、红（R）、黑（B）、黄（Y）、紫（V）作为领示色，代表 a 线，蓝（Bl）、橘（O）、绿（G）、棕（Br）、灰（S）作为循环色，代表 b 线；10 种颜色组成 25 对全色谱线对，称为 25 对基本 U 单位。25 对基本单位线对色谱如图 2-8 所示。10 对基本单位线对颜色为白蓝、白橘、白绿、白棕，白灰、红蓝、红橘、红绿、红棕，红灰，如图 2-9 所示。

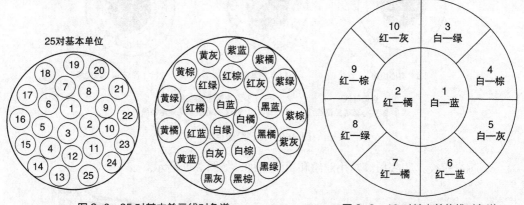

图 2-8　25 对基本单元线对色谱　　　　图 2-9　10 对基本单位线对色谱

② 子单位：把一个 25 对的基本单位分为 12 对和 13 对，称为 2 个子单位或半单位。

③ 超单位：50 对的超单位由 2 个 25 对的基本单位（代号：S）或两个 12 对和两个 13 对的子单位（代号：SI），扎带为 W、R、B、Y、V 或 5 个 10 对的基本单位（代号：SJ），扎带为 Bl、O、G、Br、S 组成。

100 对的超单位（代号：SD）由 4 个 25 对的基本单位或 10 个 10 对的基本单位组成。

基本单位采用 25 对，由若干超单位组成的大对数电缆的线对序号和扎带色谱如表 2-2 所示。

表2-2　全色谱单位式电缆的线对序号与扎带色谱

U 单位序号	100 对超单位序号	1～6	7～12	13～18	19～24	25～30
	50 对超单位序号	1～12	13～24	25～36	27～48	49～60
	U 单位扎带颜色	超单位扎带颜色				
		白	红	黑	黄	紫
1	白/蓝	1～25	601～625	1201～1225	1801～1825	2401～2425
2	白/橘	26～50	626～650	1226～1250	1826～1850	2426～2450
3	白/绿	51～75	651～675	1251～1275	1851～1875	2451～2475
4	白/棕	76～100	676～700	1276～1300	1876～1900	2476～2500
5	白/灰	101～125	701～725	1301～1325	1901～1925	2501～2525
6	红/蓝	126～150	726～750	1326～1350	1926～1950	2526～2550
7	红/橘	151～175	751～775	1351～1375	1951～1975	2551～2575
8	红/绿	176～200	776～800	1376～1400	1976～2000	2576～2600
9	红/棕	201～225	801～825	1401～1425	2001～2025	2601～2625
10	红/灰	226～250	826～850	1426～1450	2026～2050	2626～2650
11	黑/蓝	251～275	851～875	1451～1475	2051～2075	2651～2675
12	黑/橘	276～300	876～900	1476～1500	2076～2100	2676～2700
13	黑/绿	301～325	901～925	1501～1525	2101～2125	2701～2725
14	黑/棕	326～350	926～950	1526～1550	2126～2150	2726～2750
15	黑/灰	351～375	951～975	1551～1575	2151～2175	2751～2775
16	黄/蓝	376～400	976～1000	1576～1600	2176～2200	2776～2800
17	黄/橘	401～425	1001～1025	1601～1625	2201～2225	2801～2825
18	黄/绿	426～450	1026～1050	1626～1650	2226～2250	2826～2850
19	黄/棕	451～475	1051～1075	1651～1675	2251～2275	2851～2875
20	黄/灰	476～500	1076～1100	1676～1700	2276～2300	2876～2900
21	紫/蓝	501～525	1101～1125	1701～1725	2301～2325	2901～2925
22	紫/橘	526～550	1126～1150	1726～1750	2326～2350	2926～2950
23	紫/绿	551～575	1151～1175	1751～1775	2351～2375	2951～2975
24	紫/棕	576～600	1176～1200	1776～1800	2376～2400	2976～3000

由表2-2可知，U 单位的扎带色谱有白蓝～紫棕的24种组合，循环周期为25×24=600对。

超单位的扎带色谱有6个白色、6个红色、6个黑色、6个黄色和6个紫色。超单位的序号是从中心层顺次向外层排列的，扎带色谱顺序为白、红、黑、黄、紫。但要在同色扎带的超单位中识别出先后顺序则要根据基本单位的扎带色谱来判断。

100对及以上的市内通信电缆设置备用线对，备用线对数为电缆对数的1%，但不超过10对。备用线对的线序及色谱如表2-3所示。

表2-3　备用线对的线序及色谱

| 线序 | 1 | 2 | 3 | 4 | 5 | 6 | 7 | 8 | 9 | 10 |
| 色谱 | 白红 | 白黑 | 白黄 | 白紫 | 红黑 | 红黄 | 红紫 | 黑黄 | 黑紫 | 黄紫 |

3. 电缆型号

电缆型号是识别电缆规格程式和用途的代号。按照用途、芯线结构、导线材料、绝缘材料、护层材料、外护层材料等，分别用不同的汉语拼音字母和数字来表示，称为电缆型号。按照原邮电部行业标准（YD2001—92）的规定，全塑电缆的型号表示方法和意义如下。

格式：[类别] [绝缘] [屏蔽护套] [特征（派生）] [外护层]

① 类别。H：市内通信电缆；HP：配线电缆；HJ：局用电缆。

② 绝缘。Y：实心聚烯烃绝缘；YF：泡沫聚烯烃绝缘；YP：泡沫/实心皮聚烯烃绝缘。

③ 屏蔽护套。A：涂塑铝带黏结屏蔽；S：铝、钢双层金属带屏蔽；V：聚氯乙烯护套。

④ 特征（派生）。T：石油膏填充；　G：高频隔离；C：自承式。

⑤ 外护层。

22：钢带铠装聚氯乙烯护套；

23：双层防腐钢带绕包铠装聚乙烯外被层；

33：单层细钢丝铠装聚乙烯被层；

43：单层粗钢丝铠装聚乙烯被层；

53：单层钢带皱纹纵包铠装聚乙烯外被层；

553：双层钢带皱纹纵包铠装聚乙烯外被层。

[示例] HYA—100×2×0.5

HYA—100×2×0.5 表示铜芯、实心聚烯烃绝缘、涂塑铝带黏结屏蔽、容量 100 对、对绞式、线径为 0.5mm 的市内通信全塑电缆。

HYA 型电缆主要用于管道敷设，也可用于架空，但需要用吊线，HYA C 型电缆只适用于架空，无须用吊线和挂钩；HYA53 型电缆提高了电缆的机械强度和防侵蚀能力，可采用任何一种方式敷设，更适用于岩石地区直埋敷设。

4. 电缆端别

为了保证电缆在布放、接续过程中的质量，全塑全色谱市内通信电缆规定了 A、B 端。普通色谱对绞市话电缆一般不作 A、B 端规定。

全塑市内通信电缆 A 端用红色标志，又叫内端，伸出电缆盘外，常用红色端帽封合或用红色胶带包扎，规定 A 端面向局方。B 端用绿色标志，又叫外端，紧固在电缆盘内，常用绿色端帽封合或绿色胶带包扎，规定外端面向用户，绞缆方向为逆时针方向。

对于旧电缆（使用过的电缆）的 A、B 端识别方法为：面向电缆端面，按表 2-2 所示单位序号由小到大顺时针方向依次排列的端为 A 端，另一端为 B 端。

2.1.4　了解电缆的安全等级

据权威机构调查显示，很多建筑火灾都是由于电缆老化、短路引起自燃造成的；而在火灾发生后，最为可怕的是火势沿着电缆路径到处蔓延。因此，如何减少通信电缆的安全隐患，提高布线系统的安全性，成为很多新建筑物特别是机场和智能大厦的首要安全问题。

在国际上，美国的 UL 实验室和国家电气规程（NEC）对电缆和光缆都有严格的阻燃要求，世界上的大多数布线制造商都采用其电缆防火等级和阻燃分类。

1. NEC 的防火等级

NEC 条款 770 针对带电导体的光缆分为 OFN（非导体光缆）、OFNP（非导体阻燃）、OFNR（非导体垂直主干）等级，其中 OFNP 为阻燃最高等级。

NEC 条款 800 针对电缆分为 CMP（用于阻燃）、CMR（用于垂直主干）、CM（除阻燃和垂直主干外的普通使用）等级，要求用于通信的电缆必须满足防火、机械和电子标准，并通过 UL 的独立测试。

2. UL 的防火等级

美国 UL 实验室作为世界最具权威的独立认证公司，针对制造商生产的防火电缆专门设计了测试方案来检验其防火等级。凡是经过 UL 测试并符合 UL 具体防火等级的电缆，在电缆外皮上印有详细的等级信息，包括防火等级、批准参考编号和 UL 标识符。例如，在防火等级为商用级的电缆上将印有 CM E123456（UL）。认识这些等级信息，对布线系统设计者和安装人员正确地安装、检验系统的防火等级至关重要。

UL 的防火等级包括 5 个级别，由高到低依次为增压级、干线级、商用级、通用级和家居级。

① 增压级：包括 CMP 电缆（UTP 和 STP）和 OFNP 光缆，是最高等级的电缆。在一捆增压级电缆上，用风扇强制吹向火焰时，电缆上的火焰蔓延 5m 以内会自行熄灭，且不会放出毒烟和蒸汽。

② 干线级：包括 CMR 电缆和 OFNR 光缆。成捆的干线级电缆在风扇强制吹风的情况下，电缆上的火焰蔓延至 5m 以内必须自行熄灭，但没有烟雾和毒性规范。

③ 商用级：包括 CM 铜缆和 OFN 光缆。成捆电缆上的火焰蔓延至 5m 以内必须自行熄灭，但没有任何风扇强制吹风的限制，也没有烟雾和毒性规范。常用于配线走线，一般捆在一起使用。

④ 通用级：包括 CMG 电缆和 OFNG 光缆。其性能与商用级类似。

⑤ 家居级：指 CMX 电缆，是 UL 防火等级中级别最低的电缆。一条家居级电缆上的火焰蔓延至 5m 以内必须自行熄灭，但没有烟雾和毒性规范。仅应用于单条敷设电缆的家庭或小型办公室系统，不应成捆敷设。

3. 综合布线缆线的护套材料

数据通信缆线的防火主要关注 3 个问题：缆线燃烧的速度、释放出烟雾的密度和有毒气体的强度。数据缆线的保护套物理上分为两部分：绝缘层和外套。缆线是否具有防火功能主要取决于最外一层护套的材料。总的来讲，数据通信电缆的外套有 4 种材质。

① 聚乙烯（PE）/聚氯乙烯（PVC）：PE 的燃点较低，PVC 在 PE 里面加入了卤素以提高其燃点（允许工作温度为 70℃以下），当温度达到 160℃或更高时，会发散出有毒的卤素，且燃烧时释放出大量热量。

② 防火型 PVC（FR PVC）：在 PVC 中掺入重金属，如铅、铬、汞、镉以提高其稳定性；在 PVC 里面加入一定比率的卤素（氟、氯、溴、碘）以提高其燃点，卤素含量越高，燃点越高。防火型 PVC 缆线的燃点大约在 300℃，燃烧时会散发出有毒的卤化气体及铅蒸汽，卤化气体迅速吸收氧气，使火熄灭。缺点是氯气浓度高时，能见度下降会导致无法识别逃生路径；同时，氯气及铅蒸汽具有很强的毒性，影响人的呼吸系统；此外，燃烧释放出的氯气在与水蒸气结合时，会生成盐酸，对通信设备及建筑物会造成腐蚀。

③ 低烟无卤型（LSZH 或 LSOH）：不含任何卤素和重金属，代之以铝氢氧化物或镁氢氧化物加入缆线外套中。燃烧时毒性和烟雾浓度很低，燃烧速度较 PVC 慢，燃点大约为 150℃。

④ 耐火型（fire resistant）：采用 PTFE（聚四氟乙烯）或 FEP（氟化乙丙烯）材料作外套，PTFE 电缆燃烧时，烟雾浓度很低，燃点高达 800℃。FEP 电缆燃烧时，释放出无色、无味，但毒性比氯化氢更强的氟化氢。

2.1.5 了解电缆的导线规格

电缆中导线的规格单位是 AWG（American Wire Gauge），指美国线规。这个参数提供了电缆导线横截面直径、单位长度导线重量以及单位长度导线直流电阻等方面的数据。这对于大致了解综合布线工程所用电缆的布线特征是十分有用的。综合布线常用电缆导线规格及其对应的相关参数如表 2-4 所示，AWG 的值越小，代表的导线直径越大。

表 2-4　常用导线的 AWG 和 CWG 数据

线规号	美国线规（AWG）						中国线规（CWG）	
	直径		重量		直流电阻		截面积（mm²）	直径（mm）
	英寸	mm	磅/1000英尺	kg/1000m	欧姆/1000英尺	Ω/1000m		
26	0.0159	0.404	0.765	1.140	41.O	135	0.129	0.404
25	0.0179	0.455	0.970	1.440	32.4	106	0.162	0.455
24	0.0201	0.511	1.220	1.820	25.7	84.2	0.206	0.511
23	0.0226	0.574	1.550	2.310	20.3	66.6	0.258	0.574
22	0.0253	0.643	1.940	2.890	16.2	53.2	0.326	0.643

2.1.6　布线常用对绞电缆介绍

对绞电缆的工程应用如图 2-10 所示。在目前的综合布线工程中，配线布线广泛使用超 5 类、6 类和 7 类对绞电缆，如图 2-11 所示。3 类与 5 类布线系统主要用于语音主干的大对数电缆布线。

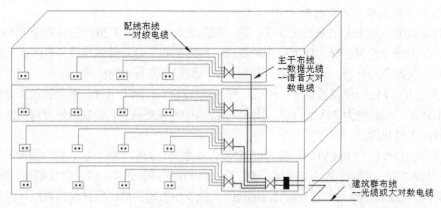

图 2-10　对绞电缆的工程应用

在导线规格方面，超 5 类对绞电缆的导体线规为 24AWG，6 类对绞电缆的导体线规是 23AWG，7 类对绞电缆的导体线规为 22AWG 或 23AWG。

通常在非屏蔽布线系统中选用超 5 类、6 类的 UTP 电缆；而在屏蔽布线系统中选用 7 类（7 类电缆都是屏蔽电缆）。

在电缆结构方面，6 类电缆为了改善其性能，采用了和超 5 类电缆不同的结构；6 类电缆的结构叫作骨架结构，如图 2-12 所示。在电缆中建一个十字交叉中心，把 4 个对绞线对分成不同的信号区，可以降低电缆传输过程中的损耗，提高电缆的衰减串音比（ACR），同时，电缆中的塑料十字骨架还可以在安装和使用的过程中准确地固定导线的位置，以降低回波损耗（Return loss）对传输的影响。

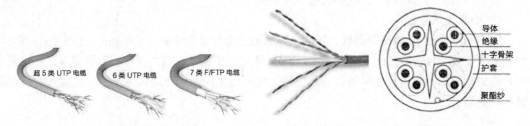

图 2-11　综合布线常用配线电缆　　　　图 2-12　6 类 4 对 UTP 电缆及其结构示意图

2.2　认识布线用电缆连接器件

综合布线系统使用的电缆连接器件（connecting hardware） 是用于连接电缆线对的一个或一组器件。布线系统常用电缆连接器件有电缆信息插座（简称信息插座）、电缆配线架、电缆跳线和接插软线等。

2.2.1　信息插座

信息插座是终端设备与配线子系统连接的接口设备，为用户提供数据和语音接口，如图 2-13 所示。对于 UTP 电缆而言，通常使用 T568A 或 T568B 标准的 8 针模块化信息插座，型号为 R-J45，符合 ISDN 标准。RJ-45 连接器如图 2-14 所示。

信息插座一般是安装在墙面上的，也有桌面型和地面型的，主要是为了方便计算机等设备的接入，并且保持整个布线的美观。以上 3 种信息插座如图 2-15 所示。

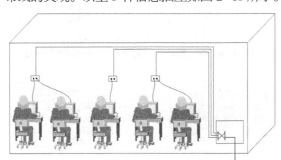

图 2-13　信息插座的接口作用

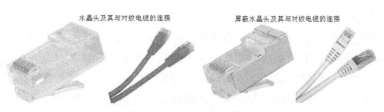

图 2-14　RJ-45 连接器

（a）墙面型　　　（b）桌面型　　　（c）地面型

图 2-15　信息插座

信息插座由信息模块、面板和底盒 3 部分组成。

1．面板和底盒

国内一般使用 86 规格的面板、底盒，即面板外形尺寸为 86mm×86mm，如图 2-16 所示。面板上可安装 RJ45、RJ11、CATV 模块，面板外观采用圆角或直角设计，造型美观，并有便于用户端口标记的标示片；包含单位、双位等结构；防尘门采用滑动式弹簧门。底盒有明装和暗装两种类型。

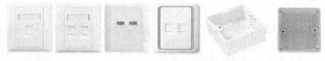

图 2-16 常见信息插座面板和底盒

2．信息模块

信息模块用于电缆的终接。综合布线中使用的电缆信息模块为八线位通用信息模块。不同厂家生产的信息模块的外观有所不同，根据电缆信息模块终接的是非屏蔽对绞电缆还是屏蔽对绞电缆的不同，将电缆信息模块分为非屏蔽信息模块和屏蔽信息模块两大类；根据信息模块终接对绞电缆时是否需要使用打线工具的不同，将信息模块分为打线式信息模块和免打式信息模块两种。常见信息模块如图 2-17 所示。

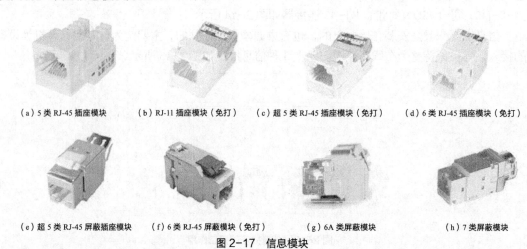

(a) 5 类 RJ-45 插座模块　　(b) RJ-11 插座模块（免打）　　(c) 超 5 类 RJ-45 插座模块（免打）　　(d) 6 类 RJ-45 插座模块（免打）

(e) 超 5 类 RJ-45 屏蔽插座模块　　(f) 6 类 RJ-45 屏蔽模块（免打）　　(g) 6A 类屏蔽模块　　(h) 7 类屏蔽模块

图 2-17 信息模块

2.2.2 电缆配线架

配线架是综合布线系统灵活性的集中体现，通过配线架，提供各子系统间相互连接的手段，使整个布线系统与其连接的设备或器件构成一个有机的整体。调整配线架上的跳线则可安排或重新安排缆线路由，从而使传输线路能够延伸到建筑物内部的各个工作区。

配线架有多种类型，按配线架安装位置的不同，分为建筑群配线架（CD）、建筑物配线架（BD）和楼层配线架（FD）；按配线架端接缆线的不同，分为电缆配线架和光纤配线架两种。

电缆配线架如图 2-18 所示，是在设备间和电信间，用作电缆终接和电缆路由调配的装置。常见的电缆配线架有 RJ-45 模块化配线架和 110 型配线架两个系列，一般都要与理线环或理线器搭配在一起使用。

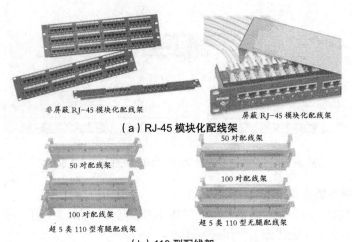

非屏蔽 RJ-45 模块化配线架　　　　屏蔽 RJ-45 模块化配线架

（a）RJ-45 模块化配线架

50 对配线架

100 对配线架

超 5 类 110 型有腿配线架

50 对配线架

100 对配线架

超 5 类 110 型无腿配线架

（b）110 型配线架

图 2-18　电缆配线架

1. RJ-45 模块化配线架

RJ-45 模块化配线架用于端接配线电缆，并通过设备缆线连接交换机等网络设备；RJ-45 模块化配线架根据其端接电缆类型（屏蔽还是非屏蔽）的不同，又分为非屏蔽 RJ-45 模块化配线架和屏蔽 RJ-45 模块化配线架两类（见图 2-18（a））；根据其端接的电缆型号的不同，还可分为超 5 类或 6 类模块化配线架等。RJ-45 模块化配线架结构简单，可安装在 19 英寸机柜内，24 口、48 口、72 口随意选择，可灵活地配合系统的扩充。SYSTIMAX 模块化配线架如图 2-19 所示。

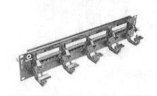

（a）SYSTIMAX Patch Max 配线架　　（b）SYSTIMAX iPatch 智能型配线架

图 2-19　SYSTIMAX 模块化配线架

2. 110 型配线架

110 型配线架需要和 110C 连接块（见图 2-20）配合使用，用于端接配线电缆和干线电缆，并通过跳线连接配线子系统和干线子系统。

110 型配线架是由高分子合成阻燃材料压模而成的塑料件，在它的上面装有若干齿形条，对绞电缆的每根线放入齿形条的槽缝里，利用冲压工具就可以把线压入 110C 连接块上。

110C 连接块是一个单层耐火的塑料模密封器，内含熔锡快速接线夹子，当连接块被推入 110 型配线架的齿形条时，这些夹子就切开导线的绝缘层建立起连接。连接块的顶部用于交叉连接，顶部的连线通过连接块与齿形条内的导线相连，常用 110C 连接块有 4 对线和 5 对线两种规格。110C 连接块在 25 对 110 型配线架上的安装顺序如图 2-21 所示。

（a）4 对连接块　　　　　　　　（b）5 对连接块

图 2-20　110C 连接块

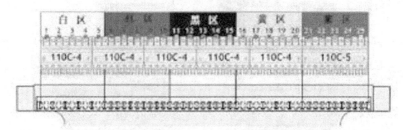

图2-21　110C连接块在25对110型配线架上的安装顺序

2.2.3　电缆接插软线和跳线

电缆接插软线是一段一端或两端带有连接器件的软电缆。跳线是指带或不带连接器件的电缆线对，用于配线设备（配线架）之间进行连接。

如图2-22所示，4对8芯RJ-45型跳线（接插软线）有5e类、6类、6A类等，用于配线架到交换机和信息插座到计算机网卡的连接，常规长度为1m、2m、3m、5m。一对或多对压接跳线（也叫鸭嘴跳线）用于110型配线架的跳接管理。110型语音跳线在110型配线架与110型或RJ-45型配线架之间使用，有110-110、110-RJ-45型跳线，也分超5类、6类等，有1对、2对、4对3类。

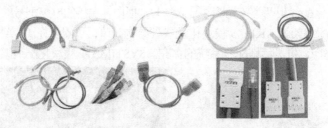

图2-22　电缆接插软线和跳线

2.3　认识光缆

光缆是指由单芯或多芯光纤制成的符合光学、机械和环境特性的缆线。

2.3.1　光纤

光纤是一种传输光束的细微而柔韧的介质。其结构如图2-23所示，自里向外依次为纤芯、包层和涂覆层。纤芯很小（几个~几十个μm），是光的传导部分，包层（外径一般为$125\mu m$）的作用是将光封闭在纤芯内，因此，纤芯和包层是不可分离的，合起来组成裸光纤，光纤的光学特性、传输特性主要由它们决定。涂覆层（外径一般为$250\mu m$）是光纤的第一层保护，由一层或几层聚合物构成，在光纤制造过程中涂覆到光纤上，在光纤受到外界震动时保护光纤的光学性能和物理性能，以及隔离外界水气的侵蚀，并提高光纤的柔韧性。

1.　光纤的传输原理

光纤是利用光的全反射原理来导光的。当纤芯折射率$n_1 \geqslant$包层折射率n_2时，光在光纤中的传输过程如图2-24所示。入射到光纤端面的光并不能全部被光纤所传输，只是在某个角度范围内的入射光才可以。这个角度被称为光纤的数值孔径。不同厂家生产的光纤的数值孔径会有一定的差别。

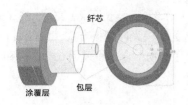

图 2-23　光纤结构示意图

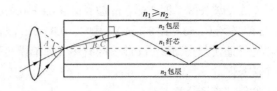

图 2-24　光在光纤中的传输示意图

2．光纤的损耗

造成光纤衰减的主要因素有本征、弯曲、挤压、杂质、不均匀和对接等。

● 本征：指光纤的固有损耗，包括瑞利散射、固有吸收等。

● 弯曲：指光纤弯曲时，光纤内的部分光会因散射而损失掉，所造成的损耗。

● 挤压：指光纤受到挤压时，产生微小的弯曲而造成的损耗。

● 杂质：指光纤内杂质吸收和散射在光纤中传播的光，所造成的损失。

● 不均匀：指因光纤材料的折射率不均匀而造成的损耗。

● 对接：指光纤对接时产生的损耗，如不同轴，端面与轴心不垂直，端面不平，对接芯径不匹配，熔接质量差等。

3．光纤的种类

（1）按光在光纤中的传输模式分类

按光的传输模式，将光纤分为单模光纤和多模光纤两种。多模光纤可传输多种模式的光，由于其模间色散较大，限制了带宽（见表 2-5），且随距离的增加会更加严重，如 500MB/km 的光纤在传输距离达到 2km 就只有 250MB 的带宽了，因此，多模光纤的传输距离比较短，一般只有几千米；单模光纤只能传输一种模式的光，其模间色散很小，适用于远程通信，但其色度色散起主要作用，因此，单模光纤对光源的谱宽和稳定性有较高的要求，即谱宽要窄，稳定性要好。

表 2-5　多模光纤模式带宽

光纤类型	光纤直径（μm）	最小模式带宽（MHz·km）		
		过量发射带宽波长		有效光发射带宽波长
		850nm	1300nm	850nm
OM1	50 或 62.5	200	500	—
OM2	50 或 62.5	500	500	—
OM3	50	1500	500	2000

（2）按纤芯到包层的折射率变化情况分类

按纤芯到包层的折射率变化情况，将光纤分为突变型光纤和渐变型光纤两种。所谓突变型光纤是指光纤纤芯到包层的折射率是跃变的。单模光纤常为突变型光纤（也叫均匀光纤），纤芯和包层的折射率都是一个常数，但纤芯的折射率高于包层的折射率，因此，在纤芯和包层的交界面处折射率呈阶梯式变化；所谓渐变型光纤是指光纤纤芯到包层的折射率是逐渐变化的，即光纤纤芯的折射率随着半径的增加按一定规律（近似抛物线）减小，到达纤芯和包层的交界处变为包层的折射率。多模光纤常为渐变型光纤（也叫非均匀光纤）。

（3）按波长窗口分类

光纤有 3 个波长区，即 $0.85\mu m$ 波长区（$0.8\sim0.9\mu m$）、$1.3\mu m$ 波长区（$1.25\sim1.35\mu m$）和 $1.5\mu m$ 波长区（$1.53\sim1.58\mu m$）。其中，$0.85\mu m$ 波长区为多模光纤通信方式，$1.5\mu m$ 波长区为单模光纤通信方式，$1.3\mu m$ 波长区有多模和单模两种。建筑物综合布线采用 $0.85\mu m$ 和 $1.3\mu m$ 两个波长区。

（4）按纤芯直径分类

综合布线所用光纤主要有两类，即 $62.5\mu m$ 渐变型多模光纤和 $8.3\mu m$ 突变型单模光纤。光纤的包层直径均为 $125\mu m$。

其中，$62.5/125\mu m$ 多模光纤具有以下优点。

① 光耦合效率高。

② 光纤对准要求不太严格，需要较少的管理点和接头盒。

③ 对微弯曲损耗不太灵敏。

④ 符合 FDDI 标准。

$8.3/125\mu m$ 突变型单模光纤用于传输距离大于 2km 的建筑群布线。

2.3.2 光缆

光缆是数据传输中最有效的一种传输介质，它具有以下优点。

① 频带较宽。

② 电磁绝缘性能好。

③ 衰减较小。

④ 无中继段长。根据贝尔实验室的测试，当数据的传输速率为 420Mbit/s、距离为 119km、无中继器时，其误码率为 10^{-8}，可见其传输质量很好。

通常，按照应用环境的不同，将光缆分为室内光缆和室外光缆两种。

1. 室内光缆

室内光缆主要用于建筑物内干线子系统和配线子系统的布线和设备间的连接。室内光缆尺寸小、重量轻、柔软，容易开剥，易于布放，且具阻燃性。

（1）室内光缆的构成

室内用的光缆，其构成一般有室内紧套和室内分支两种类型。室内紧套光缆主要由紧套光纤、芳纶和 PVC 外护套组成。

紧套光纤是指在裸光纤的表面再挤上一层塑料，光纤被套管紧紧箍住，成为一体，外径 0.9mm，紧包材料有 PVC、LSZH（低烟无卤）和尼龙 3 种。

芳纶是一种新型高科技合成纤维，抗拉、抗老化和阻燃，具有超高强度，耐高温、耐酸碱、重量轻、绝缘性好等优良性能，其强度是钢丝的 5～6 倍，在 560℃的温度下不分解、不融化。

室内光缆的外护套材料有 PVC 和 LSZH（低烟无卤）两种。PVC 是最常用的护套材料，其优点是原料容易采购，成本低，外表美观，有点阻燃性；其缺点是不耐紫外线，不能淋雨。LSZH 是一种能阻燃，起火时不会产生大量烟雾和有毒气体的材料，但其价格比 PVC 要贵很多，密度也比 PVC 要大很多，外皮看上去有点像橡胶。

（2）室内光缆的种类

① 根据光纤类型的不同，室内光缆可分为单模室内光缆和多模室内光缆两种。单模室内光缆的外护套颜色为黄色，多模室内光缆的外护套颜色为橙色，还有部分室内光缆的外护套颜色为灰色或黑色。

② 按使用环境和地点分，室内光缆可分为室内主干光缆、室内配线光缆和室内软光缆（跳

线光缆）3 种。室内主干光缆主要提供建筑物的数据主干通道；室内配线光缆主要用于配线布线；室内软光缆用于制作光纤跳线（也叫互连光缆）。

③ 按光纤芯数分，室内光缆可分为单芯、双芯和多芯 3 种。室内光缆通常为 1～36 芯，也有大于 36 芯的大芯数室内光缆。

④ 按光缆外形分，室内光缆有偏型、圆形和蝶形光缆（又称皮线光缆）等。

下面介绍几种常用的室内光缆。

① 单芯跳线光缆。单芯跳线光缆如图 2-25 所示，外径一般为 2.8～3.0mm 或 1.8～2.0mm。

② 双芯跳线光缆。双芯跳线光缆如图 2-26 所示，外径一般为 2.8～3.0mm 或 1.8～2.0mm。

图 2-25　单芯跳线光缆实物和截面图　　　　图 2-26　双芯跳线光缆实物和截面图

③ 多芯室内光缆。多芯室内光缆如图 2-27 所示，一般用于楼宇内布线。里面有多根 0.9mm 的紧包光纤，外加起加强作用的芳纶，常规外皮为 PVC 材料，也有指定要低烟无卤（LSZH）的。

紧套光纤的 12 种颜色排序依次为蓝、橘、绿、棕、灰、白、红、黑、黄、紫、粉红和青绿。

④ 室内分支光缆。室内分支光缆如图 2-28 所示，把 4 根室内 4 芯光缆绞合在一起，中心采用非金属加

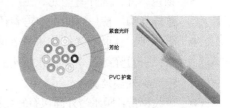

图 2-27　多芯室内光缆实物和截面图

强芯。用聚酯带包扎后挤上外护套而成。当某些室内布线场合需要把部分光纤分向不同的单元时，就要采用分支光缆。

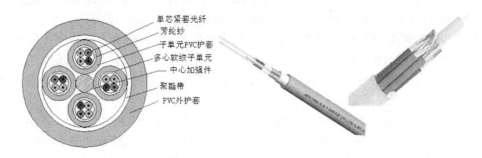

图 2-28　室内分支光缆实物和截面图

⑤ 室内皮线光缆。室内皮线光缆如图 2-29 所示，外形呈碟形，有利于贴墙布放。

（2）室外光缆

室外光缆主要有松套层绞式光缆、中心束管式光缆和骨架式光缆 3 种。目前，国内采用较多的是松套层绞式光缆和中心束管式光缆。

① 中心束管式光缆。中心束管式光缆由一根光纤松套管无绞合直接放在缆的中心位置（利

于光缆弯曲），两根平行加强钢丝或玻璃钢圆棒位于聚氯乙稀护套中松套管周围组成。例如，常见的 GYXTW 型光缆（见图 2-30），光缆芯数较小，通常为 12 芯以下。

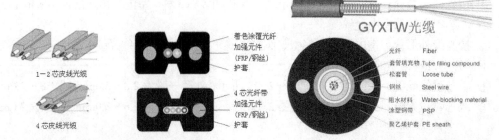

图 2-29　室内皮线光缆实物和截面图　　　　图 2-30　中心束管式光缆实物和截面图

● 松套管：材料坚硬而具有柔性，抗侧压。
● 光纤：光纤有着色光纤和锁色光纤之分。
● 着色光纤：在通信工程中为了区分每一芯光纤，给裸纤挤上一层彩色的塑料。

室外光缆则是给每芯裸纤染上不同颜色的油墨，油墨的颜色和室内光缆一样，也是 12 种。工信部的标准色谱为蓝、橘、绿、棕、灰、本（白）、红、黑、黄、紫、粉红、青绿，在不影响识别的情况下允许使用本色代替白色。

● 锁色光纤：国外有些光纤生产企业，在生产中给光纤覆上的是 12 种不同颜色的树脂，这样光缆厂使用时就无须再着色。
● 阻水带：在装有光纤的束管外面是阻水带，这种材料是在两层无纺布之间加上阻水粉末，一旦光缆进水，粉末吸水后迅速膨胀几十倍，产成像果冻一样的凝胶阻住水往光缆更深处蔓延。
● 轧纹钢带：阻水带外面包有轧纹钢带，其主要作用是抗侧压、抗拉、防鼠咬，保护束管。
● 钢丝：在钢带外面有两根平行钢丝，其作用是增强光缆的拉力。表面灰色的钢丝是经过磷化处理的，表面银色的钢丝是经过镀锌处理的，作用是防止钢丝生锈，镀锌钢丝比磷化钢丝价格高。
● 光缆护套：室外光缆一般采用中密度的聚乙烯（MDPE），也有一些客户指定要高密度的聚乙烯（HDPE），还有订单指定要低烟无卤材料（LSZH）做护套。

② 小型中心管式光缆 JET。小型中心管式光缆 JET，如图 2-31 所示。在装有光纤的束管外加上玻璃纤维纱（或芳纶、高强纱）后挤上护套。JET 光缆比较柔软，具有一定拉力，室内外通用，架空、穿管都比较方面。因光纤只有 12 种颜色，所以中心束管式光缆最多只做 12 芯，超过 12 芯的光缆一般采用层绞式。

③ 松套层绞式光缆。松套层绞式光缆结构如图 2-32 所示，加强构件位于光缆的中心，5～12 根松套管（或部分填充绳）以绞合的方式绞合在中心加强件上。绞合层松套管的分色通常采用红、绿领示色谱来分色，松套管作为光缆的承载元件和光纤的缓冲保护层，套管直径是光纤直径的几倍，使光纤可以在套管中自由活动，同时使光纤与光缆中的其他部分隔离开来，可以防止因缓冲层收缩或扩张而引起的应力破坏。松套管内填充有专用油膏（纤油膏），其主要作用是防水，减轻 OH 损耗。另外，在光纤受到剪切力时，这种纤油膏如同一个有弹性的固体；当光纤受到拉力时，该油膏又如同液体，允许光纤束在其中移动，能大大减小光纤的微弯曲损耗。

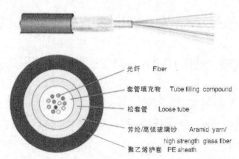

图 2-31 小型中心束管式光缆 JET 实物和截面图

光纤　Fiber
套管填充物　Tube filling compound
松套管　Loose tube
芳纶/高强玻璃纱　Aramid yarn/
high strength glass fiber
聚乙烯护套　PE sheath

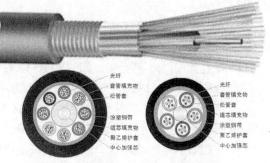

图 2-32 松套层绞式光缆实物和截面图

光纤
套管填充物
松管套
涂塑钢带
缆芯填充物
聚乙烯护套
中心加强芯

光纤
套管填充物
松管套
缆芯填充物
涂塑钢带
聚乙烯护套
中心加强芯

通常，60 芯及以下芯数光缆采用 5 管结构，如 60 芯光缆，就用 5 根束管，每根束管里装 12 根光纤。一般 12 芯以下层绞式光缆，用一根装有 12 芯光纤的束管，另加 4 根实心的填充绳绞合在一起。也可以用 2 根 6 芯的束管加 3 根填充绳绞合，还可以用其他方式搭配。

在层绞式光缆里，GYTS 型和 GYTA 型光缆最常见。GYTS 型光缆是把几根束管绞合在一根较粗的磷化钢丝上，绞合缆的缝隙填充阻水缆膏，外面包有一圈覆塑钢带后再挤上护套。GYTA 型光缆的结构和 GYTS 一样，只是把钢带换成铝带，如图 2-33 所示。铝带的抗侧压指标没有钢带高，但铝带防锈隔潮性能比钢带好，在一些穿管的环境用 GYTA 型光缆，其使用寿命更长。

GYFTY 型光缆（见图 2-33）是把几根束管绞合在一根非金属加强芯上，绞合缝隙填充缆膏或者包上一圈阻水带，外面不加铠装直接挤上护套。

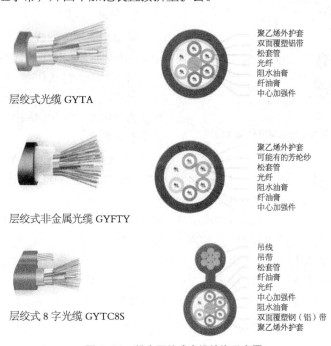

层绞式光缆 GYTA

聚乙烯外护套
双面覆塑铝带
松套管
光纤
阻水油膏
纤油膏
中心加强件

层绞式非金属光缆 GYFTY

聚乙烯外护套
可能有的芳纶纱
松套管
光纤
阻水油膏
纤油膏
中心加强件

层绞式 8 字光缆 GYTC8S

吊线
吊带
松套管
纤油膏
光纤
中心加强件
阻水油膏
双面覆塑钢（铝）带
聚乙烯外护套

图 2-33 松套层绞式光缆结构示意图

对于 GYFTY 型光缆，如果中心加强件不用非金属加强芯（FRP）而用钢丝，型号则是 GYTY，没有 F（代表非金属）。

FRP 加强芯一般用玻璃纤维制成，同样的外径，其强度要大于钢丝，特点是不导电，在雷区环境架空使用比较安全。

8 字型光缆是在束管式或层绞式光缆外面再加一根吊索，吊索一般用 7 根直径为 1.0mm 的钢丝绞合而成。

④ 53 型光缆。53 型光缆，如 GYTA53、GYTY53，是在 GYTA、GYTY 光缆外面再加上一层钢铠和护套。GYTA53 型光缆如图 2-34 所示。

⑤ 光纤到户光缆。光纤到户光缆（FTTH 光缆）如图 2-35 所示，一般用 LSZH 做护套，两根 FRP 加强，中间是两芯 G657 光纤。其外径很小，无须专业开缆工具，直接撕开就可以露出光纤。FTTH 光缆的成本低，适合穿管或走线槽敷设。

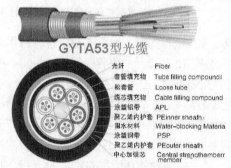

图 2-34　GYFA53 型光缆实物和截面图

图 2-35　FTTH 光缆截面图

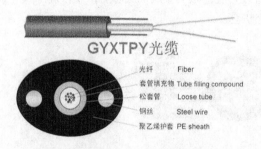

图 2-36　普通入户光缆实物和截面图

⑥ 普通入户光缆。普通入户光缆 GYXTPY 如图 2-36 所示。

2. 光缆的型号

光缆的型号由型式代号和规格代号两部分组成。书写时，先写型式代号，后写规格代号。

（1）光缆的型式代号

光缆的型式代号由 5 部分组成，从左至右依次为光缆类别、加强构件类型、结构特征、护层和外护套。

① 光缆类别代号。GY：通信用室（野）外光缆；GM：通信用移动光缆；GJ：通信用室（局）内光缆；GS：通信用设备光缆；GH：通信用海底光缆；GT：通信用特殊光缆。

② 加强构件类型。无：金属加强构件；F：非金属加强构件；G：金属重型加强构件。

③ 缆芯结构特性。S：光纤松套被覆结构；J：光纤紧套被覆结构；D：光纤带结构；无：层绞式结构；G：骨架槽结构；X：缆中心管（被覆）结构；T：填充式结构；R：充气式结构；B：扁平结构；Z：阻燃结构；C：自承式结构（C8：8 字型自承式结构）

④ 护层代号。Y：聚乙烯；V：聚氯乙烯；F：氟塑料；U：聚氨酯；E：聚酯弹性体；A：铝带—聚乙烯黏结护层；S：钢带—聚乙烯黏结护层；W：夹带钢丝的钢带—聚乙烯黏结护层；L：铝；G：钢；Q：铅。

⑤ 外护层。铠装层（方式）0：无铠装；2：双钢带；3：细圆钢丝；4：粗圆钢丝；5：皱纹钢带；6：双层圆钢丝。

外护层（材料）1：纤维外护套；2：聚氯乙烯护套；3：聚乙烯护套；4：聚乙烯护套加敷尼龙护套；5：聚乙烯管护套。

例如：53——皱纹钢带纵包铠装聚乙烯护套；

23——绕包钢带铠装聚乙烯护套；

33——细钢丝绕包铠装聚乙烯护套；

43——粗钢丝绕包铠装聚乙烯护套；

333——双层细钢丝绕包铠装聚乙烯护套。

（2）光缆的规格代号

光缆的规格代号由光纤芯数和光纤类别两部分组成。

① 光纤芯数：直接用阿拉伯数字写出。

② 光纤类别：先用大写 A 表示多模光纤，B 表示单模光纤；再以数字和小写字母表示不同种类型的光纤。具体如表 2-6 所示。

表 2-6　光纤类别代号

代号	光纤类别对应 ITUT 标准
A1a 或 A1	50/125μm 二氧化硅系渐变型多模光纤
A1b	62.5/125μm 二氧化硅系渐变型多模光纤
B1.1 或 B1	二氧化硅普通单模光纤
B2	色散位移型单模式光纤
B4	非零色散位移型单模式光纤

（3）光缆型号示例

例 2-1 光缆型号为 GYTA53-12A1。

表示：松套层绞式、金属加强构件、填充式、铝带—聚乙烯黏结护套、纵包皱纹钢带铠装、聚乙烯外护套、通信用室外光缆，内装 12 根渐变型多模光纤。

例 2-2 光缆型号为 GYDXTW-144B1。

表示：中心束管式、带状光纤、金属加强构件、填充式、夹带钢丝的钢带—聚乙烯黏结护层、通信用室外光缆，内装 144 根常规单模光纤（G652）。

例 2-3 光缆型号为 GJFBZY-12B1。

表示：扁平型、非金属加强构件、阻燃聚乙烯外护套、通信用室内光缆，内装 12 根常规单模光纤（G652）。

另外，GJFJV——非金属加强构件、紧套光纤、聚氯乙烯护套室内通信光缆，主要用于大楼及室内敷设或做光缆跳线使用。

3．光缆的端别和纤序

光缆中的光纤单元、单元内的光纤均采用色谱或领示色来标识光缆的端别与光纤纤序。

（1）光缆的端别

为便于施工和维护，一条光缆的两端，有 A、B 端之分，要求施工时，A-B 或 B-A 相接，布放时，按规定端别朝向布局摆放。例如，长途光缆，北（东）方向为 A 端，南（西）方向为 B 端；本地光缆中的局间中继光缆，以局号小或容量大的中心局端为 A 端，对端为 B 端；用户光缆，A 端始终朝向局端，B 端始终朝向用户端。

根据各不同生产厂家的规定，光缆的端别可用如下方法识别：

方法一：光缆出厂（新光缆）时，红点端为 A 端，绿点端为 B 端；光缆外护套上的长度数字，小的一端为 A 端，大的一端为 B 端。

方法二：对于使用过的光缆（旧的光缆，其红、绿点和长度数字都有可能看不见了），可以面对光缆端面，松套管颜色按蓝、橘、绿、棕、灰、白顺时针排列的一端为 A 端，反之是 B 端。

（2）光缆中的光纤纤序

GYTA144B1 型 144 芯松套层绞式光缆的每管松套光纤由 12 根光纤组成。为便于各松套管识别，松套管采用红、绿领示色谱，领示色为红色和绿色，面向光缆 A 端，在顺时针方向上红和绿顺序排列。松套管内光纤遵照蓝、橘、绿、棕、灰、白、红、黑、黄、紫、粉红、青绿的色谱规定。因此，光缆中光纤纤序的排定，首先按红、绿领示色谱的顺序找松套管，在一个松套管中（如果有 12 芯光纤）再按蓝、橙、绿、棕、灰、白、红、黑、黄、紫、粉红（浅蓝）、青绿（浅橙）的顺序来排纤。如果一个套管中只包含 6 芯光纤，则蓝色松套管中的蓝、橙、绿、棕、灰、白 6 根纤对应 1~6 号纤，橘色松套管中的蓝、橙、绿、棕、灰、白 6 根纤对应 7~12 号纤，依此类推，直到排完所有松套管中的光纤为止。

（3）光缆端别和光纤纤序识别示例

例 2-4 已知图 2-37 所示为某光缆端面，请回答下列问题。

① 这是光缆的哪一端？

② 纤序怎样?

解：① 因为蓝、橘松套管是按顺时针次序排列的，所示，这是光缆的 A 端。

② 纤序：蓝色松套管中的蓝、橘、绿、棕、灰、白纤分别为 1~6 号纤，橘色松套管中的蓝、橘、绿、棕、灰、白纤分别为 7~12 号纤，这是一条 12 芯的松套管层绞式光缆，其中，填充绳的主要作用是稳固缆芯结构，提高光缆的抗侧压能力。

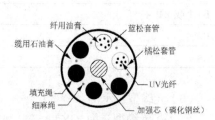

图 2-37　光缆端面图

4. 光缆的物理性能和环境性能

光缆的传输性能是由光缆中光纤的质量来决定的，而光缆的物理性能和环境性能则是由护套层来决定的。

（1）光缆的物理性能

光缆的物理性能应能保证光缆为光纤提供足够的保护，使光纤在运输、施工及运行维护期内不会遭到损坏，并能保持光纤的优良传输性能。光缆的保护层应采用耐磨性能优越的高密度聚乙烯护套。

（2）光缆的环境性能

光缆的环境性能是指光缆高低温性能、渗水性能和滴流性能。

敷设在室外的光缆，其性能与周围环境的变化有关。

① 首先与温度的变化密切相关。光缆在各种环境下可承受的温度范围如下。

储存/运输时：−50℃～+70℃。

施工敷设时：−30℃～+70℃。

维护运行时：−40℃～+70℃。

② 光缆对核辐射的防护性能也是衡量其环境性能的一项技术指标。当光缆受到核辐射时，将使光纤玻璃结构发生缺陷性改变，从而使光纤损耗变大。

③ 光缆环境性能的另一个重要内容是防雷。雷击对光缆的破坏作用主要有以下两个方面。

一是雷电击中具有金属保护层的光缆时，强大的雷电峰值电流通过金属保护层转换为热能，产生的高温足以使金属熔融或穿孔，从而影响光纤传输性能。

二是雷电峰值电流在附近大地中流过时，土壤中产生巨大的热能使周围的水分迅速变成蒸气而产生类似气锤的冲击力。这种冲击力会使光缆变形，破坏光纤性能。

5. 光缆的选用

光缆的选用除了考虑光纤芯数和光纤种类之外，还要根据光缆的使用环境来选择光缆的外护套。

① 户外用光缆直埋时，宜选用铠装光缆。架空时，可选用带两根或多根加强筋的黑色塑料外护套光缆。

② 选用建筑物光缆时应注意其阻燃、毒和烟的特性。一般在管道中或强制通风处可选用阻燃但有烟的类型；暴露的环境中应选用阻燃、无毒和无烟的类型；楼内垂直布缆时，可选用层绞式光缆；而水平（配线）布线时，可选用室内分支光缆。

③ 传输距离在 2km 以内的，选用多模光缆，超过 2km 可用中继或选用单模光缆。

2.4　认识布线用光纤连接器件

综合布线系统使用的光纤连接器件有光纤插座、光纤配线架、光纤连接器、光耦合器和光纤跳线、尾纤等。

2.4.1　光纤插座

光纤插座（见图 2-38）用于光纤到桌面的应用。对光缆来说，规定使用具有 SC/ST 连接器的光纤插座。

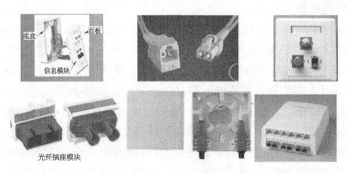

图 2-38　光纤插座

2.4.2　光纤配线架

光纤配线架如图 2-39 所示，是指用于光缆成端和光路分配与管理的装置，具有光缆固定、保护和接地；光缆纤芯与尾纤的熔接；光路的调配；冗余光纤及尾纤的存储管理等功能。还可在面板上安装各种类型的光纤适配器，以实现光缆与光纤跳线之间的端接（活动连接）。根据安装方式的不同，光纤配线架有机柜（架）式光纤配线架和壁挂式光纤配线架等类型。

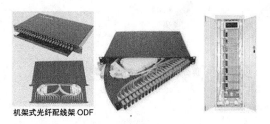

机架式光纤配线架 ODF

图 2-39　机架式光纤配线架

光纤配线架由箱体、光纤熔接盘和面板 3 部分构成，如图 2-40 所示，集光缆光纤熔接、尾纤收容、跳接线收容 3 种功能于一体；余长收容在两个特制的半圆塑料绕线盘上，保证光纤的弯曲半径要求，面板可安装各种光纤适配器，如 ST、SC、SFF 等，抽屉式结构，安装时，只要抽出箱体，就可以在机柜正面进行盘绕、端接等工作。机柜式光纤配线架可以安装于 19 英寸标准机柜内，可以实现在 1U 高度上的 6 口至 24 口的应用。

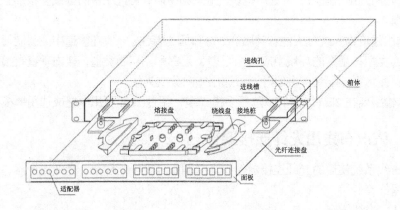

图 2-40 光纤配线架结构示意图

2.4.3 光纤连接器

光纤连接器是用来成端光纤的。光纤连接器按连接头结构的不同可分为 FC、SC、ST、LC、MU、MT-RJ 等多种型号；按光纤芯数多少还有单芯、双芯光纤连接器之分。

如图 2-41 所示，传统主流光纤连接器品种有 FC 型（螺纹连接式）、SC 型（直插式）和 ST 型（卡扣式）3 种，它们的共同特点是都有直径为 2.5mm 的陶瓷插针。其中，FC 型光纤连接器的外壳呈圆形，其外部加强采用金属套，紧固方式为螺丝扣；SC 型光纤连接器的外壳呈方形，紧固方式为插拔销闩式；ST 型光纤连接器的外壳呈圆形，紧固方式为卡扣式。

小型化光纤连接器所占的面积只相当传统光纤连接器的一半，已经越来越受到用户的喜爱，大有取代传统光纤连接器之势。目前主要的 SFF 光纤连接器有 LC 型光纤连接器、MU 型光纤连接器、MT-RJ 型光纤连接器和 VF-45 型光纤连接器。

2.4.4 光纤适配器

光纤适配器又称光耦合器或法兰，如图 2-42 所示。它是将两对或一对光纤连接器件进行连接的器件，用于连接已成端的光纤或尾纤，是实现光纤活动连接的重要器件之一。它通过尺寸精密的开口套管在适配器内部实现了光纤连接器的精密对准连接，保证两个连接器之间有一个低的连接损耗。

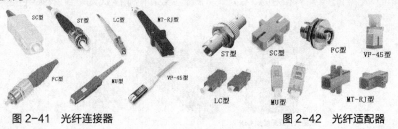

图 2-41 光纤连接器　　　　　　　　图 2-42 光纤适配器

2.4.5　光纤跳线和光尾纤

如图 2-43 所示，光纤跳线又称互连光缆，有单芯和双芯、多模和单模之分。单模光纤跳线为黄色，多模光纤跳线为橘红色。光纤跳线主要用于光纤配线架到交换机光口或光电转换器之间、光纤插座到计算机的连接，根据需要，光纤跳线两端的连接器可以是同类型的，也可以是不同类型的，其长度一般在 5m 以内。

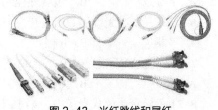

图 2-43　光纤跳线和尾纤

光纤尾纤的一端是光纤，另一端是光纤连接器，用于采用光纤熔接法制作光缆成端。事实上，一条光纤跳线剪断后，就成了两条尾纤。

思考与练习 2

一、填空题

1. 在对绞电缆内，不同线对具有不同的扭绞长度，这样可以_____串音。

2. 对绞电缆的每个线对都有颜色编码，以易于区分和连接。4 对对绞电缆的 4 种颜色编码依次为_____、_____、_____和_____。

3. 对绞电缆按其包缠的是否有金属屏蔽层，可以分为_____和_____两大类。在目前的综合布线系统中，除了某些特殊场合，通常都采用_____。

4. 超 5 类对绞电缆的传输频率为_____，6 类对绞电缆支持的带宽为_____，7 类对绞电缆支持的带宽高达_____。

5. 6 类电缆和超 5 类电缆的结构不同，导体线规也不同。超 5 类电缆的导体线规是_____，6 类电缆的导体线规是_____。

6. 光纤由 3 部分组成，即_____、_____和_____。

7. 按传输模式分类，光纤可以分为_____和_____两类。

8. 室外光缆主要用于综合布线系统中的_____子系统。

9. 单模室内光缆的颜色是_____，多模室内光缆的颜色是_____。

10. 芳纶在室内光缆中的主要作用是_____。

二、选择题（答案可能不止一个 ）

1. 对绞电缆的每个线对都有颜色编码，4 对对绞电缆的 4 种颜色编码是（　　　）。

　A. 蓝色、橙色、绿色和紫色　　　　　B. 蓝色、红色、绿色和棕色

　C. 蓝色、橙色、绿色和棕色　　　　　D. 白色、橙色、绿色和棕色

2. 光缆是数据传输中最有效的一种传输介质，它有（　　　）优点。

　A. 频带较宽　　　　　　　　　　　B. 电磁绝缘性能好

　C. 衰减较小　　　　　　　　　　　D. 无中继段长

3. 信息插座在综合布线系统中主要用于连接（　　　）。

　A. 工作区与配线子系统　　　　　　B. 配线子系统与管理子系统

　C. 工作区与管理子系统　　　　　　D. 管理子系统与干线子系统

4. （　　　）光纤连接器的外壳呈圆形，紧固方式为卡扣式。

　A. ST 型　　　　　B. SC 型　　　　　C. FC 型　　　　　D. LC 型

5. 常见的 62.5/125μm 多模光纤中的 62.5μm 指的是（　　　）。

A. 纤芯外径　　　　B. 包层外径　　　　C. 包层厚度　　　　D. 涂覆层厚度

6. 6芯光缆中光纤的数量是（　　　）。

A. 4根　　　　　　B. 6根　　　　　　C. 36根　　　　　　D. 66根

7. 12芯松套管式光缆中，第11号光纤的颜色是（　　　）。

A. 蓝　　　　　　　B. 橙　　　　　　　C. 灰　　　　　　　D. 浅蓝

8. 24芯松套层绞式光缆中，第15号光纤所在松套管的颜色是（　　　）。

A. 蓝　　　　　　　B. 橙　　　　　　　C. 绿　　　　　　　D. 棕

9. 光纤的损耗与波长有关，总的损耗是随波长而变化的，损耗最小的波长是（　　　）。

A. 0.85μm　　　　B. 1.30μm　　　　C. 1.55μm　　　　D. 1.51μm

10. 金属加强构件、松套层绞填充式、铝带—聚乙烯黏结护套、双细圈钢丝铠装、聚乙烯外护套，通信用室外光缆，是以（　　　）命名的。

A. GXGST53　　　B. GYGSTA33　　　C. GYSTA333　　　D. GYSTS

三、判断题

1. 6类布线系统与超5类布线系统相比，带宽从100MHz增加到200MHz。（　　　）

2. 在对绞电缆中，除每2根具有绝缘层的铜导线按一定密度逆时针方向互相绞缠在一起组成线对外，线对与线对之间也按一定密度逆时针方向扭绞在一起。（　　　）

3. 对绞电缆就是UTP电缆。（　　　）

四、名词解释

1. AWG　　　2. 裸光纤　　　3. 配线架　　　4. 跳线

五、简答题

1. 对绞电缆有哪几类？各有什么特点？

2. 全塑市内通信电缆芯线绝缘结构有几种？

3. 全色谱25对基本单位的线对色谱是如何配置的？

4. 简要说明你是怎样识别HYA 100×2×0.4电缆芯线1～100线序的？

5. 全塑市内通信电缆（单位式）的A、B端是如何确定的？

6. 电缆连接件的作用是什么？它有哪些类型？

7. 光缆主要有哪些类型？该如何选用？

8. 怎样识别光缆端别与纤序？

9. 解释下列光缆型号的含义，并说明它们各自的使用场合。

① GJFBZY-12B1　　　　② GYTA53-30Al　　　　③ GYXTY-24B2

10. 光纤连接件的作用是什么？它有哪些类型？

项目实训 2

一、实训目的

① 掌握如图2-44所示光缆开剥工具的正确使用方法，熟练开剥光缆，掌握松套层绞式光缆缆芯结构，准确排定纤序，了解光缆中各种构件的作用。

② 掌握光缆冷接方法。

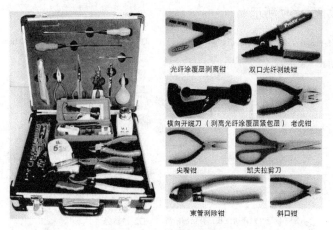

图 2-44　光缆开剥工具

二、实训器材

① 8 芯光缆端面结构如图 2-45 所示，长度不少于 100m。

② 专用光缆开剥工具若干套。

三、实训内容

1．开剥光缆、分辨光纤

① 正确使用专用工具开剥光缆 1.2~1.5m；

② 正确剪断加强芯、填充绳、细麻绳，留长合格；

③ 清除油膏，正确去除松套管及光纤涂层上的油膏；

④ 去除涂层并清除油膏；

⑤ 准确找到指定光纤并识别颜色；

⑥ 详细说明下列光缆构件的作用：

填充绳、细麻绳、加强芯、松套管、缆用油膏、纤用油膏。

⑦ 判断光缆的 A、B 端。

2．光缆冷接操作

（1）用皮线冷接子（见图 2-46）连接光纤

① 产品介绍。

适用范围：3.0mm×2.0mm 皮线光缆、0.90mm 光缆、0.25mm 光缆。

光纤直径：125μm。

紧包层直径：250μm 和 900μm。

适用模式：单模和多模

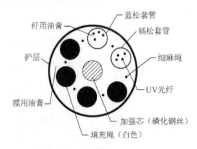

图 2-45　8 芯光缆端面结构

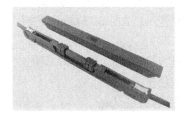

图 2-46　皮线冷接子

项目一　初识综合布线工程

② 操作流程如图 2-47 所示。

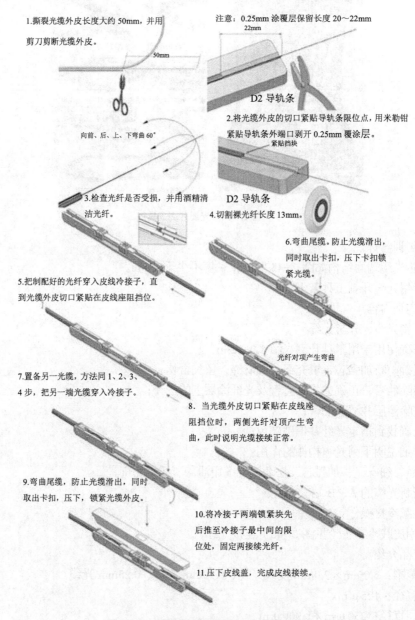

1.撕裂光缆外皮长度大约50mm，并用剪刀剪断光缆外皮。

注意：0.25mm 涂覆层保留长度 20～22mm

22mm

D2 导轨条

2.将光缆外皮的切口紧贴导轨条限位点，用米勒钳紧贴导轨条外端口剥开 0.25mm 覆涂层。

紧贴挡块

向前、后、上、下弯曲60°

3.检查光纤是否受损，并用酒精清洁光纤。

D2 导轨条

4.切割裸光纤长度13mm。

6.弯曲尾缆。防止光缆滑出，同时取出卡扣，压下卡扣锁紧光缆。

5.把制配好的光纤穿入皮线冷接子，直到光缆外皮切口紧贴在皮线座阻挡位。

光纤对顶产生弯曲

7.置备另一光缆，方法同1、2、3、4步，把另一端光缆穿入冷接子。

8. 当光缆外皮切口紧贴在皮线座阻挡位时，两侧光纤对顶产生弯曲，此时说明光缆接续正常。

9.弯曲尾缆，防止光缆滑出，同时取出卡扣，压下，锁紧光缆外皮。

10.将冷接子两端锁紧块先后推至冷接子最中间的限位处，固定两接续光纤。

11.压下皮线盖，完成皮线接续。

图 2-47　用皮线冷接子连接光纤操作流程

（2）使用光纤快速连接器（见图 2-48）连接光纤

① 光纤快速连接器性能参数。

适用范围：2.0mm/3.0mm 光纤、3.1mm×2.0mm 皮线光缆。

光纤直径：125μm（657A 和 657B）。

紧包层直径：250μm。

适用模式：单模。

② 操作流程如图 2-49 所示。

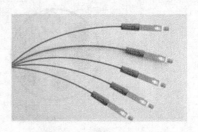

图 2-48　光纤快速连接器

图 2-49　用光钎快速连接器连接光纤操作流程

3. 用光纤冷接子（见图 2-50）连接光纤

图 2-50　光纤冷接子

① 技术参数。

适用范围：ϕ0.25mm/ϕ0.90mm 光纤。

光纤直径：125μm（657A 和 657B）。

紧包层直径：250μm 和 900μm。

适用模式：单模和多模。

② 操作流程如图 2-51 所示。

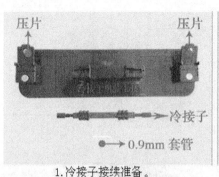

1. 冷接子接续准备。

2. 将冷接子放在制具上,将0.9mm套管穿入一端。

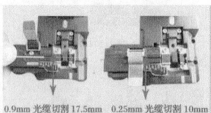

0.9mm 光缆切割 17.5mm   0.25mm 光缆切割 10mm

3. 开剥光缆后清洁并检验光纤,切割光纤。

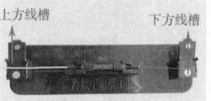

4. 分别将光缆从两端穿入冷接子,放于线槽内。

5. 放下压片夹住光缆。

6. 将0.9mm光缆推向中间至光缆产生弯曲。

7. 分别将锁紧套和锁紧管推至最中央。

8. 打开制具两端压片,拿下冷接子,接续完成。

图 2-51　用光纤冷接子连接光纤操作流程

任务 3　认识综合布线中使用的布线器材和机柜

　　线管、线槽是构建综合布线系统缆线通道的元件,用于隐藏、保护和引导缆线;机柜(机架)用于配线设备、网络设备和终端设备等的叠放。它们都是综合布线系统工程中必不可少的基础设施。本任务的目标是认识综合布线工程用到的各种辅助材料(线管、线槽、桥架和机柜等),掌握其性能和选用方法。

3.1　认识线管

　　线管是指圆形的缆线支撑保护材料,用于构建缆线的敷设通道。在综合布线工程中使用的线管主要有塑料管和金属管(钢管)两种。一般要求线管具有一定的抗压强度,可明敷于墙外或暗敷于混凝土内;具有耐一般酸碱腐蚀的能力,防虫蛀、鼠咬;具有阻燃性,能避免火势蔓延；表面光滑、壁厚均匀。

3.1.1　塑料管

塑料管是由树脂、稳定剂、润滑剂及添加剂配制挤塑成型的。目前用于综合布线缆线保护的塑料管主要有聚氯乙烯（PVC）管、PVC 蜂窝管、双壁波纹管、子管、铝塑复合管、硅芯管等。

1. PVC 管

聚氯乙烯管是综合布线工程中使用最多的一种塑料管，管长通常为 4m、5.5m 或 6m，具有优异的耐酸、耐碱、耐腐蚀性能，耐外压强度和耐冲击强度等都非常高，具有优异的电气绝缘性能，适用于各种条件下的缆线保护。PVC 管有 D 16、D 20、D 25、D 30、D 40、D50 、D 75、D 90、D110 等规格。图 3-1 所示为 PVC 管及管件。

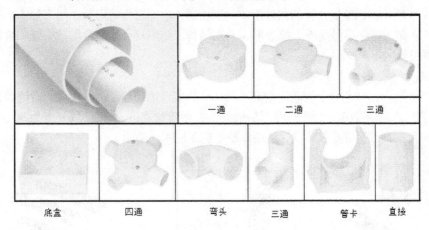

一通　　二通　　三通

底盒　　四通　　弯头　　三通　　管卡　　直接

图 3-1　PVC 管及管件

2. PVC 蜂窝管

PVC 蜂窝管是一种新型的光缆护套管，采用一体多孔蜂窝结构，便于光缆的穿入、隔离及保护，具有提高功效、节约成本、安装方便可靠等优点。PVC 蜂窝管有 3 孔、4 孔、5 孔、6 孔、7 孔等规格，如图 3-2 所示。

3. 双壁波纹管

如图 3-3 所示，双壁波纹管是一种内壁光滑、外壁呈波纹状并具密封胶圈的新颖塑料管。由于外壁波纹，增加了管子本身的惯性矩，提高了管材的刚性和承压能力，使管子具有一定的纵向柔性。

图 3-2　PVC 蜂窝管　　　　　　图 3-3　双壁波纹管

PVC 双壁波纹管结构先进，除具有普通塑料管的耐腐、绝缘、内壁光滑、使用寿命长等优点外，还具有以下独特的技术性能：

① 刚性大，耐压强度高于同等规格的普通塑料管；

② 重量是同规格普通塑料管的一半，从而方便施工，减轻了工人的劳动强度；

③ 密封好，在地下水位高的地方使用更能显示其优越性；

④ 波纹结构能加强管道对土壤负荷的抵抗力，便于连续敷设在凹凸不平的作业面上；

⑤ 工程造价比普通塑料管降低 1/3。

4. 子管

子管如图 3-4 所示，其口径小，管材质软，具有柔韧性能好、可小角度弯曲使用、敷设安装灵活方便等特点，用于对光缆、电缆的直接保护。当光缆、电缆同槽敷设时，光缆一定要穿放在子管中。

5. 铝塑复合管

如图 3-5 所示，铝塑复合管的内外层均为聚乙烯，中间层为薄铝管，用高分子热熔胶将聚乙烯和薄铝管黏合，经高温高压、拉拔形成 5 层结构。铝塑复合管综合了塑料管和金属管的优点，是性能良好的屏蔽材料。

6. 硅芯管

如图 3-6 所示，硅芯管采用高密度聚乙烯和硅胶混合物经复合挤出而成，内壁预置永久润滑内衬(硅胶)，摩擦系数很小，用于气吹法布放光缆，敷管快速，一次性穿缆长度为 500~2000m，沿线接头、人孔、手孔可相应减少，从而降低了施工成本。

图 3-4　子管

内层聚乙烯
胶　合　层
对接焊铝管
胶　合　层
外层聚乙烯

图 3-5　铝塑复合管

图 3-6　硅芯管

3.1.2　金属管

金属管（钢管）具有屏蔽电磁干扰能力强、机械强度高、密封性能好、抗弯、抗压和抗拉性能好等优点，但抗腐蚀能力差，施工难度大。为了提高其抗腐蚀能力，内外表面全部采用镀锌处理，要求表面光滑无毛刺，防止在施工过程中划伤缆线。

钢管按壁厚不同分为普通钢管（水压实验压力为 2.5MPa）、加厚钢管（水压实验压力为 3MPa）和薄壁钢管（水压实验压力为 2MPa）3 种。

普通钢管和加厚钢管统称为水管，具有较大的承压能力，在综合布线系统中主要用在房屋底层。

薄壁钢管简称薄管或电管，因为管壁较薄，承受压力不能太大，常用于建筑物天花板内外部受力较小的暗敷管路。

布线工程中常用的金属管有 D16、D20、D25、D30、D40、D50、D63 等规格。图 2-31 所示为部分金属管及管件。

此外，还有一种较软的金属管，叫作软管（俗称蛇皮管），可用于弯曲的地方。

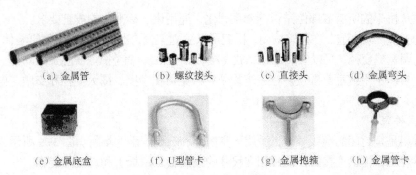

| (a) 金属管 | (b) 螺纹接头 | (c) 直接头 | (d) 金属弯头 |
| (e) 金属底盒 | (f) U型管卡 | (g) 金属抱箍 | (h) 金属管卡 |

图 3-7　金属管材及配件

3.1.3　线管的选择

选择布线用管材时应根据具体要求，以满足需要和经济性为原则，主要考虑机械（抗压、抗拉伸或抗剪切）性能、抗腐拒变的能力、电磁屏蔽特性、布线规模、敷设路径、现场加工是否方便及环保特性等因素。

① 在一些较潮湿甚至是过酸或过碱性的环境中敷设管道，应首先考虑抗腐蚀能力。在这种情况下，往往 PVC 管更加适应，当然还应注意选用合适的防水、抗酸碱性密封涂料。

② 在强电磁干扰的空间中布线，如机场、医院、微波站等，金属管就明显地占有优势，因为金属管道能提供更好的屏蔽，外界的电磁场及其突变不会干扰管道内的缆线，内部缆线的电磁场也不会对外界形成污染。

③ 布线规模决定了缆线束的口径，必须根据实际需要，分别选用不同口径的布线线管。

④ PVC 管和布线缆线在生产中需加入一定比例的氟和氯，因而在发生火灾或爆炸等灾害时，某些 PVC 管和缆线燃烧所释放出的有害气体往往比火灾污染更严重。

3.2　认识线槽

通常，线槽是指方形（非圆形）的缆线支撑保护材料。线槽有金属线槽和 PVC 线槽两种。金属线槽又称槽式桥架，而 PVC 线槽是综合布线工程中明敷管路时广泛使用的一种材料。PVC 线槽是一种带盖板的、封闭式的线槽，盖板和槽体通过卡槽合紧。从型号上讲，有 PVC-20 列、PVC-25 系列、PVC-30 系列、PVC-40 系列等；从规格上讲，有 20mm×12mm、25mm×12.5mm、25mm×25mm、30mm×15mm、40mm×20mm 等。常用 PVC 线槽及连接件如图 3-8 所示。

图 3-8　PVC 线槽及连接件

3.3　认识桥架

所谓桥架，通常是指非圆形的、非 PVC 材质的缆线支撑保护材料。根据材质的不同，有金属桥架和复合玻璃钢桥架两类。综合布线常用金属桥架，其全部零件均需进行镀锌或喷塑处理。桥架具有结构简单、造价低、施工方便、配线灵活、方便扩充、维护检修等特点，广泛应用于建筑物主干通道的安装施工。

桥架有槽式、托盘式、梯级式、组合式等结构，由支架、吊杆、托臂、安装附件等组成。

选型时应注意桥架的所有零部件是否符合系列化、通用化、标准化的成套要求。

桥架的安装因地制宜，在建筑物内，桥架可以独立架设，也可以附设于建筑墙体和廊柱上；可以调高、调宽或变径；可以安装成悬吊式（楼板和梁下）、直立式、侧壁式、单边、双边、多层等形式；可以水平或垂直敷设。在建筑物外，桥架可在墙壁、露天立柱和支墩、电缆沟壁上侧装。

1. 槽式桥架

槽式桥架是全封闭的缆线桥架，适用于室内外和需要屏蔽的场所。图 3-9 所示为槽式桥架空间布置示意图，槽槽连接时，使用相应尺寸的连接板（铁板）和螺丝固定。

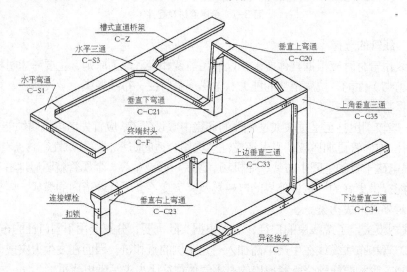

图 3-9　槽式桥架空间布置示意图

在综合布线工程中，常用槽式桥架的规格为 50mm×25mm、100mm×25mm、100mm×50mm、200mm×100mm、300mm×150mm、400mm×200mm 等多种。

2. 托盘式桥架

托盘式桥架具有重量轻、载荷大、造型美观、结构简单、安装方便、散热透气性好等优点，适用于地下层、吊顶内等场所。图 3-10 所示为托盘式桥架空间布置示意图。

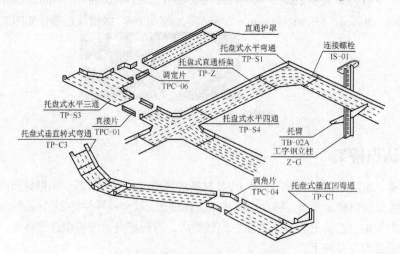

图 3-10　托盘式桥架空间布置示意图

3. 梯级式桥架

梯级式桥架具有重量轻、成本低、造型别致、通风散热好等特点。用于直径较大的电缆的敷设，适用于地下层、竖井、设备间的缆线敷设。图 3-11 所示为梯级式桥架空间布置示意图。

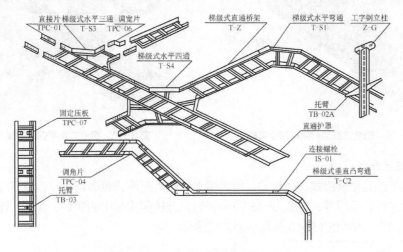

图 3-11 梯级式桥架空间布置示意图

4. 组合式桥架

组合式桥架是桥架系列的第二代产品。适用于各种电缆的敷设，具有结构简单、配置灵活、安装方便、样式新颖等优点。

组合式桥架只要采用 100mm、150mm、200mm 的 3 种规格就可以组装成所需尺寸的缆线桥架，无须生产弯通、三通等配件就可以根据现场安装需要任意转向、变宽、分支、引上、引下，在任意部位，不需要打孔、焊接就可用管引出。组合式桥架既方便工程设计，又方便生产运输，更方便安装施工，是目前桥架中最灵活的产品。图 3-12 所示为组合式桥架构件，图 3-13 所示为组合式直通桥架组装示意图，图 3-14 所示为水平四通组装示意图。

图 3-12 组合式桥架构件

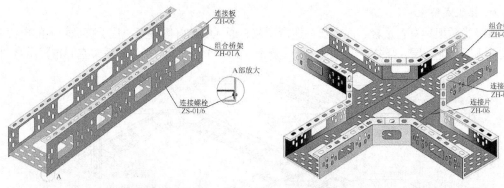

图 3-13　组合式直通桥架组装示意图　　　　图 3-14　组合式水平四通组装示意图

5. 桥架连接件

桥架连接件是指梯级式、托盘式、槽式桥架的通用配件，包括调宽片、调高片、连接片、调角片、固定板、隔板等，如图 3-15 所示，它们是桥架安装中的变宽、变高、连接，以及水平和垂直走向中的小角度转向、分隔等必需的附件。

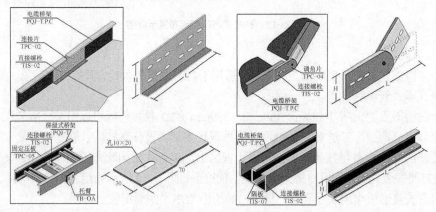

图 3-15　桥架连接件

6. 其他附件

其他附件主要包括各种桥架托臂、支架、角钢、吊杆、电缆卡、导管夹板、紧固螺栓等一些桥架安装中所需的通用附件，如图 3-16 所示，供用户在订货、安装时选用。

图 3-16　部分通用附件

3.4 认识机柜和机架

机柜具有增强电磁屏蔽、削弱设备工作噪声、减少设备占地面积等优点，常用于布线配线设备、计算机网络设备、通信设备、电子设备等的叠放。

机柜的结构比较简单，主要包括基本框架、内部支撑系统、布线系统和通风系统 4 个部分。

1. 标准机柜

机柜有宽度、高度和深度 3 个常规指标。通常，人们把 19 英寸机柜叫作标准机柜，如图 3-17 所示，有立式和墙挂式两种。虽然 19 英寸面板设备的安装宽度为 465.1mm，但机柜的总体宽度常见的有 600mm 和 800mm 两种，高度一般从 0.7m 到 2.4m 不等，应根据柜内设备的多少和机房统一布局来选用，通常厂商可以定制特殊高度的产品，常见的成品 19 英寸机柜高度为 1.0m、1.2m、1.6m、1.8m、2.0m 和 2.2m。机柜的深度一般为 400～800mm，具体应根据柜内设备的尺寸而定，通常厂商也可以定制特殊深度的产品，常见的成品 19 英寸机柜的深度为 500mm、600mm 和 800mm。

标准机柜内设备安装所占高度用一个特殊单位"U"表示，1U=44.45mm。机柜一般都是按 nU 的规格制造的。多少个"U"的机柜表示能容纳多少个"1U"高度的配线设备或网络设备。通常，24 口配线架的高度为 1U，24 口交换机的高度也是 1U。42U 机柜的高度为 2.0m，37U 机柜的高度为 1.8m，18U 机柜的高度为 1.0m，47U 机柜的高度为 2.2m。

机柜的材质与机柜的性能密切相关，铝材制造的机柜比较轻便，适合堆放轻型器材，且价格相对便宜。冷轧钢板制造的机柜具有机械强度高、承重大的特点。同类产品中钢板用料的厚薄和质量以及工艺都直接关系到产品的质量和性能。

另外，机柜的制作工艺和表面油漆工艺，以及内部隔板、导轨、滑轨、走线槽、插座的精细程度和附件质量也是衡量机柜品质的重要指标。好的机柜不但稳重，符合主流的安全规范，而且设备装入平稳、固定稳固，机柜前后门和两边侧板密闭性好，柜内设备受力均匀，而且配件丰富，能满足各种应用的需要。

2. 机架

如图 3-17 所示，机架和机柜都是用来放置 19 英寸设备的，机架为敞开式结构，没有门，便于设备的安装与施工，但防尘性比较差，相对机柜而言，对外部环境要求更高一些。

3.5 其他

1. 理线架

理线架如图 3-18 所示，用于整理机柜里的缆线，让机柜里的缆线更加整齐、规范，更便于管理，使整个布线系统整洁美观。

图 3-17 标准机柜和机架

图 3-18 理线架

2. 扎带

扎带如图 3-19 所示，是用于捆扎东西的带子，设计有止退功能，只能越扎越紧，一般为一次性使用，也有可拆卸的扎带。根据扎带材料的不同，分为金属扎带（一般为不锈钢材料）和塑料扎带（一般为尼龙材料）两种；按锁紧方式的不同，分为自锁式尼龙扎带、标牌扎带、固定头扎带、插销式扎带等。

尼龙扎带采用 UL 认可的尼龙 66 料制成，防火、耐酸碱腐蚀、不易老化、重量轻、安全无毒、承受力强，操作温度为-40℃～90℃；具有绑扎快速、绝缘性好、自锁紧固、使用方便等特点。

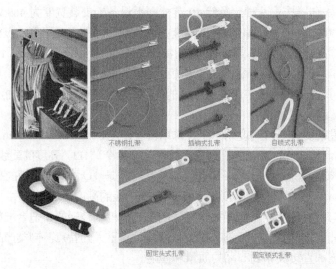

图 3-19　扎带

3. 标签及打印机

标签及打印机如图 3-20 所示。

4. 光电转换器

光电转换器俗称光猫，如图 3-21 所示，是一种类似于基带 MODEM（数字调制解调器）的设备。光电转换器是指利用光电效应将光信号转换成电信号的器件。

图 3-20　标签和打印机

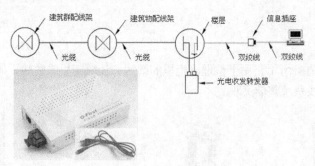

图 3-21　光电转换器

思考与练习3

一、填空题

1. 19 英寸标准机柜中，设备安装所占高度用一个特殊单位"U"表示，1U=_____。

2. 机柜有_____、_____和_____3个常规指标。

3. 线管主要有_____和_____两种。

4. 通常，桥架有_____、_____、_____和_____4种结构。

二、选择题（答案可能不止一个）

1. （　　）为封闭式结构，适用于无天花板且电磁干扰比较严重的布线环境，但对系统扩充、修改和维护比较困难。

A. 梯级式桥架　　B. 槽式桥架　　　C. 托盘式桥架　　D. PVC 线槽

2. 42U 机柜的高度为（　　）m。

A. 1.8　　　　　B. 2.0　　　　　C. 2.2　　　　　D. 2.4

三、判断题

1. 线管的机械强度是指线管的坚硬度。（　　）

2. PVC 线槽只能用于墙壁表面的明敷。（　　）

3. 机柜和机架一样，只是叫法不同。（　　）

四、名词解释

1. 线管　　2. 线槽　　3. 桥架

五. 简答题

1. 综合布线系统中常用的线管有哪些类型？分别应该在什么地方选用？

2. 简述综合布线系统中桥架的种类和适用场合。

3. 机柜有什么作用？功能如何？

项目实训 3

一、实训目的

通过实训，能够利用所掌握的相关理论知识，在布线系统设计中科学合理地选择缆线、相关的连接件和缆线通道材料。

二、实训内容

① 通过市场调研、上网和图书馆查询资料，进一步加深理解所学知识。

② 通过对校园网的调研，了解传输介质、网络连接设备和相关连接硬件在布线系统中的应用。

③ 完成市场调查报告。

三、实训过程

① 在教师指导下，用 1 周的时间，通过各种途径，对对绞电缆、光缆、各种连接件（配线架、信息插座、接插软线等）、机柜等的功能、性能、相关技术参数和主流产品进行详细的了解，并完成调查报告。

② 由教师组织学生参观校园网，并请校园网工作人员为学生开展相关的专题讲座，使学生进一步理解：在布线系统设计中应如何科学合理地选择布线器材。

四、实训总结

① 教师组织学生就现有的一个综合布线系统所使用的布线器材进行分析和总结。

② 教师组织学生为一个假设的综合布线系统选择相关的布线器材。

项目二
安装综合布线工程

任务 4　组织施工

综合布线工程的施工主体是施工单位，由监理单位和业主进行工程监管。施工单位在施工前期必须按照综合布线工程的施工图设计和工程合同中的各项规定，充分了解工程的特点，编制好施工组织方案。工程施工必须严格按照设计文件要求，依照施工组织方案进行，要特别注意和监理人员配合做好分部工程验收和签证，以备工程竣工资料和竣工验收的需要。本任务的目标是做好综合布线工程施工前的各项准备工作，实现工程项目的安全施工和规范化管理。

4.1　综合布线工程的施工特点

综合布线工程是智能建筑或智能化小区主体工程中的一个单项工程，其施工具有以下特点。

① 工程牵涉的内容较多，包括的子系统项目数量较多，既有屋内，又有屋外；既有细如头发的光纤接续，也有吊装体型较大的预制水泥构件。

② 技术先进、专业性强，安装工艺要求较高。对于光缆的施工，安装工艺要求更高、更严格，未经专业培训的人员不允许参与操作。

③ 涉及面广，对外配合协调工作很多，且有一定的技术难度，只有做好各方面工作，才能确保工程质量和施工进度。

④ 外界干扰影响的因素较多，施工周期容易被延长，尤其是涉及室外施工部分，更需及早采取相应措施，妥善处理、细致安排。

⑤ 工程现场比较分散，安装施工人员流动作业也多，设备和布线部件的品种类型较多，且价格较贵，工程管理有相当难度。

4.2　综合布线工程的施工准备

综合布线工程的施工准备是综合布线工程施工的重要环节，这一阶段的工作情况直接决定整个工程施工的质量和进度，因此如何将施工准备工作做细、做好是本任务的关键所在。

4.2.1　施工依据和指导性文件

1. 施工依据

综合布线工程施工的依据是施工图设计文件，此外，遇到问题可以依据国内外的相关施工规范和标准进行。

2. 施工指导性文件

综合布线工程施工指导性文件是指除施工图设计之外的影响施工的一系列文件，包括以下几种。

① 经建设方和施工单位双方协商、共同签订的施工承包合同和有关协议。

② 施工图设计会审纪要，施工前技术交底纪要。

③ 施工图纸设计变更。

④ 关键部分的操作规程和生产厂家提供的产品安装手册。

4.2.2　施工前准备

综合布线工程施工前，必须作好各项准备工作，并向工程建设单位和工程监理方提交开工报告，取得批准后方可开始正式施工。施工前的准备工作主要包括技术准备、施工场地准备、施工工具准备及设备、器材准备和施工组织准备等环节。

1. 技术准备

① 熟悉综合布线工程施工图纸设计文件，掌握综合布线系统各子系统的施工技术。施工开始前，施工人员首先应仔细阅读工程设计文件，熟悉施工图纸，认真核对施工内容，全面掌握施工的具体要求。明白工程所采用的设备、材料以及图纸所提出的施工要求，明确综合布线工程和主体工程、其他安装工程的交叉配合，以便及早采取措施，确保在施工过程中不破坏建筑物的结构和美观，不与其他工程发生位置冲突。

② 熟悉综合布线工程施工验收规范、技术规程、质量检验评定标准、设备制造厂商提供的资料，即安装使用说明书、产品合格证、测试数据等。

③ 现场勘察。施工方和监理方派技术人员到现场进行勘察，了解建筑物内外部环境、工作条件情况，确定走线路由。选择路由时需要考虑缆线的隐蔽性、对建筑物的破坏和各幢建筑的引入部位等，在利用现有空间的同时避开电源线路和其他线路；对缆线等的必要和有效的保护需求，施工的工作量和可行性（如打穿墙眼）等。如需要在承重墙上打穿墙眼，需向管理部门申请，以免违反施工法规。考察设备间和电信间等专用房间，确定房间的环境条件和建筑工艺是否满足施工要求；核查设计的缆线敷设路由和设备安装位置是否正确、适宜，确定是否需要采取补救措施或变更设计方案。

④ 设计文件会审。设计文件（含施工图）是工程施工的重要依据，在熟悉设计文件和现场勘查的基础上，对设计文件中不明了或有错误的部分，在设计文件会审时提出来，以便进行设计变更。

⑤ 编制施工组织方案。在全面熟悉施工图设计和现场勘察的基础上，计算用料和用工，根据施工现场情况、技术力量及技术装备情况，综合考虑设计实施中的管理操作，提出工期安排，根据工程合同的要求，成立合适的施工组织机构，编制施工组织方案。做到人员组织合理，施工安排有序，工程管理严密，符合施工实际。

如果建筑物尚在筹建之中，则可根据建筑的整体布局、布线需求向建筑的设计机构提出有关综合布线的特定要求，以便在建筑施工的同时将一些布线的前期工程完成。如果是在原有建筑物的基础上与室内装修工程同步实施的话，则必须根据原有建筑物的情况、装修工程设计和实际勘查结果进行综合布线施工规划。

⑥ 技术交底。技术交底工作是在施工现场进行的，参加人员应有设计单位的设计人员、工程施工单位的项目技术负责人和工程监理人员。技术交底的主要内容包括：

● 设计要求和施工组织中的有关要求；

● 工程使用的材料、设备的性能参数；

● 工程施工条件、施工顺序、施工方法；

- 施工中采用的新技术、新设备、新材料的性能和操作使用方法；
- 预埋部件注意事项；
- 工程质量标准和验收评定标准；
- 施工中的安全注意事项等。

2. 施工场地准备

工程开工前，施工现场尽量安装临时供电系统，设立临时作业和办公场所，主要包括管槽加工制作场地、仓库和现场办公用房、工人更衣/休息用房等。

① 管槽加工制作场地：面积约为 50m²，在管槽施工阶段，需要根据布线路由的实际情况，对管槽材料进行现场切割和加工。

② 仓库：根据工地规模而定，至少需要 30m²，主要用于现场使用的管槽、缆线及部分设备等的临时储藏。

③ 现场办公用房：大约需要 20m²，要求配备照明设施、通信设施等办公设备，现场施工管理人员办公场所。

④ 工人更衣/休息用房：需要 30m²左右。

3. 施工工具准备

根据工程施工范围和施工环境的不同，准备不同类型的施工工具。清点工具数量，检查工具质量，如有欠缺或质量不佳必须补齐和修复。需要准备的工具主要有发电机、临时用电接入设备、室外沟槽施工工具、架空走线所用的相关工器具、穿墙打孔工具、管槽加工工具、管槽安装工具、布线专用工具和缆线端接工具、测试仪器等。

4. 施工前的器材检查

施工前应认真检查进场器材的数量和质量，并填写开箱验货报告。

（1）器材检验的一般要求

① 工程所用缆线和器材的品牌、型号、规格、数量、质量应符合设计要求，并具备相应的质量文件或证书，无出厂检验证明材料、质量文件或与设计不符的器材不得在工程中使用。

② 进口设备和材料应具有产地证明和商检证明。

③ 经检验的器材应做好记录，对不合格的器材应单独存放，以备核查与处理。

④ 工程中使用的缆线、器材应与订货合同上订立的产品规格、型号、等级相符。

⑤ 附件和备件及各类文件资料应齐全。

（2）配套型材、管材与铁件的检查要求

① 各种型材的材质、规格、型号应符合设计规定，表面应光滑、平整，不得变形、断裂。

② 预埋金属线槽、过线盒、接线盒及桥架等的表面涂覆或镀层应均匀、完整，不得变形、损坏。

③ 室内管材的管身应光滑、无伤痕，管孔无变形，孔径、壁厚应符合设计要求。

④ 金属管槽应根据工程环境要求做镀锌或其他防腐处理。塑料管槽必须采用阻燃管槽，外壁应具有阻燃标记。

⑤ 室外管道应按通信管道工程验收的相关规定进行检验。

⑥ 各种铁件的材质、规格应符合相应质量标准，不得有歪斜、扭曲、飞刺、断裂或破损。

⑦ 铁件的表面处理和镀层应均匀、完整，表面光洁，无脱落、气泡等缺陷。

（3）缆线的检验要求

① 工程使用的电缆和光缆型号、规格及缆线的防火等级应符合设计要求。

② 缆线所附标志、标签内容应齐全、清晰，外包装应注明型号和规格。

③ 缆线外包装和外护套应完整无损，当外包装损坏严重时，需测试合格后才能在工程中使用。

④ 电缆应附有本批量的电气性能检验报告，施工前应进行链路或信道的电气性能及缆线长度的抽验，并做好测试记录。

⑤ 光缆开盘后应先检查光缆端头封装是否良好。光缆外包装或光缆护套如有损伤，应对该盘光缆进行光纤性能指标测试，如有断纤，应进行处理，待检查合格后才允许使用。光纤检测完毕，光缆端头应密封固定，恢复外包装。

⑥ 光纤接插软线或光跳线检验，两端应装配合适的保护盖帽，光纤类型应符合设计要求，并有明显标记。

⑦ 现场尚无仪器检测屏蔽缆线时，可将认证检测机构或生产厂家附有的技术报告作为检验依据。

⑧ 对绞电缆电气性能、机械特性、光缆传输性能及连接器件的具体技术指标和要求，应符合设计要求。经过测试与检查，性能指标不符合设计要求的器材不得在工程中使用。

（4）连接器件的检验要求

① 配线模块、信息插座模块及其他连接器件的部件应完整，电气和机械性能等指标符合相应质量标准，并应满足设计要求。

② 信号线路浪涌保护器各项指标应符合有关规定。

③ 光纤连接器件及适配器使用型号和数量应与设计相符。

（5）配线设备的检验要求

① 光缆、电缆配线设备的型号、规格应符合设计要求。

② 光缆、电缆配线设备的编排及标志名称应与设计相符。各类标志名称应统一，标志位置正确、清晰。

（6）测试仪表和工具的检验要求

① 应事先对工程中需要使用的仪表和工具进行测试或检查，缆线测试仪表应附有相应检测机构的证明文件。

② 综合布线系统的测试仪表应能测试相应类别的各种电气性能及传输特性，其精度符合相应要求。测试仪表的精度应按相应的鉴定规程和校准方法进行定期检查和校准，经过相应计量部门校验取得合格证后，方可在有效期内使用。

③ 施工工具应能满足施工要求，如电缆或光缆的接续工具：剥线器、光缆切断器、光纤熔接机、电缆卡接工具等必须事先检查，合格后方可在工程中使用。

4.2.3 施工注意事项

为保证工程的施工质量，按期完工，综合布线工程施工，必须注意以下事项。

1. 选择资质合格的施工单位

综合布线实际上是构建网络体系结构的物理层，是最关键的一层，网络中发生的故障绝大多数来自该层，在选择施工单位时，除了要求其具备有效的施工资质证明外，最好还要持有所使用布线产品厂商的施工资质证明。

2. 加强工程协调

综合布线工程是一项综合性工程，通常需要与建筑主体工程和建筑物的室内装修工程同时进行，布线施工应争取尽早进场，布线用的材料要及时到位，布线施工方应与建筑方、室内装修方及时沟通，使布线实施始终在协调的环境下进行。

3. 照顾后续施工步骤

在布线施工进行管道预埋时，一定要留够余地，在拐弯较多的情况下尽量留出空隙，充分考虑后续工序的施工难度。缆线穿引时，要注意在缆线两端做好标记，缆线布设到位后，要等待室内装修的相关工作完成后，方可进行插座模块和面板安装，特别是要等待墙壁粉刷全部完工之后才可进行。

4. 把好产品质量关

布线施工过程中一定要注意把好产品质量关，要选择信誉良好、有实力的公司的产品。为了便于施工、管理和维护，缆线、接头、插座和配线架等最好选一个厂家的产品，并从正规渠道进货。施工单位在工程开始前，应将所使用材料的样品交建设方作封样。施工单位开启材料包装时，应将包装内的质保书与产品合格证留存并交建设方备存。使用前一定要对产品进行性能抽测，布线施工过程中，必须做到一旦发现假冒伪劣产品及时返工。

5. 把好工程质量关

综合布线系统除了产品本身的质量外，不规范的布线施工方法会影响缆线的性能。在布线施工过程中，施工方必须对所安装的缆线进行相关标准的测试以保证施工质量。

6. 关注下列缆线的布线问题

缆线布设时首先要注意走线的可用空间，包括天花板（吊顶）内、地板下、走线槽内和走线管道内的空间。根据实际情况随时调整设计中考虑不周到的地方，通常缆线生产厂商将给出缆线的最小弯曲半径和最大拉力等指标。在布线标准中，对走线管道的长度、内部弯曲半径等都有严格的规定，缆线布设时必须注意缆线的长度不能超过规范要求。基本链路测试就是供施工方在布设缆线过程中进行测试用的，而通道测试是在布线系统整体验收时使用的。信息插座作为网络终端的接入点，其位置和安装质量等有严格要求。

7. 特别注意光缆布线

光缆的布设方式与电缆基本相同或相似，但技术要求比对绞电缆布线更高，施工人员应特别注意。光缆一般布设在建筑物内部的暗敷管路或线槽内，不采用明敷。在建筑物外的布设方式与电缆相似，考虑到光缆的通信容量大、性质重要和缆线材料的特殊性，应以在地下电信管道中穿设为主，达到通信线路地下化和隐蔽化的要求。

8. 注意布线系统的防火

建筑物普遍引入综合布线系统后，布线系统的缆线和器材的防火性能就显得尤为重要，如果选择不当，则会对建筑物的防火安全造成极大隐患。布线器材大多使用各种塑料材质，其燃烧值很大，当温度过高时，容易引发火灾。为了减少发生火灾的损失及对人身的危害，在布线实施时应尽可能选用防火标准高的缆线。对于聚氯乙烯（PVC）缆线，由于燃烧时有毒性气体氯分子产生，尽量不予使用。

9. 重视屏蔽布线系统的接地问题

如果选择了具有屏蔽功能的布线系统，必须有良好的接地措施并符合有关标准规定。

10. 重视接插件环节

在布线的各个环节中，最脆弱的环节是接插件环节。对绞电缆的对绞结构被破坏并被挤压在一个很小的空间，线对之间彼此交叉或跨接，通过压接工具固定导线的同时也破坏了金属结构，从而带来阻抗的变化，影响回波损耗。

11. 重视跳线

跳线是在整个布线中最经常被触及和变动的部分，它处在发送信号能量最强的位置和接收信号能量最弱的位置上，同时对近端串音也有影响。在实际布线中，跳线经常被随意地使用，如在座椅之间的缠绕，强力拖曳或被重物挤压等，这些都会对跳线造成永久性损伤。

因此，在综合布线施工过程中，必须做到及时检查，现场督导；注重细枝末节，严格管理；

协调进程，提高效率；全面测试，保证质量。

12. 重视工程的收尾工作

综合布线工程施工完毕，应注意清理现场，保持现场清洁、美观；对墙洞、竖井等交界处要进行修补；汇总各种剩余材料并集中放置，登记仍可以使用的数量。

4.3 安全施工规范

综合布线工程的施工是在比较复杂的环境中进行的，因此在施工过程中必须建立完善的安全机制，提供安全的工作环境，开展各项安全训练。保证施工安全是每个工作人员在工作地点的基本职责，否则不仅会伤害到他人，还会伤害到自己。

1. 安全施工要求

为了给每个工作者提供一个安全的工作环境，国际国内制定了相应的安全法规和标准。我国制定、执行的与综合布线工程施工相关的安全法规、标准主要有：

①《中华人民共和国安全生产法》；

②《建筑安装工程安全技术规定》；

③《建筑安装工人安全技术操作规程》；

④《建筑施工安全检查标准》；

⑤《安全标志使用导则》；

⑥《劳动防护用品选用规则》。

在综合布线工程施工过程中，布线安装人员应该正确地穿戴合身的个人安全设备。所谓个人安全设备是指在工作现场穿着的用来保护工作人员免受相关伤害的衣物及装备，包括：工作服（不要佩戴珠宝和金属手镯）、安全帽（始终佩戴）、眼睛保护装备（包括安全眼镜和面罩）、恰当的听力保护装置（包括耳塞和耳罩）、呼吸道保护装置（有防毒面具和一次性口罩）和背部支撑带（在运送笨重物资时，可以提供对背部下部的支持）。

2. 安全施工准备

安全第一，安全生产，是工程施工至关重要的。为了保证安全生产，必须设立专门机构负责安全工作，开工前必须对上岗人员进行严格的安全培训，采取严格的安全措施施工，责令施工现场工作人员必须严格按照安全生产、文明施工的要求，积极推行施工现场的标准化管理，按照施工组织方案，科学地组织施工。安全施工应该包括意外事故预防、防火，避免不安全的行为，避免不安全的环境条件、急救、个人安全等内容。安全施工准备要求如下。

① 施工人员进入施工现场前，进行安全生产教育，并在每次调度会上，都将安全生产放到议事日程上，做到处处不忘安全生产，时刻注意安全生产。

② 按照施工总平面图设置临时设施，严禁侵占场内道路及安全防护等设施。

③ 施工现场全体人员必须严格执行《建筑安装工程安全技术规程》和《建筑安装工人安全技术操作规程》。

④ 施工人员应正确使用劳动保护用品，进入施工现场必须戴好安全帽，高处作业必须系好安全带。严格执行操作规程和施工现场的规章制度，禁止违章指挥和违章作业。

⑤ 施工用电、现场临时用电线路、设施的安装和使用必须按照建设部颁发的《施工临时用电安全技术防范》规定操作，严禁私自拉电或带电作业。

⑥ 使用电气设备、电动工具应有可靠的保护接地，随身携带和使用的工具应搁置于顺手稳妥的地方，防止发生事故伤人。

⑦ 高处作业必须设置防护措施，并符合《建筑施工高处作业安全技术规范》的要求。

⑧ 施工用的高凳、梯子、人字梯、高架车等，在使用前必须认真检查其牢固性。梯子外端应采取防滑措施，并不得垫高使用。在通道处使用梯子，应有人监护或设围。

⑨ 人字梯在距梯脚 40～60cm 处要设拉绳，施工中，不准站在梯子最上一层工作，且严禁在上面放置工具和材料。

⑩ 吊装作业时，机具、吊索必须经过严格检查，不合格的禁用，防止发生事故。立杆时，应有统一指挥，紧密配合，防止杆身摆动。在杆上作业时，应系好安全绳。

⑪ 在竖井内作业，严禁随意蹬踩电缆或电缆支架；在井道内作业，要有充分照明；安装电梯中的缆线时，若有相邻电梯，应加倍小心注意相邻电梯的状态。

⑫ 遇到不可抗力的因素（如暴风、雷雨），影响某些作业施工安全，按有关规定办理停止作业手续，以保障人身、设备等的安全。

3. 安全事故处理

施工过程中如果遇到安全事故，第一时间应帮助伤者采取应急急救措施，如止血、人工呼吸等；同时拨打急救电话，一切以抢救伤员为重。事故发生时一定要保持冷静，避免混乱。保持冷静还能够减轻伤者的压力，使他们的状况更好一些。安全事故处理可遵循以下步骤。

① 拨打急救电话，若情况紧急，应同时采取应急止血、人工呼吸等措施。

② 尽量不要移动伤者，除非他们留在那里会有重大的危险。

③ 如果可能的话，不要将伤者一个人独自留下。

④ 用冷静、可靠的语言来安慰伤者。

⑤ 立即给予伤者正确的急救。

一般来说，在综合布线工程现场工作的人员都应该接受应急救助培训，以便在紧急情况下对伤员进行急救。在每个工作地点都应该有一个急救药箱，并且应定期对急救药箱进行检查，以确保所有物品都有足够的储备，并在有效期内。

发生安全事故后，安全生产领导应负责查明事故原因，提出改进措施，上报项目经理，由项目经理与有关方面协商处理。如遇严重安全事故，公司应立即报告有关部门和业主，按政府有关规定处理，做到四不放过，即事故原因不明不放过，事故责任不清不放过，事故不吸取教训不放过，事故不采取措施不放过。

4.4 施工管理

1. 施工管理组织机构

针对综合布线工程的施工特点，施工单位要制订一整套规范的人员配备方案。可以参考图4-1来组建。

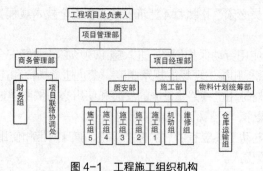

图 4-1 工程施工组织机构

① 工程项目总负责人：对工程全面负责，监控整个工程的动作过程，并对重大问题做出决策和处理。

② 项目管理部：项目管理的最高职能机构。

③ 商务管理部：负责项目的一切商务活动，主要由财务组和项目联络协调处组成。前者负责项目中的所有财务事务、合同审核、各种预算计划、各种商务文件管理和与建设方的财务结算等工作；后者主要负责与建设方各方面的联络协调工作、与施工部门的联络协调工作和与产品厂商的协调联络工作。

④ 项目经理部：负责综合布线工程项目的施工、测试管理、相关的协调和资料管理工作。其下分为 3 个职能部门，即质安部、施工部和物料计划统筹部。

⑤ 质安部：主要负责审核设计中使用产品的性能指标、审核项目方案是否满足标书要求、工程进展检验和施工质量检验、物料品质数量检验、施工安全检查、测试标准检查等。

⑥ 施工部：主要承担综合布线系统的工程施工，其下分为不同的施工组。布线施工组主要负责各种线槽、线管和缆线的布放、捆绑、标记等工作；设备安装施工组主要负责信息模块卡接、配线架打线、机柜安装、面板安装以及各种色标制作和施工中的文档管理等工作；测试组主要按照标准进行测试工作，编写测试报告和管理各种测试文档。

⑦ 物料计划统筹部：主要根据合同及工程进度及时安排器材的库存和运输，为工程提供物料保证。

⑧ 资料员：在项目经理部的直接领导下，负责整个工程的资料管理，制定资料目录，保证施工图纸为当前有效的图纸版本；负责提供与各系统相关的验收标准及表格；负责工程技术建档工作，收集验收所需的各种技术报告；协助整理本工程的技术档案，负责提出验收报告；负责编制竣工资料。

2. 施工基本流程

为了控制整个施工过程，确保每一道工序有序进行和工序与工序之间的协调配合，施工过程可以参照以下流程安排。

① 接到工程施工任务后，与设计人员共同进行现场勘查，交流现场实际情况与设计存在的差别，提交勘查纪要，以备设计变更。

② 编写施工组织方案，根据设计文件和施工合同要求做好进度安排，材料和设备进场计划，施工流程规划，工期、质量和材料等的保障措施，文明施工和安全保障措施。

③ 施工技术交底，建设单位、设计单位、监理单位和施工单位一起到现场交流工程的技术关键和技术难点，施工过程中的关键问题等，做好现场记录。

④ 提交施工组织方案、开工报告，做好施工准备，包括：

● 落实工地水、电、库房、办公场地等；

● 仓库管理须配备专职仓管员，仓管员须对施工中的设备材料进、出仓进行登记，仓库内的设备材料应堆放有序，并做好防潮、防火工作；

● 监理方和施工方对设备和材料进行开箱验货，检查并记录设备的外观、型号、配备的板卡等，若设备与设计不符或有问题存在时，应及时通知供货方更换；

● 施工队安全、文明施工教育，施工队伍施工交底，落实施工队伍安全管理制度。

⑤ 工程施工包括：

● 敷设管道、桥架、线槽，开穿墙孔；

● 敷设光缆、电缆、安装机架；

● 安装光缆、电缆成端盒，进行光缆、电缆成端；

- 施工方每日做好施工日志，监理员每日做好监理日志；每道工序和分项必须检查，定期开现场协调会，适时催付进度款。

⑥ 组织工程自检，发现工程中存在的问题后，要及时解决。

⑦ 整理编写竣工资料，编制工程结算。

⑧ 协同建设方、监理共同进行工程验收。

⑨ 移交相关资料、备件等。

3. 现场施工管理

综合布线工程的现场施工管理，应注意做到以下几点。

① 施工人员必须遵守业主制定的有关施工现场管理制度。进入施工现场的有关人员（含施工人员、管理人员、技术人员）必须戴好安全帽，佩带工作卡。

② 注意施工现场环境卫生，严禁在施工现场吸烟和用火，勿随地吐痰。施工现场必须按照业主确定的平面布置图规划，工器具、设备、材料应按照指定地点安装或堆放，材料要分类立卡，按手续领取。

③ 施工中的废弃物要及时打扫，干一层清一层，做到活完场清，保持现场整齐、清洁、道路畅通；所有施工人员进入施工现场必须自觉遵守场容管理及有关部门的规定，遵守各项规章制度，穿戴整齐，正确使用各种劳动保护用品，工作中要团结协作，互相帮助。

④ 施工现场要有严格的分片包干和个人岗位责任制。

⑤ 施工人员在工地期间不许打架、喝酒、泡工等。

⑥ 现场办公室要经常保持清洁、空气清爽，图纸、餐具、衣物等应整齐有序。

⑦ 施工现场督导人员要认真负责，及时处理施工进程中出现的各种情况，协调处理各方意见；如果现场施工碰到不可预见的问题，应及时向业主汇报，并提出解决办法，供业主当场研究解决，以免影响工程进度。

⑧ 对设计考虑不周的问题，要及时妥善解决。

⑨ 对业主新增加的信息点要及时在施工图中反映出来。

⑩ 对部分场地或工段要及时进行阶段检查验收，确保工程质量。

⑪ 项目副经理负责施工场地文明卫生检查和督促工作，并按文明施工技术组织措施，对施工人员进行考核。

4.5 编写施工组织方案

4.5.1 注意事项

要认真研习施工合同和设计文件，配备适当的人员、车辆和工器具，编制合理的进度安排，还要考虑到其他工程施工时可能对本工程带来的影响，避免出现不能按时完工、交工的问题。

4.5.2 综合布线工程施工组织方案示例

×××综合布线工程施工组织方案

1. 编制依据

① ×××综合布线工程施工图设计和建设单位提供的相关资料。

② 国家现行综合布线施工及验收规范。

③ 建筑安装工程质量检验评定统一标准。

④ 国家、地方行政主管部门的有关规定。

⑤ 工程施工合同。

⑥ ABC 公司《质量手册》《程序文件》及相关文件。

2．工程概况

（1）工程概况

×××大楼工程建筑面积为 3.28 万 m²。本建筑地下二层、地上五层，地上一层至地上五层分为东、西两栋建筑。东、西两栋建筑通过地上一层、三层、四层、五层的连廊相连通。地下二层为一个整体。建筑物地面高度 17.5m。

本综合布线工程是在新建楼房内全新建设光纤加 6 类线的综合布线系统，包括预理线管、架设桥架、敷设多模光缆、光缆成端、敷设 6 类电缆、电缆成端、设立机架、光通道测试、电缆通道测试等工作。主要工程量如表 4-1 所示。

表 4-1　主要工程量表

序号	项　目	单位	数　量	序号	项　目	单位	数　量
1	预埋管道 G25	100m	30	11	安装走线架	100m	65
2	预埋管道 G20	100m	35	12	预理底盒	个	1250
3	电缆桥架	100m	2	13	安装信息插座面板	个	1250
4	敷设光缆	100m	5	14	模块连接	个	1250
5	敷设对绞电缆	100m	875	15	光缆通道测试	芯	8
6	安装机柜	个	8	16	对绞电缆测试	条	2
7	安装光配线架	个	8				
8	安装电缆配线架	个	55				
9	光缆成端	芯	64				
10	光缆成端	100 对	50				

（2）工程开、竣工日期

工程开工时间为：20××年 3 月 1 日。

工程竣工时间为：20××年 10 月 30 日；工程施工周期为 8 个月。

3．质量方针和质量目标

（1）质量方针

以诚信、智慧、科技、管理铸就更高质量和更富情感的建筑精品。

本项目贯彻执行我公司质量方针和质量目标，确保业主满意。

（2）质量目标

分项工程合格率：100%；优良率：80%。

本工程质量目标为优良。

4．现场组织机构设置

为保证本工程工期、质量、文明施工，在×××综合布线工程指挥部的统一领导下，由安装项目部经理主管施工，配备工程师 1 名、领工组长 4 名、资料员 1 名，具体如表 4-2 所示。

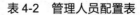

表4-2　管理人员配置表

序号	职　务	姓　名	性别	年龄	职　称	工作职能范围
1	项目经理	王××	男	38	高级工程师	负责全面工作
2	工程师	张××	男	33	工程师	负责技术工作
3	技师	李××	男	23	技师	施工组长
4	技师	杨××	男	22	技师	施工组长
5	技师	习××	男	25	技师	施工组长
6	技师	匡××	男	22	技师	施工组长
7	技师	姚××	女	27	技师	资料员

5. 施工准备

（1）技术准备

① 组织技术人员及施工人员学习图纸，了解设计意图及要求，对图纸疑点认真记录汇总，做好图纸会审前准备工作，参加图纸会审及时将设计变更和洽商内容标识在图纸上，并及时向有关人员交底实施。

② 认真贯彻执行国家和上级有关技术方针、政策、规范、规程及公司质量方针、目标及各项规章制度。

③ 编制分项分部工程技术方案、作业指导书，并向操作人员进行技术交底。

④ 制定纠正和预防措施，根据施工进度计划做好材料计划和委托外加工计划的提报工作。

⑤ 确定材料、设备的检验和试验计划，以及新技术、新工艺、新材料的应用计划。

⑥ 做好施工过程中各种原始记录的收集、整理、标识、保管、归档及移交工作，确保资料的完整性和可追溯性。

（2）施工机具准备

主要施工机具如表4-3所示。

表4-3　主要施工机具一览表

序号	机具名称	规格	单位	数量
1	交流电焊机	AK-500	台	1
2	电动弯管器		台	1
3	砂轮切割机	D405	台	2
4	手动套丝机	DN15-25	台	6
5	角磨机	STMS-180	把	2
6	电锤冲击钻	日产或西德产	台	5
7	砂轮机		台	1
10	手电钻	108A	台	8
11	接地电阻测量仪	ZC29B	台	1

序号	机具名称	规格	单位	数量
12	万用表		块	5
13	6 类对绞电缆测试仪		台	2
14	光功率计		台	1
15	光源		台	1
16	6 类模块打线工具		个	10
17	布线常用工具		套	5
18	光纤熔接机		台	1

6. 施工部署

（1）概述

×××综合布线工程属于新建筑物同步进行的工程，和土建施工的配合非常重要，及时放置预埋管道，主体工程完工时，预埋也要同时完成。在内墙装修前完成桥架、线槽安装、安装底盒、布放光缆和电缆。内墙装修完后，安装信息插座面板，然后进行光通道测试和对绞电缆电气性能测试。

（2）劳动力组织

所需劳动力按不同阶段配备，陆续组织进场。主要工种劳动力需用计划表如表 4-4 所示。

表 4-4　主要工种劳动力需用计划表

工种 ＼ 部位	基础	主体	安装
架子工	0	0	5
电 工	3	10	5
电焊工	2	5	5
普工	2	10	20
电钳	0	0	2
合 计	7	25	37

（3）施工进度计划

本工程工期为 245 天，开工日期为 20××年 3 月 1 日。竣工交付日期为 20××年 10 月 30 日，具体施工进度如表 4-5 所示。

表 4-5　施工进度计划表

序号	项　目	施工部位	阶段完成时间
1	主体结构予埋	整体	20××年 5 月 22 日
2	砌体予埋	整体	20××年 7 月 20 日
3	走线架和吊顶内配管	1～5 层以下	20××年 7 月 30 日
4	桥架安装	整体	20××年 8 月 10 日
5	管内穿线		20××年 8 月 25 日
6	竖井内光缆敷设	整体	20××年 8 月 25 日

序号	项　　目	施工部位	阶段完成时间
7	各系统机房设备安装	各系统机房	20×× 年 8 月 30 日
8	光、电缆成端		20×× 年 9 月 20 日
9	各系统调试、测试	整体	20×× 年 10 月 15 日
10	竣工点交	整体	20×× 年 10 月 30 日

7. 主要分项工程施工方案

（1）钢管敷设

工艺流程如下：

熟悉图纸 → 选管 → 切断 → 套丝 → 煨弯 → 刷防腐漆 → 管与盒的连接 → 配合土建施工 → 管与管、管与盒连接 → 跨接线焊接

① 钢管进场时产品的技术文件应齐全，要有合格证，并应符合国家颁发的现行技术标准。

② 钢管进场后，应进行外观检查，管壁厚均匀，不应有折扁、裂缝、砂眼、塌陷及严重腐蚀等缺陷。

③ 钢管套完丝扣后，随即清理管口，将管子端面毛刺处理，使管口保持光滑。钢管弯扁处不应有折皱、凹陷和裂缝，并且弯扁程度不应大于管外经的 10%。

④ 本工程管路为暗敷（吊顶内除外），弯曲半径不应小于管外径的 6 倍；当埋于地下或混凝土内时，其弯曲半径不应小于管外径的 10 倍。钢管在伸缩缝处应有补偿接线箱，接线箱底边距地 300mm，暗装于墙内。管路敷设尽量沿直线，减少弯曲，管路超过下列长度时中间加装接线盒或拉线盒：

- 管子长度超过 30m 时，无弯曲；
- 管子长度超过 20m 时，有 1 个弯曲；
- 管子长度超过 15m 时，有 2 个弯曲；
- 管子长度超过 8m 时，有 3 个弯曲。

⑤ G50 以下的钢管使用弯管器，其以上的采用套管连接。采用螺纹连接时，管端螺纹长度不应小于管接头长度的 1/2；连接后，其螺纹宜外露 2~3 扣。螺纹表面应光滑，无缺损。采用套管连接时，套管长度为管外径的 1.5~3 倍，焊缝应牢固严密；

⑥ 钢管暗敷于钢筋中，在钢筋绑扎完应及时敷于钢筋网中间，遇有过梁的钢管时，应先预埋套管。避免气割钢模板，钢管与钢筋绑扎要牢固，钢管与盒子连接也要绑扎牢固，盒子要用木屑或纸塞满。

（2）电缆敷设

① 工艺流程如下：

清扫管路 → 穿牵引钢丝 → 选择电缆 → 放线 → 牵引线与电缆结扎 → 穿线

② 电缆选择。

- 弱电安装工程使用的电缆绝缘层符合国家要求的产品，并有名副其实的产品合格证，与图纸要求相符。
- 电缆穿过伸缩缝时，应在补偿装置内留有一定的富余度。

③ 电缆敷设。首先检查管护口是否齐全，如有遗漏或破损应及时补齐或更改。电缆在管内不应有接头和扭结，管内缆线包括绝缘层在内的总截面积不应大于管子内截面积的 40%。

（3）电缆桥架安装及电缆敷设

① 工艺流程如下：

桥架选择 → 外观检查 → 支、吊架安装 → 桥架组装 → 电缆敷设

② 桥架的敷设。

- 桥架安装时与土建密切配合，做到距离最短，经济合理，安全运行，满足施工安装、维修和敷设的要求。
- 桥架水平敷设时的距地高度不宜低于 2.5m；垂直敷设时，在距地 1.8m 以下易触及部位，为防止人直接接触或避免电缆遭受机械损伤，应加金属盖保护。
- 桥架敷设时为了散热和维修及防止干扰的需要，桥架间应留有一定的距离。
- 桥架上部距离棚或其他障碍物不应小于 0.3m。
- 弱电电缆与电力电缆间不应小于 0.5m。
- 几组电缆桥架在同一高度平行或交叉敷设时，各相邻电缆桥架间应考虑维护、检修距离，一般不宜小于 0.6m。
- 桥架与管道平行敷设时，其净距为 0.4m，交叉敷设时为 0.3m。
- 电缆桥架水平敷设时，支撑跨距为 1.5～3m，垂直敷设时，固定点间距不宜大于 2m。
- 桥架弯曲半径不大于 300mm 时，应在距弯曲段与直线段接合处 300～600mm 的直线段侧设置一个吊支架。当弯曲半径大于 300mm 时，还应在弯通中部增设一个支吊架。桥架的支吊架沿桥架走向左右的偏差不应大于 10mm。桥架在跨越建筑物伸缩缝处应设置好伸缩板。

③ 桥架接地。接地孔应清除绝缘层。在伸缩缝或软连接处需采用编织铜线连接。在桥架内电力电缆的总截面（包括外护层）不应大于桥架横断面的 40%。拐弯处电缆的弯曲半径应以最大截面电缆允许弯曲半径为准。电缆在桥架内应排列整齐，在拐弯处、起点、终点处要标识电缆的型号、规格、长度等。

（4）安装机柜

线槽及线管施工完毕后进入机柜的安装阶段。机柜的安装是从顶层向下安装，分壁挂式机柜和落地式机柜，先安装壁挂式机柜，后安装落地式机柜。针对本工程仅考虑落地式机柜安装。

（5）放线

线槽安装和管路敷设完成后，在吊顶封顶和高架地板封装前放线，放线工作本着电线→UTP电缆→光缆，先水平系统后垂直系统，先远点后近点的施工方法进行。具体注意以下几点。

① 穿线开始先把所有的管口戴上塑料护口。

② 水平系统的穿线从信息点附近的线槽开始到机柜，再考虑从放线处到信息点的距离截断线，穿入信息点。

③ 信息点处线的预留量为 20cm 长，机柜处的预留长度为比机柜高度多 3～5m。

④ 缆线敷设后端接前的保护。

⑤ 工作区端如果在墙内或地盒中，将缆线有条理地盘在盒中，并根据现场情况考虑是否加防护盖。

⑥ 工作区端如果裸露，将缆线理顺、盘好于墙边，并适当绑扎，再根据现场情况考虑是否加以保护。

⑦ 电信间端的缆线理顺、盘好于墙边或机柜下方，并适当绑扎，再根据现场情况考虑是否加以保护。

（6）端接及链路测试

① 在大楼装修施工进行到吊顶封顶和高架地板封装之前，端接施工必须完成。端接从信息点到机柜，垂直系统的端接不影响装修工作的进行，安排在空余时间进行。

② 信息点的端接顺序为：清扫接线盒→剪去多余的线→剥线→端接→模块标记→模块安装于面板→面板安装。

③ 在墙上或柱上盒内的点按业内习惯端接；在家具上的点事先与家具厂商共同设计出相应的出口方式，结合家具的安装过程进行端接。

④ 清扫接线盒。

⑤ 剪去多余的线，使盒内只留下 15cm。

⑥ 用专用工具环切线（UTP）5cm。

⑦ 左手持手掌保护器，右手用单对打线工具，按照模块上提示的线序打入。

⑧ 用测试仪器粗测各水平线及信息点的通断。

⑨ 安装模块上的（塑料）标识，以区分语音、数据及光纤点等。

⑩ 根据系统要求排列，模块"凸"面朝下。

⑪ 打印硬纸标识片，按照施工图要求制作面板标识。

⑫ 铜缆的端接：对于铜缆，配线架位于机柜中间靠下的部分，由下向上由电源的异侧爬上，扇形端接到配线架上。

⑬ 电缆进机柜应先理线，进线位置和打接位置应对应，成把的绑扎应与快接式跳线架对应，走过线槽，同时按要求留足预留量。

⑭ 安装背板时应充分考虑跳线架、过线槽的高度和背板与机柜门的间隙。

⑮ UTP 电缆安装线序为白蓝、蓝、白橘、橘、白绿、绿、白棕、棕；对于大对数电缆，按照大线序白、红、黑、黄、紫和小线序蓝、橘、绿、棕、灰用多对打线工具打入配线架，没有打断的线，用单对打线工具再次打入。注意刀口方向，以免误伤线。

⑯ 打线时按机柜配线表打入线位，并注意做好记录。

⑰ 安装过线槽时按机柜配线表考虑实际使用。

（7）光纤的熔接

对于光缆，配线架位于机柜中间靠上的部分，由下向上由电源的异侧爬上，进入光纤配线架或管理中心中，端接后插入耦合器，耦合器的另一端有保护套。

光纤熔接技术是用光纤熔接机进行高压放电使待接续光纤端头熔融，合成一段完整的光纤。这种方法接续损耗小（一般小于 0.1dB），而且可靠性高，是目前最普遍使用的方法。

8. 测试

光缆、电缆成端后，用 FLUKE 数字式电缆分析仪测试 UTP 电缆及光缆的传输性能。对不合标准的光缆、电缆及时整改，确保总验收测试一次通过。

标识的制作考虑与机柜内标识位置尺寸相适应，用较厚的纸打印，与机柜内布置图一致。机柜内背板安装完毕后多余的位置用盲板封堵。

9. 文明施工

施工工地办公室设置现场施工网络图和安全生产、绿色施工、质量控制、材料管理等的规章制度和工程概况说明的挂板。

在指定的区域施工，严格遵守现场管理的各项制度，落实现场场容管理的各项要求，做到现场整洁、干净、节约、安全，施工秩序良好，配合各施工单位保持现场道路畅通无阻，保证物质材料顺利进退场，场地保持整洁。

垃圾分类堆放，经处理后方可运至总包现场设置的生活及施工垃圾场。

办公区公共卫生派专人打扫，并定期组织检查评比。

10. 安全施工

严格遵守国务院、部委、省市及本公司所颁发的各项安全生产法规和文件。

项目经理、技术负责人、专业工程师、施工队队长和安装工人严格贯彻执行《安全生产责任制》，自上而下层层签订安全保障责任书，遵守各项安全规章制度。

进入×××大楼工程进行安装施工的本公司所有人员以及管理人员，在进入现场前首先进行安全教育，并组织书面考试，考试合格后方可进场工作。本公司入场人员，均佩戴工作卡，明示公司名称、工号和岗位职称，随时接受建设方、监理、总包单位和兄弟施工单位的监督。

专业人员进行安装施工时，严格遵守安全操作规程，对违反安全操作规程者，任何人都有权予以制止。专业人员发现有不安全因素应立即停止工作，向安全员或者直接向项目经理报告，在采取相应措施并经安全员、项目经理确认不安全因素已消除后，方可继续安装施工。

严格执行《建设工程施工现场供用电安全规范》以及总包所制定的现场各有关规定。严格禁止非持证电工对现场用电进行操作。

安全员根据工程施工部位、施工条件、施工特点进行针对性的安全交底，提出要求和措施，并严格执行，经常督促检查。

实行班前讲话制度，认真开展各项安全活动，提高安全知识与安全意识，按要求作好安全日志。

严禁酒后作业、穿高跟鞋或拖鞋进入施工现场。严禁施工过程中嬉笑打闹。

进入现场必须戴好安全帽，高处作业搭设脚手架，操作前系安全带。

设一名专职的安全员常驻现场，并有权制止任何违章作业，有权进行奖罚。

检查施工范围内的弱电竖井加盖情况，防止人员踩空坠落和物体坠落伤人事故的发生。

使用高梯进行操作时，使用前仔细检查安全平稳性，并一定要有防滑和防倾倒、设专人扶梯等措施，禁止使用安全性差的高凳和高梯。

思考与练习 4

一、填空题

施工单位在施工前期必须按照综合布线工程的设计方案和工程合同中的各项规定，充分了解工程的特点后，编制好_____，包括施工人员、车辆、工器具、仪器设备配置，施工技术难点处理，施工进度安排，安全施工，文明施工等。

二、简答题

1. 综合布线工程施工中需要哪些个人安全设备？
2. 综合布线工程施工前需要做哪些准备工作？
3. 综合布线工程施工有哪些注意事项？
4. 综合布线工程施工组织机构应包括哪些部门？各部门的职责是什么？

项目实训 4

一、实训目的

通过实训，掌握综合布线工程施工组织方案的设计和书写，完成综合布线工程施工前的各项准备工作，培养团队意识和协作精神。

二、实训内容

以"××学校学生宿舍楼群综合布线工程"为例，提交施工组织设计方案。

三、实训步骤

① 熟悉综合布线工程设计、施工、验收的规范要求，掌握综合布线各子系统的施工技术以及整个工程的施工组织技术。

② 认真阅读综合布线工程设计方案和图纸。

③ 成立综合布线工程项目组，确定各部门职责和成员。

④ 与设计人员共同进行现场勘查，交流现场实际情况与设计方案存在的出入，出图并出勘查纪要，以备设计、整改。

⑤ 提交施工组织设计方案，进行内部交底。施工方案应包括工期进度安排、材料准备、施工流程、设备安装量表、工期质量材料保障措施，内部交底后确定工程解决方案。

⑥ 对建设方进行施工技术交底，交底内容以设计思路为辅，施工方案为主，交底后编写可行的施工组织设计。

⑦ 对电信间、设备间的建筑和环境条件进行检查，看是否符合施工条件。

⑧ 对施工器材进行认真检查，经检验的器材应做好记录。不合格的器材应单独存放，以备检查和处理。

⑨ 向监理报审施工组织设计，提交开工报告。

任务5　综合布线工程通道施工

综合布线工程的施工可以分为管槽和桥架安装、缆线敷设、设备安装和缆线终接、系统测试、资料整理等。管槽和桥架是综合布线系统中的缆线承载保护设施，用于构筑缆线通道，在工程中具有极为重要的地位，很多质量问题往往出在其中。本任务的主要目标是学会使用管槽和桥架安装施工工具，熟悉相关安装规范，掌握管槽和桥架安装方法，从而建设合格的布线通道。

5.1　正确使用管槽安装工具

1. 电工工具

在布线施工过程中，施工人员必备的一个电工工具箱及工具如图5-1所示，主要包括钢丝钳、尖嘴钳、斜口钳、剥线钳、一字螺丝刀、十字螺丝刀、试电笔、电工刀、电工胶带、活动扳手、卷尺、铁锤、钢锉、钢锯等。

2. 电源线盘

电动工具的电源线长度一般都不太长，电源接线板的电源线长度一般也在几米以内，在施工现场，特别是室外施工现场，由于施工范围广，常常需要使用长距离的电源线盘来接电。图5-2所示为电源线盘，线盘长度有20m、30m、50m等规格。

3. 线槽剪

几种常见的PVC线槽剪如图5-3所示。

图5-1　电工工具　　　图5-2　电源线盘　　　图5-3　线槽剪

4. 弯管器

各种规格的弯管器如图 5-4 所示，用于解决金属管和 PVC 管的弯曲问题，可得到所需要的弯度。

5. 梯子

安装管槽和进行布线拉线工序时，常常需要登高作业。常用的梯子如图 5-5 所示，有直梯和人字梯两种。直梯多用于户外高空作业，人字梯通常用于室内登高作业。直梯和人字梯在使用之前，应有梯脚橡皮之类的防滑材料，人字梯还应在两页梯之间绑扎一道防止自动滑开的安全绳。

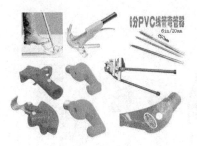

图 5-4 弯管器

图 5-5 梯子

6. 台虎钳

台虎钳又称虎钳，是一种用于夹持工件的通用工具，如图 5-6 所示。台虎钳安装在工作台上，用以夹稳加工工件。

图 5-6 台虎钳

7. 管子切割器

在安装布线管槽时，通常需要根据布线路由的具体情况对管子进行切割，这时就要使用管子切割器。图 5-7 所示的管子切割器，可用于金属管和 PVC 管的切割。

8. 充电起子

图 5-8 所示的充电起子是工程安装中经常使用的一种电动工具，带充电电池使用，不用电线，在任何场合都能工作。该工具单手操作，具有正反转快速变换按钮，使用灵活方便；强大的扭力，配合各式通用的六角工具头可以拆卸、锁入螺钉。

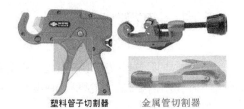

塑料管子切割器　　金属管切割器

图 5-7 管子切割器

图 5-8 充电起子

9. 手电钻、冲击电钻和电锤

手电钻是工程中经常用到的工具，既能在金属型材上钻孔，也能在木材、塑料上钻孔。手电钻由电动机、电源开关、电缆、钻头等组成。用钻头钥匙开启钻头锁，扩开或拧紧钻头夹，使钻头松开或牢固。

冲击电钻简称冲击钻，是一种旋转带冲击的手提式电动工具，由电动机、减速箱、冲击头、辅助手柄、开关、电源线、插头及钻头夹等组成，适用于在混凝土、预制板、瓷砖等建筑材料上钻孔、打洞。

电锤适用于在混凝土、岩石、砖石砌体等脆性材料上钻孔、开槽、凿毛等。电锤钻孔速度快，而且成孔精度高。

手电钻、冲击电钻和电锤如图 5-9 所示。

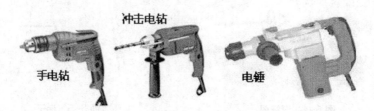

图 5-9 手电钻、冲击电钻和电锤

10. 角磨机

角磨机如图 5-10 所示，它是一种用来磨平金属管、槽切割后留下的锯齿形毛边的工具，经过角磨机处理后，可以防止金属管、槽接口处的毛刺割伤缆线保护层。

11. 型材切割机和台钻

型材切割机由砂轮锯片、护罩、操纵手柄、电动机、工件夹、工件夹调节手柄及底座、胶轮等组成，用于切割铁件，如线管、线槽、固定支架等。使用型材切割机省时、省力、切口规整，比用手工钢锯好得多。

台钻用于在比较厚的金属构件上打孔，以便进行螺丝固定。在安装线槽、线管施工中经常使用。

型材切割机和台钻如图 5-11 所示。

图 5-10 角磨机

图 5-11 型材切割机和台钻

12. 接地电阻测量仪

图 5-12 所示为两款接地电阻测量仪。其中，数字式接地电阻测量仪采用三点式电压落差法测量接地电阻；而钳型接地电阻测量仪在测量接地电阻时，不需要辅助测试桩，只要往被测地线上一夹，就可得到测量结果，极大地方便了接地电阻的测量工作。

13. 管箍和管卡

管箍和管卡如图 5-12 所示。管箍是连接直管的管件，即两根管子中间的丝接头或用来连接两根管子的一段短管（也叫外接头）。通常，铁管或钢管叫作管箍，PVC 管材叫作直接。

管卡是用于固定管道的一种管件。一般用于将管道固定到墙壁上，塑料或金属制品，呈半圆形或圆形，用螺丝或钉子固定于墙上，管道在其中穿过。

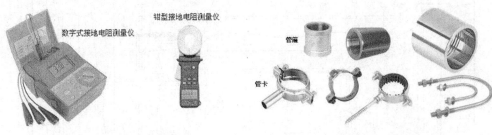

<table>
<tr><td>图 5-12　接地电阻测量仪</td><td>图 5-13　管箍和管卡</td></tr>
</table>

14. 膨胀螺钉

膨胀螺钉是一种将管路、支、吊、托架或设备固定到墙上、楼板上、柱子上所用的螺纹连接件。如图 5-14 所示，膨胀螺丝由沉头螺栓、胀管、平垫圈、弹簧垫和六角螺帽组成。

15. 木螺钉和自攻螺钉

木螺钉和自改螺钉如图 5-15 所示，木螺钉可以直接旋入木质构件（或零件）中，用于把一个带通孔的金属（或非金属）零件与一个木质构件紧固连接在一起。螺丝刀为其装卸工具，形状配合木螺钉头槽形有一字形和十字形两种。

自攻螺钉，顾名思义，是可以自己攻丝的螺钉，用于有预钻孔的金属材料的紧固和连接。它具有在金属体上自动攻出内螺纹的功能，并能与之完成螺纹啮合起到紧固作用。

自攻螺钉的外形与木螺钉相近但有区别：小直径的自攻螺钉螺纹部分前端有一条轴向的槽，直径较大的除了槽以外还带一段扁平钻头状的部分，工作时这部分先在工件上钻孔，然后再带入螺纹部分。自攻螺钉螺纹间距宽，螺纹深，表面不光滑，木螺钉则相反。另一个明显差别是木螺钉后段没有螺纹。木螺钉螺纹细，尖钝且软；自攻螺钉螺纹较粗，尖锐且硬。

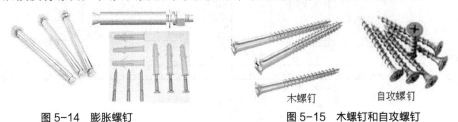

<table>
<tr><td>图 5-14　膨胀螺钉</td><td>图 5-15　木螺钉和自攻螺钉</td></tr>
</table>

5.2　建筑物布线方式及路由

建筑物内的配线缆线可以安装在吊顶内（或天花板下）、地板下（或楼板内）、旧建筑物墙面上、地板上；建筑物内的干线缆线可以安装在弱电间、竖井、上升房内或旧建筑物的楼梯间里。建筑物内的各种布线方式和常见布线路由分别如图 5-16 和图 5-17 所示。

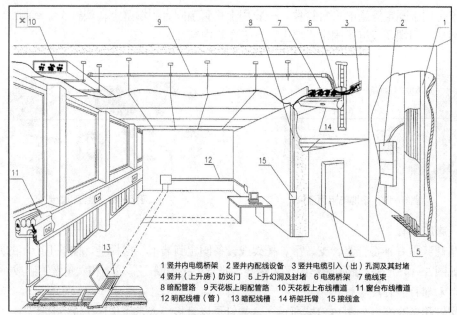

图 5-16　建筑物内的各种布线方式示意图

1 竖井内电缆桥架　2 竖井内配线设备　3 竖井电缆引入（出）孔洞及其封堵
4 竖井（上升房）防炎门　5 上升幻洞及封堵　6 电缆桥架　7 缆线束
8 暗配管路　9 天花板上明配管路　10 天花板上布线槽道　11 窗台布线槽道
12 明配线槽（管）　13 暗配线槽　14 桥架托臂　15 接线盒

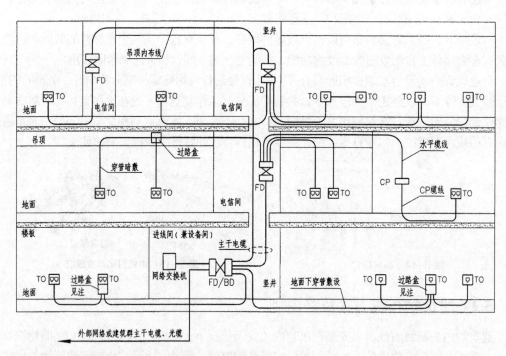

注：当水平缆线采用光缆和6类、6A类、屏蔽电缆布线时，应此加过路盒。

图 5-17　建筑物内的布线路由示意图

5.2.1　在吊顶内（或天花板下）敷设缆线

在吊顶内（或天花板下）布线的方法如图 5-18 所示，主要有吊顶内设集合点的敷设方式、从电信间直接引至信息点的敷设方式和线槽、保护管（线管）相结合的敷设方式 3 种。

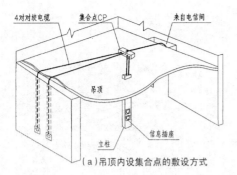

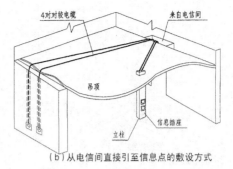

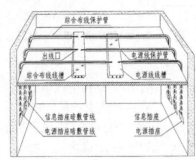

图 5-18　缆线在吊顶内的敷设方式

（1）吊顶内设集合点的敷设方式

如图 5-18（a）所示，这种方式适用于大开间（指由办公用具或可移动的隔断代替建筑墙面构成的分隔式办公室）工作环境，通过集合点将缆线布至各信息插座，比较灵活经济。集合点宜设在检修孔附近，便于更改与维护，敞开布线应选用相应等级的防火缆线。

（2）从电信间直接引至信息点的敷设方式

如图 5-18（b）所示，这种方式适合于楼层面积不大、信息点不多的一般办公室和家居环境。吊顶内的缆线保护管宜选用金属管或阻燃硬质 PVC 管。

（3）线槽、保护管相结合的敷设方式

如图 5-18（c）所示，这种方式适用于大型建筑物或布线系统较复杂的场合。应尽量将线槽放在走廊的吊顶内，去各房间的支管适当集中敷设在检修孔附近，以便于维修。通常，走廊都处在整个建筑物的中间位置，平均布线距离最短，既便于施工，又能节约缆线费用，提高布线系统的整体性能，为综合布线工程所普遍采用。

5.2.2　在地板下（或楼板内）敷设缆线

在地板下（或楼板内）布线，可以使用地板穿管敷设方式、地面线槽敷设方式和高架地板敷设方式等。

1. 地板穿管敷设方式

地板穿管敷设方式如图 5-19 所示，分为穿保护管在楼板内敷设和穿保护管在地板下敷设两种。穿保护管在楼板内敷设的布线系统由一系列密封在混凝土里的 PVC 管道或金属管道组成，这些管道从电信间的暗装配线箱向信息插座的位置辐射。这种方式适合于楼层面积小的塔式楼、住宅楼等信息点少的建筑或场所。其主要优点是初期安装费用低，且外观良好；缺点是灵活性差。穿保护管在地板下敷设的方法安装简单，费用较低，且外观良好，适合于普通办公室和家居布线。

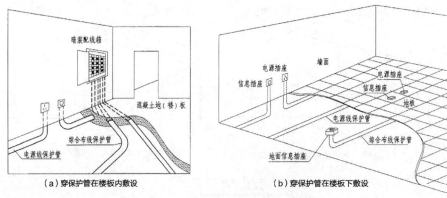

（a）穿保护管在楼板内敷设　　　　（b）穿保护管在楼板下敷设

图 5-19　地板穿管敷设方式示意图

2. 地面线槽敷设方式

地面线槽敷设方式如图 5-20 所示，分为地板下线槽敷设方式和地面垫层下金属线槽敷设方式两种。采用地板下线槽敷设方式，布线系统由一系列 PVC 线槽或桥架组成。缆线从电信间出来，沿线槽敷设到地面出线盒或墙上的信息插座。布线用的线槽宜与电源线槽分别设置，且每隔 4~8m 或拐弯处设置一个分线盒或出线盒。该方法可提供良好的机械性保护，减少电气干扰，提高安全性，但安装费用较高，并增加了楼面荷载，适用于大开间工作环境。采用地面垫层下金属线槽敷设方式，是将综合布线的缆线沿线槽敷设到地面出线盒或分线盒。由于地面出线盒和分线盒不依赖于墙或柱体而直接走地面垫层，该方法适用于大开间或需要打隔断的场所，地面垫层的厚度≥65mm。常用金属线槽的规格如表 5-1 所示。

表 5-1　常用金属线槽规格

宽×高（mm）	镀锌钢板的壁厚（mm）
50×25	1.0
75×50	1.0
100×75	1.2
150×100	1.4
300×100	1.6

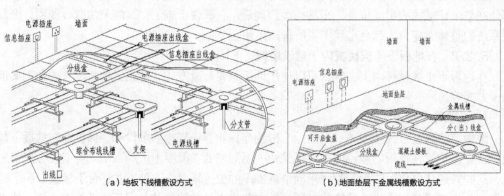

（a）地板下线槽敷设方式　　　　（b）地面垫层下金属线槽敷设方式

图 5-20　地面线槽敷设方式示意图

3. 高架地板敷设方式

高架地板敷设方式如图 5-21 所示，这种布线方法灵活性好，容易安装，适用于大开间且易更改的场所。

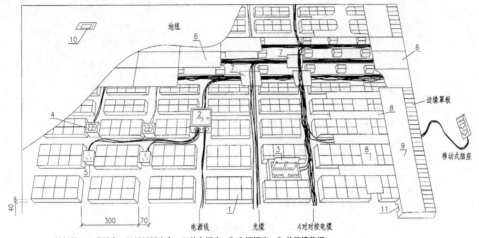

1 地板块 2 分线盒 3 地板插座座 4 信息插座 5 电源插座 6 总缆槽盖板
7 分绕隔板 8 定缆槽盖板 9 边缘衬板 10 开启式插座盒 11 穿线槽

图 5-21 高架地板敷设方式示意图

5.2.3 在立柱内敷设缆线

利用立柱敷设缆线的方法如图 5-22 所示。这是综合布线经常采用的一种布线方法，特别适用于大开间工作环境，将服务的楼层区域分割成若干区段，宜按建筑物 4 个相邻立柱之间的区域分隔。缆线从电信间引到各区段的中点，然后通过吊顶内的布线线槽将缆线引向立柱或墙内管道向下布放到工作区信息插座。立柱为通信电缆和电源线从吊顶到工作区提供布放路径，电源线和通信电缆应分别从立柱两侧独立线槽布放；当配线缆线为敞开式布放时，应选用相应等级的防火缆线。

5.2.4 改建工程的缆线敷设方式

改建工程的缆线敷设方式如图 5-23 所示，有护壁板电缆管道布线法、地板上导管布线法和模压电缆管道布线法 3 种。

① 护壁板电缆管道布线法是沿建筑物墙面的护壁板敷设电缆槽道，通常用于墙上装有较多信息插座的小楼层区。电缆槽道的前盖板是活动的，可以移开。信息插座可以安装在沿槽道的任何位置上。如果电力电缆和通信电缆同槽敷设，需用接地的金属隔板隔开。

② 地板上导管布线法是沿地板表面敷设金属导管，导管槽固定在地板上，布缆后再盖紧盖板。地板导管布线法具有快速和容易安装的优点，适用于人员流动量不大的办公室，一般不要在过道或主楼层区使用。

③ 模压电缆管道布线法是将金属模压管道固定在天花板与墙面结合处的过道和各房间的墙上，过道管道走主路由缆线，进入各房间的分支电缆用小套管穿过墙壁。该方法敷设后的外观较好，但灵活性较差。

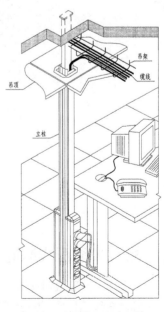

图 5-22 立柱敷设方式示意图

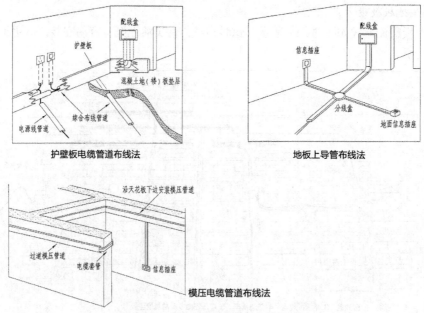

图 5-23 改建工程缆线敷设方式示意图

5.2.5 采用吊、挂方式敷设缆线

缆线除采用穿管、线槽方式敷设外，还可以根据实际情况采用侧挂或吊装方式敷设。如图 5-24 所示，侧挂方式敷设有两种，分别是利用挂钩一侧挂在墙上和利用挂钩两侧挂在管架上。采用吊装方式敷设时，可将吊钩固定在顶板或支架上。采用侧挂或吊装时，缆线每隔 1m 需用绑扎带进行绑扎。采用缆线吊、挂安装方式时，应从建筑物的高度、面积、功能、重要性等方面加以综合考虑，选用相应等级的防火缆线。吊钩、挂钩的间距为 1～1.5m。吊钩、挂钩可根据需要自行加工。

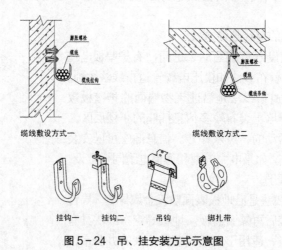

图 5-24 吊、挂安装方式示意图

5.3 安装配线通道

5.3.1 安装金属管道

综合布线工程使用的金属管应符合设计文件的规定，表面不应有穿孔、裂缝和明显的凹凸不平，内壁应光滑，不允许有锈蚀。在易受机械损伤的地方或在受力较大处直埋时，应采用足

够强度的管材。

1. 金属管的加工

（1）金属管加工的基本要求

① 为了防止穿放缆线时划伤缆线，管口应无毛刺和尖锐棱角。

② 为了减少直埋管在沉陷时管口处对缆线的剪切力，金属管管口宜做成喇叭形状。

③ 镀锌管在锌层剥落处应涂防腐漆，以增加使用寿命。

（2）金属管的切割套丝

在配管时，常需根据实际路由情况对管子进行切割。管子的切割可以使用钢锯、管子切割器或电动切管机等，严禁使用气割。

管子和管子、管子和接线盒（信息插座底盒）、配线箱的连接，都需要在管子端部进行套丝。套丝时，先将管子在管钳上固定夹紧，然后再套丝，管子端部套丝的长度不应小于套管接头长度的 1/2，套完丝后，应立即清扫管口，将管口端面和内壁的毛刺用锉刀锉光，使管口保持光滑，以免割破缆线绝缘护套。

（3）金属管的弯曲

金属管的弯曲一般都要使用弯管器进行操作。先将管子需要弯曲的部位放在弯管器内，焊缝（如果有的话）放在弯曲方向的背面或侧面，然后用脚踩在管子上，手扳弯管器的手柄进行弯曲，并逐步移动弯管器（或者脚踩弯管器，手扳管子进行弯曲，并逐步移动管子），便可得到所需要的弯度。

（4）金属管的连接

金属管的连接可以采用短套管或管箍（长度不应小于金属管外径的 2.2 倍）。采用短套管，施工简单方便；采用管箍螺纹连接则比较美观，可以保证金属管套接后的强度。无论采用哪一种方式均应保证连接牢固、密封。金属管严禁对口焊接。

2. 金属管的敷设

金属管的敷设一般分为暗敷和明敷两种。暗敷即将缆线敷设于建筑主体结构内部，利于美观和安全，常与主体结构同步施工。明敷即将缆线敷设于建筑主体结构之外，不美观，常在主体工程完工后施工。

（1）金属管暗敷

暗敷（预埋）金属管应满足下列要求。

① 预埋在墙体中间的金属管的最大管外径不宜超过 50mm，楼板中暗管的最大管外径不宜超过 25mm，室外管道进入建筑物的最大管外径不宜超过 100mm。暗敷于干燥场所（含混凝土或水泥砂浆层内）的钢管，可采用壁厚为 1.6～2.5mm 的薄壁钢管。在潮湿场所或埋设于建筑物底层地面内的钢管，均应采用管壁厚度大于 2.5mm 的厚壁钢管。

② 暗敷管路应尽量采用直线管道，直线布管每 30m 处应设置过线盒装置。

③ 暗敷管路如果必须转弯，其转弯角度应大于 90°，暗敷管路的弯曲处不应有折皱、凹穴和裂缝。在路径上每根暗管的转弯角不得多于 2 个，并不应有 S 弯或 U 形弯出现，有转弯的管段长度超过 20m 时，应设置过线盒装置；有 2 个弯时，不超过 15m 应设置过线盒。

④ 暗管内应安置牵引绳或拉线，并不应有铁屑等异物存在，必须保证畅通。要求管口光滑无毛刺，为了保护缆线，管口应锉平，并加设护口圈或绝缘套管，管端伸出的长度为 25～50mm。

⑤ 至楼层电信间的暗管管口应排列有序，便于识别和布放缆线。

⑥ 暗敷管路在与信息插座（又称接线盒）、拉线盒（又称过线盒）等设备连接时，由于安装场合和具体位置不同，有不同的安装方法。

⑦ 在穿放缆线时，为了减少牵引缆线的拉力和对缆线外护套的磨损，暗敷管路在转弯时的曲率半径不应小于所穿入缆线的最小允许弯曲半径，不应小于该管路外径的 6 倍；如暗敷管路的外径大于 50mm，曲率半径不应小于管路外径的 10 倍。当实际施工中不能满足要求时，可以采用在适当部位设置拉线盒的方法，以利缆线的穿设。

⑧ 金属管的两端应有标记，表示建筑物、楼层、房间和长度。

（2）金属管明敷

明敷配线管路在智能建筑内应尽量不用，但在有些场合或短距离的段落常需使用。明敷金属管时应符合下列要求。

① 金属管明敷时，在距接线盒 300mm 处，弯头处的两端应采用管卡固定。

② 明敷配线管路应排列整齐，且要求固定点或支点的间距均匀。采用钢管时，其管卡、吊装件（如吊架）与终端、转弯中点与过线盒等设备边缘的距离应为 150～500mm，中间管卡或吊装件的最大间距应符合表 5-2 中的规定。

表 5-2　钢管中间支撑件的最大间距

钢管敷设方式	钢管名称	钢管直径（mm）			
		15～20	25～32	40～50	50以上
		最大允许间距（mm）			
吊架、支架敷设或沿墙壁管卡敷设	厚壁钢管	1.5	2.0	2.5	3.5
	薄壁钢管	1.0	1.5	2.0	

5.3.2　安装 PVC 管道

安装硬质 PVC 管有暗敷和明敷两种方式，具体要求如下。

① 暗敷硬质 PVC 管，其管材的连接方法为承插法。在接续处两端，塑料管应紧插到接口中心处，并用接头套管，内涂胶合剂黏结。要求接续必须牢固、坚实、密封、可靠。

② 明敷硬质塑料管时，其管卡与终端盒、转弯中点与过线盒等设备边缘的距离应为 100～300mm。中间管卡的最大间距应符合表 5-3 中的规定。

表 5-3　硬质 PVC 管中间支撑件的最大间距

硬质塑料管敷设方式	硬质塑料管直径（mm）		
	15～20	25～40	50及以上
	中间支撑件最大间距（m）		
水平	0.8	1.2	1.5
垂直	1.0	1.5	2.0

③ 明敷配线管路不论采用钢管还是塑料管或其他管材，与其他室内管线同侧敷设时，其最小净距应符合有关规定。

5.3.3　安装终端盒

安装终端盒应满足下列要求。

① 信息插座、多用户信息插座、集合点配线箱的安装位置、安装方式应符合设计要求。

② 安装在活动地板内或地面上时，应固定在接线盒内，插座面板采用直立或水平等形式。接线盒盒盖可开启，并具有防水、防尘、抗压功能。接线盒盖面应与地面齐平。

③ 信息插座底盒同时安装信息插座模块和电源插座时,间距及采取的防护措施应符合设计要求。

④ 信息插座底座的固定方法应根据现场施工的具体条件来确定,可用膨胀螺钉、射钉等方法安装;信息插座底盒明装的固定方法根据施工现场条件确定。

⑤ 固定螺丝需拧紧,不应产生松动现象。底座、接线模块与面板的安装应牢固稳定,无松动现象。面板应保持在一个水平面上,做到整齐美观。

⑥ 安装在墙上的信息插座,其位置宜高出地面300mm左右。在房间地面采用活动地板时,信息插座应离活动地板表面300mm,如图5-25所示。

⑦ 各种插座面板应有标识,以颜色、图形、文字表示所接终端设备的业务类型。

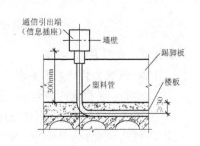

图 5-25 安装在墙上的信息插座位置

⑧ 工作区内端接光缆的光纤连接器件及适配器安装底盒应具有足够的空间,并应符合设计要求。

1. 在钢筋混凝土墙上安装信息插座

信息插座在钢筋混凝土墙上安装的方法如图 5-26 所示,光钎插座接线盒的深度不宜小于 60mm。

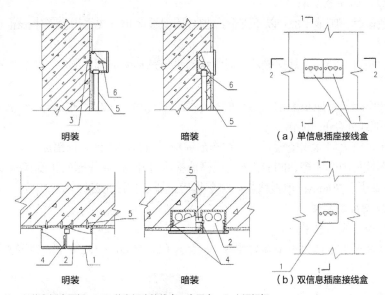

明装　　　　　暗装　　　　（a）单信息插座接线盒

明装　　　　　暗装　　　　（b）双信息插座接线盒

1 信息插座面板　　2 信息插座接线盒、金属盒　3 水泥钢钉
4 镙钉　　5 保护管　　6 护口与保护管配套

图 5-26 在钢筋混凝土墙上安装信息插座示意图

2. 保护管进终端盒的做法

保护管进终端盒(信息插座接线盒)的方法如图 5-31 所示,金属管进入信息插座接线盒后,暗埋管可用焊接固定,管口进入盒内的露出长度应小于 5mm。明设管应用锁紧螺母或带丝扣的管帽固定,露出锁紧螺母的丝扣为 2~4 扣,如图 5-27(a)所示。

金属管与终端盒的连接如果采用铜杯臣和梳结,如图 5-27(b)所示,工序比螺帽对口连接要简捷得多,而且能保证管子进入接线盒顺直、紧丝牢固,在接线盒内的露出长度也可小于5mm。

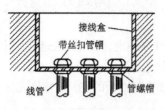
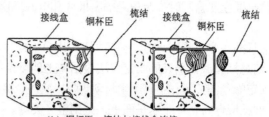

(a) 金属管和接线盒连接　　　　(b) 铜杯臣、梳结与接线盒连接

图 5-27　保护管与接线盒的连接示意图

5.3.4　安装 PVC 线槽

1. PVC 线槽安装的基本要求

① 线槽的安装位置应符合施工图要求，左右偏差不应超过 50mm。

② 线槽水平度每米偏差不应超过 2mm。

③ 线槽应与地面保持垂直，垂直度偏差不应超过 3mm。

④ 线槽截断处及两线槽拼接处应平滑、无毛刺。

⑤ 采用吊顶支撑柱布放缆线时，支撑点宜避开地面沟槽和线槽位置，支撑应牢固。

2. PVC 线槽的安装要求

① 垂直敷设时，距地 1.8m 以下部分应加金属盖板保护，或采用金属走线柜包封，门应可开启。

② 明敷的塑料线槽一般规格较小，通常采用黏结剂粘贴或螺钉固定。要求螺钉固定的间距一般为 1m。

③ 线槽转弯半径不应小于槽内缆线的最小允许弯曲半径，线槽直角弯处最小弯曲半径不应小于槽内最粗缆线外径的 10 倍。

④ 线槽穿过防火墙体或楼板时，缆线布放完成后应采取防火封堵措施。

⑤ 敷设在地板中的线槽之间应沟通，线槽盖板应可开启，主线槽的宽度宜在 200～400mm，支线槽宽度不宜小于 70mm；地板块与线槽盖板应抗压、抗冲击和阻燃。

3. PVC 线槽加工方法

（1）制作 PVC 线槽水平直角

制作 PVC 线槽水平直角的步骤如图 5-28 所示（以 24mm×12mm PVC 线槽为例）。

(a) 先对线槽的长度定点　　(b) 以点为顶画一条直线　　(c) 以直线为直角线画一等腰三角形
　　　　　　　　　　　　　　　　　　　　　　　　　　　（底长48mm，腰长32mm）

(d) 以线为边进行裁剪　　(e) 把三角形和侧面剪去　　(f) 将线槽弯曲成型

图 5-28　制作 PVC 线槽水平直角的步骤

（2）制作 PVC 线槽内弯角

制作 PVC 线槽内弯角的步骤如图 5-29 所示（以 24mm×12mm PVC 线槽为例）。

（a）先对线槽的长度定点

（b）以点为顶画一条直线

（c）以直线为直角线画一等腰三角形（底长24mm，腰长16mm）

（d）在线槽另一侧画上线

（e）把这两个三角形剪掉

（f）将线槽弯曲成型

图 5-29　制作 PVC 线槽内弯角的步骤

（3）制作 PVC 线槽外弯角

制作 PVC 线槽外弯角的步骤如图 5-30 所示（以 24mm×12mm PVC 线槽为例）。

（a）先对线槽的长度定点

（b）以点为顶画一条直线，并以这条线在另一侧定点

（c）在线槽的另一侧画直线

（d）用剪刀剪线槽两侧

（e）将线槽弯曲

（f）得到外弯角

图 5-30　制作 PVC 线槽外弯角的步骤

5.3.5　安装桥架

1. 桥架安装的基本要求

① 桥架的吊架和支架安装应保持垂直，整齐牢固，无歪斜现象。

② 各段桥架之间应保持良好连接。

③ 其他要求同 PVC 线槽。

2. 桥架的敷设

（1）预埋桥架要求

在建筑物中暗敷配线桥架（金属线槽）（见图 5-31）时，应满足以下要求。

① 在建筑物中预埋桥架，应按单层设置，每一路由进出同一过线盒的金属线槽不应少于 2 根，但不应超过 3 根，线槽截面高度不宜超过 25mm，总宽度不宜超过 300mm。线槽路由中若包括过线盒和

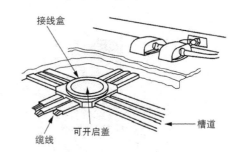

图 5-31　预埋桥架示意图

出线盒，截面高度宜在 70~100mm 范围内。

②桥架直埋长度超过 6m 或在线槽路由交叉、转弯时，宜设置过线盒，以便于布放缆线和维修。

③过线盒盒盖应能开启，并与地面齐平，盒盖处应能抗压，并应具有防尘与防水功能。

④预埋金属线槽的截面利用率，即线槽中缆线占用的截面积不应超过 40%。

⑤预埋金属线槽与墙壁暗嵌式配线接续设备的连接应采用金属套管连接法。

⑥桥架至终端盒或桥架与金属管之间的连接宜采用金属软管敷设。

⑦桥架两端应有标记，表示出口位号、序号和长度；桥架内应无阻挡，接口应无毛刺。

（2）明敷桥架要求

明敷金属槽道或桥架的支撑保护方式适用于正常环境的室内场所，但在金属槽道有严重腐蚀的场所不应采用。在敷设时必须注意以下几点。

①桥架底部应高出地面 2.2m 及以上，若桥架下面不是通行地段，其净高度可不小于 1.8m，顶部距建筑物楼板不宜小于 300mm，与梁及其他障碍物交叉处的间距不宜小于 50mm。

②桥架水平敷设时，应整齐、平直；沿墙垂直明敷时，应排列整齐，竖直，紧贴墙体。支撑加固的间距，直线段的间距不大于 3m，一般为 1.5~2m；垂直敷设时固定在建筑物结构体上的间距宜小于 2m。间距大小视槽道（桥架）的规格尺寸和敷设缆线的多少来决定，槽道（桥架）规格较大和缆线敷设重量较重时，其支撑加固的间距较小。

③直线段桥架每超过 15~30m 或跨越建筑物变形缝时，应设置伸缩补偿装置（其连接宜采用伸缩连接板）。

④敷设桥架时，在下列情况下应设置支架或吊架：接头处；每间距 2m 处；离开桥架两端出口 0.5m（水平敷设）或 0.3m（垂直敷设）处；转弯处。

⑤桥架采用吊装方式安装时，吊架与桥架要垂直，形成直角，各吊装件应在同一直线上安装，间隔均匀、牢固可靠，无歪斜和晃动现象。沿墙装设的桥架，要求墙上支撑铁件的位置保持水平、间隔均匀、牢固可靠，不应有起伏不平或扭曲歪斜现象。图 5-32 所示为桥架吊装示意图，桥架分支（三通）的连接安装如图 5-33 所示，桥架转弯进房间的安装方法如图 5-34 所示，桥架与配线柜的连接方法如图 5-35 所示。图 5-36 所示为托臂水平安装示意图。

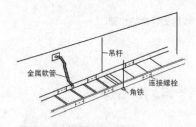

图 5-32　桥架吊装示意图

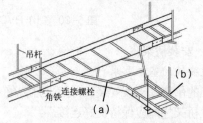

图 5-33　桥架分支（三通）连接安装

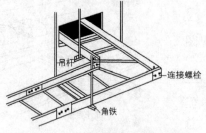

图 5-34　桥架转弯进房间的安装方法

图 5-35　桥架与配线柜的连接方法

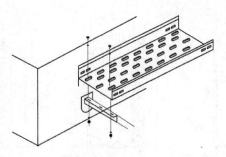

图 5-36　托臂水平安装示意图

⑥ 桥架的转弯半径不应小于槽内缆线的最小允许弯曲半径，直角弯处最小弯曲半径不应小于槽内最粗缆线外径的 10 倍。

⑦ 桥架与桥架的连接应采用接头连接板拼接，螺钉应拧紧。线槽截断处和两槽拼接处应平滑无毛刺。为保证桥架接地良好，在两槽的连接处必须用不小于 2.5mm² 的铜线进行连接。

⑧ 桥架穿过防火墙体或楼板时，不得在穿越楼板的洞孔或在墙体内进行连接。缆线布放完成后应采取防火封堵措施，可以用防火堵料密封孔洞口的所有空隙，如图 5-37 所示。

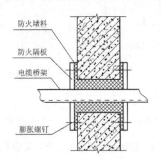

图 5-37　桥架穿墙洞的做法

⑨ 敷设在高架地板中的线槽之间应沟通，线槽盖板应可开启，主线槽的宽度宜在 200～400mm，支线槽宽度不宜小于 70mm；可开启的线槽盖板与明装插座底盒间应采用金属软管连接；地板块和线槽盖板应抗压、抗冲击和阻燃；当活动地板具有防静电功能时，地板整体应接地；地板板块间的桥架段与段之间应保持良好导通并接地。

⑩ 为了适应不同类型的缆线在同一个金属槽道中的敷设需要，可采用同槽分室敷设方式，即用金属板隔开形成不同的空间，在这些空间分别敷设不同类型的缆线。此外，金属槽道应有良好的接地系统，并应符合设计要求。槽道间应采用螺栓固定法连接，在槽道的连接处应焊接跨接线，如槽道与通信设备的金属箱（盒）体连接，应采用焊接法，使接触电阻降到最小值，有利于保护。

5.3.6　安装配线箱

配线箱的安装位置应安全，并符合设计要求，同时方便进出线和电源线的引入。

1. 在钢筋混凝土墙上安装配线箱

配线箱在钢筋混凝土墙上的安装方法如图 5-38 所示，配线箱外形尺寸 B、H、C 和安装尺寸 b、n 由工程设计确定。

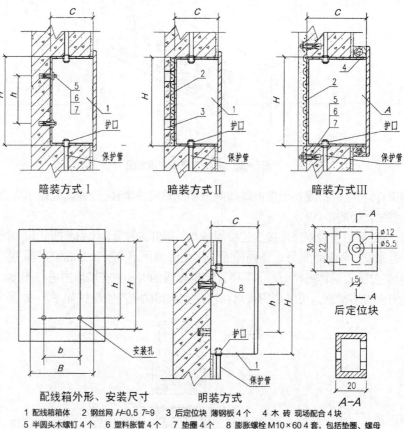

1 配线箱箱体　2 钢丝网 H=0.5 T=9　3 后定位块 薄钢板 4 个　4 木 砖 现场配合 4 块
5 半圆头木螺钉 4 个　6 塑料胀管 4 个　7 垫圈 4 个　8 膨胀螺栓 M10×60 4 套，包括垫圈、螺母

图 5-38　在钢筋混凝土墙上安装配线箱示意图

2. 保护管进配线箱的方法

保护管进配线箱的方法如图 5-39 所示，配线箱体外形尺寸和安装尺寸由工程设计确定，接地线与管子、铁质配线箱箱体、接地螺栓必须焊接，如选用塑料质品管箱，管与箱可不用与接地线相连。

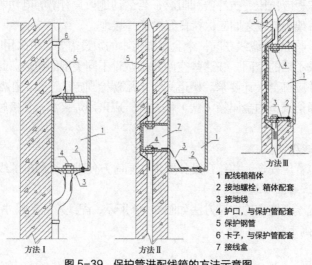

1 配线箱箱体
2 接地螺栓，箱体配套
3 接地线
4 护口，与保护管配套
5 保护钢管
6 卡子，与保护管配套
7 接线盒

图 5-39　保护管进配线箱的方法示意图

5.4 安装干线通道

综合布线系统的主干缆线应选用带门的封闭型的专用通道敷设，以保证通信线路安全运行和有利于维护管理。在大型建筑中都采用电缆竖井或弱电间等作为主干缆线的敷设通道配合安装桥架作为干线缆线的保护设施。由于高层建筑的结构体系和平面布置不同，综合布线系统上升部分的建筑结构类型有所区别，基本上有上升管路、电缆竖井和弱电间3种类型。这3种类型的特点和适用场合如表5-4所示。

83

表5-4 综合布线系统上升部分的建筑结构类型

类型名称	装设配线设备	特点	适用场合
上升管路	在上升管路附近设置配线设备，以便就近与楼层管路连通	不受建筑面积和建筑结构限制，不占用房间面积，工程造价低，技术要求不高。施工和维护不便，配线设备无专用房间，有不安全因素，适应变化能力差，影响内部环境美观	信息业务量较小，今后发展较为固定的中、小型建筑
电缆竖井	在电缆竖井内或附近装设配线设备，以便连接楼层管路。专用竖井或合用竖井有所不同，在竖井内可用管路或槽道等装置	能适应今后变化，灵活性较大，便于施工和维护，占用房屋面积和受建筑结构限制因素较小。竖井内各个系统的管线应有统一安排。电缆竖井造价较高，需占用一定建筑面积	今后发展较为固定，变化不大的大、中型建筑
弱电间	在弱电间中装设配线设备，可以明装或暗装。各层弱电间与各个楼层管路连接	能适应今后变化，灵活性大，便于施工和维护，能保证通信设备安全运行。占用建筑面积较多，受到建筑结构的限制较多，工程造价和技术要求高	信息业务种类和数量较多，今后发展较大的大型建筑

5.4.1 沿上升管路安装

上升管路的装设位置一般选择在综合布线系统缆线较集中的地方，宜在较隐蔽角落的公用部位（如走廊、楼梯间或电梯厅等附近），在各个楼层的同一地点设置；不得在办公室或客房等房间内设置，更不宜过于邻近垃圾道、燃气管、热力管和排水管以及易爆、易燃的场所，以免造成危害和干扰等后患。

上升管路是综合布线系统的建筑物垂直干线缆线的专用设施，既要与各个楼层的楼层配线架（或楼层配线接续设备）互相配合连接，又要与各楼层管路相互衔接。沿上升管路安装干线通道如图5-40所示。

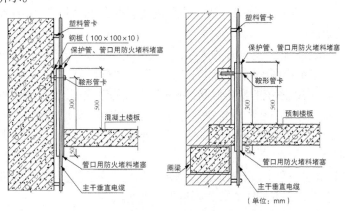

图5-40 沿上升管路安装

5.4.2 在电缆竖井内安装

在特大型或重要的高层智能化建筑中，一般均有设备安装和公共活动的核心区域，在区域内布置有电梯厅、楼梯间、电气设备间、厕所和热水间等，在这些公用房间中需设置各种管线。为此，在核心区域中常设有各种竖井，它们是从地下底层到建筑顶部楼层，形成一个自上而下的深井。

综合布线系统的主干线路在竖井中一般有以下几种安装方式。

① 将上升的干线电缆或光缆直接固定在竖井的墙上，它适用于电缆或光缆条数很少的综合布线系统。

② 在竖井墙上装设走线架，上升电缆或光缆在走线架上绑扎固定，它适用于较大的综合布线系统。在有些要求较高的智能化建筑的竖井中，需安装特制的封闭式槽道，以保证缆线安全。

③ 在竖井内墙壁上设置上升管路，这种方式适用于中型的综合布线系统。

电缆桥架在竖井中沿墙采用壁挂方式安装，如图 5-41 所示。电缆桥架可以采用三角钢支架固定，桥架穿过孔洞位置要进行防火处理。

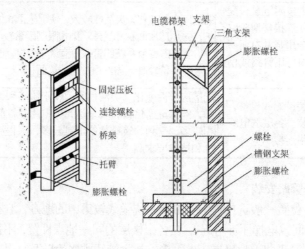

图 5-41　桥架在竖井中沿墙采用壁挂方式安装

5.4.3 在弱电间内安装

在大、中型高层建筑中，可以利用公用部分的空余地方，划出只有几平方米的小房间作为弱电间，在弱电间的一侧墙壁和地板处预留槽洞，作为上升主干缆线的通道，专供综合布线系统的垂直干线子系统的缆线安装使用。在弱电间内布置综合布线系统的主干缆线和配线接续设备需要注意以下几点。

① 弱电间内的布置应根据房间面积大小、安装电缆或光缆的条数、配线接续设备装设位置和楼层管路的连接、电缆走线架或槽道的安装位置等合理布置。

② 弱电间为综合布线系统的专用房间，不允许无关的管线和设备在房内安装，避免对通信缆线造成危害和干扰，保证缆线和设备安全运行。弱电间内应设有 220V 交流电源设施（包括照明灯具和电源插座），其照度应不低于 20lx。为了便于维护、检修，可以利用电源插座采取局部照明，以提高照度。

③ 弱电间是建筑中一个上、下对应的整体单元结构，为了防止火灾发生时沿缆线延燃，应按国家防火标准的要求，采取切实有效的隔离防火措施。

在弱电间内安装梯式桥架如图 5-42 所示。

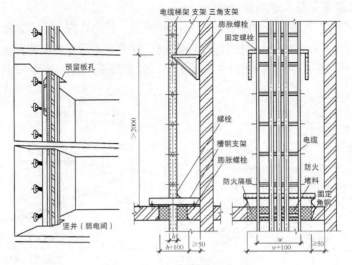

图 5-42 在弱电间内安装梯式桥架

5.4.4 安装引入管路

综合布线系统引入建筑物内的管路部分通常采用暗敷方式。引入管路从室外地下通信电缆管道的人孔或手井接出，经过一段地下埋设后进入建筑物，由建筑物的外墙穿放到室内，这就是引入管路的全部。

综合布线系统建筑物引入口的位置和方式的选择需要会同城建规划和电信部门确定，应留有扩展余地。对于入口钢管穿过墙基后应延伸到未扰动地段，以防出现应力；在两个牵引点之间不得有两处以上 90° 拐弯；架空电 （光缆） 引入时要注意接地处理；综合布线缆线不得在电力线或电力装置检修孔中进行接续或端接。

1. 光缆、电缆直埋引入建筑物的做法

光缆、电缆直埋引入建筑物的做法如图 5-43 所示。保护管应有由建筑物向室外倾斜的防水坡，坡度不小于 4%（ 约 1.3）；保护管采用钢管时，钢管要采取防腐防水措施；保护管直径 D 由设计人员确定。

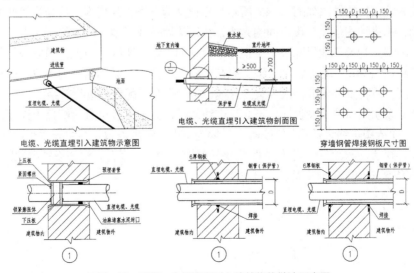

图 5-43 光缆、电缆直埋引入建筑物的做法示意图

2. 光缆、电缆穿管引入建筑物的做法

光缆、电缆穿管引入建筑物的做法如图 5-44 所示。保护管应有由建筑物向室外倾斜的防水坡，坡度不小于4%（约1.3）；保护管采用钢管时，钢管要采取防腐防水措施。光缆引入建筑物时，应在人（手）孔（井）内预留 5～10m 光缆，盘成圆圈固定，半径一般为 200mm。

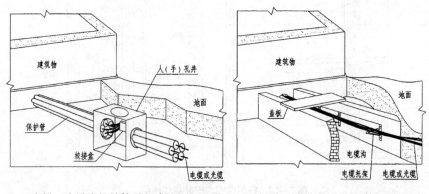

（a）电缆、光缆穿保护管引入建筑物示意图　　（b）电缆沟通道布线引入建筑物示意图

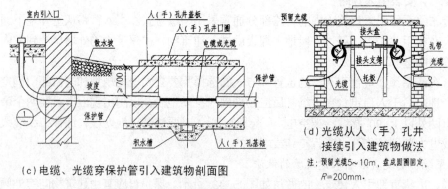

（c）电缆、光缆穿保护管引入建筑物剖面图

（d）光缆从人（手）孔井
接续引入建筑物做法
注：预留光缆5～10m，盘成圆圈固定，
R=200mm。

图 5-44　光缆、电缆穿管引入建筑物的做法示意图

3. 光缆引入建筑物的做法

光缆引入建筑物的做法如图 5-45 所示。在很多情况下，光缆引入口与设备间距离较远，可设进线间，由进线间敷设至设备间的光缆，往往从地下或半地下层进线间由电信间爬梯引至所在楼层，因引上光缆不能只靠最上层拐弯部位受力固定，所以，引上光缆应进行分段固定，即要沿爬梯作适当绑扎。对无铠装光缆，应在垫胶皮后扎紧，对拐弯受力部位，还应套胶管保护，在进线间，可将室外光缆转换为室内光缆，也可引至光配线架进行转换。

当室外光缆引入口位于设备间，不必设进线间时，室外光缆可直接端接于光配线架（箱）上，或经由一个光缆进线设备箱（分接箱），转换为室内光缆后再敷设至主配线架或网络交换机。光缆布放应有冗余，一般室外光缆引入时预留长度为5～10m，室内光缆在设备端预留长度为3～5m。在光配线架（箱）中通常都有盘纤装置。

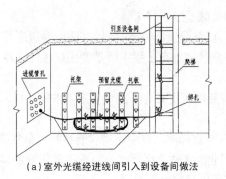

（a）室外光缆经进线间引入到设备间做法

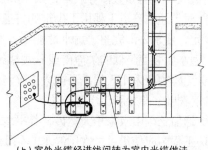

（b）室外光缆经进线间转为室内光缆做法

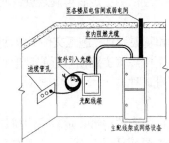

（c）室外光缆引入进线间与设备间合用室做法

图 5-45　光缆引入建筑物的做法示意图

5.5　建筑群地下管道施工

在建筑群子系统中，采用地下电缆管道是最主要的建筑方式，它是城市市区街坊或智能化小区内的公用管线设施之一，也是整个城市地下电缆管道系统的一个组成部分。园区内距离较大的管道，应按通信管道要求建设，合理分配手孔（井）。

5.5.1　管道定位

地下管道工程是一项永久性的隐蔽建筑物施工项目，在整个施工过程中必须保证工程质量，尤其是施工前的准备工作，它关系到整个管道工程的施工进度和工程质量。管道施工前的准备工作主要有器材检验、工程测量及复测定线（包括定位）等项目。

1．器材检验

通信管道工程所用的器材较多，其规格和质量与工程质量密切相关。具体要求如下。

① 在通信管道工程中采用的各种强度等级的水泥应符合国家规定的产品质量标准。施工中不应使用过期失效的水泥，严禁使用受潮变质的水泥，以免造成工程后患。

② 人孔或手孔铁盖应符合下列要求：

- 人孔或手孔铁盖装置（包括外盖、内盖和口圈等）应配套齐全，规格和质量应符合标准图的规定；
- 人孔或手孔铁盖装置应用灰口铁铸造，铸铁的抗拉强度应不小于 11.77kN；铸铁质地应坚实，铸件表面应完整，无毛刺、砂眼等缺陷；铸件表面应做均匀完好的防锈处理；
- 铁盖与口圈应紧密吻合，要求铁盖的外缘与口圈的内缘间隙应不大于 3mm；盖合上后应平稳、不翘动，铁盖边缘应高出口圈 1～3mm；

③ 人孔或手孔内装设的铁支架和电缆托板应用铸钢或型钢制成，不能用铸铁制造。

④ 人孔或手孔内设置的拉力环（作为牵引缆线用）应全部做好镀锌防锈处理，拉力环表面

不应有裂纹、节瘤和锻接等缺陷，以免降低它的机械强度。

⑤ 对于通信管道工程用于砌筑的普通稀土砖或混凝土砌块等材料，其强度等级应符合设计文件规定，要求外形完整、耐水性能好、强度符合规定。在工程中严禁使用耐水性能差、质地疏松、遇水后强度降低的炉渣砖或硅酸盐砖等。

⑥ 工程中应采用天然砾石或人工碎石，不得使用风化石等不符合规定要求的石料。石料中不得含有树叶、草根和泥土等杂物。

⑦ 通信工程中应采用天然砂，其平均粒径应符合标准，砂中不得含有树叶、草根等杂物。

⑧ 工程中应使用可供饮用的水，不得采用工业废水或生活污水以及含有硫化物的泉水，如发现水质可疑，应送有关部门化验，经检测鉴定后再确定可否使用。

2．工程测量

在管道施工之前，应充分了解和掌握设计、施工文件（包括施工图纸和文字说明），根据设计施工图纸和现场技术交底，对地下电缆管道路由附近的地形和地貌进行工程测量。工程测量包括直线测量、平面测量和高程测量 3 种。

（1）直线测量

直线测量是对已确定的管道路由附近的地形、地貌、房屋建筑物和其他地下管线设备的位置进行测量、调查，并校核设计施工图纸是否正确，这项工作有时可与平面测量一并进行。

（2）平面测量

在测量平面图时，应根据管道段长和位置、人孔或手孔位置、引上或引入建筑物的管道以及弯曲管道等的具体路由和位置等内容，测量和绘制成可供管道施工的平面图。在平面测量中还应标明园区内的道路界线、房屋建筑红线和各种地下管线等的位置。如具有较完整的资料和图纸，平面测量工作可以适当简化，甚至不必测量。

（3）高程测量

高程测量是对管道路由上地形的高低进行测量。在测量时，高程的测点主要应选在人孔或手孔的设置处、与其他地下管线的交叉点、地面有显著高差的地方以及对其他管道施工有关的测点。通过高程测量和计算，绘制出管道纵断面施工图，在图中应注明管道沟底高程、复土厚度、人孔坑底高程、人孔间的距离等内容。如果施工图纸与高程测量的结果相符，则不必再绘制管道断面施工图，只需在施工图上作必要的修正或补充，以便指导施工。

3．复测定线

复测定线包含有定位的内容。通过复测，按工程测量的结果，结合设计施工图纸，对管道进行定线和定位。

5.5.2 建管道基础

在铺设管道和建筑人孔之前，挖掘管道沟槽和人孔坑是一项劳动强度很大的施工项目，在设计和施工中都必须充分注意土方工程量的多少。此外，在施工过程中还应注意土质、地下水位和附近其他地下管线的状况，以便确定挖掘施工方法和采取相应的保护措施。

沟底的地基是承受其上全部荷重（其中包括路面车辆、行人、堆积物、管顶到路面的覆土、电缆管道、基础和电缆等所有重量）的地层，因此地基的结构必须坚实、稳定，否则会影响电缆管道的施工质量。地基分为天然地基和人工地基两种。天然地基必须是土壤坚实、稳定，地下水位在管道沟槽底以下，土壤承载能力大于或等于全部荷重的两倍。因此，只有岩石类或坚硬的老蒙古土层可作为天然地基。一般的地层都需进行人工加固才能符合建筑管道的要求。经过人工加固的地基称为人工地基。目前，人工加固地基的方法很多，经济实用的方法有铺垫碎石加固和铺垫砂石加固两种。

5.5.3 建人孔

智能小区内的道路一般不会有极重的重载车辆通行，所以地下通信电缆管道上所用人孔以混合结构的建筑方式为主。人孔基础为素混凝土，人孔四壁为水泥砂浆砌砖形成的墙体。人孔基础和人孔四壁均为现场浇灌和砌筑。

（1）浇灌人孔基础

现场浇灌人孔基础之前，必须对人孔坑底进行平整，切实对天然地基夯实压平，并采取碎石加固措施。碎石铺垫厚度为20cm，夯实到设计规定的高程。人工加固的地基面积应比浇灌的素混凝土基础四周各宽出 30～40cm。

根据设计规定和施工要求使用人孔规格尺寸，认真校核人孔基础的形状尺寸、方向和地基高程等项目，确认完全正确无误后，支设钉固人孔基础模板。人孔基础一般采用C10或C15素混凝土，其配比均应符合设计规定。浇灌时要不断地搅拌，使混凝土密实，不得出现泡沫、漏浆等现象。

（2）砌筑人孔四壁墙体

砖砌人孔为现场人工操作，这是地下永久性建筑，在施工中必须严格执行操作规程和施工质量标准，并应注意以下几点。

① 砖砌人孔墙体的四壁必须与人孔基础保持垂直，允许偏差应不大于±1cm。砌体顶部四角应水平一致，墙体顶部的高程允许偏差不应大于±2cm。人孔四壁砌体的形状和尺寸应符合施工图纸要。

② 人孔四壁与基础部分应结合严密，做到不漏水、不渗水。墙体和基础的结合部内、外侧应使用1∶2.5的水泥砂浆抹八字角，要求严密贴实，表面光滑。

③ 砌筑人孔墙体的水泥砂浆强度应使用不低于M7.5或M10的水泥砂浆，不得使用掺有白灰的混合砂浆或水泥失效的砂浆，确保墙体砌筑质量。砌筑的墙体表面应平整、美观，不得出现竖向通缝。砂浆缝宽度要求尽量均匀一致，一般为 1～1.5cm。砖缝砂浆必须饱满严实，不得出现跑漏和空洞现象。

④ 管道进入人孔四壁的窗门位置应符合设计规定。管道四周与墙体应砌筑成圆弧形的喇叭口，不得松动或留有空隙。人孔内喇叭口的外表应整齐光滑、匀称，其抹面层应与人孔四壁墙体抹面层结合成整体。

（3）现场组装人孔上覆

智能小区内的地下电缆管道一般管孔数量不多，大都采用小号人孔。为加快施工进度，人孔上覆一般采取预制构件在现场组装拼成。在现场组装人孔上覆时，需注意以下要求。

① 预制件的形状、尺寸以及组成件的数量等必须符合设计规定。

② 在施工过程中要求组织严密，在确保人员安全操作的前提下才能施工。组装过程应按人孔上覆分块的组装顺序吊装，并以人孔基础中心为准进行定位。吊装构件必须轻吊轻放。预制件在对准位置后要平稳轻放，预制件之间的缝隙应尽量缩小，互相对准定位，形成整体。

③ 人孔上覆定位组装后，其拼缝必须用1∶2.5的水泥砂浆堵抹，主要涂抹的部位有　上覆预制件之间搭接缝的内、外侧和上覆预制件与人孔四壁墙体间的内、外侧。

（4）人孔口圈安装和管道及人孔的回填土

人孔口圈安装必须注意其与人孔上覆配套，其承载能力必须等于或大于人孔上覆的承载能力。管道和人孔的回填土应在管道工程施工基本完成后进行，一般宜养护24小时以上，并经隐蔽工程检验合格。

图5-46所示为建筑人孔示意图。

5.5.4 建手孔

图 5-47 所示为典型建筑手孔尺寸图。手孔内部规格尺寸较小，且是浅埋（最深仅 1.1m）。手孔内部空间很小，施工和维护人员难以在其内部操作主要工艺，一般是在地面将缆线接封完工后，再放入其中。手孔结构基本是砖砌结构，通常为 240mm 厚的四壁砖墙，如因现场断面的限制，也可改为 180mm 或 115mm 砖墙，其结构更为单薄。进入手孔的管道，其最底层的管孔与手孔的基础之间的最小距离不应小于 180mm。手孔按大小规格分为 5 种，即小手孔、一号手孔、二号手孔、三号手孔和四号手孔，其规格尺寸如表 5-5 所示。

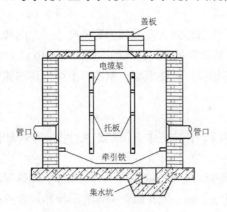

图 5-46 建筑人孔示意图   图 5-47 典型建筑手孔尺寸图

表 5-5 各种手孔规格尺寸和适用场合

手孔简称	手孔名称	规格尺寸（mm）			墙壁	手孔盖	适合场合	备注
		长	宽	深				
SSK	小手孔	500	400	400~700	厚度有115mm、180mm和240mm	1块小手孔外盖	架空或墙壁缆线引上用	手孔盖配以相应的外盖底座
SK1	一号手孔	840	450	500~1000	同上	1块手孔外盖	可供几条缆线使用	手孔盖配以相应的外盖底座
SK2	二号手孔	950	840	800~1100	同上	2块手孔外盖	可供5~10条缆线使用，可作为拐弯手孔或交接箱手孔	手孔盖配以相应的外盖底座
SK3	三号手孔	1450	840	800~1100	同上	3块手孔外盖	可容纳12孔的配线管道	手孔盖配以相应的外盖底座
SK4	四号手孔	1900	450	800~1100	同上	4块手孔外盖	最多容纳24孔的配线管道	手孔盖配以相应的外盖底座

5.5.5 铺设地下管道

铺设管道前，必须根据设计文件对所选用管材进行检验，只有符合技术要求的才能在工程中使用，并按施工图要求的管群组合断面排列铺设管道。建筑群地下电缆管道铺设如图 5-48 所示。

1. 铺设钢管

钢管一般采用对缝焊接钢管，严禁不同管径的钢管连接使用。钢管接续方法一般采取管箍套接法。铺设钢管管道一般不需对地基加工，可直接铺设。管材间回填细土夯实。钢管接续的具体质量要求有以下几点。

① 钢管套接前，要求其管口套丝，加工成圆锥形的外螺纹。螺纹必须清楚、完整、光滑，不应有毛刺和乱丝现象。

② 钢管在接续前，应将钢管管口内侧锉平成坡边或磨圆，保证光滑、无刺。在管材的外螺纹上缠绕麻丝或石棉线，并涂抹白铅油。

③ 两根钢管分别旋入管箍的长度应大于管箍长度的1/3。管箍拧紧后，不要把管口螺纹全部旋入，应露出1～2扣。钢管的对接缝应一律置于管身的上方。

2. 铺设单孔双壁波纹塑料管

单孔双壁波纹塑料管（HDPE）的特点是重量轻、便于运输和施工、管道接续少、易弯曲加工、躲让障碍物简便、无污染、阻燃、密闭性能和绝缘性能均好、使用寿命长等。所以，目前在智能小区内使用较多。其施工方法简单，主要注意以下几点。

① 沟槽的地基土壤结构必须坚实、稳定，否则会影响管道工程质量，难以保证今后通信的安全可靠。因此，当地基土壤松软且不稳定时，必须将沟槽底部平整夯实，还应在上面进行人工加固。在有行人或车辆通过处，浇筑混凝土加固。

② 当由多根单孔双壁波纹塑料管组成管群时，其断面组合排列应遵照设计规定。在铺设管道前，应先将所需的多根单孔双壁波纹塑料管捆扎成设计要求管群断面，捆扎带用4mm直径的钢筋预先制成，一般以 1～2m 为捆扎间距，同时将多根单孔双壁波纹塑料管采用专制的短塑料套管和配套的弹性密封胶圈连接。

③ 弹性密封胶圈的规格尺寸及物理机械性能应符合标准。各根管子的接续处都应互相错开。管群应按设计要求的位置放平、放稳。管群管孔端在人孔或手孔墙壁上的引出处放妥，其管孔端应用水泥砂浆抹成喇叭口，以利于牵引缆线。

④ 将管群放在沟槽中，在其周围填灌水泥砂浆，尤其应在捆扎带处形成钢筋混凝土的整体，增加管群的牢固程度。

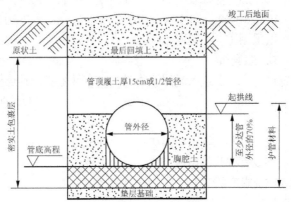

图 5-48　建筑群地下电缆管道铺设示意图

5.6　建筑电缆沟

电缆沟按其建筑结构可分为简易式、混合式、整浇式和预制式4种，它们各有特点，适用于不同的场合。在智能小区主要采用混合式。混合式电缆沟基本属于浅埋式的主体结构，底板为素混凝土，在现场浇灌筑成，其配比应根据料源和温度等条件确定。电缆沟的两侧壁是用水泥砂浆砌砖形成的砌体结构。电缆沟的外盖板为钢筋混凝土预制件，在现场按要求组装成整体。

这种电缆沟的建筑结构形式与砖砌手孔基本相同，只是它的规格尺寸不同，且小了很多，其施工内容和技术要求比建筑手孔要简单。电缆沟内预埋在侧壁的电缆铁件较小，且数量不多。由于电缆沟是浅埋式的，所以它上面的外盖板和相应的外盖底座或两侧的砖砌墙体必须配合严密，以免地面水大量渗漏入电缆沟中，对缆线的安全运行有所影响。

电缆沟的规格尺寸目前没有统一的标准，应根据工程实际需要来确定。如电缆沟是与其他系统合用的，其建筑结构和规格尺寸应按各个系统缆线的实际要求和具体布置来确定。

思考与练习 5

一、填空题

1. 安装在墙上的信息插座，其位置宜高出地面_____左右。

2. 在敷设管道时，应尽量减少弯头，每根管的弯头不应超过_____，并不应有 S 形弯出现。

3. 从桥架至信息插座底盒或桥架与金属管之间的连接宜采用_____敷设。

4. 为了保证桥架接地良好，在两槽的连接处必须用_____进行连接。

5. 缆线在桥架内垂直敷设时，在缆线的_____和_____处应固定在桥架的支架上；水平敷设时，在缆线的_____、_____、_____及_____处进行固定。

二、选择题（答案可能不止一个）

1. 以下（　　）工具可以应用于综合布线。

　A. 弯管器　　　　　　　　　　　　B. 牵引线

　C. 数据线专用打线工具　　　　　　D. RJ-45、RJ-11 水晶头压接钳

2. 管子的切割严禁使用（　　　）。

　A. 钢锯　　　　B. 型材切割机　　　C. 电动切管机　　　D. 气割

3. 暗管管口应光滑，并加有绝缘套管，管口伸出建筑物的部位应为（　　　）。

　A. 20～30mm　　B. 25～50mm　　C. 30～60mm　　　D. 10～50mm

4. 金属管的连接可以采用（　　　）。

　A. 焊接　　　　B. 短套管　　　　C. 密封胶　　　　D. 带螺纹的管接头

5. 当直线段桥架超过（　　　）或跨越建筑物时，应有伸缩缝，其连接宜采用伸缩连接板。

　A. 20m　　　　B. 30m　　　　　C. 40m　　　　　D. 50m

三、简答题

1. 旧建筑物的配线布线有哪几种布线方法？试分别叙述。

2. 新建筑物的配线布线有哪几种布线方法？试分别叙述。

3. 金属管加工的基本要求有哪些？

4. 金属管应怎样连接？

5. 简述暗敷管路的具体要求。

6. 简述明敷桥架的具体要求。

项目实训 5

一、实训目的

① 了解、认识常用管槽安装工具，熟悉其性能，掌握其使用方法。

② 按标准完成管槽的安装施工。

二、实训内容

① 弯管器的使用。

② 管槽的安装。

● PVC 管施工。

● 金属管施工。

● PVC 线槽施工。

● 桥架施工。

③ 信息插座盒的安装。

④ 金属管与信息插座盒的连接。

三、实训器材

① 弯管器 1 台。

② 角磨机 1 台。

③ PVC 线槽剪 1 把。

④ 钢锯 1 把。

⑤ 锉刀 1 把。

⑥ 螺丝刀（或充电起子）1 把。

⑦ 管箍 1 个。

⑧ 铁锤 1 个。

⑨ 各种线管、线槽及连接件若干。

⑩ 信息插座盒 1 套。

四、使用常用电动工具

1. 充电起子操作规程

充电起子的操作规程示意图如图 5-49 所示，使用充电起子时应注意以下几点。

① 按使用说明规范操作。

② 检查充电起子电池是否有电，并检查一下螺钉批头是否拧紧。

③ 安装螺丝时先要调整好充电起子的工作方向（电动起子有顺/逆时钟方向）。

安装适合的螺钉批头　　把螺钉批头拧紧　　调整好工作方向　　安装信息面板

图 5-49　充电起子操作规程示意图

2. 电钻操作规程

电钻的操作规程示意图如图 5-50 所示，使用电钻时应注意以下几点。

① 面部朝上作业时，要戴上防护面罩。在生铁铸件上钻孔要戴好防护眼镜，以保护眼睛。

② 钻头夹持器应妥善安装。

③ 作业时钻头处在灼热状态，应防灼伤肌肤。

④ 钻 ϕ12mm 以上的钻孔时应使用有侧柄的手电钻。

⑤ 站在梯子上工作或高处作业时应做好防高处坠落措施，梯子应有地面人员扶住。

| 安装合适的钻头 | 调节深浅辅助器 | 更换不同尺寸的钻头 | 调节好工作方式 |

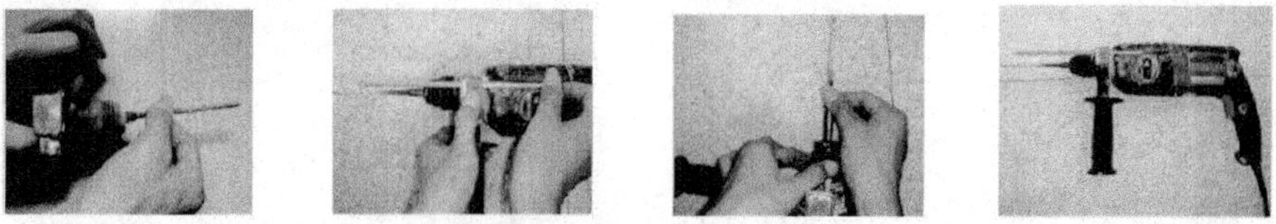

图 5-50　电钻操作规程示意图

3. 切割机、台钻操作规程

① 切割机、台钻必须按使用说明规范操作。

② 学生使用须经指导教师同意方可操作，否则后果自负。

③ 使用前应检查机器，保证机器接地良好、不漏电，砂轮片完整、无裂纹。

④ 开机后先空运转一分钟左右，判断运转正常后方可使用。

⑤ 注意，不能碰撞、移动切割机。使用时，注意周围环境，不许在切割机附近打闹。

⑥ 台钻操作时，工件应用台钳夹持好，装好钻头，注意速度。单人操作，不能戴手套。

⑦ 设备使用结束后，切断电源，放好工具，打扫干净工作场地后方可离去。

4. 角磨机（打磨器）操作规程

① 带好保护眼罩。

② 打开开关之后，要等待砂轮转动稳定后才能工作。

③ 长头发同学一定要先把头发扎起。

④ 切割方向不能朝向人。

⑤ 连续工作半小时后要停 15 分钟。

⑥ 不能用手拿着小零件在角磨机上进行加工。

⑦ 工作完成后自觉清洁工作环境。

五、膨胀螺钉的安装方法

膨胀螺钉的安装方法如图 5-51 所示，具体步骤如下。

① 选择一个与膨胀螺钉胀管直径相同的合金钻头，并安装到电钻上。

② 用电站在墙壁打孔，孔的深度最好与螺栓的长度相同。

③ 将膨胀螺钉套件一起放到孔内，注意不要把螺帽拧掉，防止钻孔比较深时螺栓掉进孔内而不好取出。

④ 把螺帽拧紧 2~3 扣后感觉膨胀螺丝比较紧而不松动后再拧下螺帽。

⑤ 把被固定的物品上打有孔的固定件对准螺栓装上，装上外面的平垫片和弹簧垫圈，拧紧六角螺帽即可。

图 5-51　膨胀螺钉安装示意图

六、实训过程

① 认识实验器材。

② 认识管槽安装工具。

③ 学习弯管器等工具的使用方法。

④ 管槽安装。

1）PVC 管施工

● 按实际长度，对 PVC 管进行切割。

● 按要求将 PVC 管安装到墙上指定的位置。

● 使用胶水连接 PVC 管与 PVC 管。

● 弯曲 PVC 管（使用 PVC 管弯管器）到所需弯度。

2）金属管施工

● 按实际长度，对金属管进行切割、打磨。

● 按要求将金属管安装到墙上指定的位置。

● 使用短套管、点压钳等工具连接金属管与金属管。

● 弯曲金属管（需要使用弯管器）到所需弯度。

3）PVC 线槽施工

● 按实际长度，对 PVC 线槽进行切割。

● 按要求将 PVC 线槽安装到墙上指定的位置。

● 制作 PVC 线槽水平直角、内弯角、外弯角。

4）桥架施工

● 按实际长度，对桥架进行切割、打磨。

● 按要求将桥架安装到指定的位置。

● 使用接头连接板（放线槽内侧）连接桥架，拧紧螺钉。

● 在桥架连接处两边安装不小于 2.5mm² 的铜线。

⑤ 安装信息插座盒。拧开螺钉，取下信息插座面板，将信息插座底盒固定到墙上合适的位置。

⑥ 连接金属管与信息插座底盒。使用铜杯臣和梳结连接金属管和信息插座底盒。

⑦ 整理器材和工具。

七、提交实训报告

任务 6　布放缆线

当完成综合布线管槽系统安装后，接下来就要进行布放缆线工作了。综合布线系统的配线子系统一般采用 4 对对绞电缆作为传输介质，干线子系统则会根据传输距离和用户需求选用大对数对绞电缆或光缆作为传输介质。由于对绞电缆和光缆的结构不同，所以在布线施工时要采用不同的技术。本任务的主要目标是学会使用常用缆线布线工具，完成配线、干线和建筑群缆线的布放工作。

6.1　认识布线工具

1. 管道穿线器

图 6-1 所示为管道穿线器，又名玻璃钢穿孔器、玻璃钢穿管器。用于在管道中牵引牵引绳，是优秀的辅助工具。光滑又富于弹性的表面可使穿孔器轻松地通过狭窄的通道，具有省时、省

力、提高工效等优点，可用于电信管道清洗及光缆、电缆和塑料子管的布放。使用时先将牵引头对准小车架上的活动滑轮，由滑轮穿出，再进行穿线、拉线、疏通管道等工作（即与相应的金属头连接，穿入管道内）。用于清理时，由牵引头带动清理工具进行管道清理；用于布放电缆时，可先将钢丝或铁线带入，然后用钢丝或铁线牵引电缆入管。

2. 线轴支架

大对数电缆和光缆一般都采用卷轴式包装，放线时必须将缆线卷轴架设在线轴支架上（见图 6-2），并从顶部放线。

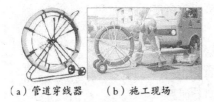

（a）管道穿线器　（b）施工现场

图 6-1　管道穿线器

图 6-2　线轴支架

3. 牵引机

当大楼主干布线采用向上牵引的方法时，就需要使用牵引机向上牵引缆线。图 6-3 所示的牵引机为电动式牵引机。

4. 布线滑车

当大楼主干布线采用向下垂放的方法时，为了保护缆线，需要使用布线滑轮或布线滑车（见图 6-4），保证缆线从卷轴拉出后平滑地往下放线。

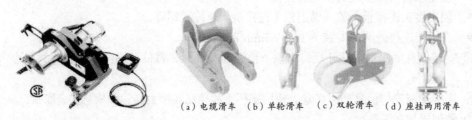

（a）电缆滑车　（b）单轮滑车　（c）双轮滑车　（d）座挂两用滑车

图 6-3　牵引机　　　　　　　　　图 6-4　布线滑车

6.2　缆线的牵引技术

1. 缆线布放要求

缆线敷设应满足下列要求。

① 缆线的型号、规格、敷设方式、布放间距均应与设计相符。

② 缆线的布放应自然平直，不得产生扭绞、打圈、接头等现象，不应受到外力的挤压和损伤。

③ 缆线两端应贴有标签，标签的书写应清晰、端正。标签应选用不易损坏的材料。

④ 布放缆线应有余量以适应端接或终接、检测和变更。对绞电缆预留长度：在工作区为 3～6cm，电信间为 0.5～2m，设备间为 3～5m；光缆布放路由宜盘留，预留长度为 3～5m，有特殊要求的应按设计要求预留长度。

⑤ 缆线的弯曲半径应符合下列规定。

● 非屏蔽 4 对对绞电缆的弯曲半径应至少为电缆外径的 4 倍；

● 屏蔽 4 对对绞电缆的弯曲半径应至少为电缆外径的 8 倍；

- 主干对绞电缆的弯曲半径应至少为电缆外径的 10 倍；
- 2 芯或 4 芯光缆的弯曲半径应大于 25mm；其他芯数光缆的弯曲半径应至少为光缆外径的 10 倍。

⑥ 屏蔽电缆的屏蔽层应保持完好的端到端连通性。

⑦ 预埋线槽和暗管敷设缆线应符合下列规定：

- 预埋线槽和暗管的两端宜用标志表示出编号等内容；
- 预埋线槽宜采用金属线槽，预埋或密封线槽的截面利用率应为 30% ~ 50%；
- 暗管宜采用钢管或阻燃聚氯乙烯硬质管；布放大对数主干电缆及 4 芯以上光缆时，直线管道的管径利用率应为 50% ~ 60%，弯管道应为 40% ~ 50%；暗管布放 4 对对绞电缆或 4 芯及以下光缆时，管道的截面利用率应为 25% ~ 30%。

⑧ 设置桥架和线槽敷设缆线应符合下列规定：

- 密封线槽内的缆线布放应顺直，尽量不交叉，在缆线进出线槽部位、转弯处应绑扎固定；
- 缆线在桥架内垂直敷设时，在缆线的上端和每间隔 1.5m 处应将缆线固定在桥架的支架上；水平敷设时，在缆线的首、尾、转弯及每间隔 5 ~ 10m 处进行固定；
- 在桥架中敷设不同类型、规格的缆线时，对绞电缆、光缆及其他信号电缆应根据缆线的类别、数量、缆径、缆线芯数分束绑扎；绑扎间距不宜大于 1.5m，间距应均匀，不宜绑扎过紧或使缆线受到挤压；
- 室内光缆在桥架敞开敷设时应在绑扎固定段加装垫套。

⑨ 采用吊顶支撑柱在顶棚内敷设缆线时，每根支撑柱所辖范围内的缆线可以不设置密封线槽布放，但应分束绑扎，缆线应阻燃。

⑩ 光缆在施工前需识别端别并确定 A 端、B 端，A 端应是网络枢纽的方向，B 端应是用户一侧。敷设光缆的端别应方向一致，不得端别排列混乱。

⑪ 在装卸光缆盘作业时，应使用叉车或吊车，严禁将光缆盘从车上直接推落到地上。在工地滚动光缆盘的方向，必须与光缆的盘绕方向（箭头方向）相反，其滚动距离规定在 50m 以内。当滚动距离大于 50m 时，应使用运输工具。在车上装运光缆盘时，应将其固定牢靠，不得歪斜和平放。运输时，车速宜缓慢平稳。

⑫ 建筑群缆线采用架空、管道、直埋、墙挂及电缆沟敷设时，电缆、光缆的施工要求应按照本地网通信线路工程验收的相关规定执行。

2. 缆线的牵引技术

在缆线布放过程中，为避免受力和扭曲，应制作合格的牵引头。如果采用机械牵引，应根据缆线牵引的长度、布放环境、牵引张力等因素选用集中牵引或分散牵引等方式，具体要求如下。

① 为了防止缆线缠绕和变形，布放时，应慢速而平稳地牵引缆线，速度不宜超过 15m/min。电缆的最大允许拉力如下：

- 1 根 4 对对绞电缆的拉力为 100 N（10kg）；
- 2 根 4 对对绞电缆的拉力为 150 N（15kg）；
- 3 根 4 对对绞电缆的拉力为 200 N（20kg）；
- n 根 4 对对绞电缆的拉力为 $n \times 50 + 50$ N；
- 25 对 5 类 UTP 电缆的拉力不能超过 40kg。

② 布放缆线的牵引力应小于缆线允许张力的 80%；瞬间最大牵引力不应超过缆线允许的张力；

③ 用一条拉线将缆线牵引穿入墙壁管道、吊顶和地板管道，所用的方法取决于要完成作业的类型、缆线的重量和布线路由的质量，还与管道中要穿过的缆线的数目有关。不管在哪种场合都应遵循的一条原则就是：要尽量做到拉线与缆线的连接点平滑。在布多条缆线时，要试着一次尽量布更多的缆线。一次布的缆线越多，则施工时间就越短。

④ 一次牵引多条 4 对 UTP 电缆穿过一条路由的方法如下：

- 将多条电缆聚集成一束，并使它们的末端对齐；
- 用电工胶带紧绕在电缆束外面，缠绕长度为 5～7cm，如图 6-5(a)所示；
- 拉绳穿过电工胶带缠好的电缆并打好结，如图 6-5(b)所示。

如果在拉电缆过程中，连接点散开了，则要收回电缆和拉绳重新制作更牢固的连接，为此，可以：

- 除去电缆的一些绝缘层暴露出 5cm 的裸线，如图 6-5(c)所示；
- 将裸线分成两束；
- 将两束导线互相缠绕起来形成环，如图 6-5 (d)所示；
- 将拉绳穿过此环并打结，然后将电工胶带缠到连接点周围，要缠得结实而平滑。

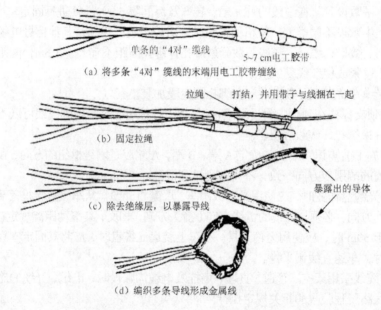

（a）将多条"4对"缆线的末端用电工胶带缠绕

（b）固定拉绳

（c）除去绝缘层，以暴露导线

（d）编织多条导线形成金属线

图 6-5　多根 4 对 UTP 电缆牵引头制作方法

⑤ 牵引单条大对数电缆的方法如下：

- 将电缆向后弯曲以便建立一个直径为 15～30cm 的环，并使电缆末端与电缆本身绞紧，如图 6-6（a）所示；
- 用电工胶带紧紧地缠在绞好的电缆上，对环进行加固，如图 6-6(b)所示；
- 把拉绳连接到电缆环上，如图 6-6(c)所示；
- 用电工胶带紧紧地将连接点包扎起来。

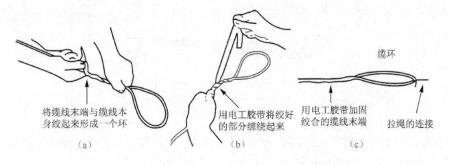

将缆线末端与缆线本身绞起来形成一个环 (a)　　用电工胶带将绞好的部分缠绕起来 (b)　　用电工胶带加固绞合的缆线末端　缆环　拉绳的连接 (c)

图 6-6　牵引单条 25 对对绞电缆的牵引头制作方法

⑥ 牵引多条大对数电缆的方法如下：

● 剥除一定长度的电缆外护套（5cm 左右），将大对数电缆均匀地分为两组，如图 6-7（a）所示；

● 将两组电缆交叉地穿过拉线环，如图 6-7（b）所示；

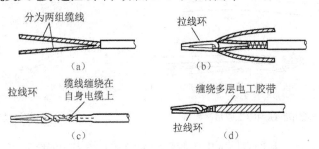

分为两组缆线 (a)　　拉线环 (b)

拉线环　缆线缠绕在自身电缆上 (c)　　缠绕多层电工胶带　拉线环 (d)

图 6-7　牵引多条 25 对对绞电缆的牵引头制作方法

● 将两组缆线缠在自身电缆上，加固与拉线环的连接，如图 6-7（c）所示；

● 在缆线缠绕部分紧密地缠绕多层电工胶带，进一步加固电缆与拉线环的连接，如图 6-7（d）所示。

⑦ 牵引光缆。以牵引方式敷设光缆时，主要牵引力应加在光缆的加强芯上。因为涂有塑料涂覆层的光纤细如毛发，且光纤表面的微小伤痕会使其耐张力显著地恶化；此外，当光纤受到不均匀的侧压时，光纤损耗会明显增大。因此，敷设时应控制光缆的敷设张力，避免光纤受到过度的外力（弯曲、侧压、牵拉和冲击等），这是提高工程质量、保证光缆传输性能必须注意的问题。室内光缆的最大安装张力及最小安装半径如表 6-1 所示。

表 6-1　室内光缆最大安装张力及最小安装半径

光纤数	最大安装张力（N）	最小安装半径（cm）
4	450	5.08
6	560	7.60
12	675	7.62

一般在管道内或比较狭长的地方敷设光缆宜先制作光缆牵引头，以便用拉线（或鱼线）牵引光缆。制作室内光缆牵引头的方法如下。

① 在离光缆末端 0.3m 处，用光缆环切器对光缆外护套进行环切，并将环切开的外护套从

光纤上滑去，露出纱线和光纤，如图 6-8 所示。

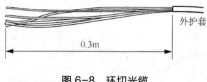

图 6-8 环切光缆

② 将纱线与光纤分离开来，切除光纤，保留纱线；然后将多条光缆的纱线绞起来并用电工胶带将其末端缠起来，如图 6-9 所示。

③ 将光缆端的纱线与牵引光缆的拉线用绳结连接起来，如图 6-10 所示。

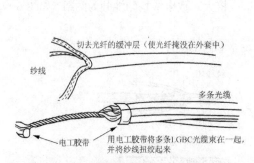

图 6-9 把光缆和纱线用电工胶带捆起来

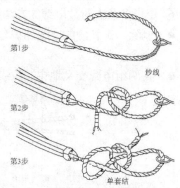

图 6-10 将纱线连接到牵引绳上

④ 切去多余的纱线，利用套筒或电工胶带将绳结和光缆末端缠绕起来，确认没有粗糙之处，以保证在牵引光缆时不增加摩擦力，如图 6-11 所示。

图 6-11 准备牵引光缆的连接

6.3 布放配线缆线

常用的配线缆线是 4 对非屏蔽对绞电缆或 2～4 芯室内光缆。4 对 UTP 对绞电缆出厂时都采用纸箱包装，每箱的长度为 305m。可以通过下列技术来避免它的缠绕。

① 除去塑料塞。

② 通过出线孔拉出电缆。

③ 布放完毕，应重新插上塑料塞以固定电缆。

1. 管道布放

管道布线是指在浇筑混凝土时已把管道预埋在地板中，管道内有牵引缆线的拉线，施工人员只需索取管道图纸来了解地板的布线管道，确定路径在何处，就可以布线施工了。

管道一般从电信间埋至信息插座安装孔。施工人员只要将缆线固定在信息插座的接线端，从管道的另一端牵引绳就可将缆线引到电信间。

对于没有预埋管道的新建筑物，施工可以与建筑物装潢同步进行，这样既便于布线，又不影响建筑物美观。

2．吊顶内布线

配线布线最常用的方法是在吊顶内布线，其施工步骤如下。

① 索取施工图纸，确定布线路由。

② 沿着所设计的路由，打开吊顶。用双手推开每块镶板，如图6-12所示。

现假设要布放6条4对UTP电缆（如果缆线很重，为了减轻压在吊顶上的重量，可使用J形钩、吊索及其他支撑物来支撑缆线）。

③ 6条电缆应从6个纸箱中同时拉出，需给每个纸箱加标注。纸箱上可直接写标注，电缆的标注写在标签上，并将标签贴到电缆末端。

④ 将一个带卷连接到合适长度的牵引绳上，投掷牵引绳时，带卷将作为一种重锤。

⑤ 从距离电信间最远的一端开始，将牵引绳的末端（带卷的一端）投向吊顶。

⑥ 移动梯子将牵引绳投向吊顶上的下一孔，直到绳子到达吊顶的另一端，然后拉出绳子。

⑦ 将每两个箱子中的电缆拉出形成"对"，再用电工带捆扎好，如图6-13所示。

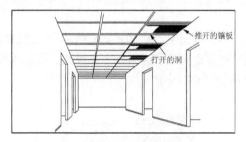

图6-12　具有可移动镶板的悬挂式天花板

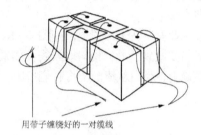

图6-13　将每对电缆用带子缠好

⑧ 将牵引绳穿过3个用电工胶带缠好的电缆对并结成一个环，再用电工胶带将3对电缆与绳子缠紧，要缠得平滑而牢固。

⑨ 走到牵引绳的另一端（有吊圈的一端），人工拉牵引绳。将全部6条电缆一并从纸箱中拉出并经过吊顶牵引到位，如图6-14所示。

⑩ 暂时不要固定吊顶内的电缆，因为以后还可能移动它们。

当缆线在吊顶内布完后，还要通过墙壁或墙柱的管道将缆线向下引至信息插座安装孔。缆线较少、距离不长、无拐弯时不需要拉绳，只要将缆线用电工胶带缠绕成紧密的一组，将其末端馈入管道并用力向里推，直到在管道孔处露出来即可。反之，不易穿缆线时，则应在管道内布放一条牵引绳，用牵引绳将缆线拉过管道。

当缆线在吊顶内布线完成后，还可以通过地板将缆线引至上一层电信间或信息插座安装孔，方法与向上牵引缆线相同。

3．在墙上布线

有些已建好的大楼没有预留布放缆线的通道，又无法重新敷设暗管，只能在墙上布明线。在这种情况下，通常采用明装PVC线槽的方法布线，先将PVC线槽底板钉固于墙面设计路由的适当位置，再布放缆线，然后盖上线槽盖板即可。

某些情况下，亦可沿着墙根走线，利用B形夹子将缆线固定，如图6-15所示。

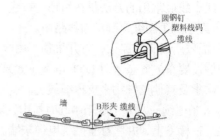

图 6-14 将 6 条电缆用电工胶带缠好并拉出吊顶　　　　图 6-15　用 B 形夹沿着墙根布线

6.4　布放干线缆线

通常，干线缆线是室内光缆或大对数电缆。较重的缆线必须绕在轮轴上，从卷轴上布放缆线的要点如下。

卷轴要安装在千斤顶上，如图 6-16（a）所示，以使它能转动并将缆线从线轴顶部拉出。施工人员要做到平滑、均匀地放线。如果要同时布放走向同一区域的多条缆线，可先将缆线安装在滚筒上，然后从滚筒上将它们拉出，如图 6-16（b）所示。

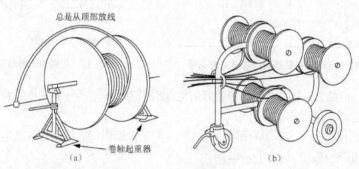

图 6-16　用卷轴放缆线

干线缆线通道多为建筑物的垂直弱电井或弱电间，弱电井是专门为布放弱电缆线而设计的，是一个从地下室至楼顶的开放型空间。弱电间则是在每层楼的对应位置建造的一连串上下对齐的封闭型小房间。弱电间中的对应位置设有电缆孔或电缆井，如图 6-17 所示。

在弱电间中敷设干线缆线有两种选择：向下垂放和向上牵引。通常向下垂放比向上牵引容易，但如果将缆线卷轴抬到高层上去很困难的话，则只能由下向上牵引。

1．向下垂放缆线

① 在离建筑顶层槽孔 1~1.5m 处安放缆线卷轴，放置卷轴时，要使缆线的末端在其顶部，保证从卷轴顶部牵引缆线。注意，必须先将卷轴固定好，以防卷轴自身

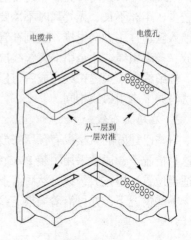

图 6-17　弱电间

滚动。

② 在缆线卷轴处安排所需的布线施工人员，每层楼上要有一个工人以便引导下垂的缆线。

③ 转动缆线卷轴，将拉出的缆线引导进弱电间中的电缆孔，在此之前，先在孔中安放一个塑料的靴状保护物，以防止电缆孔不光滑的边缘擦破缆线的外皮，如图 6-18 所示。

④ 继续放缆，直到下一层布线施工人员能将缆线引到下一电缆孔。

⑤ 在每一层楼上重复上述步骤，直到缆线达到目的楼层，用扎带将缆线固定住。

如果要经由一个大孔（电缆井）敷设干线缆线，这时最好使用一台布线滑车，通过它来下垂缆线。为此，必须先在井的中心位置装上布线滑车，然后将缆线拉出绕在滑车轮上，再按前面介绍的方法牵引缆线穿过每层的井，当缆线到达目的地时，把每层的冗余缆线绕成圈放在架子上固定起来，等待日后的端接。各层间的缆线应按规定绑扎固定于垂直干线管槽内。

2. 向上牵引缆线

布放的缆线较少时，可采用人工向上牵引的方法。若布放的缆线较多，可采用电动牵引绞车向上牵引的方案，如图 6-19 所示。

① 先往绞车中穿一条拉绳（确认此拉绳的强度足够牵引缆线）。

② 启动绞车，往下垂放拉绳，直至拉绳前端到达安放缆线的底层。

③ 将拉绳与缆线的拉眼（牵引头）连接起来。

④ 启动绞车，慢速而均匀地将缆线通过各层的孔向上牵引。

⑤ 当缆线的末端到达顶层时，停止绞动。

⑥ 在地板孔边沿上用夹具将缆线固定。

⑦ 当所有的连接制作好之后，从绞车上释放缆线的末端。

注意：绞车在拉线的过程中，力度不能过大，防止因拉力过大而将缆线拉断或引起缆线严重变形，从而影响施工质量。

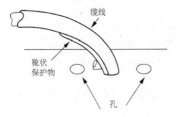

图 6-18　保护缆线的塑料靴状物

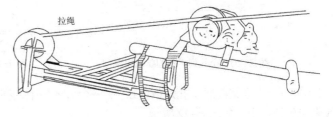

图 6-19　典型的电动牵引绞车

6.5　布放建筑群缆线

在建筑物之间敷设缆线，一般有管道、架空、直埋、墙挂和电缆沟几种方式，在综合布线中常采用管道敷设缆线。

在管道中敷设缆线时，一般光缆应和其他缆线分开单独占用管孔，多管孔时，光缆占用底层靠边的管孔，光缆应布放在预先布放的子管内。管道全程布放缆线的孔位力求对应，不要错乱，以便施工和管理。布放管道光缆或电缆一般采用人工牵引，难度大时采用机械牵引。

1. 人工牵引缆线

当缆线路径的阻力和摩擦力很小时，可以采用人工来牵引缆线的方法。

（1）小孔到小孔牵引

小孔到小孔牵引指的是直接将缆线牵引通过管道（这里没有手孔），即缆线通过小孔在一个地方进入地下管道，经由小孔在另一个地方出来，如图 6-20 所示。

① 在牵引的出口点和入口点揭开管道堵头。

② 利用管道穿线器布放一条牵引绳。

③ 将缆线轴放在线轴支架上并使其与管道尽量成一直线。缆线要从卷轴的顶部放出，在管道口放置一个靴形的保护物，以防止牵引缆线时划破缆线的外护套。

④ 将牵引绳和缆线（通过合适的牵引头）连接起来，要确保连接点的牢固和平滑。

⑤ 一个人在管道的入口处将缆线馈入管道，另一个人在管道的另一端平稳地牵引绳。

⑥ 继续牵引，直到缆线在管道的另一端露出为止。

（2）手孔到手孔的牵引

手孔到手孔牵引缆线的方法与小孔到小孔的牵引基本相似。人工牵引缆线的过程如下。

① 先利用管道穿线器布放一条牵引绳。

② 将缆线轴安放到缆线支架上，要从卷轴的顶部馈送缆线。

③ 在两个手孔中使用绞车或其他硬件，如图 6-21 所示。

④ 将牵引绳通过一个芯钩或牵引孔眼固定在缆线上。

⑤ 为了保证管道边缘是平滑的，要安装一个引导装置（软塑料块），以防止牵引缆线时管道孔边缘划破缆线保护层。

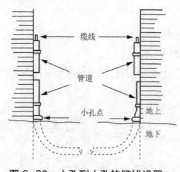

图 6-20 小孔到小孔的缆线设置

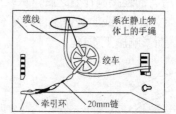

图 6-21 人工牵引缆线所用硬件

⑥ 一个人在馈缆线手孔处放缆线，另一个人或多个人在另一端的手孔处拉牵引绳以便将缆线牵引到管道中，如图 6-22 所示。

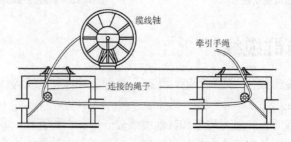

图 6-22 人工牵引缆线（手孔到手孔）的基本方法

2. 机器牵引

在人工牵引缆线困难的场合，则要用机器来辅助牵引缆线。为了将缆线拉过两个或多个手孔，可按下列步骤进行。

① 将装有绞绳的卡车停放在欲作为缆线出口的手孔旁边。

② 将装有缆线轴的拖车停放在另一个手孔旁边。卡车、拖车与管道都要对齐。

③ 用前面人工牵引中叙述的方法，将一条牵引绳从缆线轴手孔布放到绞车手孔。

④ 装配用于牵引的索具，在牵引非常重的缆线时，要不断地在索具上添加润滑剂。

⑤ 将牵引绳连接到绞车，启动绞车。保持平稳的速度进行牵引，直到缆线从手孔中露出来。注意绞车的拉力不能超过规定值，以免拉断缆线。

思考与练习 6

一、填空题

1. 由于通信电缆的特殊结构，电缆在布放过程中承受的拉力不要超过电缆允许张力的_____。

2. 对绞电缆预留长度：在工作区宜为_____，电信间宜为_____，设备间宜为_____；光缆布放路由宜盘留，预留长度宜为_____，有特殊要求的应按设计要求预留长度。

3. 缆线在桥架内垂直敷设时，在缆线的_____和_____处应固定在桥架的支架上；水平敷设时，在缆线的_____、_____、_____及_____处进行固定。

二、选择题（答案可能不止一个）

1. 由于通信电缆的特殊结构，电缆在布放过程中承受的拉力不要超过电缆允许张力的80%。下面关于电缆最大允许拉力值的描述中正确的有（   ）。

A. 1 根 4 对对绞电缆，拉力为 10kg
B. 2 根 4 对对绞电缆，拉力为 15kg
C. 3 根 4 对对绞电缆，拉力为 20kg
D. n 根 4 对对绞电缆，拉力为 $(n \times 4 + 5)$ kg

2. 下面有关缆线弯曲半径的描述中正确的有（   ）。

A. 非屏蔽 4 对对绞电缆的弯曲半径应至少为电缆外径的 4 倍
B. 屏蔽 4 对对绞电缆的弯曲半径应至少为电缆外径的 8 倍
C. 主干对绞电缆的弯曲半径应至少为电缆外径的 10 倍
D. 2 芯或 4 芯光缆的弯曲半径应大于 25mm；其他光缆应至少为光缆外径的 10 倍

三、判断题

1. 缆线安装位置应符合施工图规定，左右偏差视环境而定，最大可以超过 50mm。（   ）

2. 对绞电缆施工过程中，缆线的两端必须进行标注。（   ）

3. 光缆布放应平直，可以产生扭绞、打圈等现象，不应受到外力挤压和损伤。（   ）

4. 在弱电间中敷设光缆有两种选择：向上牵引和向下垂放。就向下垂放而言，转动光缆卷轴，并将光缆从其顶部牵出。牵引光缆时，要保持不超过最小弯曲半径和最大张力的规定。（   ）

四、简答题

1. 试述牵引多条 UTP 电缆的方法。

2. 简述综合布线过程中缆线布放的一般要求。

3. 如何制作室内光缆牵引头？

项目实训 6

一、实训目的

学习 UTP 电缆跳线制作方法，了解水晶头的结构，掌握电缆分色方法，熟练掌握 T568A 和 T568B 对水晶头打线规定的标准线序，掌握 UTP 电缆跳线制作技巧和电缆剥线器、压线钳的用法。

二、实训内容

制作一条两端均为 RJ-45 水晶头的跳线（水晶头知识：UTP 电缆跳线两端使用 RJ-45 水晶头作为连接之用，RJ-45 水晶头的正面有 3 个凹槽，前面第一个凹槽卡接对绞线线芯，中间凹槽是固定 8 根线的，后面凹槽是固定对绞电缆的外护套的。反面有一个卡柱，用于固定 RJ-45 水晶头和信息模块插孔的连接。前端有 8 个铜质卡接簧片，作为卡接 8 根芯线之用，芯线按规定色标排列卡接）。

三、实训仪表和器材

① 电缆剥线器 1 个。

② RJ-45 压线钳 1 把。

③ 剪线钳（或剪刀） 1 把。

④ UTP 5e 电缆 1 根。

⑤ RJ-45 水晶头 2 个。

⑥ 电缆测试仪 1 台。

四、接线标准

UTP 电缆跳线连接的标准有两个，如图 6-23 所示。

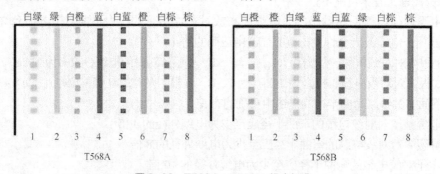

图 6-23 T568A、T568B 线序标准

五、实训步骤

① 剥去 2~3cm 的电缆外护套。先用剪线钳剪下所需长度（比最终的长度要长约 6cm）的 UTP 电缆（见图 6-24 左图），然后利用电缆剥线器将电缆外护套自端头环切 2~3cm，退下外护套，露出 8 根带绝缘护套的芯线（见图 6-24 右图）。

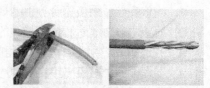

图 6-24 环切电缆外护套

② 拨线。拨开线对，如图 6-25 所示。

图 6-25 理线

图 6-26 排线

③ 排线。小心地松开每一线对，按 T568B 的标准线序排好序，如图 6-26 所示。

需要特别注意的是，绿色线对应该跨越蓝色线对，即将绿色线放在第 6 只脚的位置才是正确的。

④ 理线。将8根导线平坦整齐地平行排列好，导线间不留空隙，如图6-27所示。

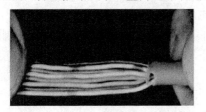

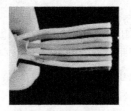

图 6-27　理线　　　　　　　　　　　　　　图 6-28　剪线

⑤ 剪线。在离护套13mm处将排好的芯线剪齐，如图6-28所示。

⑥ 将线对插入RJ-45水晶头。左手拇指和食指捻住RJ-45水晶头（卡柱朝下），将排好的8根芯线慢慢插入RJ-45水晶头，一定要将芯线端头插到RJ-45水晶头的顶端，电缆护套的扁平部也应插入RJ-45水晶头后端，进入4mm扁平部分，如图6-29所示。

第一只脚　白橙线

图 6-29　线对插入 RJ-45 水晶头

⑦ 压接。小心地将已穿好线的RJ-45水晶头放入压接工具中（见图6-30左图）。紧紧握住把柄，并将这个压力保持3s。如图6-30右图所示，该工具有两个模块，一个把进入RJ-45水晶头的一块塑料片压下卡住进入水晶头内的电缆护套，另一个将RJ-45水晶头内的针脚压入芯线中，使之导通。

⑧ 压接完成后，从压接工具上取下RJ-45水晶头，检查、确认所有的卡接铜片都已压入芯线。否则，应取下连接器，重新压接。

⑨ 采用同样的方法，制作另一端的RJ-45接头。

⑩ 使用电缆测试仪（见图6-31左图）检查跳线的连接质量，将压好的两个水晶头分别置于测试仪的插孔内（见图6-31右图），开启主端电源，指示灯按顺序闪亮，没有不亮的，则说明跳线制作成功。否则，接续有问题，需要返工重做。

压头槽

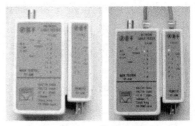

图 6-30　压接　　　　　　　　　　　　　图 6-31　检查跳线

若连接不正常，按下述情况显示：

① 当有一根导线断路，则主测试仪和远程测试仪对应线号的灯都不亮；

② 当有几条导线断路，则相对应的几条线都不亮，当导线少于2根线连通时，灯都不亮；

③ 当两头网线排列顺序有误，则与主测试仪端连通的远程测试端的线号亮；

④ 当导线有 2 根短路时，则主测试器显示不变，而远程测试仪显示短路的 2 根线灯都亮。若有 3 根以上（含 3 根）线短路时，则所有短路的几条线对应的灯都亮；

⑤ 如果出现红灯或黄灯，就说明存在接触不良等现象，此时最好先用压线钳压制两端水晶头一次，再测，如果故障依旧存在，就要检查一下芯线的排列顺序是否正确。如果芯线顺序错误，则应重新制作。

六、注意事项

① T568A/T568B 二者没有本质的区别，只是两种规定而已。

② 重要的是要保证 12、36、45、78 分别为一个绕对。

③ 两端均为 T568B 或 T568A 的跳线称为直连线，可以用于交换机到终端设备的连接（即不同端口之间的连接）。

④ 一端为 T568B，另一头为 T568A 的跳线称为交连跳线，用于终端之间或交换机之间的连接（即同类端口之间的连接）。

任务 7　缆线终接

在缆线通道内完成布放缆线后，接下来的工作就是电缆端接和光缆成端了。本任务的目标是学会使用电缆端接工具，掌握电缆端接、信息插座组装方法；学会使用光纤接续、光缆成端工具，掌握光纤接续和光缆成端端接方法；掌握机柜安装和在机柜中安装配线设备的技能。

7.1　安装机柜和配线架

7.1.1　安装机柜

机柜一般安装于设备间内或规模较大的电信间（配线间）内，也可安装在走廊、地下室、弱电竖井内，用于安装光缆和电缆配线架、交换机或路由器等网络设备。机柜一般使用 19 英寸标准机柜，深度和高度的选择应满足综合布线配线设备和网络设备安装要求，机柜和配线设备的安装应符合相关规定。

1. 机柜的安装要求

机柜安装应满足下列要求。

① 机柜、机架的安装位置应符合设计要求（要考虑温度、湿度、空气洁净度、电磁环境等因素，不能给后期的设备安装、维护带来不规范的隐患），机柜安装应竖直，柜面水平，垂直偏差不大于 0.1%，水平偏差不大于 3mm。

② 机柜、机架上的各种零件不得脱落或碰坏，漆面不应有脱落及划痕，各种标志应完整、清晰。

③ 机柜面板前应预留有 0.6m 以上的空间，机柜背面距离墙面的距离以便于安装和维护为原则。

④ 机柜、机架的安装应牢固，如有抗震要求，应按抗震设计进行加固。

⑤ 各种螺丝必须拧紧，无松动、缺少、损坏或锈蚀等缺陷。

⑥ 机柜必须与保护地并排连接。

⑦ 当要将机柜安装到一个已经存在的机柜组时，应将机柜挨着排成一排，柜间缝隙小于等于 1mm，可把机柜侧板拿掉，用螺钉将机柜相互连成一体。

2. 安装机柜

一般来说，较重设备的安装都是先用角铁或槽钢做一个底座，再将设备安放到底座上，以免人在地板上走动时引起的共振和解决很多地板承重力不够的问题。常用的 19 英寸机柜（标准宽度 600mm），高度分别为 42U、37U、32U、27U 等，厚度为 800mm 或 600mm，其外形尺寸如表 7-1 所示。

表 7-1　19 英寸机柜外形尺寸

规格	外形尺寸			规格	外形尺寸		
	宽（mm）	厚（mm）	高（mm）		宽（mm）	厚（mm）	高（mm）
15U	600	600，800	800	32U	600	600，800	1600
	800	800			800	800	
20U	600	600，800	1100	37U	600	600，800	1800
	800	800			800	800	
27U	600	600，800	1400	42U	600	600，800	2000
	800	800			800	800	
30U	600	600，800	1550				
	800	800					

外形尺寸高×宽×厚＝2000mm×600mm×800mm 的机柜安装步骤如下。

第一步：制作机柜底座（即焊接底座）

底座规格为 300mm×600mm×800mm，如图 7-1 所示，焊接工序如下。

① 准备工具，包括笔、纸张、卷尺、插拔、电钻（钻头）、电焊机（焊条）、角磨机（砂轮片）、切割机（切割片）、锤子、刷子、防锈漆、黑漆、水平尺、螺丝刀、钳子、螺丝、10mm² 电缆线等。

② 根据场地和设计图纸，确定机柜的准确安装位置。

③ 绘制底座草图（见图 7-1）。

④ 根据草图采购角铁或槽钢（12mm 以上）。

⑤ 切割角铁或槽钢，600mm、800mm 各 4 根，150～300mm 4 根。

⑥ 根据草图进行焊接（焊接中要注意是否虚焊、垂直、水平）。

⑦ 焊接完成放置安全位置进行冷却，用锤子轻轻敲击检查是否虚焊。

⑧ 摆放位置是否平稳（用水平尺测试）。

⑨ 刷漆两遍（第一遍刷防锈漆晾干，第二遍刷黑漆晾干）。

⑩ 将机柜底座摆放到设计位置，用电钻固定好。

⑪ 制作机柜接地，角铁或槽钢开眼。

⑫ 制作 10mm² 电缆接头镀锡连接。

⑬ 将电缆连接到机房总接地排。

⑭ 焊接安装完成后注意要确保底座安装准确无误，否则会导致返工。

第二步：安装准备

按照拆箱说明，拆开机柜及机柜附件包装木箱。

第三步：机柜就位

将机柜安放到机柜底座上，并使机柜的地脚对准相应的地脚定位标记。机柜前后面识别方法为，有走线盒的一方为机柜的后面。

第四步：机柜水平位置调整

在机柜顶部平面两个相互垂直的方向放置水平尺，检查机柜的水平度，用扳手旋动地脚上的螺杆调整机柜的高度，使机柜达到水平状态，然后锁紧机柜地脚上的锁紧螺母（见图7-1），使锁紧螺母紧贴在机柜的底平面。

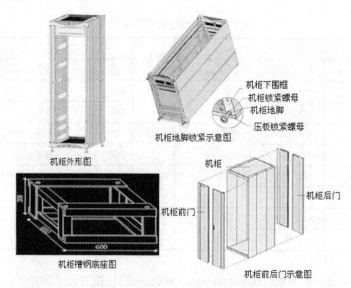

图 7-1　机柜外形、槽钢底座图

第五步：安装机柜配件

机柜配件包括机柜门、机柜铭牌、机柜门接地线等。

（1）安装机柜门

机柜前后门相同，都是由左门和右门组成的双开门结构（见图7-1）。机柜前后门的安装示意图如图7-2（a）所示，安装步骤如下。

① 将门的底部轴销与机柜下围框的轴销孔对准，将门的底部装上。

② 用手拉下门的顶部轴销，将轴销的通孔与机柜上门楣的轴销孔对齐。

③ 松开手，在弹簧作用下轴销往上复位，使门的上部轴销插入机柜上门楣的对应孔位，从而将门安装在机柜上。

④ 按照以上步骤，完成其他机柜门的安装。

机柜同侧左右两扇门完成安装后，它们与门楣之间的缝隙可能不均匀，这时需要调整两者之间的间隙。方法为：在图7-2（a）中机柜的下围框轴销孔和机柜门下端轴销之间增加垫片（机柜门包装中自带）；

（2）安装机柜铭牌

取出机柜铭牌，撕去铭牌背面的贴纸，将铭牌粘贴到机柜前门左侧门上部的长方形凹块位置，如图7-2（b）所示。

（3）安装机柜门接地线

机柜前后门安装完成后，需要在其下端轴销的位置附近安装门接地线，使机柜前后门可靠接地。门接地线连接门接地点和机柜下围框上的接地螺钉，如图7-2（c）所示。

① 旋开机柜某一扇门下部接地螺柱上的螺母。

② 将相邻的门接地线（一端与机柜下围框连接，另一端悬空）的自由端套在该门的接地螺柱上。

③ 装上螺母，然后拧紧，如图 7-2（d）所示，完成一扇门的接地线安装。

④ 按照上面的步骤，完成另外 3 扇门的接地线安装。

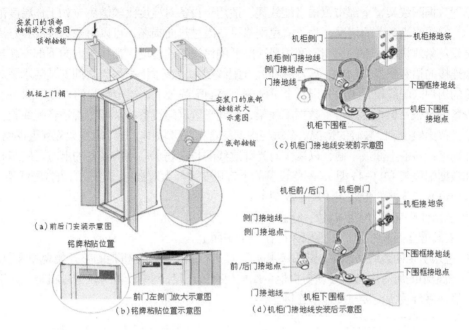

图 7-2 安装机柜配件

对于自购机柜，机柜到机房接地的接地线要求采用标称截面积不小于 6 mm² 的黄绿双色多股软线，长度不能超过 30m。

第六步：机柜安装检查

机柜安装完成后，按照表 7-2 所示项目进行检查，确保各项目状况正常。

表 7-2 机柜安装检查表

检查要素		检查结果			备注
编号	项目	是	否	免	
1	正确确认机柜的前后方向				
2	机柜前后方留 0.8m 的开阔空间				
3	水平调整				

7.1.2 在机柜（或配线箱）中安装配线架

通常，标准 19 英寸机柜的上端有电源排插，上、下端都有缆线进线口，进入机柜宜采用 40mm 厚度的线槽敷设封堵，不使用的各预留口禁止打开。

1. 安装要求

在机柜内，通常都是以 U（0.625 英寸 + 0.625 英寸 + 0.5 英寸通用孔距）为一个安装单位，可适用于所有的 19 英寸设备的安装，如模块化配线架、110 配线架、光纤配线架和网络设备等。

机柜内设备的安装要求如下。

① 合理安排网络设备和配线设备的摆放位置，主要考虑网络设备的散热和配线设备的缆线接入。由于机柜的风扇一般安装在顶部，所以机柜内一般采用上层网络设备、下层配线设备的安装方式。实际工程中机柜的布置方式很多，以保证系统正常运行、方便维护为原则，常用的布置方式有两种，如图 7-3 所示。其中，图 7-3（a）中的设备布置采用机柜上部布置网络设备，中间布置数据配线架，下部布置语音配线架，适用于设备对温度比较敏感（如工作温度范围在 0～40℃ 的网络设备）的情况。为了避免网络设备因过热而损坏，可以考虑这种安装方法，它使网络设备紧靠机柜顶部的风扇，利用风冷降低网络设备的温度。在机柜内的下部安装与大对数电缆连接的语音配线架（IDC 型），并在光纤配线架和语音主干配线架之间安装与水平对绞电缆连接的用户区配线架，缆线分别从上下两侧汇集到配线架上，减少跳线的长度。图 7-3（b）中的设备布置采用机柜上部布置数据配线架，中间布置网络设备，下部布置语音配线架，适用于网络设备比较少、比较轻的情况。在机柜内的综合布线区域中，光纤配线架应靠近网络设备，放置在网络设备的上面或下面，以减少对光纤跳线的长度要求。网络设备的上方可安装光纤配线架和数据配线架（RJ-45 型），网络设备的下方可安装与大对数电缆连接的语音配线架（IDC 型）和与语音点连接的配线架（RJ-45 型）。

② 各部件应完整，安装就位，标志齐全。

③ 安装螺丝必须拧紧，面板应保持在一个平面上。

④ 进入机柜的缆线必须用扎带和专用固定环进行固定，确保机柜的整齐美观和管理方便。

⑤ 机柜中的所有设备都必须与机柜金属框架有效连接，网络设备可以通过机柜与接地线连接的，最好每台设备直接与接地排连接。

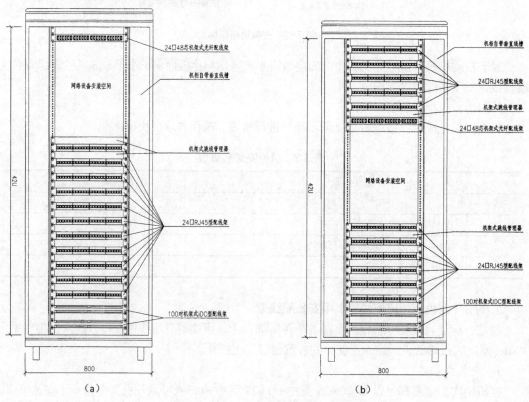

图 7-3　42U 机柜内配线架布置示意图

2. 在机柜中安装配线架

（1）各种 1U、2U 规格的配线架和网络设备

常见 RJ-45 配线架如图 7-4 所示，包括 1U 高度的 16 口、24 口和 2U 高度的 48 口等规格。

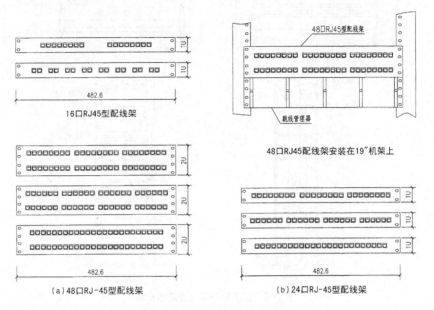

图 7-4 RJ-45 配线架（配线模块）

其他各类 1U9AD8 度的配线架和网络设备如图 7-5 所示。

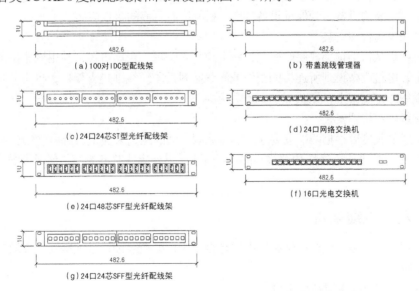

图 7-5 1U 各类配线架、网络设备

（2）配线架与理线器的安装

安装配线架和理线器之前，首先应在机柜相应的位置上安装 4 个浮动螺母，然后将所装设备用附件 M4 螺钉固定在机柜上，每安装一个配线架（最多两个）均应在相邻位置安装一个理线器，如图 7-6（a）所示，以使缆线整齐有序。应注意电缆施工的最小曲率半径应大于电缆外径的 8 倍，长期使用的电缆最小曲率半径应大于电缆外径的 6 倍。

（3）有源设备的安装

有源设备的安装通过使用托架（设置板）实现或直接安装在立柱上，如图7－6（b）所示。

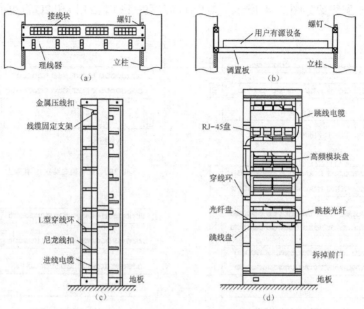

图7-6　标准机柜和配线架的安装

（4）空面板安装和机柜接地

机柜中未装设备的空余位置，为了整齐美观，可以安装空面板，以后扩容需要时，再将空面板换成所需安装的设备。为保证设备安全，机柜应有可靠的接地。

（5）进线电缆管理安装

进线电缆可从机柜顶部或底座引入，将电缆平直安排、合理布置，并用尼龙扣带捆扎在L型穿线环上，电缆应敷设到所连接的模块或配线架附近的缆线固定支架处，也用尼龙扣带将电缆固定在缆线固定支架上，如图7-6（c）所示。

（6）跳线电缆管理安装

跳线电缆的长度应根据两端需要连接的接线端子间的距离来决定，跳线电缆必须合理布置，并安装在U型立柱上的走线环和理线器的穿线环上，以便走线整齐有序，便于维护检修，如图7-6（d）所示。

7.2　对绞电缆端接

在电缆端接前，必须核对电缆标识内容是否正确，电缆端接处必须牢固、接触良好，电缆中间不应有接头。

7.2.1　认识对绞电缆端接工具

1. 电缆剥线工具

图7-7所示的电缆剥线工具用于环切对绞电缆的外护套。其中的电缆剥线钳使用了高度可调的刀片，操作者可以自行调整切入的深度，使之与导线的厚度相符，以保证只切割电缆护套，而不伤及芯线绝缘层。

2. 压线钳

各种常用的压线钳如图7-8所示，用于压接RJ-45/RJ-11水晶头，制作跳线。

图 7-7　剥线钳和剥线器（电缆环切器）　　　　　　**图 7-8　压线钳**

3．打线工具

如图 7-9 所示，打线工具用于对绞电缆的端接，有单对打线工具、五对打线工具和 KRONE 打线工具 3 种。其中的单对打线工具用于将电缆端接到信息模块和数据配线架上，具有压线和截线功能，能截掉多余的线头。五对打线工具用于 110 连接块和 110 配线架的连接。KRONE 打线工具可搭配 66 型、110 型、88 型、KRONE 型等卡线刀片使用。有两种卡线压力供选择：选择"H"时卡线压力为 $15 \pm 2kg$，提供较粗线径卡线使用；选择"L"时卡线压力为 $10 \pm 2kg$，为标准卡线压力。

图 7-9　打线工具

7.2.2　对绞电缆端接要求

对绞电缆端接应符合下列要求。

① 端接时，每对对绞线应保持扭绞状态，扭绞松开长度对于 3 类电缆不应大于 75mm；对于 5 类电缆不应大于 13mm；对于 6 类电缆应尽量保持扭绞状态，减小扭绞松开长度。

② 对绞电缆与 8 位模块式通用插座相连时，必须按色标和线对顺序进行卡接。插座类型、色标和编号应符合图 7-10 所示的规定，不得颠倒和错接。

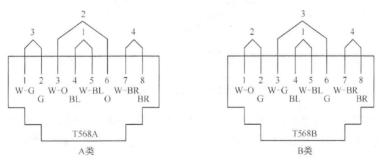

G（Green）-绿；BL（BLue）-蓝；BR（Brown）-棕；W（White）-白；O（Orange）-橙

图 7-10　8 位模块式通用插座连接

在实际施工过程中，两种连接方式均可采用，但在同一布线工程中两种连接方式不应混合使用。

③ 7 类布线系统采用非 RJ-45 方式端接时，连接图应符合相关标准规定。

④ 屏蔽对绞电缆的屏蔽层与连接器件端接处的屏蔽罩应通过紧固器件可靠接触，电缆屏蔽层应与连接器件屏蔽罩 360° 圆周接触，接触长度不宜小于 l0mm。

⑤ 对不同的屏蔽对绞线或屏蔽电缆，屏蔽层应采用不同的端接方法，应对编织层或金属箔与汇流导线进行有效的端接。

⑥ 每个 2 口 86 型面板底盒宜端接 2 条 4 对对绞电缆或 1 根 2 芯/4 芯光缆，不宜兼做过线盒使用。

⑦ 各类跳线的终接应符合下列规定：

● 各类跳线和连接器件间的接触应良好，接线无误，标志齐全。跳线选用类型应符合系统设计要求；

● 各类跳线长度应符合设计要求。

7.2.3 安装信息插座并端接 4 对对绞电缆

信息插座用于连接配线缆线和工作区缆线，如图 7-11 所示。

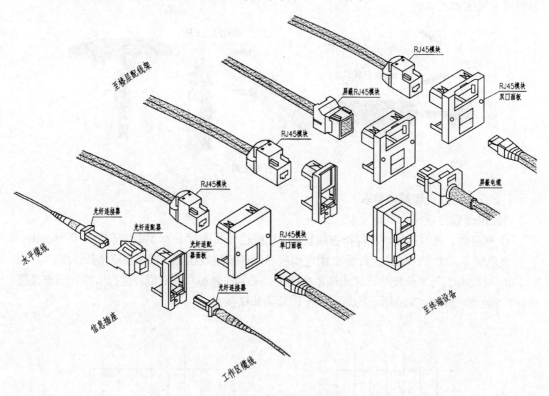

图 7-11 信息插座示意图

信息插座由面板、信息模块和底盒 3 部分组成，其核心是信息模块，电缆信息模块有屏蔽和非屏蔽两种类型。6 类屏蔽模块和屏蔽跳线如图 7-12 所示，7 类屏蔽模块及其组装如图 7-13 所示，7 类屏蔽插头及其组装如图 7-14 所示。

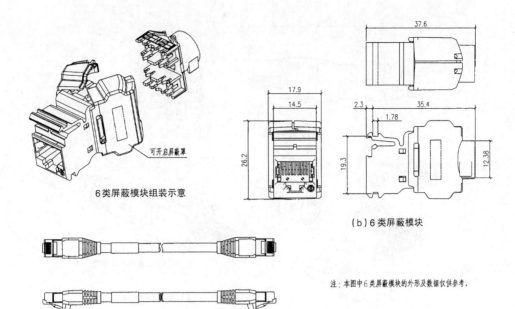

可开启屏蔽罩

6类屏蔽模块组装示意

37.6

17.9
14.5
26.2

2.3 35.4
1.78
19.3 12.38

（b）6类屏蔽模块

注：本图中6类屏蔽模块的外形及数据仅供参考.

（a）6类屏蔽跳线

图7-12 6类屏蔽模块与屏蔽跳线

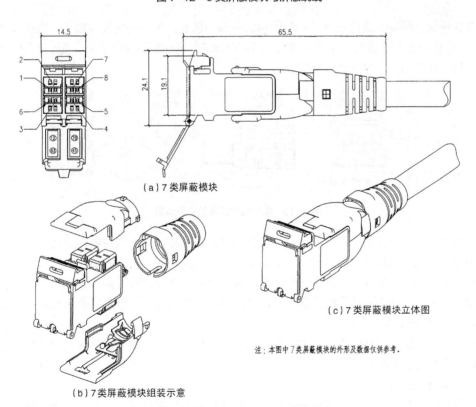

14.5

2   7
1   8
6   5
3   4

65.5
24.1
19.1

（a）7类屏蔽模块

（c）7类屏蔽模块立体图

注：本图中7类屏蔽模块的外形及数据仅供参考.

（b）7类屏蔽模块组装示意

图7-13 7类屏蔽模块及其组装

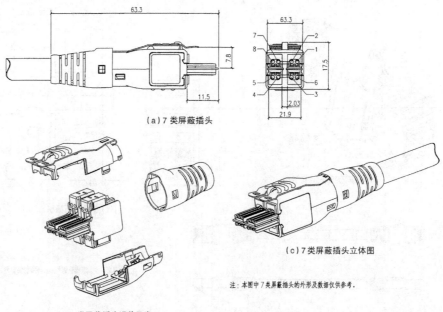

（a）7 类屏蔽插头

（c）7 类屏蔽插头立体图

注：本图中7类屏蔽插头的外形及数据仅供参考.

（b）7 类屏蔽插头组装示意

图 7-14　7 类屏蔽插头及其组装

　　非屏蔽信息模块的结构如图 7-15 所示，一头为插孔，另一头为接线端子，内部由固定线连接。每个模块的每个接线端子都有 T568A 和 T568B 接线标准的颜色编码，通过这些编码可以确定对绞电缆每根线芯的确切卡接位置。

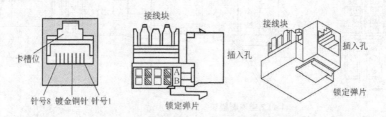

图 7-15　电缆信息模块结构示意图

　　对绞电缆在与电缆信息插座的信息模块连接时，必须按色标和线对顺序进行卡接。镀金的模块插座孔可保持与模块化插头弹簧片间稳定、可靠的电连接。由于弹簧片与插孔间的摩擦作用，电接触随插头的插入而得到进一步加强。模块插孔端主体设计采用了整体锁定机制，当模块化插头插入时，插头和插孔的接触面处可产生最大的拉拔强度。信息插座面板应有防尘、防潮的功能并符合标准。

　　信息模块端接是信息插座安装的关键。信息插座自身没有阻抗，但如果连接不好，可能要增加链路衰减及近端串音。

1. 端接信息模块

　　信息模块有打线模块和免打线模块两种，打线模块需要用打线工具将每个电缆线对的线芯端接到信息模块上，免打线模块使用一个塑料端接帽把每根导线端接在模块上。

　　打线信息模块 MOU456-WH 的端接步骤如图 7-16 所示（以 T568B 标准为例）。

（a）剥去2~3cm的电缆护套

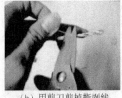
（b）用剪刀剪掉撕剥线

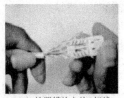
（c）按照模块上的B标线序分线并放入相应卡槽

（d）用单对打线工具逐条压入并打断余线（刀要与模块垂直，刀口向外）

（e）检查无误后给模块安装保护帽

（f）一个模块端接完毕

图 7-16　MOU456-WH 信息模块端接步骤

免打线信息模块 MOU45E-WH 的端接过程如图 7-17 所示，具体步骤如下。

图 7-17（a）所示为免打线信息模块 MOU45E-WH。

① 用对绞电缆剥线器剥去 2~3cm 的电缆外护套。

② 按信息模块扣锁端接帽上标定的 B 标（或 A 标）线序打开对绞线。

③ 理平、理直对绞线，斜口剪齐导线（便于插入），如图 7-17（b）所示。

④ 将缆线按标示线序方向插入至扣锁端接帽，注意开绞长度（至信息模块底座卡接点）不能超过 13mm，如图 7-17（c）所示。

⑤ 将多余导线拉直并弯至反面，如图 7-17（d）所示。

⑥ 从反面顶端处剪平导线，如图 7-17（e）所示。

⑦ 用压线钳的硬塑套将扣锁端接帽压接至模块底座，如图 7-17(f)所示，也可用如图 7-17（g）所示的钳子压接。

⑧ 模块端接完成，如图 7-17（h）所示。

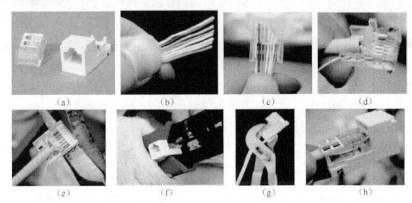

图 7-17　MOU45E-WH 信息模块端接步骤

2.　安装信息插座

安装信息插座的步骤如下。

① 将对绞电缆从线槽或线管中通过进线孔拉入到信息插座底盒中。

② 为便于端接、维修和变更，缆线从底盒拉出后预留 15cm 左右，然后将多余部分剪去。

③ 端接信息模块。

④ 将冗余缆线盘于底盒中。

⑤ 将信息模块插入面板中。

⑥ 合上面板，紧固螺钉，插入标识，完成安装。

7.2.4 安装数据配线架并端接对绞电缆

配线架是缆线的接续设备，它安装在设备间、电信间的机柜（机架）中，配线架在机柜中的安装位置要综合考虑机柜缆线的进线方式、有源交换设备散热、美观、便于管理等要素。

1. 安装数据配线架基本要求

① 为管理方便，电信间中的数据配线架和网络交换设备一般都安装在同一个 19 英寸的机柜中。

② 根据楼层信息点标识编号，按顺序安放配线架，并画出机柜中配线架信息点分布图，便于安装和管理。

③ 缆线一般从机柜的底部进入，所以通常配线架安装在机柜下部，交换机安装在机柜上部，也可根据进线方式作出调整。

④ 为美观和管理方便，机柜正面配线架之间和交换机之间要安装理线器，跳线从配线架面板的 RJ-45 端口接出后通过理线器从机柜两侧进入交换机间的理线器，再接入交换机端口。

⑤ 对于要端接的缆线，先以配线架为单位，在机柜内部进行整理，用扎带绑扎，将冗余的缆线盘放在机柜的底部后再进行端接，使机柜内整齐美观，便于管理和使用。

电缆的正确端接对于网络信息的正常传输非常关键。电缆的端接除了要求基本的连接正确外，还要求一定的气密性和连接的可靠性，只有电缆与连接硬件间的阻抗保持在较低的水平，才能达到最好的网络传输效果。数据配线架有固定式（横、竖结构）配线架和模块化配线架两种类型。下面分别给出两种配线架的安装步骤。

2. 安装固定式配线架并端接对绞电缆。

固定式配线架的安装步骤如下。

① 将配线架固定到机柜的合适位置，在配线架背面安装理线环。

② 从机柜进线处开始整理电缆，电缆沿机柜两侧整理至理线环处，使用绑扎带固定好电缆，一般 6 根电缆作为一组进行绑扎，将电缆穿过理线环摆放至配线架处。

③ 根据每根电缆连接接口的位置，测量端接电缆应预留的长度，然后使用压线钳、剪刀、斜口钳等工具剪断电缆。

④ 根据选定的接线标准，将 T568A 或 T568B 标签压入模块组插槽内。

⑤ 根据标签色标排列顺序，将对应颜色的线对逐一压入槽内，然后使用打线工具固定线对连接，同时将伸出槽位外多余的导线截断，如图 7-18（a）所示。

⑥ 将每组缆线压入槽位内，然后整理并绑扎固定缆线，如图 7-18（b）所示，固定式配线架安装完毕。

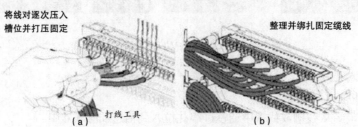

将线对逐次压入
槽位并打压固定

整理并绑扎固定缆线

打线工具

（a）

（b）

图 7-18　安装固定式配线架并端接对绞电缆

3. 安装模块化配线架并端接对绞电缆

安装模块化配线架并端接对绞电缆的步骤如下。

①~③步骤同固定式配线架安装过程①~③。

④ 按照信息模块的端接步骤端接配线架的各信息模块。

⑤ 将端接好的信息模块插入到配线架中。

⑥ 模块化配线架安装完毕。

【例7-1】安装M1000快接式配线架并端接4对对绞电缆。

M1000快接式配线架是提供电缆端接的装置,安装夹片可支持多至24个任意组合的信息模块,并在电缆卡入配线架时提供弯曲保护。这种配线架可固定在一个标准的19英寸的机柜内。

图7-19所示为在Ml000快接式配线架上端接电缆的基本步骤。

① 在端接电缆之前,先整理电缆,将电缆松松地捆扎在配线架的任一边上,最好是捆到垂直通道的托架上。

② 以对角线的形式将固定柱环插到一个配线架孔中去。

③ 设置固定柱环,以便柱环挂住并向下形成一个角度有助于电缆端接。

④ 插入M100信息模块,将电缆末端放到固定柱环的线槽中去,并按照上述打线信息模块的端接过程对它进行端接。

⑤ 最后一步是向右边旋转固定柱环,此时必须注意合适的方向,以避免将电缆缠绕到固定柱环上。

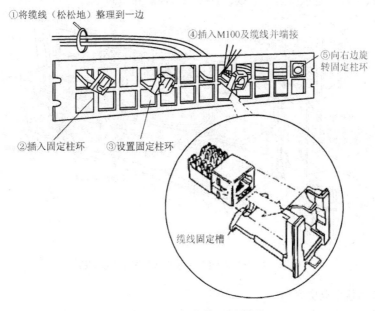

图7-19 M1000型配线架端接

【例7-2】安装PATCHMAX快接式配线架并端接4对对绞电缆。

PATCHMAX快接式配线架采用模块化设计,比M1000配线架使用更加方便,亦可以安装于19英寸标准机柜上。安装PATCHMAX快接式配线架于标准机柜上的操作步骤如图7-20所示。

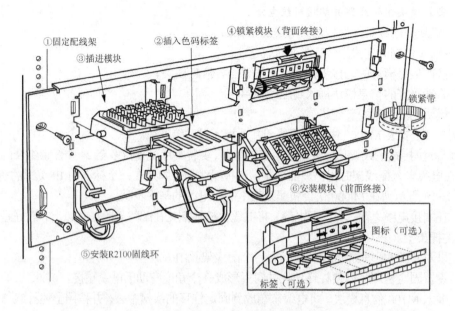

①固定配线架　　②插入色码标签　　④锁紧模块（背面终接）

③插进模块

⑥安装模块（前面终接）

锁紧带

⑤安装R2100固线环

图标（可选）

标签（可选）

图 7-20　PATCHMAX 快接式配线架固定步骤

如图 7-21 所示，端接 5 类对绞电缆或超 5 类对绞电缆于各模块上，应注意各模块上的接线管理器（即色标卡片）与系统型号一致，且接线管理器开口向下。

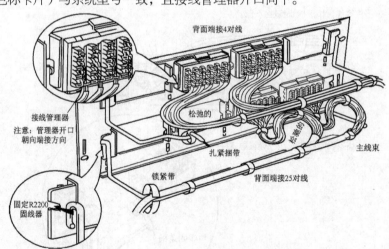

背面端接4对线

接线管理器

注意：管理器开口
朝向端接方向

松弛的

松弛的

主线束

扎紧捆带

锁紧带

背面端接25对线

固定R2200
固线器

图 7-21　PATCHMAX 快接式配线架电缆端接

4. 配线架端接完成实例

图 7-22 所示为模块化配线架端接后的机柜内部示意图（信息点多）。

图 7-23 所示为固定式配线架（横式）端接后机柜内部示意图（信息点少）。

图 7-24 所示为固定式配线架（竖式）端接后配线架背部示意图。

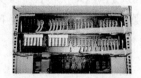

图 7-22　端接模块化配线架　　　图 7-23　配线架横式端接　　　图 7-24　配线架竖式端接

7.2.5　安装语音配线架并端接对绞电缆

语音（IDC）配线架和配线模块如图 7-25 所示，通常用于端接语音主干和配线缆线。

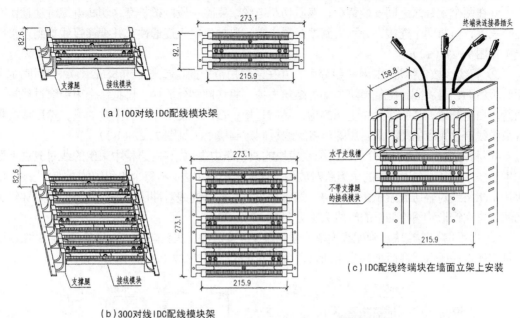

（a）100对线IDC配线模块架

（b）300对线IDC配线模块架

（c）IDC配线终端块在墙面立架上安装

图 7-25　IDC 配线架（配线模块）示意图

1. 缆线在 IDC 型配线设备上的连接

400 对干线和 800 对配线的 IDC 型配线设备如图 7-26 所示，占用墙面约 0.344m²。

① IDC 系列配线设备是为电信间和设备间的连线端接而选定的综合布线标准连接硬件，接线块（配线架）每行最多端接 25 对线。

② IDC 型配线架的组成：规格有 100 对或 300 对，4 或 5 对线的 IDC 连接块，线管理器、定位器、交接跨接线，标签条（带）；白色为干线电缆区，蓝色为配线电缆区，IDC-300 为带支撑脚的 300 对夹接式配线架，IDC-100 为带支撑脚的 100 对配线架，背板两边装有分线环，供连接块之间水平走线用。

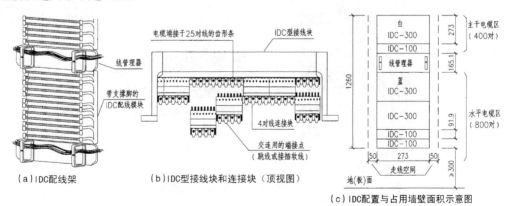

（a）IDC配线架

（b）IDC型接线块和连接块（顶视图）

（c）IDC配置与占用墙壁面积示意图

图 7-26　400 对干线和 800 对配线的 IDC 型配线设备示意图

缆线在 IDC 型配线设备上的连接如图 7-27 所示。

① 将配线模块安装到设备间或电信间合适的墙面上，拧紧螺丝，面板应保持在一个垂直面上，并在两个配线区之间安装背板；然后切断电缆，剥除一段电缆护套，切断电缆时注意留有足够长度，再将两个连接夹分别夹到馈线器末端，以提供电气连通性，并把连接线加到连接夹上（见图 7-27（a））；

② 将缆线按色标每 25 对一组分束，并在末端用带子捆扎起来（约 5cm 长），然后固定在配线板后面，且将固定配线模块顶部的螺丝去掉，将底部螺丝放松。再把每个束组穿过线槽，由蓝—白组开始，使其穿过左上角的槽，其后是橙—白组，使其穿过右上角的槽，然后依次将各束缆线穿过相应的槽，最后用螺丝将配线板固定到墙上（见图 7-27（b））。

③ 将每束组中的线对分别放到配线模块的索引条中去。先将左边槽中束组的线对放进上面的索引条中，再把右边槽中的束组线对放到下面的索引条中去，将每个束组中的 25 对线按序依次用手指将线对轻压到索引条的夹中，然后用工具将放好的线对冲压进去，并将伸出的导线头切断，再用锥形钩清除切下的碎线头（见图 7-27（c））；

④ 用手指将连接块加到配线模块的索引条上，安放时，灰头向下，从左至右进行，然后用工具将连接块压入，最后把标签条插入，做好标识（见图 7-27（d））。

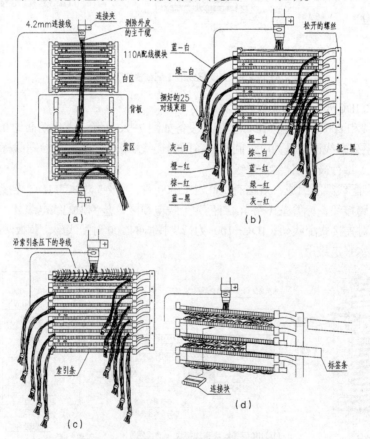

图 7-27　缆线在 IDC 型配线设备上的连接

2. 交叉连接

缆线在 IDC 型配线设备上的交叉连接如图 7-28 所示。交叉连接用于实现配线架不同配线区之间的物理连接，如干线子系统（白区）、配线子系统（蓝区）、设备配线区（紫区）等。

① 图 7-28（a）所示为干线子系统与应用设备配线区之间的交叉连接示意图，各配线区之间用背板隔开，以提供走线空间。

② 继各子系统缆线与配线架间的连接完成之后，首先将托架安装到配线模块的顶部和底部的支撑腿上，用来保持交叉连接线，如图 7-28（b）所示。

③ 将交叉连接线插入到包含指定线对的连接块顶部高齿两侧的槽中，用手指轻轻地将交叉连接线压下，如图 7-28（c）所示。

④ 使用冲压工具将交叉连接线线对压入连接块并切去无用的导线头，如图 7-28（d）所示。

⑤ 在交叉连接线一端连接完成后，再将交叉连接线拾起，使其穿过相应的扇形槽，并用手指伸入线对中下拉适当距离以建立连接线的松弛部分，如图 7-28（e）所示。

⑥ 将交叉连接线对的另一端引至另一配线区要端接处的扇形槽中，并留松弛部分后，在相应连接块的位置重复第③、④步，最终完成交叉连接线的连接。

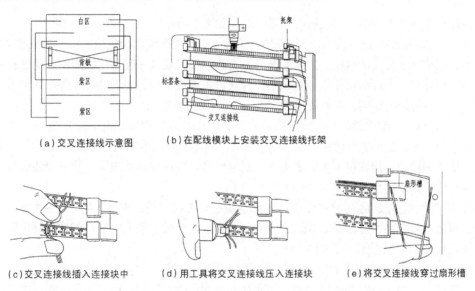

（a）交叉连接线示意图　　　（b）在配线模块上安装交叉连接线托架

（c）交叉连接线插入连接块中　　（d）用工具将交叉连接线压入连接块　　（e）将交叉连接线穿过扇形槽

图 7-28　缆线在 IDC 型配线设备上的交叉连接

3. 终端块

IDC 型带连接器的终端块如图 7-29 所示，它有两种类型，一种是连接器场位于顶部，称上终端块；另一种是连接器场在底部，称下终端块，分别与一根带插座的 25 对电缆（1m 长）进行端接。

IDC 终端块可安装在墙上、框架上、机柜里或吊架中，在吊架组合装置中，300 对线终端块的 12 根网络连接电缆或 900 对线上终端块的 36 根网络连接电缆，可延伸到高于终端块顶部 100mm 处，并可配上带插头或插座的小型带状电缆连接器和各种长度的短电缆，900 对线下终端块在吊架组合装置中有 36 根 25 对线的网络连接电缆，可延伸到低于终端块下部 1m 处，并可配上带插头或插座的小型带状电缆连接器和各种长度的短电缆。900 对线下终端块特别适合于铺设活动地板的机房内，连接在设备下方或隐蔽处完成。

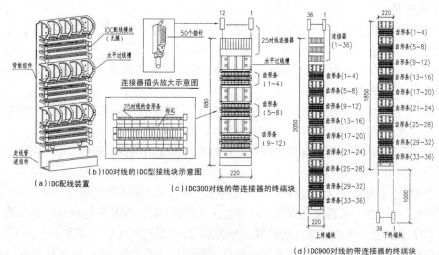

图 7-29　IDC 型配线设备及带连接器的终端块

在墙上或托架上安装好配线板后，缆线端接如图 7-30 所示，操作步骤如下。

① 先把底部 IDC 配线模块上要端接的 24 条 4 对对绞电缆牵引到位，每个配线槽中布放 6 条，左边的缆线端接在配线模块的左半部分，右边的缆线端接在配线模块的右半部分；在配线板的内边沿处将每个缆线束松弛地捆起来，并在每条缆线上标记出剥除缆线外皮的位置，然后解开捆扎，在标记处刻痕，刻好后再放回原处，暂不要剥去外皮，如图 7-30（a）所示。

② 当所有 4 个缆束都刻好痕放回原处后，安装 IDC 配线模块（用铆钉），在每条缆线刻痕点之外最少 15cm 处将缆线切断，并将刻痕的外皮剥除，然后沿着配线模块的边沿将 4 对导线拉进前面的线槽中，用索引条上的高齿将一对导线分开，在拐弯处拉紧，使对绞线解开部分最少，并在线对末端对捻，如图 7-30（b）、（c）所示。

③ 在将线对安放到索引条中之后，按颜色编码检查线对是否安放正确，是否变形，检查无误后，再用工具把每个线对压下并切除线头，当所有 4 个索引条上的线对都安装就位后，即可安装 4 对线的 IDC 连接块（见图 7-30（c））。

④ IDC 交叉连接使用快接式接插软线，预先装好连接器，只要把插头夹到所需位置，就可完成交叉连接。在进行交叉连接时，主要应注意接插软线长度的选择，避免在管道中产生跳线拥挤的情况。

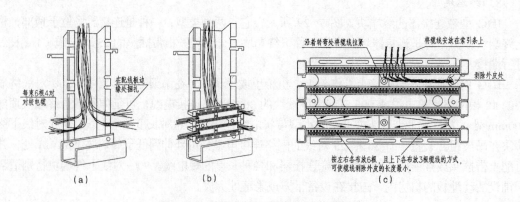

图 7-30　缆线在 IDC 型配线设备上的连接

7.3 光缆成端端接

7.3.1 认识光缆成端工具

1. 开缆刀

图 7-31 所示的开缆刀用于剥离光缆的外护套。其中，各工具的主要用途如下。

① 纵向开缆刀（俗称"爬山虎"）是光缆施工及维护中用于纵向剥开光缆的一种理想工具。工具本身由手柄、齿轮架、双面刀和偏心轮组成。调整偏心轮的 4 个可调位置，可适用于剥除不同护套层厚度的光（电）缆。随工具还配有黄色（用于光缆）及黑色（用于小于 25mm 的电缆）的适配器。

② 横向开缆刀用于横向截断光缆外护套。

③ 摇把式横、纵向综合开缆刀是针对光缆施工中剥开光缆外护套的难点而专门设计的，用于光缆纵剖及横切。可快速而精确地完全或部分去除光缆的外护套。

④ 双轮双刃纵向开缆刀是用于光缆外护套纵向开剥的手动工具。开剥后的光缆两边对称开口，省时省力，刀片切入深度可调，可在光缆任何部位开剥。外护套直径为 $\phi 10 \sim \phi 30mm$ 的光缆均可实行一次性开剥。

⑤ 铠装光缆横、纵向开缆刀用于铠装光缆聚乙烯外皮及铠装层的横、纵向开剥，是专业级工具，缆线外径为 $\phi 8 \sim \phi 30mm$，滑轮设计使纵向开剥时沿着缆线方向滑动，操作时省时而稳定。刀刃角度可旋转 90°，用于横向切割，刀刃深度可调节，最大 5.5mm。刀刃可更换，可用于光缆"开天窗"维修，适用于各种铠装材料，如波纹状铝、铜、钢等。

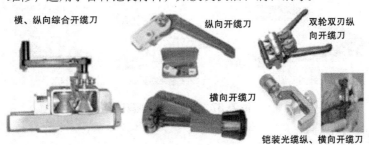

横、纵向综合开缆刀　　　纵向开缆刀　　　双轮双刃纵向开缆刀

横向开缆刀

铠装光缆纵、横向开缆刀

图 7-31　开缆刀

2. 光纤跳线外皮剥线钳

图 7-32 所示的光纤跳线外皮剥线钳主要用于剥离单根光纤（3mm、2mm）跳线的 PVC 外皮，使裸纤无损露出，以便光纤成端或接头用。

3. 光纤剪刀

图 7-33 中间所示的芳纶剪刀用于切断和修理光纤外的凯芙拉线；左边的光纤陶瓷剪刀其超硬氧化锆陶瓷刀片，锐利而耐磨损，碳纤刀柄，使用时绝对不变形，剪切效果佳；右边的高杠杆率芳纶剪刀（防滑锯齿剪刀）用于修剪芳纶丝，可避免普通剪刀剪切芳纶丝时打滑的现象。

图 7-32　光纤剥线钳　　　　　　　　　图 7-33　光纤剪刀

4. 光纤切割工具

图 7-34 所示的光纤切割工具用于多模和单模光纤的切割。其中的光纤切割机用于光纤的精密切割；光纤划笔用于光纤的简易切割，旋转式笔尖控制，使用方便。

5. 光纤熔接机

图 7-35 所示的光纤熔接机采用芯对芯标准系统设计，能进行光纤的快速、全自动熔接。

6. 光纤接头清洁组

图 7-36 所示的光纤接头清洁组用于光纤接头快速清洁，鹿皮擦拭棒使用后不留残屑。

图 7-34　光纤切割工具　　　　图 7-35　光纤熔接机　　　　图 7-36　光纤接头清洁组

7. 光纤剥离钳

图 7-37 中间所示的光纤涂覆层剥离钳用于剥离 125μm 光纤的 250μm 涂层，刀刃上的 V 形口和 140mm 开孔可用于光纤涂覆层的精确剥离，不会刮伤或划伤光纤；左边的双口光纤剥离钳除用于剥离 125μm 光纤的 250μm 涂层外，顶部的 1.98mm 开孔用于剥离尾纤外护套；右边的 NO-NIK 光纤剥离钳用于一次性同时剥除光纤的缓冲层和涂覆层。

双口光纤剥离钳　　　　　光纤涂覆层剥离钳　　　　NO-NIK 光纤剥离钳

图 7-37　光纤涂覆层剥离钳

8. 室内光缆外皮剥离钳

图 7-38 左图所示的室内双芯光缆外皮剥离钳的双开口可以用于剥离 1.9mm 和 2.9mm8 字形双芯光缆的外护套，也可用于同时剥离 125μm 双芯光纤的 250μm 和 900μm 缓冲层；右边的室内带状光缆外皮剥离钳用于轻松剥离室内带状光缆的长方形外皮。

9. 光纤连接器压接钳

图 7-39 所示的光纤连接器压接钳用于压接 FC、SC、ST 等各种光纤连接器。

室内双芯光缆外皮剥离钳　室内带状光缆外皮剥离钳

图 7-38　室内光缆外皮剥离钳　　图 7-39　光纤连接器压接钳　　图 7-40　光纤接续工具箱

10. 光纤接续工具箱

图 7-40 所示的光纤接续工具箱可在光纤接续过程中，提供光纤接续操作所需的全部工具，包括双口光纤剥离钳、高杠杆率芳纶（Kevlar）剪刀、光缆松套管钳、光纤划笔、光缆切断钳、强力切断钳、缆线外护套横向切刀、压轮式光缆纵剖刀、旋转式缆线外护层开剥刀、钢丝钳、

尖嘴钳、剪纸刀、小钢锯、多口钳、组合螺丝刀一字、组合螺丝刀十字、酒精泵、匹配膏、镊子、卷尺、铝合金工具箱、工具箱衬垫、硬质海绵（模制）。

11. 加强芯钢缆截断钳

图 7-41 所示的加强芯剪断钳（绿）用于剪断加强芯；鹰嘴钳（红）用于剪断更粗直径的钢筋。

12. 光纤松套管（2.4～3mm）纵剥器

图 7-42 所示为光纤松套管纵剥器。当一个松套管的多根光纤中只有一根受损时，可为松套管开天窗，取出受损的光纤进行处理，而不影响其他光纤，并且不破坏松套管结构。使用方法：使用时把松套管放入卡槽中后拧紧螺丝将松套管夹紧，按照箭头指示的方向拉动纵剖刀，松套管会被工具内的上下两个错开的刀片割开两道切口，而光纤毫无损伤。

13. 可调式光纤松套管剥皮及切割钳

图 7-43 所示的可调式光纤松套管剥皮及切割钳用于剥皮及切割直径为 0.65~2.6mm 的缆线或松套管，止停螺丝易于调整以适配缆线尺寸。所有切割面均精密成型、硬化以使剥除清洁、平滑。软塑料手柄把握舒适。

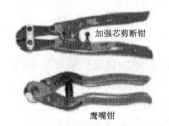

图 7-41　加强芯钢缆剪断钳　　　图 7-42　光纤松套管纵剥器　　　图 7-43　可调式光纤松套管剥皮及切割钳

7.3.2　光纤连接

光纤与光纤的连接主要有光纤拼接和光纤端接（又称光纤活结）两种方式。

1. 光纤拼接

所谓光纤拼接，就是将两段光纤永久性地连接起来。光纤拼接技术有两种，即熔接和机械拼接。

光纤熔接（Fusion Splicing）是指用光纤熔接机进行高压放电使待接续光纤端面熔融，合成一段完整的光纤。这种方法接续损耗小（一般小于 0.1dB），而且可靠性高，是目前使用得最为普遍的一种方法。下面介绍利用光纤熔接机熔接光纤和尾纤的具体操作过程。

（1）准备熔接工具

光纤熔接过程中使用的工具如图 7-44 所示，主要有光纤熔接机、光纤切割刀、剥线钳（用来剥去光纤束管和涂覆层）、热缩套管、无水酒精和脱脂棉、卫生纸、标签、尾纤盒、十字螺丝刀（用来拆卸尾纤盒）、笔、剪刀等。

图 7-44　准备熔接工具

（2）尾纤盒的连接及开纤

如图 7-45 所示，把光缆（此处为室内光缆）穿进尾纤盒，尾纤和光纤先在尾纤盒内调整好后，开出尾纤所需长度 1m 左右。

开纤前，先按照工程中制定的标准，做好标签，贴到尾纤上（里接头 50mm 处）。

开纤时，用剥线钳的前端口剥去光缆中光纤的外束管（如果有的话），注意不要把光纤剪断了，剥去外束管后将光纤上的油膏擦拭干净。光纤开出来后，要在熔接的每根纤上套上热缩套管，以便在光纤熔接好后保护接头。

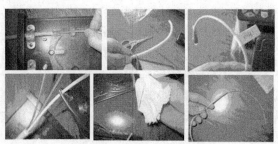

图 7-45　尾纤盒的连接及开纤

（3）光纤熔接端面的制作

光纤端面制作的好坏将直接影响接续质量，所以在熔接前一定要做好合格的端面，如图 7-46 所示，对普通尾纤，先用剥线钳后端口去掉光纤上的保护层，再用剥线钳后端口剥去涂覆层，操作时，剥线钳和光纤要成 45°角；而光缆中的光纤直接剥除涂覆层即可。剥涂覆层时用力一定要适中，用力过轻涂覆层不容易去掉，用力过大会把纤芯刮坏。去掉的涂覆层长度约 40mm，去掉涂覆层后，再用沾酒精的脱脂棉在裸纤上分上下、前后两次擦拭光纤，将其表面的残留物去除干净，用力要适度，然后用精密光纤切割机切割光纤。

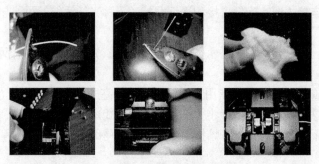

图 7-46　制备熔接光纤端面

在切割裸纤时应注意以下几点。

① 在放光纤时先把割刀位置设置好。

② 光纤要放到 V 型槽内，不能偏差。

③ 涂覆层前端距离切割刀 16mm 左右。

④ 切割刀的右侧紧固压件一定要压紧。

⑤ 切割时，推刀要果断。

⑥ 切割完成后取出光纤时注意切割面不要碰任何东西，不要在空气中放置过长时间，直接放到熔接机中，另一端也要及时做好，因为切割端面在空气中暴露时间过长会影响熔接质量。

⑦ 切割掉的废光纤头要放到专用收集瓶内盖住，以防扎伤人。另外，也可使用光纤划笔在

光纤的待切割部位划出很细的划痕，再用手向外侧轻轻施加弯曲力，光纤就会断开，一般也能达到要求。

熔接机平台要保证洁净无灰尘，如有灰尘要用酒精棉球擦拭干净；放置光纤时要放到 V 型槽内，光纤的前端要平稳，不能翘起，距离电极约 2mm，放好后压下紧固件，盖好防风盖。使用同样的方法制作另一端的光纤端面。

（4）使用熔接机熔接光纤

光纤熔接，要求同轴、断面倾斜小、无气泡，尽量减小接续损耗。

光纤熔接过程中影响接续损耗的因素有以下几种。

① 轴心错位：单模光纤纤芯很细，两根对接光纤轴心错位会影响接续损耗。当错位 1.2μm 时，接续损耗达 0.5dB。

② 轴心倾斜：当光纤断面倾斜 1° 时，约产生 0.6dB 的接续损耗，如果要求接续损耗 ≤0.1dB，则单模光纤的倾角应小于等于 0.3°。

③ 端面分离：活动连接器的连接不好，很容易产生端面分离，造成连接损耗较大。当熔接机放电电压较低时，也容易产生端面分离。

④ 端面质量：光纤端面的平整度差时也会产生损耗，甚至产生气泡。

⑤ 接续点附近光纤物理变形：光缆在架设过程中的拉伸变形，接续盒中夹固光缆压力太大等，都会对接续损耗有影响，甚至熔接几次都不能改善。

一般选择自动熔接，如图 7-47 所示，当放好光纤后，按熔接机右侧带箭头的绿色按键，光纤熔接机会自动对准，在精确对准后，自动放电熔接并计算熔接损耗。

图 7-47　熔接光纤示意图

（5）强度保护连接部位

光纤熔接好后，打开防风盖，轻轻拿出熔接好的光纤，把热缩套管轻轻放到接头处（注意热缩管一定要包含光纤的保护层），然后放到加热器中（热缩管要放在加热器上所画白线之内），放置好后按熔接机右侧下端的红色按键开始自动加热，大约 1mm，温度达 120℃左右就会加热好，加热指示灯会自动熄灭。加热好后不要急于取出，待热缩管温度下降定型后再取出，即完成了一根光纤的熔接，如图 7-48 所示。接着可以熔接另一根光纤。

图 7-48　强度保护光纤示意图

（6）尾纤盒内的盘纤

光纤熔接好后要连同熔接好的尾纤一起盘绕到尾纤盒中。如图 7-49 所示，先将进出口的光缆和尾纤固定好，使其不能来回拉动，以防在拉动时造成光纤折断。在盘纤时，盘圈的半径越大，弧度越大，整个线路的损耗越小。所以一定要保持一定的半径，使激光在纤芯里传输时，避免产生一些不必要的损耗。尾纤盘好后，盖好尾纤盒的盖子，至此，熔纤结束。

图 7-49　在尾纤盒内盘纤

所谓机械拼接，就是通过一根套管将两根光纤的纤芯校准，以确保连接部位的准确吻合。

光纤机械拼接的接续原理、原件和工具如图 7-50 所示。光纤机械拼接法是指根据光纤的特性，通过 V 型槽使光纤的横截面贴合的同时，从上部将其压住固定成型（成为一根光纤）的机械固定方法。

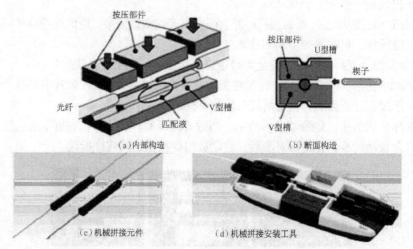

图 7-50　光纤机械拼接示意图

2. 光纤端接

光纤端接与拼接不同，它用于需要进行多次拔插的光纤连接部位的接续，属非永久性的光纤互连，又称光纤活结，常用于光纤配线架的跨接线与应用设备、插座的连接等场合。光纤端接在管理、维护、更改链路等方面非常有用。光纤端接通常使用带不同接插头的光跳线在配线架上或配线架与设备间实现，对于不同类型光纤之间或设备光口之间的连接，必须选用与之相匹配的光跳线。光纤端接衰耗比拼接大，但连接方便，易于改变接插。

3. 光纤互连与交连

光纤交连与电缆交连相似，它为管理传输链路提供一个集中的场所，交叉连接模块允许用户利用光纤跳线来重新安排链路或增加新的链路和拆除不用的链路。所谓光纤交连，就是用光跳线将两条分别已成端在光纤配线架上的光缆与光纤连接起来，俗称跳纤，采用此法易于管理或维护线路。这种操作方法也较简便，选用一条长度合适、两端光纤连接器型号分别与欲连接的光纤的光纤连接器型号相同、与光纤型号一致的光跳线，将跳线两端的光纤连接器分别通过耦合器与光纤连接器相连即可。

光纤互连是直接将来自不同地点的光纤通过光耦合器互连起来，不通过光纤跳线。当主要需求不是链路的重新安排，而是适量的光能损耗时，就使用互连模块。互连的光能量损耗比交连要小。这是因为在互连中光信号只通过一次连接，而在交连中光信号要通过两次连接。所谓光纤互连是指将两条光缆的已成端的光纤通过耦合器彼此连接到一起。其做法是将两条半固定光纤上的连接器从耦合器的两边插入到耦合器中。这种连接要求两边的光纤类型相同，否则会引起光路故障。

下面以 ST 光纤连接器为例，说明其互连方法。

① 清洁 ST 连接器。取下 ST 连接器头上的保护帽，用沾有试剂级丙醇酒精的棉签轻轻擦拭连接器头。

② 清洁耦合器。取下光纤耦合器两端的保护帽，用沾有试剂级丙醇酒精杆状清洁器穿过耦合器孔擦拭耦合器内部以除去其中的碎片，如图 7-51 所示。

③使用罐装气吹去耦合器内部的灰尘，如图 7-52 所示。

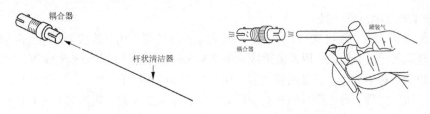

图 7-51　用杆状清洁器清洁耦合器　　　图 7-52　用罐装器吹除耦合器中的灰尘

④ 将 ST 光纤连接器插到一个耦合器中。将光纤连接器头插入耦合器的一端，耦合器上的突起对准连接器槽口，插入后扭转连接器以使其锁定。如经测试发现光能量损耗较高，则需摘下连接器并用罐装气重新净化耦合器，然后再插入 ST 光纤连接器。在耦合器的两端插入 ST 光纤连接器，并确保两个连接器的端面在耦合器中接触良好，如图 7-53 所示。

注意：每次重新安装时都要用罐装气吹去耦合器的灰尘，并用沾有试剂级丙醇酒精的棉签擦拭 ST 光纤连接器。

图 7-53　将 ST 光纤连接器插入耦合器

⑤ 重复以上步骤，直到所有的 ST 光纤连接器都插入耦合器为止。

注意：若一次来不及装上所有的 ST 光纤连接器，则连接器头上要安上黑色保护帽，而耦合器空白端（一端已插上连接器头的情况）要安上红色保护帽。

7.3.3　光缆成端

光缆成端就是将光缆中的光纤分色按顺序终接成活接头（即 ST 头、FC 头或 SC 头等），并安装于相应光纤配线架的光耦合器内，以便使用光纤时端接之用。

制作光缆成端有多种方法，现阶段普遍采用的方法是熔接法。所谓熔接法就是用光纤熔接机将光缆中的光纤与同类型的单头光尾纤拼接起来，然后把已拼接完的尾纤按光纤色序置于光纤配线架的光耦合器中，贴上相应的标签即可。

1. 光缆芯线接续要求

光缆芯线接续应符合下列要求。

① 采用光纤连接盘对光纤进行连接、保护，在连接盘中光纤的弯曲半径应符合安装工艺要求。

② 光纤熔接处应加以保护和固定。

③ 光纤连接盘面板应有标志。

④ 光纤连接损耗值，应符合表 7-3 中的要求。

表 7-3　光纤连接损耗值（dB）

连接类别	多模		单模	
	平均值	最大值	平均值	最大值
熔接	0.15	0.3	0.15	0.3
机械连接		0.3		0.3

2. 安装光纤配线架（箱）

光纤配线架（箱）如图 7-54 所示，一般安装在设备间，用以连接公用系统的引入光缆、建筑群或建筑物干线光缆，应用设备跳线光缆等。机架上可安装所有标准配线架、抽屉和配件，光缆可由机架（柜）的顶、底及两侧进出，门的开启角应不小于 120°，间隙不大于 2mm，钢材结构件应镀锌处理，非金属材料应具有阻燃性能；配线架（箱）内应具有充裕的空间，保证在光缆引入机架时，使光缆的弯曲半径不小于光缆直径的 15 倍，纤芯和尾纤不论在何处转弯，其曲率半径应大于 40mm。

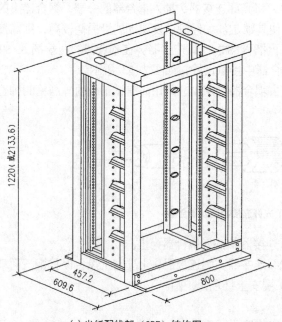

(a) 光纤配线架（ODF）结构图

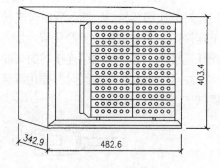

（b）机架安装型光纤配线箱

注：可安装144根光纤和24个适配器板，顶部、底部和侧面均可进线，可装于标准19英寸机架或机柜中。

注：在1.22m高的光纤配线架（柜）中可安装624根光纤，2.13m高的配线架可安装1056根光纤，可用于建筑群或一幢大楼中所有光纤的集中管理。

图 7-54　光纤配线架（箱）

（1）光纤配线架

光纤配线架由箱体、光纤连接盘和面板 3 部分构成，如图 7-55 所示。

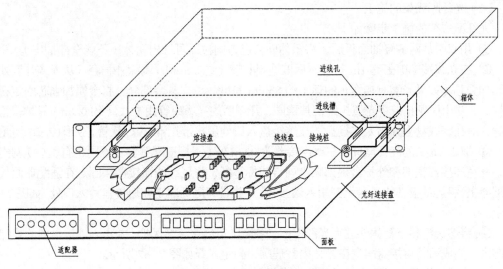

图 7-55　光纤配线架结构示意图

　　光纤连接盘如图 7-56 所示，其中，图 7-56（a）所示抽屉式光纤连接盘（一）为 12 芯，高度 1U，面板可安装 FC、SC、ST 和双芯 LC 型光纤适配器，可安装在 19 英寸机架及壁挂式机柜内；图 7-56（b）所示抽屉式光纤连接盘（二）为 12/24 芯，高度 1U，面板可安装 FC、SC、ST 和双芯 LC 型光纤适配器，当使用双芯 LC 适配器时最大容量为 48 芯，可安装在 19 英寸机架上；图 7-56（c）所示壁挂式光纤连接盘外形尺寸为 361mm×304mm×51.5mm，可安装 SC 及 ST 型光纤适配器，装在 19 英寸机架或壁挂式机柜内；图 7-56（d）所示的光纤连接盘为 48 芯，高度 3U，可安装 FC、SC、ST 和双芯 LC 型光纤适配器，可安装在 19 英寸机架和壁挂式机柜内。

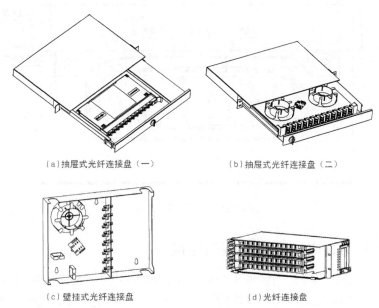

（a）抽屉式光纤连接盘（一）　　　　　（b）抽屉式光纤连接盘（二）

（c）壁挂式光纤连接盘　　　　　（d）光纤连接盘

图 7-56　光纤连接盘

（2）光纤配线架的施工

光纤配线架的施工步骤如下。

① 用双手从两侧轻抽面板后，将箱体向自己方向拉即可抽出箱体（不能全部抽出）。

② 在光缆端部剪去约 1m 长，然后取适当长度（约 1.5m），剥除外护套，从光缆开剥处取金属加强芯（如果光缆有加强芯的话）约 85mm 长度后剪去其余部分，将金属加强芯固定在接地柱上，并用尼龙扎带将光缆扎紧使其稳固；开剥后的光缆束管用 PVC（约 0.9m）保护软管置换后，盘在绕线盘上并引入熔接盘，在熔接盘入口处用扎带扎紧 PVC 软管，如图 7-57 所示。

③ 取 1.5m 长的光纤尾纤，在离连接器头 0.9m 处（根据适配器位置不同稍有长短）剥出光纤，并在连接器根部和外护套根部贴上同号的标签纸，将尾纤的连接器头固定在适配器面板的适配器上，将尾纤盘在绕线盘上并引入熔接盘，用扎带将尾纤固定在熔接盘片入口处，如图 7-57 所示。

④ 将熔接盘移至箱体外进行光纤熔接，熔接点用热缩套管保护，并卡入熔接盘内的热缩管卡座内，完成后将熔接盘固定在箱体内并理顺，固定光纤如图 7-57 所示。

⑤ 将箱体推回光纤配线架机架后，光纤配线架安装完毕。

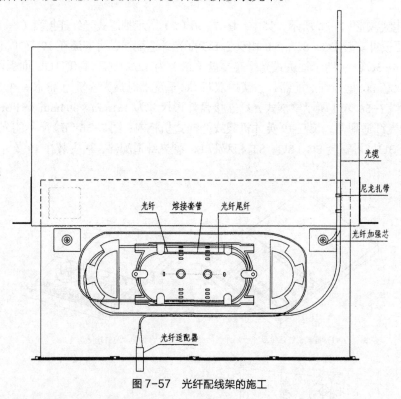

图 7-57 光纤配线架的施工

7.4 光纤/对绞电缆混合缆线的连接

光纤/对绞电缆混合缆线的连接如图 7-58 所示。图中由电信间配线设备（FD）至工作区的信息插座模块的配线缆线采用了光纤/对绞电缆混合缆线，其中包含 2 芯光纤、2 根 4 对对绞电缆。配线缆线光纤/对绞电缆混合缆线分别与 2 个信息插座连接，其中一个信息插座上安装有 1 个光纤适配器和 1 个 RJ45 模块，另 1 个信息插座上安装有一个 RJ45 模块。选用此类产品时，信息插座接线盒的尺寸应与面板尺寸相匹配。

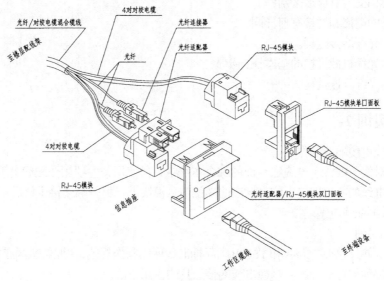

图 7-58 光纤/对绞电缆混合缆线连接

思考与练习 7

一、填空题

1. 安装机柜面板，柜前应留有_____空间，机柜背面离墙面距离视其型号而定，要便于安装和维护。

2. 光纤连接方式一共有两种，分别是_____和_____。

3. 光纤的拼接技术又可分为_____和_____。

4. 光纤熔接技术是在_____的作用下将两根需要熔接的光纤重新融合在一起。

二、选择题（答案可能不止一个）

1. 下列有关对绞电缆端接的一般要求中，正确的是（　　）。

A. 电缆在端接前，必须检查标签颜色和数字的含义，并按顺序端接

B. 电缆中间可以有接头存在

C. 电缆端接处必须卡接牢靠，接触良好

D. 对绞电缆与连接硬件连接时，应认准线号、线位色标，不得颠倒和错接

2. 下面有关光缆成端端接的描述，正确的是（　　）。

A. 制作光缆成端普遍采用的方法是熔接法

B. 所谓光纤拼接就是将两段光纤永久性地连接起来

C. 光纤端接与拼接不同，属非永久性的光纤互连，又称光纤活结

D. 光纤互连的光能量损耗比交连大

三、名词解释

1. 光缆成端

2. 光纤拼接

3. 光纤熔接

4. 光纤端接

四、简答题

1. 互连和交连有什么区别？
2. 光纤的端接和拼接有何异同？
3. 简述光纤熔接过程。
4. 简述光纤机械拼接的基本操作步骤。
5. 简述光纤互连过程。

项目实训 7

一、配线电缆端接制作

非屏蔽对绞（UTP）电缆在目前的综合布线中大量使用，主要用作配线电缆，完成语音、数据通信。电缆的一端端接于信息插座的 8 位信息模块上，另一端端接于楼层配线架上。

（一）数据配线电缆端接

1. 实训目的

通过实训熟练掌握 T568A 和 T568B 国际标准线序的制作规范，掌握信息插座模块卡接方法，掌握模块化配线架打线技能，掌握电缆端接工具的使用方法。

2. 实训内容

卡接信息模块和模块化配线架。（配线电缆的一端端接于信息插座的信息模块上，另一端端接于楼层配线架上。）

3. 实训仪表和器材

① 电缆剥线钳（器）1 把。

② 单对打线工具 1 把。

③ 剪线钳 1 把。

④ 模块化配线架（24 口或 12 口）1 个。

⑤ 4 对 UTP 电缆（10m）1 条。

⑥ 信息插座（带数据模块）2 个。

⑦ 4 对 UTP 跳线（直连）2 条。

⑧ FLUKE 测试仪或能手 1 台。

4. 打线标准

非屏蔽 4 对 UTP 电缆的连接都是按标准来进行的，在 4 对对绞电缆的连接中，要求配线架端和信息插座端均按照 T568A 或 T568B 规则打线，正确连接的结果应该是两端线序对应，不能产生错对、反接、串绕等现象。

5. 实训步骤

（1）信息插座模块的卡接

① 拧开信息插座面板上的固定螺钉，把 86 型底盒用木螺钉固定在工作台上，然后将 UTP 电缆从底盒的入线口拉出 20～30cm。

② 用剥线钳剥除电缆的外护套 10cm。

③ 将电缆按 T568B 的线序对应模块上的色谱把芯线排列到信息模块的卡线槽上。

④ 将排列好的芯线卡入模块的卡线槽中。

⑤ 使用单对打线工具对准线槽进行卡接，将多余的线头切断。

（2）卡接模块化配线架

① 将模块化配线架用螺丝固定于机架上，卡进 T568B 的色标条。

② 将 4 对 UTP 电缆引入到模块化配线架内，比对好卡接和预留的电缆长度，用扎带将电缆固定于配线架上，做好切割电缆外护套标记。

③ 在标记处环切电缆外护套并去除。

④ 松开电缆中的芯线，但保持每对线的原扭绞状态不变，按顺序分色。

⑤ 将 4 对线卡入配线架的相应色标处（可以先左边第 1 口）。

⑥ 然后用单对打线工具垂直地对准卡线槽口用力压下，听到"啪"的一声即可，特别注意打线工具有切刀的一边必须在芯线末端这边，将不需要的部分切掉，拔出冲压工具，再打下一条线，直到打完 8 根线为止。

⑦ 用 FLUKE 测试仪或能手检测电缆卡接质量。

6. 注意事项

① 卡接线对时，应保持接线工具垂直于模块正表面均匀加力，不应上下左右偏斜，不能用力强行将导线卡入，否则容易伤及导线，也可能损坏模块，出现隐患。

② 导线接续完毕后，为保证导线和簧片的接触可靠性和气密性，应目测导线是否正确卡入槽口底部和有无异样，如有问题应重新卡接，以确保连接质量。

③ 切记，线对的排列次序应与色标一致。

（二）语音配线电缆端接

1. 实训目的

通过实训熟练掌握语音电缆的端接技能，掌握信息插座模块卡接方法，掌握 110 模块打线技能，掌握电缆端接工具的使用方法。

2. 实训内容

卡接语音信息模块和 110 配线架端接。配线电缆的一端端接于信息插座模块上，另一端端接于 110 型配线架上。

3. 实训仪表和器材

① 电缆剥线器 1 个。

② 单对打线工具 1 把。

③ 5 对打线工具 1 把。

④ 剪线钳 1 把。

⑤ 3 类 4 对 UTP 电缆（10m）1 条。

⑥ 110 配线架 1 个。

⑦ 4 对、5 对 110 连接块各 5 个。

⑧ 3 类 25 对 UTP 电缆（10m） 1 条。

⑨ 信息插座（带语音模块）2 个。

⑩ 万用表 1 台。

⑪ 双芯 RJ-11 跳线、双芯跳线若干。

4. 打线标准

在语音传输中，非屏蔽 4 对对绞（UTP）电缆的连接要求按色标来区分线对，一般按蓝、橙、绿、棕的顺序，每一对线连接一个语音终端。大对数电缆一般按色标端接于配线架上作为主干，如果进一步与 4 对 UTP 配线电缆相连的话，一般每条配线电缆考虑使用 1 对或 2 对主干。

5. 实验步骤

（1）信息插座模块的卡接

① 将信息插座面板上的固定螺钉拧开，将 86 型底盒用木螺钉固定在工作台上，然后将 UTP

电缆从底盒的入线口拉出 20~30cm。

② 用剥线器，剥去电缆的外护套 10cm。

③ 将电缆的蓝色线对选出置于 RJ-11 信息模块的卡线槽的中间两针槽内，其余线对留作备用。

④ 使用单对打线工具对准线槽进行卡接，将多余的线头切断。

⑤ 用万用表测试，一支表笔接触模块内已打线的一根芯线，另一支表笔接触电缆另一端的相应芯线，测试其导通性。

（2）卡接 110 配线架

① 将 110 配线架用木螺钉固定于工作台上。

② 将 4 对 UTP 电缆引入到 110 配线架，比对好卡接和预留的电缆长度，用扎带将电缆固定于配线架上，做好切割电缆外护套标记。

③ 在标记处环切电缆外护套并去除。

④ 松开电缆中的芯线，但保持每对线的原扭绞状态不变，按顺序分色。

⑤ 将 4 对线按蓝、橙、绿、棕顺序卡入 110 配线架的 4 对线槽中，将一个 4 对的 110 连接块放到已卡好 4 对线的相应位置，稍压下固定。

⑥ 用 5 对打线工具垂直地对准 110 连接块用力压下，听到"啪"的一声即可。

⑦ 用万用表测试电缆卡接质量。按线序将万用表的一极卡接至连接块上，另一极接到芯线的末端，检查其导通性，导通即可。

6. 注意事项

① 卡接线对时，应保持接线工具垂直于模块均匀加力，不应上下左右偏斜，不能用力强行将导线卡入，否则容易伤及导线，也可能损坏模块，出现隐患。

② 导线接续完毕，应目测导线是否正确卡入槽口底部和有无异样，如有问题应重新卡接，以确保连接质量。

（三）语音干线电缆端接

语音干线电缆通常为大对数通信电缆，大对数通信电缆的色谱如下。

缆线主色为：白、红、黑、黄、紫

缆线配色为：蓝、橙、绿、棕、灰

一条 25 对的大对数电缆共有 25 对线，线对颜色依次为：白蓝、白橙、白绿、白棕、白灰、红蓝、红橙、红绿、红棕、红灰、黑蓝、黑橙、黑绿、黑棕、黑灰、黄蓝、黄橙、黄绿、黄棕、黄灰、紫蓝、紫橙、紫绿、紫棕、紫灰。

多于 25 的大对数电缆以 25 对线为一组，用色带来分组。100 对线的大对数电缆的线对依次为：

1~25 对线为第一小组，用白蓝相间的色带缠绕；

26~50 对线为第二小组，用白橙相间的色带缠绕；

51~75 对线为第三小组，用白绿相间的色带缠绕；

76~100 对线为第四小组，用白棕相间的色带缠绕。

多于 100 的大对数电缆以 100 对线为一大组，再用色带来分组，依次如下：

100 对线为一大组用白蓝相间的色带把 4 个小组缠绕在一起；200 对、300 对、400 对……2400 对依此类推。

安装语音配线架并端接 25 对大对数电缆的步骤如下。

① 将语音配线架固定到机柜的合适位置。

② 从机柜进线处开始整理电缆，电缆沿机柜两侧整理至配线架处，并留出大约 25cm 的大对数电缆，用电工刀或剪刀剥去大对数电缆的外护套 50cm 左右，端接 25 对大对数电缆的步骤如图 7-59 所示。

（a）将25对线固定到机柜上

（b）用刀环切大对数电缆的外护套

（c）去除外护套

（d）用剪刀剪掉电缆的撕裂绳

（e）将所有线对插入110配线架的进线口

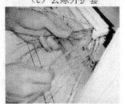
（f）按原则分线

（g）先按主色排列

（h）依次排列好主色里的配色

（i）排好后将线卡入相应位置

（j）卡好后的效果图

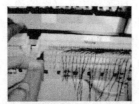
（k）用单对打线工具逐一卡接并断余线
（刀要与配线架垂直，刀口向外）

（l）完成后的效果图

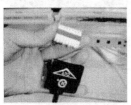
（m）准备好5对打线工具

（n）将连接块放入打线工具里

（o）将连接块垂直打入110配线架

（p）4个4对和一个5对的连接块

（q）完成后的效果图

（r）完成后安装语音跳线

图 7-59　语音配线架端接 25 对大对数电缆的步骤

二、光纤熔接

1. 实训目的

① 熟悉光缆的结构及组件功能。

② 掌握单芯光纤熔接机接续流程。

③ 掌握光纤的切割和断面制作技能。

④ 掌握熔接机的使用方法和操作技能。

⑤ 掌握光纤熔接接头的保护方法。

2. 实训内容

使用光纤熔接机进行光纤熔接接续。熔接适合于单模光纤和多模光纤。

3. 实训仪表、器材和工具

① 单芯光纤熔接机 1 台。

② 光纤端面切割器 1 台。

③ 光纤松套管切割钳 1 把。

④ 单头光尾纤 1 根。

⑤ 光纤涂覆层剥除钳 1 把。

⑥ 光纤熔接接头热可缩套管 1 个。

⑦ 被接光纤。

⑧ 酒精泵 1 只。

⑨ 无水酒精、脱脂棉、卫生纸若干。

4. 日本住友 TYPE-37 光纤熔接机简介

TYPE-37 型光纤熔接机是低损耗接续单芯光纤的设备，一次可以接续一根单模或多模光纤，具有自动气压、温度测试并调节熔接参数功能。它适应不同环境的需要，5 英寸高清晰彩色显示屏，具有全中文菜单功能，双摄像头设计，全部光纤一次聚焦，对纤更精确。单模光纤平均熔接损耗小于 0.05dB，多模光纤平均熔接损耗小于 0.08dB，熔接后拉力测试 2N。

图 7-60　TYPE-37 型光纤熔接机

TYPE-37 型光纤熔接机的外观如图 7-60 所示，其操作界面的键盘功能如下。

▲（上移键）：在菜单画面中选择项目时，上移一个选项。

▼（下移键）：在菜单画面中选择项目时，下移一个选项。

MENU（菜单键）：在显示"模式选择"画面时，按此键进入各种模式后，即可返回前一阶段。

ARC（放电钮）：用于手动追加放电。

SELECT（选择键）：选定当前功能。

O（OFF）：切断电源。

I（ON）:接通电源。

SET（设定键）：开始接续或放电操作。

RESET（复位键）：用于返回初始画面或中止接续操作。

HEAT（加热键）：开始加热。加热过程中，绿色 LED 指示灯亮起。

5. 实验装置

光纤熔接接续装置的原理结构如图 7-61 所示。

6. 实验步骤

① 制作光纤端面。

制作被接光纤的端面：首先用光纤松套管去除钳去除光纤松套管（如果有的话），注意调整好进刀深度，然后用手轻轻折断。每次去除的长度应小于等于 60cm；接着在待接续光纤的一端套入一个热可缩套管；然后用光纤涂覆层剥除钳去除光纤涂覆层约 4cm；用脱脂棉蘸酒精清洗裸光纤两次（上下、左右各一次）；最后用光纤端面切割器切割光纤（留长 16mm）。

制作尾纤的端面：先用光纤涂覆层剥除钳上的大孔去除尾纤护套，然后用光纤涂覆层剥除钳去除光纤涂覆层约 4cm；用脱脂棉蘸酒精清洗裸光纤两次（上下、左右各一次）；最后用光纤端面切割器切割光纤（留长 16mm），要求端面倾斜角度小于等 1°。

② 放置光纤。

如图 7-62 所示，将制作好端面的被接光纤和尾纤放置于熔接机的电极和 V 型槽之间各一半的位置，不要超过电极。

图 7-61 光纤熔接接续装置的原理结构图　　　　图 7-62 放置待接光纤

③ 熔接。

按下熔接机上的 SET 键，熔接机会先对人工放置的光纤进行 x 轴、y 轴轴向对准（可从熔接机的液晶显示屏看到两根光纤端面的形态和对准情况），然后预熔光纤（初次放电，再次清洁光纤），接着自动熔接光纤（两电极间的电压达 3kV 以上）。

④ 质量评价。

应在熔接机的显示屏上看到如图 7-63 所示的熔接形状（平整无毛刺）和熔接后的光功率损耗值，光功率损耗应小于 0.1dB。

⑤ 接头增强保护。

从熔接机的 V 型槽上取下熔接好的光纤，将热缩管轻轻移至熔接位置，如图 7-64 所示，再置于熔接机的加热器中加热约 1min 后取出冷却。

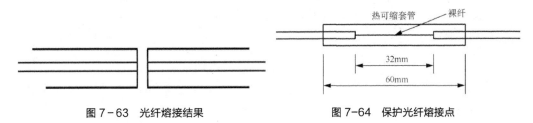

图 7-63 光纤熔接结果　　　　　图 7-64 保护光纤熔接点

⑥ 关闭熔接机电源，整理好器材。

7. 注意事项

① 人工放置光纤时，应避免头发之类的细小物掉入 V 型槽和电极间。

② 熔接完毕，取光纤时，不要触摸熔接机的高压区。

③ 熔接头增强保护加热后，冷却前不要触摸热可缩套管，以免烧伤。

④ 谨慎操作，避免细小的光纤碎丝扎伤手指。

在熔接过程中，出现下列情况之一（见图7-65），均需追加放电。

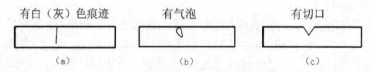

图 7-65　光纤异常熔接结果

8. 实训报告

① 本次光纤熔接实训，使用到的工具有_____。

② 本次实训使用到的基本耗材有_____。

③ 简述热缩套管的作用。

④ 简述光纤熔接操作时存在的安全性问题。

PART 3

项目三
测试综合布线工程

任务 8　测试综合布线工程

综合布线系统作为智能建筑的神经网络基础设施,其性能决定了智能建筑中信息传输的流畅性。综合布线工程的施工标准严格,在综合布线系统的整个施工过程中,都离不开测试,如施工前的产品性能测试、施工过程中的连通性测试、完工后的验收测试等。测试是评价布线系统工程的科学手段。本任务的目标是熟悉综合布线工程的测试标准;完成综合布线系统的电缆传输通道测试和光缆传输通道测试,解决测试过程中遇到的问题,为工程的顺利验收做好准备。

8.1　测试内容

在综合布线系统中,缆线和连接硬件本身的质量以及安装工艺都直接影响网络的正常运行。综合布线常用的缆线有电缆和光缆两类。概括起来,可以将电缆故障分为连接故障和电气特性故障两类。连接故障大多由于施工工艺差或对电缆的意外损伤所造成的,如电缆的卡接不良、短路、开路等;而电气特性故障则是指电缆在信号传输过程中达不到设计要求。影响电缆电气性能的因素除电缆本身的质量外,还包括施工过程中电缆的过度弯曲、捆绑太紧、过度拉伸和过度靠近干扰源等。光缆故障可以分为光链路的接续故障和光链路传输特性故障两大类。

综合布线系统的测试内容主要包括:

① 信息插座到楼层配线架的连通性测试;

② 主干线(干线子系统和建筑群子系统)的连通性测试;

③ 跳线测试;

④ 电缆通道性能测试;

⑤ 光缆通道性能测试。

从工程的角度可以分为两类,即验证测试和认证测试。

验证测试又叫随工测试。这种方法在施工过程中频繁使用,通常是由施工人员使用简单仪器,对刚完成的连接的连通性进行测试,主要检查安装工艺是否符合要求,连接是否正确,发现问题及时处理,为日后的验收测试作准备。

认证测试又叫验收测试,是对布线系统的安装、电气特性、传输性能、设计、选材及施工质量的全面检验,是评价综合布线系统工程质量的科学手段。这种测试是对通道性能进行确认,需要使用能够满足特定要求的测试仪器并按照一定的测试方法进行测试,才能得到有效的测试结果。

8.2 对绞电缆布线测试

综合布线系统中使用的电缆主要用于配线子系统和跳线。电缆布线的验证测试是指施工人员在施工过程中使用电缆测试仪"能手"等简单仪器，对刚完成的连接的连通性进行测试，检查电缆打线是否正确，如果发现问题及时处理，以保证线对安装正确。一般要求，4 对对绞电缆与配线架或信息插座的 8 位信息模块相连时，必须按色标和线对顺序进行卡接；在一个工程中应统一使用一种（T568A 或 T568B）线序，不得混合使用。

电缆布线的认证测试是对安装好的综合布线系统电缆通道或链路依照某个验收标准（如 GB 50312—2007）的电气性能指标要求进行逐项测试比较，以确定电缆及相关连接硬件和安装工艺是否达到规范和设计要求。

综合布线工程的认证测试一般应由施工单位、监理单位和业主同时参加，测试前应确定测试方法和所使用的测试仪型号，然后根据测试方法和测试对象将测试仪参数调整或校正为符合测试要求的数值，最后到现场逐项进行测试，并要做好现场测试记录。

8.2.1 测试标准

为统一建筑与建筑群综合布线系统工程施工质量检查、随工检验和竣工验收的技术要求，2007 年 4 月 6 日我国颁布国家标准《综合布线系统工程验收规范》GB 50312—2007，自 2007 年 10 月 1 日开始实施。标准规定，在施工过程中，施工单位必须执行该标准中有关质量检查的规定。下面主要结合该标准的要求进行介绍，适当参照国际标准 ISO/IEC11801:2002 和 TIA/EIA 发布的 TSB-67、568B 等。

1. TSB-67

TSB-67《现场测试非屏蔽对绞（UTP）电缆布线系统传输性能技术规范》，是由 TIA/EIA 委员会于 1995 年 10 月发布的，是国际上的第一部综合布线系统现场测试技术规范，该规范规定了电缆布线的现场测试内容、方法以及对测试仪的要求，包括的主要内容如下：

① 定义了现场测试用基本链路和信道两种测试连接结构；

② 定义了 3 类、4 类、5 类通道需要测试的 4 个技术参数，即接线图、长度、衰减和近端串音；

③ 定义了在两种测试连接结构下 4 个技术参数的标准值（阈值）；

④ 定义了对现场测试仪的技术和精度要求；

⑤ 定义了现场测试仪测试结果与实验室测试仪测试结果的比较。

2. TIA/EIA 568B

2002 年 6 月，TIA/EIA 发布了支持 6 类布线的标准 TIA/EIA 568B，标志着综合布线测试标准进入了一个新的阶段。该标准包括 B.1 、B.2 和 B.3 共三大部分。B.1 为商用建筑物电信布线标准总则，包括布线子系统定义、安装实践、链路、通道测试模型及指标；B.2 为平衡对绞线部分，包含了组件规范、传输性能、系统模型及用户验证电信布线系统的测量程序等内容；B.3 为光纤布线部分，包括光纤、光纤连接件、跳线、现场测试仪的规格要求等。

与当时的规范相比较，TIA/EIA 568B 做了较大的改动，具体如下：

① 将参数"衰减"改名为"插入损耗"；

② 将测试模型中的基本链路（Basic Link）重新定义为永久链路（Permanent Link）；

③ 规定水平缆线为 4 对 100Ω 3 类 UTP 或 SCTP 电缆；4 对 100Ω 超 5 类 UTP 或 SCTP 电缆；4 对 100Ω 6 类 UTP 或 SCTP 电缆；2 条或多条 62.5/125μm 或 50/125μm 多模光缆；

④ 主干缆线为 3 类或更高的 100Ω 对绞电缆；62.5/125μm 或 50/125μm 多模光缆；8.3/125

μm 单模光缆；

⑤ 规定水平永久链路两端的 UTP 跳接线与设备线最长为 5m；

⑥ 规定超 5 类对绞线的开绞距离应保持在距端接点的 13mm 以内，3 类对绞线应保持在 75mm 以内。

3. GB 50312—2007

与 TIA/EIA 568B 基本兼容，但更符合我国的国情。

8.2.2 测试模式

在 TSB－67 中定义了基本链路和信道（Channel）两种认证测试模式。在 TIA/EIA 568B 中弃用了基本链路模型，重新定义了永久链路模型。GB 50312—2007 中的综合布线系统工程电气测试方法指出：3 类和 5 类布线系统按照基本链路和信道进行测试，5e 类和 6 类布线系统按照永久链路和信道进行测试。

1. 基本链路模式

基本链路连接模式如图 8-1（a）所示，它包括 3 部分内容：最长 90m 的建筑物配线（水平）电缆、配线电缆两端的接插件（一端为信息插座，另一端为楼层配线架）和两条 2m 长与现场测试仪相连的测试设备跳线，不包括 CP 点。链路全长小于等于 94m。

2. 永久链路模式

永久链路连接模式适用于测试固定链路（水平电缆及相关连接器件），如图 8-1（b）所示。它由最长 90m 的水平（配线）电缆、水平电缆两端的接插件（一端为信息插座，另一端为楼层配线架）和链路可选的转接点（CP）组成，链路全长小于等于 90m。

永久链路需采用永久链路适配器连接测试仪和被测链路，测试仪能自动扣除测试缆线的影响，排除测试缆线在测试过程中带来的误差，使测试结果更准确、合理。

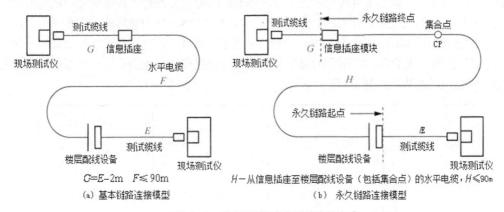

图 8-1　基本链路和永久链路连接方式

3. 信道模式

信道模式如图 8-2 所示，是在永久链路模式的基础上，包括工作区和电信间的设备电缆和跳线在内的整体信道性能。信道包括最长 90m 的水平缆线、信息插座模块、可选的集合点、电信间的配线设备、跳线和设备缆线在内，总长不得大于 100m。这是一个完整的端到端链路，即用户网卡到有源设备（如集线器、交换机等）。

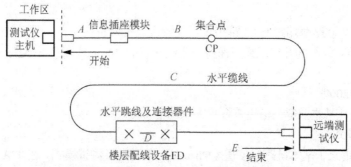

A—工作区层配线设备电缆；B—CP缆线；C—水平缆线；
电缆B+C≤90m　A+D+E≤10m　D—配线设备连接跳线；D—配线设备到设备连接

图8-2　通道连接方式

8.2.3　测试内容

综合布线工程电缆系统测试项目应根据布线信道或链路的设计等级和布线系统的类别要求制定，各项测试结果应有详细记录，并作为竣工资料的一部分。

综合布线系统工程电气测试指出：3类、5类电缆链路的测试内容包括接线图、长度、衰减和近端串音（NEXT）4项。5e类、6类电缆链路应增测回波损耗、近端串音功率和、衰减串音比、衰减串音比功率和、等电平远端串音、等电平远端串音功率和、传播时延和传播时延偏差等参数。

1．3类、5类电缆链路/信道测试

（1）接线图测试

接线图测试主要测试水平电缆端接在工作区和电信间配线设备的8位模块通用插座的安装连接是否正确。正确的线对组合为：1／2、3／6、4／5、7／8，分为非屏蔽和屏蔽两类，对于非RJ-45的连接方式按相关规定要求列出结果。接线图是测试布线链路有无端接错误的一项基本检查，测试的接线图会显示出所测的每条8芯电缆与信息模块、配线模块接线端子连接的实际状态，可能出现的结果如图8-3所示。

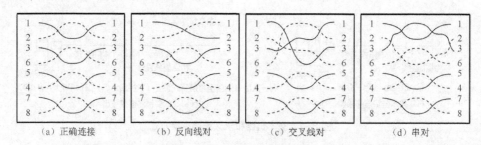

（a）正确连接　　　（b）反向线对　　　（c）交叉线对　　　（d）串对

图8-3　接线图测试的可能结果

反向线对：指同一线对的两端针位接反。

交叉线对：指不同线对的线芯发生交叉连接，形成不可识别的回路。

串对：就是将原来的线对分别拆开重新组成新的线对，出现这种故障时端与端的连通性正常，用一般的万用表或简单电缆测试仪"能手"检测不出来，需要使用专门的电缆认证测试仪（如Fluke的DSP 4000系列或DTX系列）才能检测出来。

（2）长度测试

布线链路和信道的长度应在测试连接图所要求的极限长度范围之内。长度测量采用时域反射原理（TDR），如图 8-4 所示。

测试仪在链路发送端发送脉冲信号，信号在通过电缆时遇到一个阻抗的突变，部分或全部发射脉冲信号会反射回来，反射信号的时延、大小表明了电缆中阻抗不连续点的位置和性质，测量脉冲往返时间 T，就可以得出长度 L 值。

$$L = T \times NVP \times c/2$$

式中：L 为电缆长度；

T 为脉冲信号往返时间；

c 为真空状态下的光速（3×10^8 m/s）；

NVP 为电缆的标称传播速率，典型 UTP 电缆的 NVP 值是 62%～72%。

由于电缆生产厂商对电缆的 NVP 值的标定有相当大的不定性，所以要获得比较精确的链路长度就应该在链路长度测试之前，用现场测试仪对同一批号的电缆进行校正测试，以获得精确的 NVP 值。校正的方法很简单，可以使用一段已知长度（最少 15m）的典型同批号电缆来调整测试仪的长度读数至已知长度，这样测试仪就会自动校正 NVP 值。

由于每对电缆线对的绞距存在差异，因此要用延迟最短的线对作为参考标准来矫正电缆测试仪。

又由于严格的 NVP 值的校正很难实现，一般有 10% 的误差，所以修正后的通过/未通过长度参数是：信道的最大长度为 100+100×10% 是 110m，基本链路长度为 94+94×10% 是 103.4m，永久链路长度为 90+90×10% 是 99m。若测试仪以"*"显示，则表示为临界值，表明测试结果接近极限长度，测试结果不可信，要引起用户和施工者的注意。

（3）衰减测试

由于绝缘损耗、阻抗不匹配、连接电阻等因素，信号沿链路传输损失的能量称为衰减。

衰减主要测试传输信号在每个线对两端间传输的损耗值及同一条电缆内所有线对中最差线对的衰减量，相对于所允许的最大衰减值的差值。图 8-5 所示为衰减示意图，衰减用 dB 来度量。

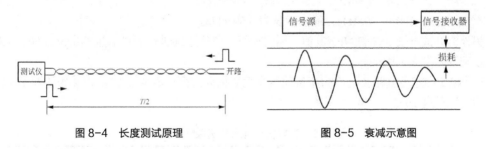

图 8-4　长度测试原理　　　　图 8-5　衰减示意图

一条链路的总衰减是电缆的衰减和布线部件的信号之和。衰减由以下各部分构成：

① 布线电缆的衰减；

② 各连接件的衰减；

③ 对通道模型再加上两端最长 10m 跳线的衰减。

布线电缆的衰减是链路衰减的主要因素，电缆衰减除随电缆长度的增加而增加外，通常还是频率和温度的连续函数。信号频率越高，衰减越大；温度越高，衰减越大。衰减的测试方法如图 8-6 所示。

使用扫描仪在近端的不同频率点发送 0dB 信号，用选频表在链路远端测试各特定频率点接收到的电平值即可。

（4）近端串音测试

串音是沿链路的信号耦合度量。当我们在对绞电缆的一对线上发送信号时，将会在另一对相邻的线上收到信号，这种现象叫作串音。

串音分近端串音（NEXT）和远端串音（FEXT）两种。

近端串音值（dB）和导致该串音的发送信号（参考值定为 0dB）之差为近端串音损耗。

在一条链路中处于缆线一侧的某发送线对的信号对于同侧的其他相邻（接收）线对通过电磁感应所造成的信号耦合（由发射机在近端传送信号，在相邻线对近端测出的不良信号耦合）为近端串音，如图 8-7 所示。

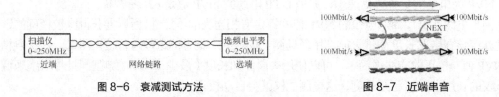

图 8-6　衰减测试方法　　　　　　　图 8-7　近端串音

近端串音用近端串音损耗值 dB 来度量。高的近端串音值意味着只有很少的能量从发送信号线对耦合到同一电缆的其他线对中，也就是耦合过来的信号损耗大。

近端串音并不表示在近端所产生的串音，它只表示在近端所测量到的值，其测量值会随电缆长度的变化而变化，电缆越长，近端串音值越小。实践证明，在 40m 内测得的近端串音值是真实的，并且近端串音值应分别从通道的两端进行测量，现在的测试仪都有在一端同时进行两端的近端串音测量功能。

对于对绞电缆链路，近端串音是一个关键的性能指标，也是最难精确测量的一个指标，尤其是随着信号频率的增加其测量难度更大。在测量近端串音时，采用频率点步长法，频率点的步长越小，测量就越准确。TIA/EIA 568B 定义的近端串音测量最大频率步长如下：

测试范围：　1～31.25MHz，最大步长为 0.15MHz；

31.26～100MHz，最大步长为 0.25MHz；

100～250MHz，最大步长为 0.50MHz。

另外，测试对绞电缆的 NEXT 值，需要在每一对线之间进行测试。也就是说，对于 4 对对绞电缆来说，有 6 个测试值。

3 类和 5 类水平链路及信道的测试项目及性能指标应符合表 8-1 和表 8-2 中的要求（测试条件为环境温度 20℃）。

表 8-1　3 类水平链路及信道性能指标

频率（MHz）	基本链路性能指标		信道性能指标	
	近端串音（dB）	衰减（dB）	近端串音（dB）	衰减（dB）
1.00	40.1	3.2	39.1	4.2
4.00	30.7	6.1	29.3	7.3
8.00	25.9	8.8	24.3	10.2
10.00	24.3	10.0	22.7	11.5
16.00	21.0	13.2	19.3	14.9
长度（m）	94		100	

表 8-2　5 类水平链路及信道性能指标

频率（MHz）	基本链路性能指标		信道性能指标	
	近端串音（dB）	衰减（dB）	近端串音（dB）	衰减（dB）
1.00	60.0	2.1	60.0	2.5
4.00	51.8	4.0	50.6	4.5
8.00	47.1	5.7	45.6	6.3
10.00	45.5	6.3	44.0	7.0
16.00	42.3	8.2	40.6	9.2
20.00	40.7	9.2	39.0	10.3
25.00	39.1	10.3	37.4	11.4
31.25	37.6	11.5	35.7	12.8
62.50	32.7	16.7	30.6	18.5
100.00	29.3	21.6	27.1	24.0
长度（m）	94		100	

注：基本链路为 94m，包括 90m 水平缆线及 4m 测试仪表的测试电缆长度，在基本链路中不包括 CP 点。

2．5e 类、6 类和 7 类信道/永久链路或 CP 链路测试

（1）回波损耗（RL）

回波损耗是衡量信道阻抗一致性的参数。由于链路或信道特性阻抗偏离标准值导致功率反射而引起（布线系统中阻抗不匹配产生的反射能量）。由输出线对的信号幅度和该线对所构成的链路上反射回来的信号幅度的差值导出。如图 8-8 所示，回波损耗通常发生在接头和插座处，在高速全双工网络中此参数非常重要。

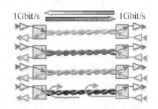

图 8-8　回波损耗示意图

回波损耗只在 C、D、E、F 级布线系统中采用，信道/永久链路或 CP 链路的每一线对和布线的两端均应符合回波损耗值的要求。信道的回波损耗值如表 8-3 所示，具体可参考表 8-4 所示关键频率的回波损耗建议值。

表 8-3　信道的回波损耗值

级别	频率（MHz）	最小回波损耗（dB）
C	1≤f≤16	15.0
D	1≤f≤20	17.0
	20≤f≤100	30～10lg（f）
E	1≤f≤10	19.0
	10≤f≤40	24～5lg（f）
	40≤f≤250	32～10lg（f）
F	1≤f≤10	19.0
	10≤f≤40	24～5lg（f）
	40≤f≤251.2	32～10lg（f）
	251.2≤f≤600	8.0

表 8-4　信道/链路回波损耗建议值

频率（MHz）	信道最小回波损耗（dB）				永久链路最小回波损耗（dB）			
	C级	D级	E级	F级	C级	D级	E级	F级
1	15.0	17.0	19.0	19.0	15.0	19.0	21.0	21.0
16	15.0	17.0	18.0	18.0	15.0	19.0	20.0	20.0
100		10.0	12.0	12.0		12.0	14.0	14.0
250			8.0	8.0			10.0	10.0
600				8.0				10.0

（2）插入损耗（IL）

插入损耗是指发射机与接收机之间插入电缆或元器件产生的信号损耗，通常指衰减。布线系统信道/永久链路或 CP 链路每一线对的插入损耗值应符合规定，具体可参考表 8-5 所示关键频率的插入损耗建议值。

表 8-5　信道/永久链路插入损耗建议值

频率（MHz）	信道最大插入损耗（dB）						永久链路最大插入损耗（dB）					
	A级	B级	C级	D级	E级	F级	A级	B级	C级	D级	E级	F级
0.1	16.0	5.5					16.0	5.5				
1		5.8	4.2	4.0	4.0	4.0		5.8	4.0	4.0	4.0	4.0
16			14.4	9.1	8.3	8.1			12.2	7.7	7.1	6.9
100				24.0	21.7	20.8				20.4	18.5	17.7
250					35.9	33.8					30.7	28.8
600						54.6						46.6

（3）近端串音

在布线系统信道的两端，线对与线对之间的近端串音值均应符合规定，具体可参考表 8-6 所示关键频率的近端串音建议值。

表 8-6　信道/永久链路近端串音建议值

频率（MHz）	信道最小NEXT（dB）						永久链路最小NEXT（dB）					
	A级	B级	C级	D级	E级	F级	A级	B级	C级	D级	E级	F级
0.1	27.0	40.0					27.0	40.0				
1		25.0	39.1	60.0	65.0	65.0		25.0	40.1	60.0	65.0	65.0
16			19.4	43.6	53.2	65.0			21.1	45.2	54.6	65.0
100				30.1	39.9	62.9				32.3	41.8	65.0
250					33.1	56.9					35.3	60.4
600						51.2						54.7

（4）近端串音功率和（PS NEXT）

在4对对绞电缆一侧测量3个相邻线对对某线对近端串音的总和（所有近端干扰信号同时工作时，在接收线对上形成的组合串扰），如图8-9所示。

近端串音功率和只在 D、E、F 级布线系统中应用，信道每一线对的两端均应符合 PS NEXT 值的要求，具体可参考表 8-7 所示关键频率的近端串音功率和建议值。

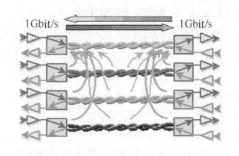

图 8-9　近端串音功率和示意图

表 8-7　信道/永久链路 PS NEXT 建议值

频率（MHz）	信道最小PSNEXT（dB）			永久链路最小PS NEXT（dB）		
	D 级	E 级	F 级	D 级	E 级	F 级
1	57.0	62.0	62.0	57.0	62.0	62.0
16	40.6	50.6	62.0	42.2	52.2	62.0
100	27.1	37.1	59.9	29.3	39.3	62.0
250		30.2	53.9		32.7	57.4
600			48.2			51.7

（5）衰减串音比（ACR）

线对与线对之间的衰减串音比是指在受相邻发送信号线对串扰的线对上，其串音损耗（NEXT）与本线对传输信号衰减值（A）的差值。衰减串音比只在 D、E、F 级布线系统中应用，信道/永久链路或 CP 链路每一线对两端的 ACR 值可用以下计算公式进行计算，并可参考表 8-8 所示关键频率的 ACR 建议值。

线对 i 与 k 之间衰减串音比的计算公式为：

$$ACR_{ik} = NEXT_{ik} - IL_k$$

式中：i、k 为线对号；

$NEXT_{ik}$ 为线对 i 与线对 k 间的近端串音；

IL_k 为线对 k 的插入损耗。

表 8-8　信道/永久链路 ACR 建议值

频率（MHz）	信道最小ACR（dB）			永久链路最小ACR（dB）		
	D 级	E 级	F 级	D 级	E 级	F 级
1	56.0	6I.0	61.0	56.0	61.0	61.0
16	34.5	44.9	56.9	37.5	47.5	58.1
100	6.1	18.2	42.1	11.9	23.3	47.3
250		−2.8	23.1		4.7	31.6
600			−3.4			8.1

（6）ACR 功率和（PS ACR）

ACR 功率和为近端串音功率和与插入损耗之间的差值，信道/永久链路或 CP 链路每一线对两端的 PS ACR 值可用以下计算公式进行计算，并可参考表 8-9 所示关键频率的 PS ACR 建议值。

线对 k 的 ACR 功率和的计算公式为：

$$PS\ ACR_k = PS\ NEXT_k - IL_k$$

式中：k 为线对号；

PS NEXT$_k$ 为线对 k 的近端串音功率和；

IL$_k$ 为线对 k 的插入损耗。

表 8-9　信道/永久链路 PS ACR 建议值

频率（MHz）	信道最小PS ACR（dB）			永久链路最小PS ACR（dB）		
	D 级	E 级	F 级	D 级	E 级	F 级
1	53.0	58.0	58.0	53.0	58.0	58.0
16	31.5	42.3	53.9	34.5	45.1	55.1
100	3.1	15.4	39.1	8.9	20.8	44.3
250		− 5.8	20.1		2.0	28.6
600			− 6.4			5.1

（7）等电平远端串音（ELFEXT）

等电平远端串音是指某线对的远端串扰损耗与该线路传输信号衰减的差值，也称为远端的 ACR。等电平远端串音只在 D、E、F 级布线系统中应用。布线系统信道/永久链路或 CP 链路每一线对的 ELFEXT 值应符合规定，具体可参考表 8-10 所示关键频率的 ELFEXT 建议值。

表 8-10　信道 ELFEXT 建议值

频率（MHz）	信道最小ELFEXT（dB）			永久链路最小ELFEXT（dB）		
	D 级	E 级	F 级	D 级	E 级	F 级
1	57.4	63.3	65.0	58.6	64.2	65.0
16	33.3	39.2	57.5	34.5	40.1	59.3
100	17.4	23.3	44.4	18.6	24.2	46.0
250		15.3	37.8		16.2	39.2
600			31.3			32.6

（8）等电平远端串音功率和（PS ELFEXT）

在 4 对对绞电缆一侧测量 3 个相邻线对对某线对远端串扰的总和（所有远端干扰信号同时工作，在接收线对上形成的组合串扰）。布线系统信道/永久链路或 CP 链路每一线对的 PS ELFEXT 值应符合规定，具体可参考表 8-11 所示关键频率的 PS ELFEXT 建议值。

表 8-11　信道/永久链路 PS ELFEXT 建议值

频率（MHz）	信道最小PSELFEXT（dB）			永久链路最小PS ELFEXT（dB）		
	D级	E级	F级	D级	E级	F级
1	54.4	60.3	62.0	55.6	61.2	62.0
16	30.3	36.2	54.5	31.5	37.1	56.3
100	14.4	20.3	41.4	15.6	21.2	43.0
250		12.3	34.8		13.2	36.2
600			28.3			29.6

（9）直流（D.C.）环路电阻

布线系统信道/永久链路或 CP 链路每一线对的直流环路电阻建议值应符合表 8-12 中的规定。

表 8-12　信道/永久链路最大直流环路电阻（Ω）建议值

级别	A	B	C	D	E	F
信道	560	170	40	25	25	25
永久链路或CP 链路	530	140	34	21	21	21

（10）传播时延

传播时延是指信号从链路或信道一端传播到另一端所需的时间。它是衡量信号传播快慢的物理量，单位是纳秒（ns）。传播时延随电缆长度的增加而增加。在 4 对 UTP 电缆中，由于各线对的长度不同，因此，各线对的传播时延会有差别，可能的情况如图 8-10 所示。

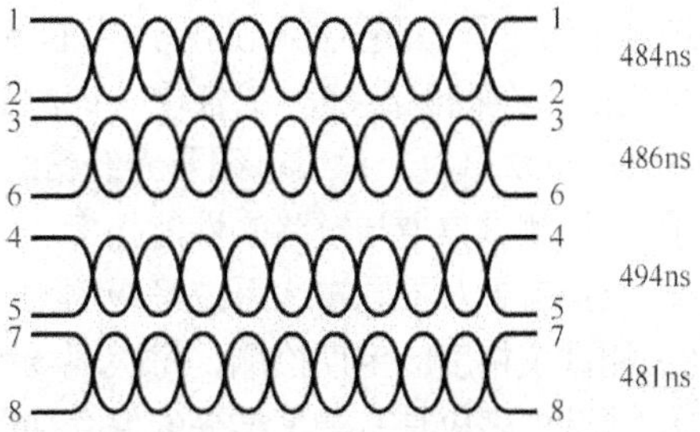

图 8-10　传输时延示意图

布线系统信道每一线对的传播时延应符合规定，具体可参考表 8-13 所示的关键频率建议值。

表 8-13　信道/永久链路传播时延建议值

频率（MHz）	信道最大传播时延（μs）						永久链路最大传播时延（μs）					
	A级	B级	C级	D级	E级	F级	A级	B级	C级	D级	E级	F级
0.1	20.000	5.000					19.400	4.400				
1		5.000	0.580	0.580	0.580	0.580		4.400	0.521	0.521	0.521	0.521
16			0.553	0.553	0.553	0.553			0.496	0.496	0.496	0.496
100				0.548	0.548	0.548				0.491	0.491	0.491
250					0.546	0.546					0.490	0.490
600						0.545						0.489

（11）传播时延偏差

传播时延偏差是以同一电缆中信号传播时延最小的线对作为参考，其余线对与参考线对的时延差值（最快线对与最慢线对信号传输时延的差值）。布线系统信道/永久链路或 CP 链路所有线对间的传播时延偏差应符合表 8-14 中的规定。

表 8-14　信道传播时延偏差

等级	频率（MHz）	信道	永久链路或CP 链路	
		最大时延偏差（μs）	最大时延偏差（μs）	建议值（μs）
A	$f=0.1$			0.044③
B	$0.1 \leqslant f \leqslant 1$			
C	$1 \leqslant f \leqslant 16$	0.050①	$(L/100) \times 0.045 + n \times 0.00125$	0.044③
D	$1 \leqslant f \leqslant 100$	0.050①	$(L/100) \times 0.045 + n \times 0.00125$	0.044③
E	$1 \leqslant f \leqslant 250$	0.050①	$(L/100) \times 0.045 + n \times 0.00125$	0.044③
F	$1 \leqslant f \leqslant 600$	0.030②	$(L/100) \times 0.025 + n \times 0.00125$	0.026④

注：①0.050 为 $0.045+4 \times 0.00125$ 计算结果。②0.030 为 $0.025+4 \times 0.00125$ 计算结果。

③0.044 为 $0.9 \times 0.045+3 \times 0.00125$ 计算结果。④0.026 为 $0.9 \times 0.025+3 \times 0.00125$ 计算结果。

所有电缆的链路和信道测试结果应有记录，记录在管理系统中并纳入文档管理。

8.2.4　正确选择电缆布线测试仪

综合布线工程的测试必须选择适当的测试仪器，一般要求测试仪应同时具有认证测试和故障定位功能，在确保准确测试各项认证测试参数的基础上，能够快速准确地进行故障定位。GB50312—2007 规定，对绞电缆及光纤布线系统的现场测试仪应符合下列要求。

① 应能测试信道与链路的性能指标。

② 应具有针对不同布线系统等级的相应精度。

③ 测试仪精度应定期检测，每次现场测试前应出示测试仪的精度有效期限证明。

④ 测试仪表应具有测试结果的保存功能并提供输出端口，将所有存储的测试数据输出至计算机和打印机，测试数据必须不被修改，并进行维护和文档管理。

⑤ 测试仪表应提供所有测试项目的概要和详细报告。

⑥ 测试仪表宜提供汉化的通用人机界面。

1. 精度要求

测试仪的精度决定了测试仪对被测链路进行测试所得测量值的可信程度。一般要求 5 类测试仪达到 UL（美国安全检测实验室）规定的 Ⅱ 级精度，超 5 类测试仪达到 UL 规定的 Ⅱe 级精度，6 类测试仪达到 UL 规定的 Ⅲ 级精度。因此，综合布线认证测试仪，最好选用 Ⅲ 级精度的测试仪。

2. 故障定位功能

测试仪能进行故障定位是十分重要的，因为测试的目的是要得到良好的链路，而不仅仅是辨别好坏。测试仪能迅速告知测试人员链路故障的位置，便于迅速加以修复。

8.2.5 对绞电缆布线常见故障及定位

在综合布线工程中，电缆施工的常见故障主要有接线图（Wire Map）错误、电缆 （Length）超长、衰减（Attenuation）过大、近端串音损耗（NEXT）过低、 回波损耗（Return Loss）过低等。一般的测试仪都具有高精度时域反射和高精度时域串音分析两项故障定位技术。

1. 高精度时域反射技术和时域串音分析技术

（1）高精度时域反射技术

高精度时域反射（High Definition Time Domain Reflectometry，HDTDR）技术，主要针对有阻抗变化的故障进行精确定位。该技术通过在被测线对中发送测试信号，同时监测信号在该线对的反射相位和强度来确定故障的类型。如果信号在通过电缆时遇到一个阻抗的突变，部分或全部信号会反射回来，通过信号发生反射的时间和信号在电缆中传输的速度可以精确地报告故障的具体位置。该技术可以测试电缆长度，可以定位由于短路、开路、连接不良和电缆阻抗不匹配等引起的阻抗异常点。

（2）高精度时域串音分析技术

高精度时域串音分析（High Definition Time Domain Crosstalk，HDTDX）技术，主要针对各种导致串音的故障进行精确定位。该技术是通过在一个线对上发送测试信号，同时在相邻线对上进行串音测试，根据串音发生的时间以及信号的传输速度可以精确定位串音发生的物理位置。这是一种能够对近端串音故障进行精确定位并且不存在测试死区的技术。

2. 常见故障定位

（1）接线图错误

接线图（Wire Map）错误主要包括线对反接（反向线对）、线对交叉（交叉线对）、开路、短路和串对等故障类型，对于前两种故障，一般的测试设备都可以发现，而且测试技术简单；至于开路、短路故障，在故障点都会有很大的阻抗变化，可以利用 HDTDR 技术来定位。测试设备可以通过测试信号相位的变化以及相应的反射时延来判断故障类型和距离。但串对故障却是很难发现的，发生串对故障的原因是操作人员在连接模块或接头时没有按照 T568A 和 T568B 的规定，造成链路两端虽然在物理上实现了 1—1，2—2，…，8—8 的连接，但是却没有保证 12、36、45、78 线对的双绞。由于串对故障破坏了线对的双绞，因而造成线对之间的串音过大，进而造成网络性能的下降或设备的死锁。一般的电缆验证测试设备是很难发现串对故障的。相应的问题解决办法如下：

① 对于对绞电缆端接线序不对的情况，可以采取重新端接的方式来解决；

② 对于对绞电缆两端的接头出现的短路、断路等现象，首先应根据测试仪显示的接线图判定对绞电缆的哪一端出现了问题，然后重新端接。

（2）长度超长

电缆长度（Length）超过要求（超长），常伴随电缆衰减（损耗）过大、传播时延过大等故障。对于链路超长可以通过 HDTDR 技术进行精确定位。长度超长的原因如下：

① 测试仪的 NVP 设置不正确；

② 实际长度超长，如对绞电缆信道长度不应超过 100m。

相应的解决问题的方法如下：

① 可用已知长度的电缆来校准测试仪的 NVP 值；

② 对于电缆超长问题，只能重新布设电缆来解决。

（3）衰减过大

衰减（Attenuation）过大同很多因素有关，如现场的温度、湿度、频率、电缆长度和端接工艺等。在现场测试中发现，在电缆材质合格的前提下，衰减过大多与电缆超长有关，对于链路超长可以通过 HDTDR 技术进行精确定位。衰减过大的原因如下：

① 对绞电缆超长；

② 对绞电缆端接点接触不良；

③ 对绞电缆和连接硬件性能问题，或不是同一类产品。

相应的解决问题的方法如下：

① 对于超长的对绞电缆，只能采取更换电缆的方式来解决；

② 对于对绞电缆端接质量问题，可采取重新端接的方式来解决；

③ 对于对绞电缆和连接硬件的性能问题，应采取更换的方式来彻底解决，所有缆线及连接硬件应更换为相同类型的产品。

（4）近端串音损耗过低

近端串音故障常见于链路中的接插件部位，因端接工艺不规范所致，如接头位置的电缆线对的未扭绞长度超过推荐的 13mm，从而导致在这些位置产生过高的串音。当然，串音不仅仅发生在接插件部位，一段不合格的电缆同样会导致串音的不合格。还可能是跳线质量差；不良的连接器；缆线性能差；串对；缆线间过分挤压等。对于这类故障，可以利用 HDTDX 技术来精确定位，找到具体故障原因后，再采用相应的故障解决方案予以解决。

（5）回波损耗过低

回波损耗（RETURN LOSS）是由于链路阻抗不匹配造成的信号反射。产生的原因有：跳线的特性阻抗不是 100Ω，缆线线对的扭绞被破坏；连接器不良；缆线和连接器阻抗不恒定；链路上缆线和连接器非同一厂家产品；缆线不是特性阻抗 100Ω 的缆线等。由于回波损耗产生的原因是阻抗变化引起的信号反射，因此，可以利用 HDTDR 技术来精确定位。

8.3　光缆布线测试

光纤链路的传输质量不仅取决于光纤和连接件的质量，还取决于安装工艺和应用环境。在光纤的应用中，对光纤和光纤系统的测试应包括以下内容。

① 在施工前进行器材检验时，一般检查光纤的连续性，必要时采用光纤损耗测试仪（稳定光源和光功率计的组合）对光纤链路的插入损耗和光纤长度进行测试。

② 对光纤链路（包括光纤、连接器件和熔接点）的衰减进行测试，同时测试光跳线的衰减值作为设备连接光缆的衰减参考值，整个光纤信道的衰减值应符合设计要求。

光纤连续性是对光纤的基本要求，在进行光纤连续性测量时，通常是将红色激光、发光二极管（LED）或其他可见光从光纤的一端注入，并在光纤的另一端监视光的输出。如果在光纤中有断裂或其他的不连续点，则光纤输出端的光功率就会下降或者根本没有光输出。

在购买光跳线时，人们通常使用激光笔或明亮的手电筒来检查其中光纤的连续性。使用激光笔检查光跳线连续性的方法如图 8-11（a）所示，用一只激光笔对准光跳线的一端，检查另一端是否有光线出来（注意不要用眼睛对着看，以免激光灼伤眼睛）。使用明亮的手电筒来检查光跳线连续性的方法如图 8-11（b）所示。

（a）使用激光笔　　　　　　（b）使用明亮的手电筒

图 8-11　检查光跳线的连续性

8.3.1 测试标准

光缆布线系统安装完成之后需要对光纤链路的传输性能进行测试，其中最主要的两个测试项目是光纤链路的长度和损耗。

光纤链路现场认证测试的主要目的是遵循特定的标准检测光纤链路的连接质量，减少故障因素以及存在故障时找出故障点，从而进一步查找故障原因，并予以解决。

目前，世界范围内公认的光纤链路现场认证测试标准主要有：北美地区的 EIA/TIA—568 B.3 标准、国际标准化组织的 ISO/IEC 11801:2002 标准和中华人民共和国国家标准，编号为 GB50312—2007。

8.3.2 测试内容

光缆布线相关测试标准规定，光纤链路测试分为两个等级。等级 1 要求光纤链路都应测试衰减（插入损耗）、长度和极性。等级 1 测试使用光损失测试仪 OLTS（为光源与光功率计的组合）测量每条光纤链路的插入损耗并计算光纤长度，使用 OLTS 或可视故障定位仪验证光纤的极性。等级 2 除了包括等级 1 的测试内容外，还包括对每条光纤链路做出 OTDR 曲线。GB50312—2007 的具体规定如下。

① 布线系统所采用光纤的性能指标及光纤信道指标应符合设计要求。不同类型的光纤在标称波长下的每千米的最大衰减值应符合表 8-15 中的规定。

表 8-15 光缆衰减值

最大光缆衰减（dB／km）				
项目	OM1、OM2及OM3多模		OSI 单模	
波长	850 nm	1300 nm	1310nm	1550nm
衰减	3.5	1.5	1.0	1.0

② 光缆布线信道在规定的传输窗口测量出的最大光衰减（插入损耗）应不超过表 8-16 中的规定，该指标已包括接头与连接插座的衰减在内。

表 8-16 光纤信道衰减值

级别	最大信道衰减（dB）			
	单模		多模	
	1310nm	1550nm	850nm	1300nm
OF−300	1.80	1.80	2.55	1.95
OF−500	2.00	2.00	3.25	2.25
OF−2000	3.50	3.50	8.50	4.50

注：每个连接处的衰减值最大为 1.5dB。

③ 光纤链路的插入损耗极限值可用以下公式计算（光纤链路损耗参考值见表 8-17）：

光纤链路损耗=光纤损耗+连接器件损耗+光纤连接点损耗

式中：光纤损耗=光纤损耗系数（dB/km）×光纤长度（km）；

连接器件损耗=连接器件损耗/个×连接器件个数；

光纤连接点损耗=光纤连接点损耗/个×光纤连接点个数。

表 8-17　光纤链路损耗参考值

种类	工作波长（nm）	衰减系数（dB／km）
多模光纤	850	3.5
多模光纤	1300	1.5
单模室外光纤	1310	0.5
单模室外光纤	1550	0.5
单模室内光纤	1310	1.0
单模室内光纤	1550	1.0
连接器件衰减	0.75dB	
光纤连接点衰减	0.3dB	

例如，一条工作在 850nm 波长的光纤链路，长度为 1km，使用了两个连接器件（耦合器），两个光纤连接点（熔接点）。按照标准规定，光纤衰减率为 3.5dB/km，每个耦合器的衰减为 0.75dB，每个熔接点的衰减为 0.3dB，则此链路的衰减极限为 3.5×1＋0.75×2＋0.3×2=5.6dB，如果测试得到的值小于此值，说明此光缆链路的衰减在标准规定范围之内，链路合格；如果测试得到的值大于此值，说明此光缆链路的衰减在标准规定范围之外，链路不合格。

8.3.3　正确选择光缆布线测试仪

常用光缆、光纤测试仪表有光功率计、稳定光源、光纤故障定位仪、光缆可视故障定位仪、多模光纤认证测试仪和光时域反射仪（OTDR）等。

1. 光功率计

光功率计（Optical Power Meter）是指用于测量绝对光功率或通过一段光纤的光功率相对损耗的仪器，如图 8-12 所示。在光纤测量中，光功率计是常用仪表，通过测量发射端机或光网络的绝对功率，一台光功率计就能评价光端设备的性能。光功率计与稳定光源组合使用，则能测量连接损耗、检验光纤连续性，帮助评估光纤链路的传输质量。光功率的单位是 dBm，通常发光小于 0dBm，接收端能够接收的最小光功率称为灵敏度，能接收的最大光功率减去灵敏度的值的单位是 dB（dBm－dBm=dB），称为动态范围，发光功率减去接收灵敏度是允许的光纤衰耗值。测试时实际的发光功率减去实际接收到的光功率值就是光纤衰耗（dB）。

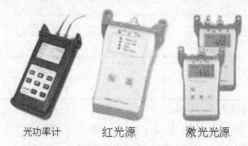

　　光功率计　　　　　红光源　　　　　激光光源

图 8-12　光功率计和稳定光源

2. 稳定光源

稳定光源主要有 LED（发光二极管）光源和激光光源两种，如图 8-12 所示。其性能比较如表 8-18 所示。LED 光源造价比较低，但是 LED 光源在光功率及其散射性方面存在缺陷，而激光光源设备昂贵。

表 8-18 两种稳定光源的比较表

光源类型	工作波长	光纤类型	带宽	器件	价格
LED	850nm	多模	>200MHz	简单	便宜
Laser	850nm、1310nm、1550nm	单模	>5GHz	复杂	昂贵

TIA/EIA 568-B.1 标准将光源归为 5 类，从 1 类典型 LED 光源到 5 类 FP 激光。测试所选光源应与网络应用一致，否则要求使用 LED 光源的标准就表示更保守或"最差"的情况。

3. 光纤故障定位仪

光纤故障定位仪如图 8-13 左图所示，是利用可见光进行光纤故障点定位的仪器，具有方便操作的特点。强光注入光纤中使光纤故障点清晰可见。

4. 光缆可视故障定位仪

光缆可视故障定位仪（VFL）如图 8-13 右图所示，可对光缆链路进行诊断并修复简单的故障。激光驱动可以定位光缆，验证光缆的连通性和极性，帮助发现光缆中的断点、连接器和接合点。该仪器采用连续和闪烁两种模式，便于识别；可配备 2.5mm 和 1.25mm 两种连接头，兼容性好。

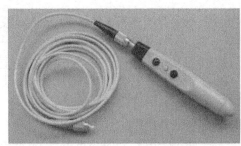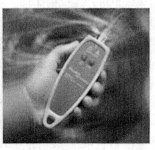

图 8-13 光纤故障定位仪（左）和光缆可视故障定位仪（右）

5. 光纤测试工具包

光纤测试工具包如图 8-14 所示，其中包括有损耗和光功率测量工具、故障和极性问题定位工具以及连接头端面检查和清洁工具。

6. 多模光纤认证测试仪

多模光纤认证测试仪如图 8-15 所示。该仪器可以测量多模光纤的长度和损耗；利用 LED 双波长光源测量 850nm 和 1300nm 波长下的光功率和损耗；可保存 1000 个自动测试结果，提供标准库，设置方便；提供可互换的适配器，便于连接被测光纤。

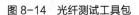

图 8-14 光纤测试工具包　　图 8-15 多模光纤认证测试仪　　图 8-16 光时域反射仪

7. 光时域反射仪

光时域反射仪（OTDR）如图 8-16 所示，反射仪是指它测量的是反射光信号，时域是指它测量反射往返的时间。它提供功率/损耗测量、光纤长度测量、OTDR 分析和光纤端面检查等功能。其测试数据全部由随机附带的 LinkWare 软件记录、报告和管理。

OTDR 包含一个光发射机（激光器）和一个光接收器。当光发射机向光纤中发射光的短脉冲串时，由于光纤的杂质反射（瑞丽散射）及不同物质界面的折射，使得部分光会返回至发射端，回到 OTDR 的反射光被称为后向分散。靠近 OTDR 端的后向分散最先到达发送端，而距离较远的后向分散最后到达发送端，距 OTDR 的距离与后向分散所需的时间成正比。

由于光会因为反射、折射和吸收而损耗，所以后向散射随光纤距离的延伸而降低。后向分散的功率随距离的变化在 OTDR 上显示为一条曲线，垂直轴表示功率，水平轴表示距离，这个曲线图称为轨迹。理想的轨迹是一条从左至右向下倾斜的直线。该轨迹偏离直线的地方被称为事件。事件有两类：反射事件和非反射事件。

反射事件是指光纤中的一个可产生多于正常反射光的改变。当光纤中有一个干净的断裂，并且光纤的断裂面与空气的接触面如同镜子一样，这时，在光纤的断裂面就会出现一个反射事件；当两根光纤没有紧密的接在一起（如在机械接头或使用连接器）时，也能出现反射事件；光纤涂层中的裂纹也可产生反射事件。

非反射事件是指光纤中导致光的损耗的一个改变。当两根光纤熔接在一起，没有完全对齐或光纤弯曲半径过小时可产生非反射事件。

在光纤的接头处，如果第二根光纤的后向分散比第一根光纤高，就会在轨迹上产生一个上升，被称为视在增益或伪增益。

在光纤连接到 OTDR 的连接处和光纤结束的地方。会有许多额外的光被反射。如果光纤是断裂的，则光纤结束处将不会是镜面，因此光不能正常反射。

脉冲宽度是指 OTDR 发射到光纤中的光脉冲串的长度。脉冲宽度越宽，光纤中的功率就越大，QTDR 能测量到的光纤就越长。要检查靠在一起的事件，可使用较小的脉冲宽度和分辨率模式以增大测量分辨率，它是轨迹清晰度的数量。

OTDR 通过测量反射往返的时间来计算距离：

$$距离 =（时间）\times（真空中的光速）/（光纤折射率）$$

典型的反射曲线如图 8-17 所示，具体说明如下。

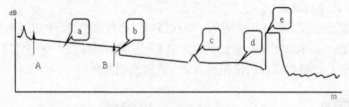

图 8-17　典型的反射曲线

区域（a）表示 A 点至 B 点区域内，曲线斜率恒定，表明光纤在该区域的散射均匀一致。

区域（b）表示局部的损耗变化，这种变化主要由外部原因（如光纤接头）和内部原因光纤本身引起的。

区域（c）表示不规则性由后向散射的剧烈增强所致，这种变化可能由外部测试原因二次反射余波（鬼影）产生能量叠加和内部原因光纤本身缺陷（小裂纹）造成的。

区域（d）即后向散射曲线有时出现弓形弯曲。内部因素，一般是吸收损耗变化导致衰减变化。对于外部因素，可能与光纤受力增加有关。如何确定是何种因素？可对光纤或光缆施加外力或改变其温度，如特性不变，是内部因素，反之为外部因素。

区域（e）表示光纤的端点或任何的不连续点。机械式接头界面往往产生这种反射。

8.3.4　光缆布线测试

光纤链路的测试模型如图 8-18 所示，用于在两端对光纤逐根进行双向（收与发）测试。

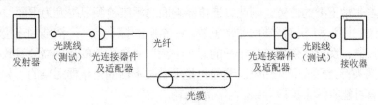

图 8-18　光纤链路测试连接方法（单芯）

注：① 光连接器件可以为工作区 TO、电信间 FD、设备间 BD、CD 的 SC、ST、SFF 连接器件；

② 光缆可以为水平光缆、建筑物主干光缆和建筑群主干光缆；

③ 光纤链路中不包括光跳线在内；

④ 测试前应对所有的光纤连接器件进行清洗，并将测试接收器校准至零位。

衰减是光纤链路的一个重要传输参数，它的单位是分贝（dB）。它表明了光纤链路对光能的传输损耗。光信号在光纤中传播时，平均光功率沿光纤长度方向成指数规律减少。在一根光纤网线中，从发送端到接收端之间存在的衰减越大，两者间可能传输的最大距离就越短。

对于水平光纤链路的测量仅需在一个波长上进行测试，这是因为光缆长度短（小于 90m），因波长变化而引起的衰减是不明显的，衰减测试结果应小于 2.0dB；对于主干光纤链路应以两个操作波长进行测试，即多模主干光纤链路使用 850nm 和 1300nm 波长进行测试，单模主干光纤链路使用 1310nm 和 1550nm 波长进行测量。

8.3.5　光缆布线常见故障及成因

1. 光缆链路故障

实际使用中的光缆链路的常见故障现象是信号丢失，连接完全不通或连接时断时续。产生这些故障的可能因素有：传输功率不足；光缆铺设距离过长；连接器受损；光纤接头或连接器故障；使用过多的光纤接头和连接器；制作工艺差；灰尘、指纹、擦伤、湿度等因素损伤了连接器等。

安装高性能光缆链路的过程包括敷设光缆和光缆成端，然后利用光跳线连接网络设备。光缆链路的主要故障有：

① 光纤熔接不良（有空气）；

② 光纤断裂或受到挤压；

③ 接头处抛光不良；

④ 接头处接触不良；

⑤ 光缆过长；

⑥ 核心直径不匹配；

⑦ 填充物直径不匹配；

⑧ 过度弯曲 （弯曲半径过小）；

⑨ 光纤连接器端接面不洁。

敷设光缆时过度地弯曲光缆会造成光缆中的光纤断裂或受到挤压，导致衰耗增加；端接工艺对链路损耗的影响也非常大；在光缆的安装和使用过程中最为常见的故障是光纤连接器端接面不洁。

2. 减少光缆链路故障的方法

连接器端面污染引起的光纤衰耗增加故障，不管是在光缆施工过程中，还是在光缆使用过程中，都占据着非常重要的位置，因此，连接器端面的污染检测显得尤为重要。

清洁测试仪的探头和连接器端面非常重要，一个脏的探头与一个清洁的连接器相接，会污染被连接的连接器；反之，使用一个干净的探头去测试一个不洁的连接器会导致探头污染，如果不及时清洁探头将会形成交叉污染。跳线也是可以被不洁的连接器污染的，如果使用不洁的测试跳线，极有可能将污染扩散导致非常高的损耗。

为了达到减少光缆链路故障的目的，在光缆施工和维护过程中，应该注意以下事项。

① 记住光缆的强度系数，不可超强度、大力拖曳光缆和过度弯曲光缆。

② 按照厂商的要求在安装过程中清洁连接器。

③ 连接前注意检查连接器的洁净度和划伤情况。

④ 按照标准要求，使用 OTDR 测试安装的光缆。

⑤ 在测试光缆链路时，使用清洁的跳线，并始终保持其清洁。

⑥ 所有光纤连接器都要安装防尘罩一套。

⑦ 使用跳线时注意检查和清洁跳线的端接面。

⑧ 出现故障时使用合适的工具可以减少故障诊断的时间并节省费用。

总之，灰尘以及其他的污染是光信号传输的主要敌人，特别是那些高速网络。简单地检查连接器的洁净度，及时清洁不洁的连接器端面可以减少污染；使用防尘盖可以有效地保护连接器不受污染；在进行光缆传输链路故障诊断时，使用合适的测试工具，如视频放大镜、OTDR，可以极大地缩短故障诊断时间，从而缩短网络故障时间，减少由于网络故障而造成的损失。

思考与练习 8

一、填空题

1. 综合布线工程的测试内容主要包括：_____。

2. 目前的综合布线工程中，常用的测试标准为_____。

3. 长度测试的原理是_____。

4. 3 类、5 类布线系统使用的两种电缆通道测试模型是_____模型和_____模型。

5. 超 5 类、6 类、7 类布线系统使用的两种电缆通道测试模型分别为_____和_____。

二、选择题

1. 下列参数中（   ）是测试值越小越好的参数。

A. 衰减　　　　　　B. 近端串音　　　C. 远端串音　　　D. 衰减串音比

2. 回波损耗测量反映的是电缆的（   ）参数。

A. 连通性　　　　　B. 抗干扰特性　　C. 物理长度　　　D. 阻抗一致性

3. 对绞电缆如果按照信道链路模型进行测试，理论长度最大不超过（   ）。

A. 90m　　　　　　B. 94m　　　　　　C. 100m　　　　　D. 108.1m

4. 下列标准中，定义光纤布线系统部件和传输性能指标的标准是（   ）。

A. ANSI/TIA/EIA 568-B.1　　　　B. ANSI/TIA/EIA 568-B.2

C. ANSI/TIA/EIA 568-B.3　　　　D. ANSI/TIA/EIA 568 A

5. 能体现布线系统信噪比的参数是（　　　）。

A. 接线图　　　　B. 近端串音　　　　C. 衰减　　　　D. 衰减串音比

6. 不属于光纤链路测试的参数是（　　　）。

A. 长度　　　　B. 近端串音　　　　C. 衰减　　　　D. 插入损耗

7. 下列有关电缆认证测试的描述，不正确的是（　　　）。

A. 认证测试主要是确定电缆及相关连接硬件和安装工艺是否达到规范和设计要求

B. 认证测试是对通道性能进行确认

C. 认证测试需要使用能满足特定要求的测试仪器并按照一定的测试方法进行测试

D. 认证测试不能检测电缆链路或通道中连接的连通性

8. 基本链路全长小于等于（　　　）m。

A. 90　　　　B. 94　　　　C. 99　　　　D. 100

9. 永久链路全长小于等于（　　　）m。

A. 90　　　　B. 94　　　　C. 99　　　　D. 100

10. 同一线对的两端针位接反的故障，属于（　　　）故障。

A. 交叉线对　　　　B. 反向线对　　　　C. 串对　　　　D. 错对

11. 下列有关串对故障的描述，正确的是（　　　）。

A. 串对就是将原来的线对分别拆开重新组成新的线对

B. 出现串对故障时端与端的连通性不正常

C. 用一般的万用表或简单电缆测试仪"能手"检测不出串对故障

D. 串对故障需要使用专门的电缆认证测试仪才能检测出来

12. 下列有关衰减测试的描述，正确的是（　　　）。

A. 在 TIA/EIA 568B 中，衰减已被定义为插入损耗

B. 通常布线电缆的衰减还是频率和温度的连续函数

C. 通道链路的总衰减是布线电缆的衰减和连接件的衰减之和

D. 测量衰减的常用方法是使用扫描仪在不同频率点上发送 0dB 信号，用选频表在链路远端测试各特定频率点接收的电平值

13. 下列有关长度测试的描述，正确的是（　　　）。

A. 长度测量采用时域反射原理（TDR）

B. 长度 L 值的计算公式为 $L = T \times NVP \times c$

C. NVP 为电缆的标称传播速率，典型 UTP 电缆的 NVP 值是 62%~72%

D. 校正 NVP 值的方法是使用一段已知长度的（必须在 15m 以上）同批号电缆来校正测试仪的长度值至已知长度

14. 下列有关近端串音测试的描述中，正确的是（　　　）。

A. 近端串音的 dB 值越高越好

B. 在测试近端串音时，采用频率点步长，步长越小，测试就越准确

C. 近端串音表示在近端产生的串音

D. 对于 4 对 UTP 电缆来说，近端串音有 6 个测试值

15. HDTDR 技术主要针对（　　　）故障进行精确定位。

A. 各种导致串音的　　B. 有衰减变化的　　C. 回波损耗　　D. 有阻抗变化的

16. HDTDX 技术主要针对（　　）故障进行精确定位。

A. 各种导致串音的　　B. 有衰减变化的　　C. 回波损耗　　D. 有阻抗变化的

17. EIA/TIA 568 B.3 规定光纤连接器（适配器）的衰减极限为（　　）。

A. 0.3dB　　　　　　B. 0.5dB　　　　　　C. 0.75 dB　　　D. 0.8dB

18. 下列有关电缆链路故障的描述，正确的是（　　）。

A. 在电缆材质合格的前提下，衰减过大多与电缆超长有关

B. 串音不仅仅发生在接插件部位，一段不合格的电缆同样会导致串音的不合格

C. 回波损耗故障可以利用 HDTDX 技术进行精确定位

D. 回波损耗故障不仅发生在连接器部位，也发生于电缆中特性阻抗发生变化的地方

三、判断题

1. 测试的目的仅仅是辨别链路的好坏。（　　）

2. T568A 与 T568B 接线标准，在同一系统中不能同时使用。（　　）

3. 测量对绞电缆参数 NEXT 时，测得的分贝值越大，说明近端串扰越小。（　　）

4. 串对故障形成了不可识别的回路。（　　）

5. NVP 值的校正方法可以是使用一段已知长度（比如 30m）的典型同批号电缆来调整测试仪的长度读数至已知长度。（　　）

四、名词解释

1. 验证测试　　　　　　　　2. 认证测试

3. 高精度时域反射技术　　　4. 高精度时域串音分析技术

五、简答题

1.综合布线系统电缆传输通道的常见故障有哪些？原因是什么？如何定位？

2.怎样判断光纤跳线的连通性？

3.引起光缆链路故障的原因是什么？怎样减少光缆链路故障？

六、画图题

1. 图示电缆通道的基本链路、永久链路和信道测试模型。

2. 图示光纤链路测试模型。

七、读图题

OTDR 波形图如图 8-19 所示，请指出相关事件，并说明 OTDR 的用途。

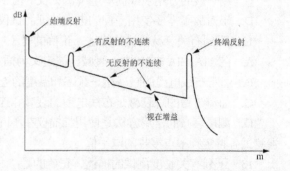

图 8-19　OTDR 波形图

项目实训 8

一、电缆布线测试

1.实训目的

① 熟悉 FLUKE DTX-LT 测试仪的使用方法。

② 掌握使用 FLUKE DTX-LT 测试仪进行电缆认证测试的方法步骤。

2. 实训内容

进行 5e 类或 6 类电缆布线系统的认证测试（包括永久链路和信道）。

3. 实验仪表和器材

① FLUKE DTX-LT 测试仪 1 台。

② 永久链路适配器 2 个。

③ 5e 类或 6 类配线电缆布线通道 90m（或者两端已成端的 cat 5e 或 cat 6 电缆通道）。

④ 跳线 2 条（相同打线方式的直通线）。

4. Fluke DTX-LT 电缆分析仪介绍

Fluke DTX-LT 电缆分析仪如图 8-20 所示，可用于对绞电缆布线认证、故障排除及安装记录。

图 8-20　FLUKE DTX-LT

该仪器具有以下特性。

① 可在小于 28s 的时间内完成 6 类对绞电缆链路的布线认证，到达 IV 级精度和 350MHz 的测试能力。

② 彩色中文显示屏能清晰显示"通过/失败"结果。

③ 集成 VFL 可视故障定位仪，能快速确定故障的确切位置（故障点到测试仪的距离）和出现故障的可能原因。

④ 可选的光缆模块可以用于认证多模和单模光缆布线。

⑤ 可于内部存储器中保存至多 250 项 6 类自动测试结果，包括图形数据。

⑥ 可充电锂离子电池组可以连续运行最少 12h。

⑦ LinkWare 软件可用于将测试结果上载至 PC 并建立专业水平的测试报告。

5. Fluke DTX-LT 的组成

DTX-LT 电缆分析仪由主机和智能远端组成。其面板及功能如图 8-21 所示。

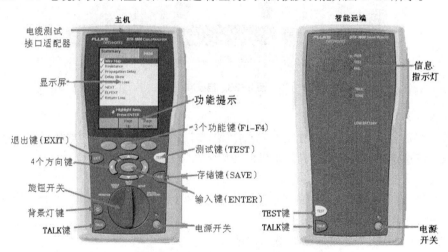

图 8-21　主机和智能远端的面板及功能

6. Fluke DTX-LT 的操作步骤

（1）初始化步骤。

① 充电。将主机、智能远端分别用变压器充电，直至电池显示灯转为绿色。

② 设置语言。将旋钮开关转至"SETUP"挡位，如图 8-22 所示，使用↓箭头选中"Instrument Setting"（仪器设置），按"ENTER"键进入参数设置；按一下→箭头进入第二个页面，使用↓箭头选择"Language"，按"ENTER"键进入语言设置；使用↓箭头选择"Simpilfied Chinese"，

按"ENTER"键将语言设置成中文。

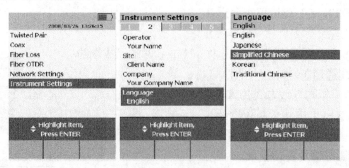

图 8-22　设置语言

③ 自校准。将旋转按钮转至"SPECIAL FUNCTIONS"挡位，取 Cat 6/Class E 永久链路适配器装在主机上，远端装上 Cat 6/Class E 通道适配器，然后将永久链路适配器末端插在 Cat 6/Class E 通道适配器上；打开远端电源，远端自检后"PASS"灯亮后熄灭，显示远端正常。在"SPECIAL FUNCTIONS"挡位，打开主机电源，显示主机、远端软硬件和测试标准的版本，自测后显示操作界面，选择第一项"设置基准"后（如选错按"EXIT"键退出），按"ENTER"键和"TEST"键开始自校准，显示"设置基准已完成"说明自校准成功完成，如图 8-23 所示。

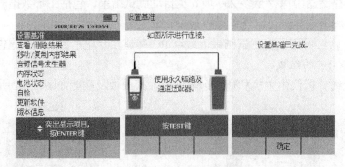

图 8-23　自校准

（2）设置参数。

操作：将旋钮开光转至"SETUP"挡位，使用↑↓箭头选择所需的参数设置，选好后按"ENTER"键选定并完成参数设置，如图 8-24 所示。

新机第一次使用需要设置，以后不需要更改的参数如下。

① 线缆标识码来源：一般使用自动递增，会使电缆标识的最后一个字符在每一次保存测试时递增，一般不用更改。

② 图形数据存储：是/否，通常选择"是"。

③ 当前文件夹：DEFAULT，可按"ENTER"键修改其名称为你想要的名字。

④ 结果存放位置：默认为"内部存储器"，假如有内存卡的话也可选择"内存卡"。

⑤ 按→箭头进入第 2 个设置页面，操作员：You Name 按"ENTER"键进入，按"F3"键删除原来的字符，按←→↑↓来选择需要的字符，选好后按"ENTER"键确定。

⑥ 地点：Client Name，是你所测试的地点。

⑦ 公司：You Company Name，是你公司的名字。

⑧ 语言：Language，默认是英文。

⑨ 日期：输入测试日期。

⑩ 时间：输入测试时间。

⑪ 长度单位：通常情况下选择米（m）。

新机不需设置采用原机器默认值的参数如下。

① 电源关闭超时：默认 30min。

② 背光超时：默认 1 min。

③ 可听音：默认"是"。

④ 电源线频率：默认 50Hz。

⑤ 数字格式：默认为 00.0。

⑥ 将旋钮开关转至"SETUP"挡位，选择双绞线，按"ENTER"键进入后 NVP 不用修改。

⑦ 光纤项目的设置，在测试双绞线时无须修改。

使用过程中经常需要改动的参数如下。

① 线缆类型：按"ENTER"键进入后，按↑↓箭头选择要测试的缆线类型。例如，要测试超 5 类的双绞线电缆链路，在按"ENTER"键进入后选择"UTP"，按"ENTER"键确认，按↑↓箭头选择"Cat 5e UTP"，按"ENTER"键返回。

② 测试极限值：按"ENTER"键进入后按↑↓箭头选择与要测试的缆线类型相匹配的标准，按"F1"键选择更多进入后一般选择"TIA"中的标准。例如，测试超 5 类的双绞线电缆链路，按"ENTER"键进入后看看在上次使用时有没有"TIA Cat 5e channel？"如果没有，按"F1"键，选择"TIA"，按"ENTER"键进入，选择 "TIA Cat 5e channel"，按"ENTER"键确认返回。

③ NVP：不用修改。

④ 地点 Client Name：是你所测试的地点，一般情况下是每换一个测试场所就要根据实际情况进行修改，选好后按"ENTER"键选定并完成参数设置。

图 8-24　设置参数

（3）测试。

① 根据需求，确定测试标准和电缆类型。

② 关机后将测试标准对应的适配器安装在主机、远端上，如选择"TIA CAT5E CHANNEL"通道测试标准时，远端安装"DTX-CHA001"通道适配器，如选择"TIA CAT5E PERM.LINK"永久链路测试标准时，主机、远端各安装一个"DTX-PLA001"永久链路适配器，末端加装 PM06个性化模块。具体测试设置操作过程，如图 8-25 所示。

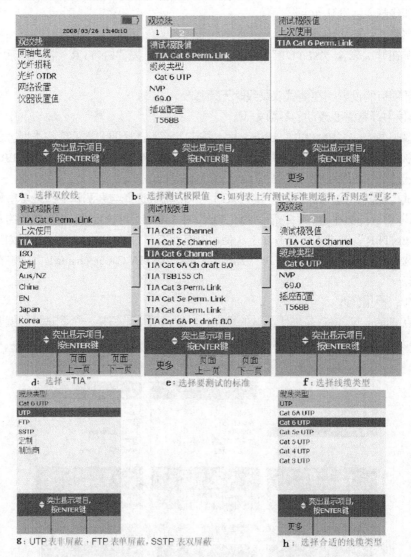

图 8-25　测试设置

③ 再次开机后，将旋钮开关转至"AUTO TEST"挡位或"SINGLE TEST"挡位。选择"AUTO TEST"是将所选测试标准的参数全部测试一遍后显示结果；选择"SINGLE TEST"是针对测试标准中的某个参数进行测试，将旋钮开关转至"SINGLE TEST"挡位后，按↑↓箭头，选择某个参数，按"ENTER"键再按"TEST"键即可。将所需测试的产品连接对应的适配器，按"TEST"键开始测试，显示测试结果为"通过"或"失败"。图 8-26 所示为"通过"的测试结果。

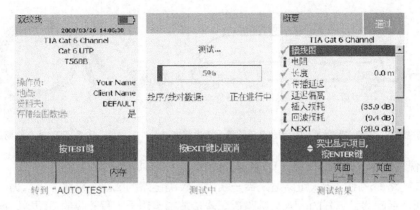

图 8-26　测试操作过程

（4）查看结果及故障检查。

测试后，系统自动进入结果显示。按"ENTER"键查看参数明细，按"F2"键回上一页，按"F3"键显示下一页，按"EXIT"键后按"F3"键查看内存数据存储情况。测试后，显示"失败"则需检查故障，选择"F1"键进入故障检查。

（5）保存测试结果。

保存测试结果的过程，如图 8-27 所示。

① 在测试结果中按"SAVE"键存储，使用←→↑↓箭头或←→箭头移动光标来选择想使用的名字，如选择"LANGKUN001"后按"SAVE"键存储。

② 更换待测产品后重新按"TEST"键开始测试新数据，再次按"SAVE"键存储数据时，机器自动取名为上个数据加 1，即"LANGKUN002"。重复以上操作，直至测试完所需测试产品。如果内存空间不够，需下载数据后再重新开始以上步骤。

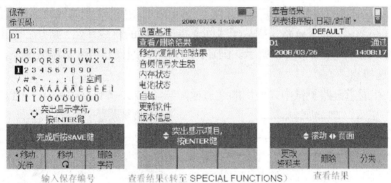

图 8-27　保存测试结果

7. DTX-LT 布线测试平台

DTX-LT 配合不同的测试模块可以完成永久链路、通道链路、跳线、整箱线、光纤链路的一级和二级、同轴电缆链路认证等的测试。

① 永久链路测试。永久链路的定义是从配线架模块处开始，到办公区墙壁插座结束这段链路。如图 8-28 所示，这段链路是布放在墙体里面的，布放完成后，几乎是不需要变动的，这就是永久的含义。国际标准规定，永久链路除两端插座外，中间最多允许有 1 个固定连接点。

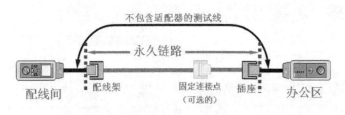

图 8-28 永久链路（需要使用永久链路适配器进行测试）　　图 8-29 永久链路适配

DTX 使用的永久链路适配器（DTX-PLA002S），如图 8-29 所示。

在永久链路测试中，永久链路适配器一端接在被测链路的插座（模块）上，另一端接在测试仪上，两个适配器是一样的。永久链路适配器是被指定用于工程验收的适配器，而在工程验收时使用永久链路适配器如何能保证准确、公证的测试结果呢？

首先，永久链路适配器不同于普通的跳线。普通的跳线在反复弯曲 100 次后，损耗会下降 10 dB，而永久链路适配器测试线的特性阻抗接近 100Ω，使用特殊材质，反复弯曲性能下降非常小，即使下降也可以通过校准测试线来保证准确的测试结果。

图 8-30 永久链路适配器插头
（DTX-PLA002PRP）

再者，永久链路适配器使用匹配性最好、可拆卸、机电一体化的插头（DTX-PLA002PRP）。这个插头是福禄克的专利插头，如图 8-30 所示，其性能远远优于普通的水晶头，保证了接头与插座接触时达到最佳匹配，防止因匹配性问题造成的结果误判。同时，如果插头出现较大磨损，仅需更换插头即可，降低了成本。

此外，普通的跳线是水晶头和缆线压接而成，多次使用会造成水晶头与缆线的连接松动，这样会使跳线的性能严重下降，而永久链路适配器两端都是固定的，这样不会因多次插拔造成测试线两端连接处性能下降。

② 通道链路测试。通道链路是指从配线间连接测试仪的跳线开始，到办公区连接测试仪的跳线结束的这段链路，如图 8-31 所示。国际标准规定，通道链路除两端插座外，中间最多允许有 2 个固定连接点。

DTX-LT 在通道链路测试中，使用的通道适配器（DTX-CHA001AS），如图 8-32 所示。

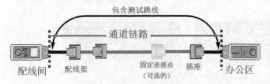

图 8-31 通道链路（使用通道适配器进行测试）　　图 8-32 通道适配器　　图 8-33 跳线

通道链路测试是最终用户最关心使用的一种方式。因为用户在使用网络时，是必须要连接两端跳线才能使用的，所以测试结果包含两端跳线的性能。如果使用通道适配器测试通过，那么最终用户就可以放心使用该链路了。接下来的问题是，测试时额外的两条测试跳线谁来提供？质量如何保证？首先，厂家是不提供这样两条测试跳线的；其次，集成商也很少负责两端的跳线。因此，建议测试时要求用户把所有链路连接（包含配线架到交换机之间的跳线连接，墙壁插座到 PC 之间的跳线连接），完成之后再进行通道链路测试。

③ 跳线测试。跳线是使用频率最多的连接线。跳线由两个水晶头及一段缆线组成，共 3 个元件，如图 8-33 所示。

跳线很短，同时使用的元件只有 3 个，所以检验跳线的好坏，不能使用通道适配器（通道适配器专门为通道链路设计的，通道链路有 10 多个元件组成），需要使用跳线适配器（见图 8-34）并选择跳线标准进行测试。

跳线适配器的插座使用标准指定 SMP 插座，SMP 是可拆卸更换的；跳线适配器与通道适配器外观差不多，但两个适配器的内部构造是不一样的，一个只能安装在 DTX 主机上，另外一个只能安装在 DTX 智能远端上才能进行跳线测试。

④ 整箱线测试。对整箱线的测试，主要涉及两种情况：一是对综合布线项目采购的整箱线进行检测，在工程项目开始前保证缆线的质量；二是缆线生产厂家对生产的缆线进行出厂检验。

在测试整箱线时，是在缆线两端做好水晶头，然后使用通道适配器进行测试。这种测试方法是不对的。首先，通道链路长度的极限值是 100m，而整箱线有 305m；其次，测试整箱线只能包含线这一个元件，不能额外增加水晶头。因此，测试整箱线需要使用测试整箱线的适配器（DTX-LABA/MN）来测试，这个适配器俗称喇叭，如图 8-35 所示。

图 8-34　跳线适配器

图 8-35　整箱线测试适配器（DTX-LABA/MN）

在测试整箱线时，标准规定需要进行双端 100m 测试，如图 8-36 所示。测试前，在整箱线里抽出 100m，把线连接到测试仪的测试模块上，选择 100m 线的测试标准进行测试，如果测试结果通过，则说明整箱线是合格的。

图 8-36　100m 线测试

8．实验装置

通道链路认证测试的连接装置如图 8-37 所示，测试仪的主机和远端通过两条跳线连接至配线架和信息插座。

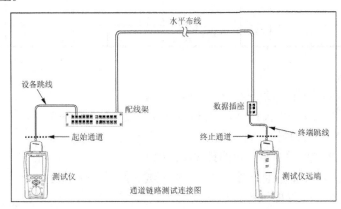

图 8-37　通道链路测试连接

9. 实训步骤

① 按图 8-37 所示连接测试仪主机和远端。

② 将旋转开关转至 "SETUP"（设置）挡位，然后选择双绞线/缆线类型列表/5e 类或 6 类。

③ 选择执行任务所需的测试极限值（测试标准）。

④ 将旋转开关转至 "AUTOTEST" 挡位，开启智能远端。

⑤ 按测试仪或智能远端的 "TEST" 键。若要停止测试，请按 "EXIT" 键。

⑥ 测试仪会在完成测试后显示 "自动测试概要" 屏幕（若要查看特定参数的测试结果，使用 ↑↓ 箭头来突出显示该参数，然后按 "ENTER" 键）。

⑦ 如果自动测试失败，按 "F1" 键查看可能的失败原因。

⑧ 保存测试结果按 "SAVE" 键。选择或建立一个缆线标识码，然后再按一次 "SAVE" 键。

⑨ 将测试连接装置中的测试仪、智能远端适配器和设备跳线、终端跳线换成永久链路适配器，重复上述步骤②～步骤⑧，完成电缆链路的永久链路认证测试。

⑩ 将测试结果上传至 PC。

⑪ 生成测试报告。

10. 实训要求

做好实训前预习，认真实训，分析测试结果，写出实训报告。

11. 测试记录

测试记录内容和形式应符合表 8-19 的要求。

表 8-19　综合布线系统工程电缆（链路／信道）性能指标测试记录

工程项目名称										备注
序号	编号			内容						
				电缆系统						
	地址号	缆线号	设备号	长度	接线图	衰减	近端串音	……	电缆屏蔽层连通情况	其他任选项目
	测试日期、人员及测试仪表型号测试仪表精度									
	处理情况									

12. 回答问题

简述采用信道模式测试一条 3 类电缆链路的过程。

13. 补充资料（Fluck DTX LT 电缆分析测试仪的故障分析方法）

（1）分析 NEXT 故障原因，查找故障点。

Fluck DTX- LT 电缆分析测试仪的具体操作如下。

① 当缆线测试 NEXT 不通过时，先按 "F1" 键，如图 8-38 所示，此时将直观显示故障信息并提示解决方法。

② 按 "EXIT" 键返回摘要屏幕。

图 8-38　按 "F1" 键获取故障信息

③ 选择"HDTDX Analyzer"，HDTDX 显示更多缆线和连接器的 NEXT 详细信息。如图 8-39 所示，左图故障是 58.4m 集合点端接不良导致 NEXT 不合格，右图故障是缆线质量差，或使用了低级别的缆线造成整个链路 NEXT 不合格。

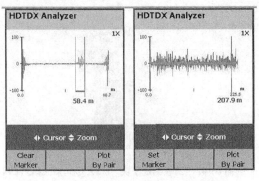
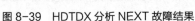

图 8-39　HDTDX 分析 NEXT 故障结果

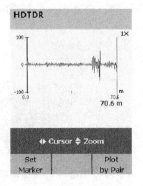

图 8-40　70.6m 处 RL 异常

（2）分析回波损耗故障原因，查找故障点。

Fluck DTX-LT 电缆分析测试仪的具体操作如下。

① 当缆线回波损耗测试不通过时，先按"F1"键，屏幕直观显示故障信息并提示解决方法。

② 按"EXIT"键返回摘要屏幕。

③ 选择"HDTDR Analyzer"，HDTDR 显示更多缆线和连接器的 RL 详细信息。图 8-40 所示表示 70.6m 处 RL 异常。

二、光缆布线测试

1. 实验目的

了解光功率计和 OTDR 测试仪的功能，掌握用 OTDR 测试光缆长度和接头衰耗的方法；掌握用光功率计测试光缆损耗的方法。

2. 实验内容

① 用 OTDR 测试光缆长度和接头损耗。

② 用光功率计测试光缆损耗。

③ 用光功率计测试光纤链路/信道性能。

3. 实验仪表和器材

① 多模光缆通道（4 芯）100m（光缆采用 SC 头成端）。

② OTDR 测试仪 1 台。

③ 光功率计 1 台。

④ 稳定光源 1 台。

⑤ 双头多模尾纤（3mSC/SC）2 条。

⑥ 无水酒精、棉球若干。

4. DTX-LT 电缆分析仪的光纤选件

（1）一级认证

DTX-LT 电缆分析仪使用 DTX-SFM2 和 DTX-MFM2 两种模块（见图 8-41）对单模和多模光纤进行一级认证测试。标准规定一级测试需要测试光纤损耗和长度。这两种模块可以按标准要求一次完成双向双波长的测试。同时，DTX 一次测试 2 芯光纤，最终得到 8 个结果，从而提高了测试效率。

（2）二级认证

DTX-LT 电缆分析测试仪使用背插式 DTX Compact OTDR 模块（见图 8-42）进行光纤的二级认证。DTX Compact OTDR 提供自动 OTDR 设置、对事件和光纤链路的损耗测试、发射光纤补偿、自动事件分析和结果管理等功能。

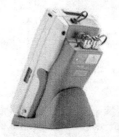

图 8-41　一级测试模块　　　图 8-42　二级测试模块（DTX Compact OTDR）

5. 实验装置

光纤链路测试连接图如图 8-43 所示。

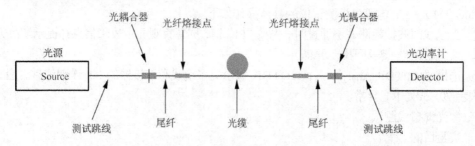

图 8-43　光纤链路测试连接图

6. 实验步骤

（1）光缆损耗测试

① 校准测试仪器，用跳线将仪器的光源（输出端口）和检波器插座（输入端口）连成环路，对仪器进行调零。

② 按图 8-44 所示连接光路。

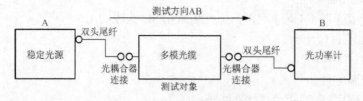

图 8-44　光功率计测试连接图

③ 调整光源发光波长至 850nm，光功率计也调至 850nm 波长，测试 AB 方向的光损耗，读取光功率计上的光功率值，并记录到表 8-20 中。

④ 将光源和光功率计调换位置连接，测试 BA 方向的光功率，并将数据记录到表 8-20 中。

⑤ 重复②、③、④步骤两次，并计算平均损耗。

⑥ 将光功率计和光源调至 1300nm 波长，重复②、③、④、⑤步骤，测试 1300nm 波长光缆链路损耗。

⑦ 换一根光纤重复测试。

表 8-20　光缆损耗测试记录

日期：　　　　　　　　　　　　　　　　　　　　　　　测试仪器：

纤芯号	测试次数	工作波长	AB 方向的损耗读数	BA 方向的损耗读数	平均损耗
	1				
	2				
	3				
	1				
	2				
	3				
	1				
	2				
	3				
	1				
	2				
	3				

（2）用 OTDR 测试光缆长度和接头损耗

① 按图 8-45 所示连接 OTDR 测试仪。

② 开启 OTDR 测试仪，将测试波长调整为 850nm，按测试按钮。

③ 观察显示器上的内容，读取结果，并将光纤长度和接头 B 的衰耗值记录到表 8-21 中。

④ 换一条光纤做同样的测试，直至测试完 4 条纤芯。

图 8-45　OTDR 测试连接图

表 8-21　光缆长度和接头损耗测试记录

日期：　　　　　　　　　　　　　　　　　　　　　　　测试仪器：

纤芯号	测试次数	接头位置（m）	接头 B 损耗（dbm）	全程长度（m）
1				
2				
3				
4				

（3）光纤链路/信道性能测试

① 按图 8-43 所示连接光路。

② 对于水平光纤链路的测量仅需在一个波长（一般为 850nm）上进行测试，衰减测试结果

项目三　测试综合布线工程

应小于 2.0dB；对于主干光纤链路应以两个操作波长进行测试，即多模主干光纤链路使用 850nm 和 1300nm 波长进行测试，单模主干光纤链路使用 1310nm 和 1550nm 波长进行测量。

③ 测试记录。测试记录内容如表 8-22 所示。1550nm 波长的测试能确定光纤是否支持波分复用，还能发现在 1310nm 测试中不能发现的由微小弯曲所导致的损耗。

表 8-22　综合布线系统工程光纤链路／信道性能指标测试记录

工程项目名称										备注
序号	编号			光缆系统						
				多模				单模		
				850nm		1300nm		1310nm		1550nm	
	地址号	缆线号	设备号	衰减（插入损耗）		衰减（插入损耗）	长度	衰减（插入损耗）	长度	衰减（插入损耗）	长度	
	测试日期、人员及测试仪表型号测试仪表精度										
	处理情况										

7. 实训要求

做好实训前的预习，认真实训，分析测试结果，写出实训报告。

PART 4

项目四
承发包综合布线工程

任务 9　综合布线工程项目招投标

工程项目招投标是国际上采用的较为完善的工程项目承发包方式，目的是为了在市场中引入竞争机制。《中华人民共和国招标投标法》第三条规定，在中华人民共和国境内进行大型基础设施、公用事业等关系社会公共利益、公众安全的工程建设项目，包括项目的勘察、设计、施工、监理以及与工程建设有关的重要设备、材料等的采购，必须进行招标。综合布线工程招投标可以是建筑弱电系统项目中的一个子项，也可以作为独立的项目进行，其单项主要包括设计、施工和监理。本任务的目标是了解综合布线工程的承发包过程，学会编写招标公告和招投标文件。

9.1　综合布线工程招投标主体

所谓工程项目招标，是指业主对自愿参加工程项目投标的投标人及其所提供的投标书进行审查、评议，确定中标单位的过程。

9.1.1　综合布线工程招标人

招标人是指依法提出招标项目，进行招标的法人或其他组织，即项目业主或建设单位。综合布线工程招标人在综合布线工程招标活动中起主导作用。

招标人需具备能够自己组织招标活动所必备的条件和资质。建设单位招标人自行办理招标时须具备的条件有：

① 熟悉有关法律、法规及规章政策；

② 须设立专门的招标组织；

③ 具有编制招标文件的能力，具有评标的能力；

④ 有从事招标工作的经验。

凡是符合上述要求的，招标人应向招标投标管理机构备案后组织招标。招标人不符合上述要求的，不得自行组织招标，只能委托招标代理机构代理组织招标。

招标代理机构应当在招标人委托的范围内承担招标事宜。招标代理机构可以在其资格等级范围内承担下列招标事宜：

① 拟订招标方案，编制和出售招标文件、资格预审文件；

② 审查投标人资格；

③ 编制标底；

④ 组织投标人踏勘现场；

⑤ 组织开标、评标，协助招标人定标；

⑥ 草拟合同；

⑦ 招标人委托的其他事项。

招标代理机构不得无权代理、越权代理，不得违法代理；不得接受同一招标项目的投标代理和投标咨询业务；未经招标人同意，不得转让招标代理业务。

9.1.2 综合布线工程投标人

投标人是指响应招标并购买招标文件参加投标竞争的法人或其他组织。综合布线工程项目的投标人是指综合布线工程项目的总承包单位，设计、施工和监理单位。

投标人的资格认定条件有：

① 投标人须有招标文件要求的资质证书和相应的工作经验与业绩证明；

② 投标人须有招标文件要求相匹配的人力、物力和财力；

③ 投标人须有一定的社会信誉程度及法律、法规所规定的其他条件。

9.2　综合布线工程施工招标

9.2.1　施工招标概述

1. 施工招标条件要求

施工招标单位应具备下列条件：

① 招标人已经依法成立；

② 初步设计及概算已经履行相关审批手续，并获批准；

③ 招标范围、招标方式和招标组织形式等应当履行核准手续的，已经核准；

④ 有相应资金或资金来源已经落实；

⑤ 招标所需的设计图纸和技术资料已经齐全。

2. 招标方式

《中华人民共和国招投标法》规定，我国的招标方式为公开招标和邀请招标两种方式。

（1）公开招标

公开招标是指招标人通过在国家指定的报刊、信息网络或其他媒介等新闻媒体发布招标公告，吸引具备相应资质、符合招标条件的法人或其他组织不受地域和行业限制参加竞争，招标人从中选择中标人的招标方式。这种招标方式具有以下特点：

①是最具竞争性的招标方式；

②是程序最完整、最规范、最典型的招标方式；

③也是所需费用最高、花费时间最长的招标方式。

（2）邀请招标

邀请招标是指招标人向预先选定的 3 家以上具有承担招标项目能力、资信良好的特定法人或其他组织直接发出投标邀请函，将招标工程的概况、工作范围和实施条件等作出简要说明，邀请其参加投标竞争的招标方式。邀请对象的数目以 5~7 家为宜，但不应少于 3 家参加；备邀请人同意参加投标后，从招标人处获取招标文件，按规定要求进行投标报价。这种招标方式存在一定的局限性，但会显著地降低工程评标的工作量，因此，目前的综合布线工程招标还是以邀请招标方式为主。

国务院发展计划部门确定的国家重点建设项目和各省、自治区、直辖市人民政府确定的地方重点建设项目，以及全部使用国有资金投资或者国有资金投资占控股或者主导地位的工程建设项目，应当公开招标；有下列情形之一的，经批准可以进行邀请招标：

① 项目技术复杂或有特殊要求，只有少量几家潜在投标人可供选择的；

② 受自然地域环境限制的；

③ 涉及国家安全、国家秘密或者抢险救灾，适宜招标但不宜公开招标的；

④ 拟公开招标的费用与项目的价值相比，不值得的；

⑤ 法律、法规规定不宜公开招标的。

国家重点建设项目的邀请招标，应当经国务院发展计划部门批准；地方重点建设项目的邀请招标，应当经各省、自治区、直辖市人民政府批准。

9.2.2 施工招标程序

招标程序是指招标工作在时间和空间上应遵循的先后顺序。从招标人的角度看，施工招标程序如下。

（1）设立招标组织或委托招标代理人

如果招标人委托招标代理人代理招标，必须与之签订招标代理合同（协议）。招标代理合同应当明确委托代理招标的范围和内容、招标代理人的代理权限和期限、代理费用的约定和支付、招标人应提供的招标条件、资料和时间要求、招标工作安排，以及违约责任等主要条款。

通常，招标人委托招标代理人代理后，不可无故取消委托代理，否则要向招标代理人赔偿损失，招标代理人有权不退还有关招标资料。

①在招标公告或投标邀请函发出前，招标人取消招标委托代理的，应向招标代理人支付招标项目金额 0.2% 的赔偿费。

②在招标公告或投标邀请函发出后，开标前，招标人取消招标委托代理的，应向招标代理人支付招标项目金额 1% 的赔偿费。

③在开标后，招标人取消招标委托代理的，应向招标代理人支付招标项目金额 2% 的赔偿费。

（2）办理审批手续

按工程建设项目审批管理规定，凡应报送项目审批部门审批的，招标人必须在报送的可行性研究报告中将招标范围、招标方式、招标组织形式等有关招标内容报项目审批部门核准。

（3）组织招标，办理招标事宜

包括编制招标文件、评标定标办法和标底。

（4）发布招标公告或发出投标邀请书

（5）对投标人资格进行审查

（6）分发招标文件和有关资料，同时收取投标保证金

招标人应当按招标公告或者投标邀请书规定的时间、地点出售招标文件或资格预审文件。自招标文件或者资格预审文件出售之日起至停止出售之日止，最短不得少于 5 个工作日。

招标人可以通过信息网络或者其他媒介发布招标文件，通过信息网络或者其他媒介发布的招标文件与书面招标文件具有同等法律效力，但出现不一致时以书面招标文件为准。招标人应当保持书面招标文件原始正本的完好。

投标保证金是为了约束投标人的投标活动，保护招标人的利益，维护招标投标活动的正常秩序而设立的一种担保形式，是投标人向招标人缴纳的一定数额的金钱。投标保证金的收取和缴纳办法，应在招标文件中说明。

（7）招标人组织投标人勘察现场并对招标文件进行答疑

以便于投标人了解工程现场和周围环境情况，获取必要的信息。

（8）开标、评标与定标

开标应当在招标文件确定的提交投标文件截止时间的同一时间公开进行；开标地点应当为招标文件中确定的地点。开标由招标单位或招标代理机构组织，所有投标单位代表在指定时间内到达开标现场。首先，招标单位或招标管理机构以公开方式拆除各单位投标文件密封标志，然后逐一报出每个单位的竞标价格；然后，由招标单位或招标代理机构组织的评标专家对各单位的投标文件进行评审，即评标；最后确认中标单位，即定标。

评审的主要内容包括投标单位是否符合招标文件规定的资质和投标文件是否符合招标文件规定的技术要求等。专家根据评分原则给各投标单位评分，根据评分分值大小推荐中标单位顺序。

投标文件有下列情形之一的，由评标委员会初审后按废标处理：

① 无单位盖章并无法定代表人或法定代表人授权的代理人签字或盖章的；

② 未按规定的格式填写，内容不全或关键字迹模糊、无法辨认的；

③ 投标人递交两份或多份内容不同的投标文件，或在一份投标文件中对同一招标项目报有两个或多个报价，且未声明哪一个有效，按招标文件规定提交备选投标方案的除外；

④ 投标人名称或组织结构与资格预审时不一致的；

⑤ 未按招标文件要求提交投标保证金的；

⑥ 联合体投标未附联合体各方共同投标协议的。

评标委员会可以书面方式要求投标人对投标文件中含义不明确、对同类问题表述不一致或者有明显文字和计算错误的内容作必要的澄清、说明或补充。评标委员会不得向投标人提出带有暗示性或诱导性的问题，或向其明确投标文件中的遗漏和错误。

评标委员会在对实质上响应招标文件要求的投标进行报价评估时，除招标文件另有约定外，应当按下述原则进行修正：

① 用数字表示的数额与用文字表示的数额不一致时，以文字数额为准；

② 单价与工程量的乘积与总价之间不一致时，以单价为准；若单价有明显的小数点错位，应以总价为准，并修改单价。

按前款规定调整后的报价经投标人确认后产生约束力。

投标文件中没有列入的价格和优惠条件在评标时不予考虑。

招标人设有标底的，标底在评标中应当作为参考，但不得作为评标的唯一依据。

评标委员会完成评标后，应向招标人提出书面评标报告。评标报告由评标委员会全体成员签字。

评标委员会提出书面评标报告后，招标人一般应当在 15 日内确定中标人，但最迟应当在投标有效期结束日 30 个工作日前确定。

（9）定标后发出中标通知书

中标通知书由招标人发出。

评标委员会推荐的中标候选人应当限定在 1~3 人，并标明排列顺序。

招标人可以授权评标委员会直接确定中标人。

招标人不得向中标人提出压低报价、增加工作量、缩短工期或其他违背中标人意愿的要求，以此作为发出中标通知书和签订合同的条件。

中标通知书对招标人和中标人具有法律效力。中标通知书发出后，招标人改变中标结果的，或者中标人放弃中标项目的，应当依法承担法律责任。

招标人和中标人应当自中标通知书发出之日起 30 日内，按照招标文件和中标人的投标文件订立书面合同。招标人和中标人不得再行订立背离合同实质性内容的其他协议。

招标文件要求中标人提交履约保证金或者其他形式履约担保的，中标人应当提交；拒绝提交的，视为放弃中标项目。招标人要求中标人提供履约保证金或其他形式履约担保的，招标人应当同时向中标人提供工程款支付担保。

招标人不得擅自提高履约保证金，不得强制要求中标人垫付中标项目建设资金。

招标人与中标人签订合同后 5 个工作日内，应当向未中标的投标人退还投标保证金。

合同中确定的建设规模、建设标准、建设内容、合同价格应当控制在批准的初步设计及概算文件范围内；确需超出规定范围的，应当在中标合同签订前，报原项目审批部门审查同意。凡应报经审查而未报的，在初步设计及概算调整时，原项目审批部门一律不予承认。

招标人应当自发出中标通知书之日起十五日内，向有关行政监督部门提交招标投标情况的书面报告，至少应包括下列内容：

① 招标范围；

② 招标方式和发布招标公告的媒介；

③ 招标文件中投标人须知、技术条款、评标标准和方法、合同主要条款等内容；

④ 评标委员会的组成和评标报告；

⑤ 中标结果。

（10）签订合同

通过开标、评标，确定中标单位之后，招标单位应及时以书面形式通知中标单位，并要求中标单位在指定时间内签订合同。合同应包含工程造价、施工日期、验收条件、付款日期、售后服务承诺等重要条款。

9.2.3 招标公告

1. 招标公告的内容

招投标法规定，招标公告应当至少载明下列内容：

① 招标人的名称和地址；

② 招标项目的内容、规模、资金来源；

③ 招标项目的实施地点和工期；

④ 获取招标文件或者资格预审文件的地点和时间；

⑤ 对招标文件或者资格预审文件收取的费用；

⑥ 对投标人的资质等级的要求。

2. 招标公告示例

××学校学生宿舍楼群综合布线工程招标公告

经学校研究同意，××学校招标工作办公室拟就××学校学生宿舍楼群综合布线工程项目进行国内公开招标，选定承包人。欢迎具有相应资质的企业对本工程向招标人提出资格预审申请。

一、招标编号：×××××××××

二、工程概况

工程名称：××学校学生宿舍楼群综合布线工程

建设地点：××学校院内

批准单位及文号：×××××××××

投资规模：具体以招标文件为准

资金来源：自筹资金，资金已落实

承包方式：包工包料

建筑面积：建筑面积约 5 万 m²，具体以施工图为准

结构形式：钢筋混泥土结构

质量要求：符合国家验收规范，达到合格标准

要求工期：总工期为 100 天

招标范围：××学校学生宿舍楼群计算机网络及电话布线工程

三、资质要求

（1）具有中华人民共和国法人资格，企业注册资金 1000 万元以上（含）；

（2）企业具有建设部颁发的建筑智能化工程专业承包壹级资质，项目负责人具备建设部相关专业注册建造师资格；

（3）近三年内必须有一个同类工程（建筑面积 5 万 m² 以上弱电安装）施工经验，且无不良记录；

（4）本项目不接受联合体投标。

四、报名时间、地点、需带证件及有关资料情况

从 2011 年 1 月 7 日～1 月 13 日（休息日除外），每天 8:30～12：00、15：00～17:00 在 ××学校信息网进行网上报名并下载预审文件，并于 2011 年 1 月 15 日 17 时前凭介绍信及营业执照、资质证书、企业安全生产许可证、项目负责人资格证等有关证件复印件到××学校招标办公室支付资格预审文件费用，并取得收据，否则视为无效报名。若开标时企业的相关信息与网上报名时填写的本单位企业信息不符，则视为无效。预审文件每套售价 300 元，售后不退。

五、资格预审申请书提交时间、地点及资格预审时间

请投标申请人在 2011 年 1 月 16 日下午 14:30 前将《资格预审申请书》提交至××市××路××号××楼××室××学校招标办公室。提交截止时间后，资格预审评审委员会即进行资格预审。

六、招标文件发售时间、地点

投标人凭招标人发出的资格预审合格通知书到××学校招标办公室购买招标文件，招标文件每套售价 400 元，售后不退。图纸押金每套 2000 元，开标后 7 日内无损退还。

七、招标公司：××学校招标办公室

地　址：××市××路××号

电　话：××××××××

传　真：××××××××

联 系 人：×××　×××

9.2.4 编制招标文件

1. 招标文件的编制原则

招标文件是由建设单位编写的用于项目招标的文档，它是投标单位编制投标书的依据，评标的准绳。编制招标文件必须做到系统、完整、准确、明了，其编制原则如下。

① 按照《中华人民共和国招标投标法》规定，招标单位应具备下列条件：

● 是依法成立的法人或其他组织；

● 有与招标工程相适应的经济；

● 招标项目按照国家有关规定需要履行项目审批手续的，应当先履行审批手续，取得批准。

② 招标文件必须符合国家的合同法、经济法、招投标法等多项有关法规。

③ 招标文件应准确、详细地反映项目的客观真实情况，减少签约和履约过程中的争议。

④ 招标文件涉及投标者须知、合同条件、规范、工程量表等多项内容，力求统一和规范用语。

⑤ 坚持公正原则，不受部门、行业、地区限制，招标单位不得有亲有疏，特别是对于外部门、外地区的投标单位应提供方便，不得借故阻碍。

⑥ 在编制招标文件的技术部分时，综合布线系统应作为一个单项子系统分列。

2. 招标文件内容

招标文件是招标人向承包商提供的书面文件，旨在为其提供编写投标文件所需的资料，并向其通报招标、投标将依据的规则和程序等内容。招标文件主要包括：投标邀请函、投标者须知、合同条款、规范、图纸、工程量、投标文件格式、补充资料表、合同协议书及各类保证等。其内容大致分为 3 部分：一是关于编写和提交投标文件的规定；二是关于投标文件的评审标准和方法；三是主要合同条款。其中，招标项目的技术要求、对投标人资格审查的标准、投标报价要求和评标标准等是招标文件的实质性要求和条件。

（1）投标邀请函

投标邀请函应包含以下内容。

① 建设单位招标项目的性质。

② 资金来源。

③ 工程简况 （ 综合布线系统功能要求、信息点数量及分布情况 ）。

④ 技术规格。招标项目的技术规格或技术要求是招标文件中最重要的内容之一，是指招标项目在技术、质量方面的标准。技术规格或技术要求的确定，往往是招标能否达到预期的具有竞争性目的的技术制约因素。因此，世界各国和有关国际组织都普遍要求，招标文件规定的技术规格应采用国际或国内公认、法定的标准。

⑤ 发售招标文件的时间、地点、售价。

⑥ 投标书送交的地点、份数（正本和副本）和截止时间。

⑦ 提交投标保证金的规定额度和时间。

⑧ 开标的日期、时间和地点。

⑨ 现场考察和召开项目说明会议的日期、时间和地点。

（2）投标人须知

投标人须知是招标文件的重要内容，其中的每个条款都是投标人应该知晓和遵守的规则的说明。

① 资格要求：包括投标人的资质等级要求、投标人的施工业绩、设备及材料的相关证明、施工技术人员的相关资料等。

② 投标文件要求：包括投标书及其附件、投标保证金、辅助资料表等。

③ 投标报价：是招标人评标时考虑的重要因素，一般应要求投标人对要完成的项目作出明确报价，作为今后合同履行的价格。

④ 投标有效期：从投标截止日起到中标日为止的一段时间。

⑤ 投标保证：一般根据项目的规模要求投标方在开标前预交部分资金作为竞标的保证，一般不超过投标总价的 2%，中标人确定后，对落标的投标人应在 7 日内及时将其投标保证金退还给他们。

⑥ 评标的标准和方法：给出评标时将采用的评判方式，如低价中标、综合评分高者中标等。

（3）合同条款

合同条款应明确要完成的工程范围、供货范围。其中主要是商务性条款，有利于投标人了解中标后签订合同的主要内容，明确双方各自的权利和义务。除一般合同条款之外，合同中还应包括招标项目的特殊合同条款。

3. 招标文件格式

××综合布线工程招标文件

（1）招标文件封面（略）

（2）目录

第一部分　投标邀请函

第二部分　投标人须知

第三部分　用户需求书

第四部分　合同书格式

第五部分　投标文件格式

9.2.5　编制标底

工程标底是指由业主（建设单位）或委托招标咨询单位根据招标文件、工程量清单、设计图纸或相应计价定额及有关规定预先计算出完成工程施工所需要的完整价格指标，称为标底。它体现的是拟招标工程的预期价格，是招标工作中的一个重要文件。

1. 标底的意义

① 标底是建设单位上级主管部门核实建设规模的依据。

② 标底让建设单位预先明确招标工程的投资额度，并据此筹措及安排建设资金。

③ 标底是衡量投标报价的尺度。

④ 标底是评标定标的重要指标和参考依据。

2. 标底文件的构成

通常，建设工程招标标底文件主要由标底报审表和标底正文两部分组成。

（1）标底报审表

标底报审表是招标文件和标底正文内容的综合摘要，其包括的内容如下。

① 招标工程综合说明。包括招标工程的名称、建筑面积、结构类型、楼层数、设计概算或修正概算总金额、施工质量要求、工期等。

② 标底价格。包括招标工程的总价格、各单项价格；各种主材的总用量等。

③ 招标工程总价中各项费用的说明。包括对包干系数、不可预见费用、工程特殊技术措施费等的说明，以及对增加或减少项目的审定和说明。

（2）标底正文

标底正文是详细反映招标人对工程价格、工期等的预期控制数据和具体要求，包括以下内容。

① 总则。主要说明标底编制单位的名称、持有的标底编制资质等级证书、标底编制的人员及其资格证书、标底具备条件、编制标底的原则和方法、标底的审定机构、对标底的封存、保密要求等内容。

② 要求和编制说明。主要说明招标人在方案、质量期限、价格、方法、措施等各方面的综合性预期控制指标或要求，并要阐述其依据、包括和不包括的内容、各有关费用的计算方法等。

③ 标底价格计算用表。采用工料单价的标底价格计算用表和采用综合单价的标底价格计算用表有所不同。

● 采用工料单价的标底价格计算用表，主要有标底价格汇总表、工程量清单汇总及取费表、工程量清单表、材料清单及材料差价、设备清单及价格、现场因素、施工技术措施及赶工措施费用表等。

- 采用综合单价的标底价格计算用表，主要有标底价格汇总表、工程量清单表、设备清单及价格、现场因素、施工机械措施及赶工措施费用表、材料清单及材料差价、人工工日及人工费、机械台班及台班费等。

3. 标底的编制

招标项目编制标底的，应根据批准的初步设计、投资概算，依据有关计价办法，参照有关工程定额，结合市场供求状况，综合考虑投资、工期和质量等方面的因素合理确定。在内容上，除了合理造价之外，还包含与造价相对应的质量、施工方案，以及为缩短工期所需的措施费等。

标底由招标人自行编制或委托中介机构编制。一个工程只能编制一个标底。

任何单位和个人不得强制招标人编制或报审标底，或干预其确定标底。

招标项目可以不设标底，进行无标底招标。

9.3 综合布线工程施工投标

9.3.1 投标概述

1.工程投标人资格要求

工程投标人的资格要求如下。

① 投标人应具备承担招标项目的能力，包括必须有与招标文件要求相适应的人力、物力、财物；必须有符合招标文件要求的资质证书和相应的工程经验与业绩证明。

② 两个以上法人或者其他组织可以组成一个联合体，以一个投标人的身份共同投标。

③ 投标人应当按照招标文件的要求编制投标文件，而且所编制的投标文件应当对招标文件提出的要求和条件作出实质性响应。

④ 投标人应当在招标文件要求提交投标文件的截止时间前，将投标文件密封送达投标地点。招标人收到投标文件后，应当向投标人出具标明签收人和签收时间的凭证，在开标前任何单位和个人不得开启投标文件；在招标文件要求提交投标文件的截止时间后送达的投标文件，为无效的投标文件，招标人应当拒收。

⑤ 投标人在招标文件要求提交投标文件的截止日期前，可以补充、修改或者撤回已提交的投标文件，并书面通知招标人（补充、修改的内容为投标文件的组成部分）；在提交投标文件截止时间后到招标文件规定的投标有效期终止之前，投标人不得补充、修改、替代或者撤回其投标文件。投标人补充、修改、替代投标文件的，招标人不予接受；投标人撤回投标文件的，其投标保证金将被没收。在开标前，招标人应妥善保管好已接收的投标文件、修改或撤回通知、备选投标方案等投标资料。

⑥ 投标人拟在中标后将中标项目的部分非主体、非关键性工作交由他人完成的，应当在投标文件中载明。

⑦ 投标人不得相互串通投标报价（包括相互约定抬高或压低投标报价；相互约定在招标项目中分别以高、中、低价位报价；先进行内部竞价，内定中标人，然后再参加投标等）；不得排挤其他投标人的公平竞争；不得损害招标人或者他人的合法权益；不得以低于合理预算成本的报价竞标；也不得以他人名义（指投标人挂靠其他施工单位，或从其他单位通过转让或租借的方式获取资格或资质证书，或者由其他单位及其法定代表人在自己编制的投标文件上加盖印章和签字等行为）投标或者以其他方式弄虚作假，骗取中标。

投标保证金除现金外，可以是银行出具的银行保函、保兑支票、银行汇票或现金支票。

投标保证金一般不得超过投标总价的百分之二，但最高不得超过 80 万元人民币。投标保证金有效期应当超出投标有效期 30 天。

投标人应当按照招标文件要求的方式和金额，将投标保证金随投标文件提交给招标人。

下列行为均属招标人与投标人串通投标：

① 招标人在开标前开启投标文件，并将投标情况告知其他投标人，或者协助投标人撤换投标文件，更改报价；

② 招标人向投标人泄露标底；

③ 招标人与投标人商定，投标时压低或抬高标价，中标后再给投标人或招标人额外补偿；

④ 招标人预先内定中标人；

⑤ 其他串通投标行为。

2．投标组织成员要求

一个工作高效、能力超强的投标组织是投标人获得中标的重要保证，投标组织成员要求如下。

① 经营管理类人才：是指专门从事工程承包经营管理，制定与贯彻经营方针与规划，负责工作的全面筹划和安排，具有决策水平的人员。他们知识渊博、视野广阔，他们勇于开拓，具有较强的思维能力和社会活动能力，并且懂得一定的法律及实践常识，能够正确、科学地运用各类调查、统计、分析、预测方法。

② 专业技术类人才：是指工程及施工中的各类技术人员。他们通常拥有本学科的最新的专业知识，具备实际的专业操作能力，以便在投标时从本公司的实际技术水平出发，考虑各项专业实施的方案。

③ 商务金融类人才：是指具有预算、金融、贸易、税法、保险、采购、保函、索赔等专业知识的人才。投标报价主要由这类人员进行具体编制。

其实，一个好的投标组织仅仅做到个体素质良好是不够的，还需要各方人员的共同协作，充分发挥群众的力量，并要保持投标组织人员的相对稳定，不断提高其整体素质和水平。同时，还应尽量采用和开发投标报价软件，使投标报价工作更加迅速、准确、有效地进行。

9.3.2　投标程序

投标程序主要包括以下内容。

（1）投标决策

指施工企业根据招标公告的信息或收到投标邀请书后，成立投标工作组，分析招标工作的条件，根据自身条件和项目特点，决定是否投标以及如何进行投标的决策。

（2）向招标人申报资格审查文件

（3）购买招标文件及相关资料并缴纳投标保证金

（4）组织投标机构或委托投标代理人

（5）标前调查、踏勘现场及参加投标预备会

标前调查是指现场考察之前，应仔细研究招标文件有关概念的含义和各项要求，特别是招标文件中的工作范围、专用条款及设计图纸和说明等，然后有针对性地拟订出踏勘提纲，确定重点需要澄清和解答的问题。

（6）校核工程量、编制施工规划、进行报价计算、编制投标文件

（7）准备备忘录提要

招标文件中一般都有明确规定，即不允许投标者对招标文件的各项要求进行随意取舍、修

改或提出保留。但是投标人反复深入地研究招标文件后，往往会发现太多的问题。

① 对投标人有利的，可以在投标时加以利用或在以后提出索赔要求的，这类问题投标者一般在投标时是不提的。

② 对投标人不利的，如总价包干合同项目漏项或工程量偏少的，这类问题投标人应及时向招标人提出质疑，要求招标人更正。

③ 投标者试图通过修改某些招标文件条款或者希望补充某些规定，以使自己在合同履行时能处于主动地位的。

对于以上这些问题在准备投标文件时要单独写成一份备忘录提要，但这份备忘录要先自己保存。其中第③个问题等待合同谈判时使用。当该投标使招标人感兴趣，邀请投标人谈判时，再把这些问题根据当时情况逐一拿出来谈判，并将谈判结果写入合同协议书的备忘录中。

（8）封送投标文件

应在招标文件要求提交的截止日期前，将准备妥当的所有投标文件密封递送到招标单位。如果需要可以在截止日期前修改、补充或撤回所提交的投标文件。

（9）参加开标、解答有关问题

在评标过程中，评委会要求投标人针对某些问题进行答复。因为时间有限，投标人应组织项目的管理和技术人员对评委所提出的问题作出简短的、实质性的答复，尤其对建设性的意见阐明观点，不要反复介绍承包单位的情况和与工程无关的内容。

9.3.3 编制投标文件

根据《中华人民共和国招标投标法》第二十七条规定，投标人应当按照招标文件的要求编制投标文件。投标文件应当对招标文件提出的实质性要求和条件作出响应。

1. 投标文件的内容

投标文件一般包括下列内容：

① 投标函；

② 投标报价；

③ 施工组织设计；

④ 商务和技术偏差表。

2. 投标文件的编制

（1）编写前的准备

投标文件是承包商参与投标竞争的重要凭证；是评标、中标和订立合同的依据；也是投标人素质的综合反映和能否获得经济效益的重要因素。因此，投标人对投标文件的编制应引起足够的重视。

① 分析招标文件。应重点考虑投标人需知、合同条款、设计图纸和工程量。

② 现场勘察。要结合招标文件调查了解工程主体情况、工地及周边环境、电力情况、本工程与其他工程间的关系和工地附近住宿及加工条件，校核设计图纸，根据工程规模核准工程量。

③ 编制完成工程的施工组织方案。一般包括人力、物力组织计划和采取的方法、工程进度安排、组织制度等，主要体现工程的施工质量、工期和目标的保证体系，原则是在保证工程质量与工期的前提下，如何降低成本和增长利润。该方案在评标中占有一定的分数比例。

④ 确定工程投标报价。依据核准的工程量，投标人应作充分的市场分析和经济评估，根据自己的情况对于工程的费用做出正确核算（预算），确定工程的投标报价。报价应取适中的水平，一般应考虑综合布线系统的等级、产品的档次及配置量，避免恶性竞争。

报价应进行单价、利润和成本分析，并选定定额，确定费率，投标的工程报价可包括：根据器材清单计算的设备与主材价格、根据相关预算定额取定的工程安装调测费、酌情考虑的工程其他费、优惠价格和工程总价等。

（2）编制投标文件

投标人应严格按照招标文件的投标须知、合同条款附件的要求编制投标文件，逐项逐条回答招标文件，顺序和编号应与招标文件一致，一般不带任何附加条件，否则将导致投标作废。投标文件对招标文件未提出异议的条款，均被视为接受和同意。

投标文件一般包括商务部分与技术方案部分，需特别注重技术方案的描述。技术方案应根据招标文件提供的建筑物平面图及功能划分信息点分布情况，布线系统应达到的等级标准，推荐产品的型号、规格，遵循的标准与规范，安装及测试要求等进行充分理解和思考，依据建筑物的具体类型，作出具有特点和切实可行的技术设计方案。

技术方案应有一定的深度，可以体现布线系统的配置方案和安装设计方案，在与招标文件相符的情况下，力求描述得详细一些，主要提出方案的考虑原则、思路和各方案的比较，其中建议性的方案不可缺少。此项内容占整个分数的比重较大，也是评委成员评审的重点。切记避免过多地对厂家产品进行烦锁的全文照搬。

对于布线系统的图纸应有实际的内容，要基本上达到满足施工图设计的要求。

系统设计应遵循先进性、成熟性、实用性原则，服务性和便利性原则，经济合理性、标准化原则，灵活性、开放性和集成与可扩展性原则。

售后服务与承诺主要体现工程价格的优惠条件及备品备件提供、工程保证期、项目的维护响应、软件升级、培训等方面的承诺，优惠条件应切实可行。

推荐的产品应体现产品的性能、规格、技术参数、特点、具体内容可以用附件形式表示。

投标书的文本质量应体现清晰、完整及符合格式要求。

思考与练习 9

一、填空题

1. 常用的招标方式有_____和_____两种形式。

2. 工程项目的招标文件不仅是投标者_____的依据，也是_____工作成败的关键，编制施工招标文件必须做到_____、_____、_____、_____。

3. 工程项目的招标文件主要包括：_____、_____、_____、规范、图纸、工程量、投标文件格式、补充资料表、合同协议书及各类保证等。

4. 根据建设工程项目的招标投标文件规定，参加投标的单位必须提供投标保证金，其额度一般不超过投标总价的_____。

5. 承包合同一般应包括_____、_____、_____、_____和_____等重要条款。

二、选择题 （ 答案可能不止一个 ）

1. 招标文件不包括（　　　）。

A. 投标邀请函　　　　B. 投标人须知　　　C. 合同条款　　　D. 施工计划

2. 综合布线工程施工合同应包含的重要条款有（　　　）。

设：（1）工程造价（2）施工日期（3）验收条件（4）付款日期（5）售后服务承诺

A. （1）（2）（3）（4）　　　　　　　B. （1）（2）（3）（5）

C. （1）（2）（3）（4）（5）　　　　　D. （1）（3）（4）（5）

3. 下面有关编制投标文件的描述，正确的是（　　　）。

A. 投标文件应逐项逐条回答招标文件，顺序和编号应与招标文件一致

B. 投标文件可以带附加条件，只要阐明合适的理由

C. 投标文件对招标文件未提出异议的条款，均被视为接受和同意

D. 投标文件一般包括商务部分与技术方案部分

三、简答题

1. 简述招标程序。

2. 简述参加某项综合布线工程投标应做的主要工作。

3. 编写所在学校综合办公楼综合布线工程招标公告。

项目实训 9

一、实训目的

① 了解综合布线工程招标、投标、评标的一般流程。

② 学会编制工程招投标涉及的招标文件和投标文件。

二、实训内容

以综合布线实训室建设为例，模拟综合布线工程招投标过程（大约 3 天时间）。

三、实训过程

① 确定招标内容，编制招标文件（星期一）。

② 编制投标文件（星期二、星期三的上午）。

③ 开标、评标与定标（星期三下午）。

四、实训总结

通过本次实训，应了解并掌握综合布线工程招标、投标、评标的一般流程，初步掌握综合布线工程招投标文件的编制方法。

项目五
设计综合布线工程

任务 10　综合布线工程需求分析

通过前面几个任务的学习，我们已经认识了综合布线工程所需要的各种产品，理解了综合布线系统与语音网、数据网的关系，并完成了综合布线工程施工，已经能很好地理解招标方对综合布线系统的建设要求，也知道投标方要获得综合布线工程，必须充分理解用户的需求，作出合理的综合布线工程设计和施工组织方案。这对于投标方来说，仅靠阅读招标文件是远远不够的，还需要做很多的工作。本任务的主要目标是在充分理解综合布线工程与建筑工程关系的基础上，完成综合布线工程用户需求分析，编写综合布线工程需求文档，为综合布线工程设计打下坚实的基础。

10.1　理解综合布线工程与建筑工程的关系

综合布线工程所需的设备间、电信间（楼层配线间）和电缆竖井等场地及暗敷管道系统都是建筑物的组成部分，所以在综合布线系统工程设计和施工时，应与建筑主体设计和施工紧密配合。

综合布线工程与建筑主体工程、装修及其他配套工程的关系大体可以分为设计定位和施工安装两个阶段。在设计定位阶段，综合布线所需的通道系统、设备间和楼层配线间的定位必须合理，与水、电、气、楼宇自动化系统工程等合理分配空间；在施工安装阶段，缆线所需的通道系统的安装和缆线系统的敷设与主体工程、装修及其他配套工程的施工进度要协调配合一致。

1. 理解综合布线工程与土建工程的配合

综合布线工程与土建工程的配合主要包括以下内容。

（1）通信线路引入房屋建筑部分

综合布线系统都需对外连接，其通信线路的建筑方式应采用地下管道引入，以保证通信安全可靠和便于今后维护管理（包括直埋电缆或光缆穿管引入方式），需要配合的主要内容有以下两个方面。

① 综合布线系统的地下管道引入建筑物的路由和位置，应与房屋建筑设计单位协商决定。根据建筑物的结构和平面布置，选择合适的位置施工引上通道，并且与其他设施的管线之间不会有互相影响或矛盾等因素存在。例如，地下管道引入部分有可能承受房屋建筑的压力时，应建议在房屋建筑设计中改变技术方案或另选路由及位置，也可建议采用钢筋混凝土过梁或钢管等方式，以解决布线系统免受压力的问题。

② 引入管道的管孔数量或预留洞孔尺寸除满足正常使用需要外，应适当考虑备用量，以便今后发展。为了保证通信安全和有利于维护管理，要求建筑设计和施工单位在引入管道或预留洞孔的四周，应作好防水、防潮等技术措施，以免污水和潮气进入房屋。为此，预留管道管孔需用堵塞头封堵，管孔四周应使用防水材料和水泥砂浆密封。这部分施工应与建筑主体施工同步进行，以保证工程的整体性，提高工程质量和施工效率。

（2）设备间部分

建筑物配线架均设于每栋楼的专用设备间内，它是综合布线系统中的枢纽部分。设备间的有关设计和施工应注意以下几点。

首先，在综合布线系统工程设计时，设备间的设置，可考虑与监控机房合用，以便节省机房空间。如果是综合布线系统专用的设备间，要求建筑设计中将其位置尽量安排在邻近引入管道和电缆竖井（或上升管槽、上升房）处的合理位置，有合适的缆线出入路由，尽量减小干线电缆或光缆的长度，便于施工且节省投资。

其次，设备间的面积应根据室内所有设备的数量、规格尺寸和网络结构等因素综合考虑，并留有一定的人员操作和活动面积，一般不应小于 $10m^2$。

再次，在设备间内不得有煤气管、上下水管等管线，以免对通信设备产生危害。其他如光线、温度、相对湿度、防火和防尘要求以及交流电源等，都需向建筑设计单位提出建设标准的具体内容，以求满足通信需要。

（3）建筑物主干布线部分

综合布线系统的干线子系统缆线需从设备间经弱电井或其他垂直通道到达各电信间形成垂直的主干布线。在建筑设计时，对垂直桥架规格和管路的数量及其工艺要求，应与综合布线系统设计互相配合，共同研究确定。

（4）配线布线部分

综合布线系统的配线子系统主要分布在建筑物中的各个楼层，几乎覆盖各个楼层的所有房间，它是综合布线系统中最为繁杂，但非常重要的组成部分，具有分布广、涉及面宽、最临近用户等特点。因此，它与建筑设计和施工常有矛盾，必须协调配合。配线布线的路由、管、槽的规格、信息插座的位置和数量应在建筑设计阶段共同设计确定好，在建筑主体施工过程中，注意交叉配合，安装到位。

2. 理解综合布线工程与装潢工程的配合

当建筑物内部装潢标准较高时，尤其是在重要的公用场所（如会议厅和会客室等），综合布线工程的施工时间和安装方法必须与建筑物内部装潢工程协调配合，以免在施工过程中互相影响和干扰，甚至发生彼此损坏装饰和设备的情况。为此，在综合布线工程设计和施工的全过程，均应以建筑的整体为本，主动配合、协作，做到服从主体和顾全大局。

（1）设计配合

综合布线工程的设计要根据建筑物的资料和装潢设计情况进行，布线设计和装潢设计之间必须经常相互沟通，使其能够紧密结合。前期配合工作的好坏将直接影响到后期施工中的配合情况。

（2）工期配合

在工程施工中，对于综合布线的工期与装潢工程的工期，应做到以下两点。

① 管线系统先于装潢工程完成。

要求综合布线系统比装潢工程先进入现场施工，这样能掌握主动，因为管线系统的安装可能会破坏建筑物的外观，如墙上挖洞、打钻或敷设管道等，所以这些工作要在装潢工程的墙壁粉刷前完成，并尽量避免返工、修补等情况的发生。另外，在装潢工程之前完成管线系统安装，还有利于尽早发现管线设计不合理等情况并予以解决，一时无法解决的问题还可由设计人员根据现场的施工情况进行相应的补充或修改设计方案，否则在装潢工程后就很难解决了。

② 设备间和电信间的机柜、配线架的安装和信息插座面板的安装应在装潢工程后完成。

缆线布放到位后，一般要等到装潢工程的其他工作完成之后，特别是要在粉刷全部完工后方可进行缆线终接、配线架安装、信息插座面板安装等工作。如果在粉刷之前进行缆线与信息模块的终接，那么粉刷时的石灰水等一些液体可能会侵入模块，引起质量问题，造成返工。同样，过早安装信息插座面板，会把面板弄脏，增加下一步的清洁工作量。设备间和电信间的机柜、配线架安装如果在粉刷之前完成，也会出现类似的问题，一是机柜固定后将不便于房屋的粉刷，二是粉刷过程中产生的大量粉尘会进入机柜，影响质量。

（3）设备间装潢施工的配合

设备间一般由综合布线工程设计人员设计，装潢工程人员施工。设备间的装潢除了要符合《综合布线系统工程设计规范》GB 50311—2007 的相关要求外，还要符合《电子计算机机房设计规定》GB 50174—93、《计算场地技术要求》GB 2887—2000、《计算场站安全要求》GB 9361—88 等标准的规定；另外，设备间的装潢设计必须考虑到综合布线涉及防火的设计、施工应依照国内相关标准，如《高层民用建筑设计防火规范》《建筑设计防火规范》《建筑室内装修设计防火规范》等。所采用的建筑材料也要符合相关的质量规范。

10.2 综合布线工程用户需求分析

综合布线系统是现代建筑的重要基础设施之一，为使综合布线系统能更好地满足用户的实际需求，除了系统设备和布线部件的性能指标满足用户需求，产品质量确有保证之外，还必须要能够满足用户在业务种类、具体数量和安装位置等方面的需要。

1. 用户需求分析的重要性

需求分析是任何一个工程实施的第一环节。用户信息需求是综合布线系统的基础数据，其准确和详尽的程度，直接影响综合布线系统的结构、缆线分布、设备配置和工程投资等一系列重大决策问题，这些问题能否正确解决，与工程建设和使用、维护、管理密切相关，且对今后发展有一定影响，所以至关重要。

信息点的数量和位置及其业务量是综合布线工程设计中一项不可缺少的重要内容。如果建设单位或有关部门能够提供，则只需核实、确认；若不能提供，则需要根据用户要求、建筑物的用途以及相关规定、规范进行合理规划。

具体选择哪种布线方式，每个工作区布置多少个信息点，各个布线子系统采用什么缆线，进线间、设备间、电信间安排在什么位置等，都在相当程度上由用户需求调查决定。充分理解用户需求是综合布线系统工程设计的基础，项目设计人员必须与用户负责人耐心地沟通，认真、详细地了解工程项目的实施目标、要求，一起分析设计，并整理存档。

2. 用户需求分析的内容

在综合布线工程设计中，用户需求分析的内容主要包括用户信息点的种类、数量及分布情况；设备间、电信间、中心机房的位置，信息点与中心机房的最远距离、电力系统状况等。为了做好这项工作，建议根据以下要点进行用户需求调查。

（1）确定工程实施的范围

工程实施的范围主要是指实施综合布线系统工程的建筑物数量，各建筑物需布线的房间数量、工作区及各类信息点的数量与分布情况。

（2）确定系统的类型

通过与用户的沟通了解，确定本工程是否包括计算机网络系统、电话语音系统、有线电视系统、闭路视频监控系统等。必须分类调查语音、数据、图像和监控等的信息需求，全面考虑实际需要的信息业务种类和数量。

（3）确定系统各类信息点的接入要求

系统信息点的接入要求主要包括信息点接入设备类型、未来预计需要扩展的设备数量和信息点接入的速率要求等。

3. 用户需求分析的要求

通过用户调查，确认建筑物工作区的数量和用途；通过对用户方实施综合布线系统的相关建筑物进行实地考察，由用户方提供建筑工程图，从而了解相关建筑结构，分析施工难易程度，并估算大致费用；根据造价、建筑物距离和带宽要求确定光缆的芯数和种类；根据用户建筑楼群间距离、马路隔离情况、地沟和道路状况，确定建筑群光缆的敷设方式；对各建筑楼的信息点数进行统计，确定室内布线方式和电信间的位置；当建筑物楼层较低、规模较小、点数不多时，只要所有信息点与设备间的距离均在 90m 以内，信息点布线可直通设备间；建筑物楼层较高、规模较大、点数较多时，可采用信息点到电信间、电信间到设备间的分布式综合布线系统。

综合布线系统需求分析的关键是确定建筑物中需要的信息点的类型和场所，即确定工作区的位置和性质。规划信息点应统筹兼顾语音、数据、图像和监控等所有信息终端，全面考虑；以近期需求为主，结合今后发展需要合理布置。

4. 用户需求分析的过程

为了获得合理的用户需求，用户需求分析通常需要经历需求描述、需求分析、需求验证和确认 3 个阶段。

（1）需求描述

综合布线系统的用户需求通常是由建设方的技术人员综合各部门的意见，从用户的角度出发，以简明扼要的方式提出的，也可委托设计咨询单位代劳。这部分内容主要体现在工程的招标文件中。需求描述的内容应包括以下几个方面。

① 功能需求：明确表述系统必须实现的总体功能。例如，某会展中心综合布线系统的功能需求可以描述为：本系统面向高端用户，必须提供足够的网络带宽和互联网出口带宽，在会展中心部分，本系统需要为参展商、临时客户、会展主办机构提供有线和无线网络服务等。

② 性能需求：主要是指系统在可靠性、灵活性、安全性、可扩展性等方面应达到的要求，以及系统在通信和连接能力方面应达到的要求。

③ 未来系统提升要求：将来可能要对系统进行提升、扩充或修改，希望系统具体一定的应变能力。

综上所述，本阶段综合布线建设方的任务是提出合理、切实、有前瞻性的需求，完整表达建设方对综合布线系统的期望。

（2）需求分析

由于建设方一般不具备专业方面的知识和经验，因此，设计单位需要对其需求描述进行分析、细化，主要任务是将建设方在需求描述中所表达的笼统意图转化为具体、专业的实现方法，并对该方法进行性能和效益分析。

用户需求分析离不开用户方的参与。一般企业、政府、学校都有负责信息化建设的部门或信息技术专门人员，用户需求分析的方法如下。

① 直接与用户交谈。这是了解需求的最简单、最直接的方式。

② 问卷调查。通过请用户填写问卷获取有关需求信息，不失为一项很好的选择，但最终还是要建立在沟通和交流的基础上。

③ 专家咨询。有些需求用户讲不清楚，分析人员又猜不透，这时需要请教行家。

④ 吸取经验教训。有很多需求可能客户与分析人员想都没想过，或者想得太幼稚。因此，要经常分析优秀的综合布线工程方案，吸取经验教训。

用户需求分析的要点如下。

① 系统的整体规划。包括系统的设计原则、设计理念、实现目标以及系统的定位。系统的整体规划要与建设方对整个建设项目的目标相适应，同时要与当前的主流技术和建设方投入的资金相适应，还应该考虑周围的环境要求；可以通过对比类似系统，仔细琢磨国内外的建设经验，进行合理规划。

② 分析系统的结构。综合布线系统为开放式星型拓扑结构，模块化设计，各子系统之间关系密切，必须合理配置。

③ 文档规范。对系统的分析结果应该用文档正式地记录下来，作为需求分析的阶段性成果。在文档中至少应该包括系统的规格说明、系统各组成部分的描述、系统设计计划等内容。

（3）需求的验证和确认

将初步得到的信息预测结果提供给建设单位或有关部门共同商讨，广泛听取意见；结合现场勘察，核定用户需求预测结果。参照以往类似工程设计中的有关数据和计算指标，到工程现场进行调查、了解，分析预测结果与现场实际是否相符，对以下 3 个方面进行验证。

① 一致性：用户需求预测结果与需求报告中的所有需求应该是一致的，不能相互冲突。

② 完整性：用户需求预测结果完整地体现了用户的需求，能够充分覆盖用户的意图。

③ 现实性：用户需求预测结果可以在现有经济、技术条件下实现，并能充分发挥其效能。

由于设计单位和建设方在对综合布线工程的理解上存在一定的偏差，所以对用户需求分析和预测结果的认识是一个反复商讨的过程，经过建设方和设计方的验证后，双方都应在文档上签字确认，作为下一步工作的依据。

5. 一个房间的工作区需求

一个房间的工作区需求就是指一个房间要划分多少个工作区？位置在哪里？这要依据房间的用途来确定。目前建筑物的功能类型较多，大体上可以分为商业、文化、媒体、体育、医院、学校、交通、住宅、通用工业等类型，因此，对工作区面积的划分应根据应用的场合做具体的分析后确定，工作区面积需求可参照表 10-1 来执行。

表 10-1 工作区面积划分参考表

建筑物类型及功能	工作区面积（m²）
网管中心、呼叫中心、信息中心等终端设备较为密集的场所	3～5
办公区	5～10
会议、会展	10～60
商场、生产机房、娱乐场所	20～60
体育场馆、候机室、公共设施区	20～100
工业生产区	60～200

注：① 对于应用场合，如终端设备的安装位置和数量无法确定时，或全部为大客户租用并考虑自设

置计算机网络时，工作区面积可按区域（租用场地）面积确定。

② 对于 IDC 机房（为数据通信托管业务机房或数据中心机房）可按生产机房每个机架的设置区域考虑工作区面积。对于此类项目，涉及数据通信设备安装工程设计，应单独考虑实施方案。

每一个工作区的信息点种类和数量的变化范围比较大，从现有工程情况分析，从设置 1 个至 10 个信息点的现象都存在，并预留了电缆、光缆及备份的信息插座模块。因为建筑物用户性质不一样，功能要求和实际需求不一样，信息点数量不能仅按办公楼的模式确定，尤其是专用建筑（如电信、金融、体育场馆、博物馆等）更应加强需求分析，作出合理的配置。工作区信息点数量需求可参照表 10-2 所示内容进行设计。

表 10-2　信息点数量配置参考

建筑物功能区	信息点数量（每一工作区）			备注
	电话	数据	光纤（双工端口）	
办公区（一般）	1个	1个		
办公区（重要）	1个	2个	1个	对数据信息有较大的需求
出租或大客户区域	2个或2个以上	2个或2个以上	1或2个以上	指整个区域的配置量
办公区（业务工程）	2~5个	2~5个	1或1个以上	涉及内、外网络时

注：对出租或大客户区域信息点数量需求为区域的整个出口需求量，并不代表区域内信息点总的数量。

6. 建筑物信息点总数的计算与统计

建筑物信息点总数的计算与统计方法如表 10-3 所示。

表 10-3　建筑物信息点总数的计算与统计方法

计算项目	计算公式	参数说明
分别计算各层工作区总面积Sn	根据建筑物工程平面图计算	不包括公共走廊、电梯厅、楼梯间、卫生间等面积
各层工作区的数量	$W_n = S_n \div S_b$	W_n为层工作区的数量 S_b为一个工作区的服务面积
各层信息点的总量	$T_{pn} = W_n \times \Delta T_p$	T_{pn}为第n层支持语音（电话）的信息点的数量 ΔT_p为一个工作区内支持语音（电话）的信息点的数量
	$T_{dn} = W_n \times \Delta T_d$	T_{dn}为第n层支持数据（电话计算机）信息点的数量 ΔT_d为一个工作区内支持数据（计算机）信息点的数量
	$T_n = T_{pn} + T_{dn}$	T_n为第n层信息点的总数
建筑物内信息点的总量	$T_p = \sum_{n=1}^{N} T_{pn}$	T_p为建筑物内语音（电话）信息点的总数 N为建筑物的层数
	$T_d = \sum_{n=1}^{N} T_{dn}$	T_d为建筑物内数据（计算机）的信息点总数 N为建筑物的层数
	$T = T_p + T_d$	T为建筑物内信息点的总量

10.3 建筑物现场勘查

综合布线系统的设计较为复杂，设计人员需要熟悉建筑物的结构，主要通过两种方法，首先是查阅建筑图纸，然后是现场勘查。现场勘查是招标方给投标单位提供的一个实地踏勘的机会，解决招标文件某些没有详细说明的可能会影响将来施工的问题。例如，在招标方提供的一些建筑物管道预埋图纸中没有建筑物的具体结构，有些穿墙孔洞和桥架安装位置需通过现场勘查才能准确定位。因此，投标方必须到施工现场进行踏勘，以确定具体的布线方案。

通常，现场勘查的时间已在招标文件中规定，由招标单位统一组织。现场勘查的参与人员包括工程负责人、布线系统设计人、施工督导人、项目经理及其他需要了解工程现场状况的人员，以及建设单位的技术负责人，通过现场勘查及时决定一些细节问题的处理方法。

现场勘查要认真仔细，逐一确认以下内容：各楼层、走廊、房间、电梯厅、大厅等的吊顶情况，包括吊顶是否可打开、吊顶高度、吊顶距梁高度等，然后根据吊顶的情况，确定配线主干线槽的铺设方法。对于新建筑物，要确定是走吊顶内线槽，还是走地面线槽；对于旧建筑物改造工程，要确定配线主干线槽的敷设路由。另外，还应找到综合布线系统需要用到的电缆竖井，查看竖井有无楼板，询问竖井中是否有其他系统的线路，如监控、空调、消防、有线电视、自动控制、广播音响等。

勘查建筑物中的其他弱电系统，确定计算机网络线路是否需要与其他线路共用槽道。综合布线系统是建筑物弱电系统中的一部分，预埋线管设计通常会全面考虑其他弱电系统的管线敷设、合理分配，有时也会有冲突，要求处理得当，不相互影响。

若没有可用的电缆竖井，要和甲方技术负责人商定垂直槽道的位置，并选择垂直槽道的种类，如梯级式桥架、托盘式桥架、槽式桥架、圆管等。

在设备间和电信间，要确定机柜的安放位置，到机柜的主干线槽的铺设方式；设备间和电信间是采用上走线还是下走线方式，有无活动地板等，并测量楼层高度，要特别注意的是，一般主楼和裙楼、一层和其他楼层的楼层高度会有所不同；同时要确定配线箱的安放位置，配线箱槽道的种类和铺设方式。

如果在竖井内墙壁上挂装配线箱，要求竖井内有电力供应、有楼板，不能是直通的。如果在走廊墙壁上暗嵌配线箱，要看墙壁是否贴大理石，是否有墙围需要做特别处理，是否离电梯厅或房间门太近而影响美观。

讨论对大楼结构尚不明白的问题，一般包括哪些是承重墙，建筑外墙哪些部分有玻璃幕墙，设备间在哪层，大厅的地面材质，墙面的处理方法（如喷涂、贴大理石、木墙围等），柱子表面的处理方法（如喷涂、贴大理石、不锈钢包面等）等。

10.4 综合布线工程需求分析的结果描述

用户需求调查、预测和现场勘查完毕，应将系统的调查分析结果用文档正式记录下来。在对××酒店楼房综合布线工程进行用户需求调查和现场勘查后，对该工程进行用户需求分析，编写"××酒店楼房综合布线工程需求文档"，具体如下。

1. 前言

综合布线系统是一种模块化的、灵活性极高的建筑物内或建筑物间的信息传输通道；它能使语音、数据、图像设备和交换设备与其他信息系统彼此相连，也能使这些设备与外部网络相连接；它是建筑物内弱电信号传输和联络的基础，是实现社会信息化的需要，也是实现办公自动化、楼宇自控等智能体系的一个必不可少的环节。

随着全球计算机技术和现代通信网络技术的迅速发展，人们对信息的需求越来越强烈，这就导致具有楼宇管理自动化、通信自动化、办公自动化功能的智能大楼在世界范围蓬勃兴起；而综合布线系统正是智能大楼内部各系统之间、内部系统与外界进行信息交换的硬件基础。酒店大楼综合布线系统是现代化大酒店内部的"信息高速公路"，是现代化大酒店实现通信自动化、办公自动化、视频点播和大楼自动化的基础。

酒店不仅要为客人提供舒适的环境、周到的服务，满足客户的各种需求，还要最大限度地降低运营成本，提高酒店的效率和效益。同时，让客人感受到远离尘嚣的浮躁，享受高级酒店服务的舒适与快乐。通过建设酒店智能化系统，运用先进的技术手段和设备，可以达到上述应用需求。

2. 需求分析

（1）工程概况

××酒店，地处××市××路，北靠××，南临××，东接××，地理位置优越，交通便捷。酒店设施设备齐全：拥有各类标准房、商务套房、豪华套房共计 127 间（套），房间内配有中央空调、卫星电视、国内外长途直拨电话、高速宽带、Mini 吧、保险箱、独立浴室、全自动烟感系统、安全可靠的电子门锁；设有中西餐厅、豪华包厢、宴会厅、贵宾厅共计 33 间；1500多个餐位和能容纳 400 人的多功能会议室。

（2）应用需求分析

① 综合布线系统采用结构化布线系统，应能支持所有的电脑设备系统、数据系统（包含部分 AP）、酒店视频点播系统和语音系统。

② 根据酒店的网络要求，综合布线系统必须满足以下需求：

● 酒店管理人员内部网络应用及接入 Internet；
● 入住客人通过有线及无线方式接入外网需求；
● 酒店管理人员内部电话及外线接通；
● 入住客人的客房电话及视频点播；
● 其他各个系统总线线路需由综合布线系统上传至中心机房的应用。

该酒店将采用百兆超 5 类非屏蔽综合布线系统，对酒店中的电话系统、计算机网络系统统一布线，最终为以上系统的智能化管理提供一个开放的、灵活的、先进的和可扩展的线路基础，如图 10-1 所示。

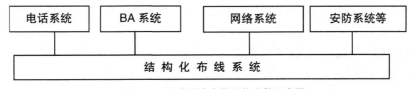

图 10-1 酒店综合布线系统功能示意图

现代化的酒店必须具备高速主干网支持它的多媒体信号的传输，综合布线系统作为计算机网络的基础设施，必须为主干网的建设提供必要的支撑。同时，综合布线系统也要为整个建筑群的模拟和数字语音系统，高速及低速的数字传输，传真机和图形终端以及绘图设备的资料传送或实景图像传输，办公室电视会议与安保系统的监控信号，建筑物中的各种楼宇自控的信号等信息的传输提供支撑，即支持全部的媒体类型、互连方案和建筑环境，并应用于任何网络结构配置，提供极其灵活的特性来适应未来应用的变化。

③ 总体结构。在布线系统的组成结构上，根据酒店的实际情况，本系统可由 5 个子系统组成，即工作区、配线子系统、管理、干线子系统和设备间。

数据主干采用 6 芯多模光缆，语音主干采用 5 类 UTP 大对数电缆，数据主配线架采用机架式光纤配线架或 RJ-45 配线架，放置在标准机柜中。

数据及语音主配线架设在一层计算机机房，在弱电间内共设置 13 个楼层配线间，满足布线设计规范规定的配线缆线长度小于 90m 的要求。从地下 1 层到地面 5 层的弱电井内分别设置楼层配线间（电信间），共 6 个；从 6~23 层，每 3 层合设一个电信间（位于中间楼层），即 7 层的电信间作为 6~8 层的配线间，10 层的电信间为 9~11 层的配线间，依此类推，共 6 个；24 层到顶楼设一个配线间，放置于 24 层。

对于语音系统的干线，以一层语音总配线架为中心，星型敷设 5 类 25 对大对数电缆至各楼层配线间；对于数据系统的干线，以一层计算机机房内的数据总配线架为中心，星型敷设 6 芯万兆多模光缆至各个电信间。

④ 设计目标及建议。

● 采用符合超 5 类或 6 类布线标准的 4 对非屏蔽对绞电缆作为配线子系统的布线连接到各功能房/区的数据/语音信息点。

● 采用符合超 5 类标准的结构化、模块化部件的各种配线架在主机房及各个楼层配线间组成总配线架（MDF）和分配线架（IDF）。

● 采用结构化、模块化的非屏蔽 RJ-45 插座组成各功能房/区的单/双口信息插座。

● 以综合楼主机房为中心，采用多芯单模室外光缆连接各个区域。

● 根据酒店入住客人的需求，在公共区域采用无线（AP）覆盖，以适应客人的要求。

3. **系统方案设计**

（1）设计目的和要求

1）设计目标

① 综合布线系统采用分层星型拓扑结构；

② 计算机网络的速度目前不低于 100Mbit/s，并考虑了吉比特网的要求。

③ 布线系统支持各种不同类型厂商的计算机及网络产品。

④ 系统的信息出口采用标准的 RJ-45 插座，以支持语音、数据、图像等多媒体信息的传输，满足用户当前和长远的语音、数据通信需求。

⑤ 综合布线系统的各子系统设计均符合 GB 50311—2007 的规定。

⑥ 布线系统符合综合业务数据网（ISDN）的要求，以便与 CHINAPAC 联网，并通过 CHINAPAC 与国内国际其他网互连。

2）系统传输线路要达到的技术要求

① 双绞线技术指标：

● 特性阻抗：$100\Omega \pm 15\Omega$；

● 直流电阻：小于 $9.38\Omega/100m$；

● 分布电容：小于 330pF/100m；

● 直流电阻不平衡：小于 2.5%。

② 光纤系统技术指标：

● 测试波长：1300nm 或 850nm；

● 干线子系统光纤连接：信号衰减小于 2.6dB（500m，波长 1300nm），信号衰减小于 3.9dB（500nm，波长 850nm）。

③ 布线系统要求采用模块化结构，达到增强型设计等级。

④ 布线系统要求每个工作区有一个数据点和一个语音点。

⑤ 布线系统立足开放原则，既支持集中式网络，又支持 C/S 或 B/S 分布式网络系统；系统的信息通道传输稳定、可靠。

3）电信间的建设要求

① 室内照明不低于 150lx。

② 为满足在安装、测试及今后维护时可能使用电源的需要，建议安装若干电源插座，每一个电源插座的容量不小于 300W。

③ 电信间内的温度、湿度应达到满足电子设备正常工作的条件。

（2）子系统配置

① 工作区、配线缆线类型：网络发展非常迅猛，虽然目前到桌面 100Mbit/s 的传输速率已可以满足现在及短期内的需求，但 1000Mbit/s 传输速率到桌面也日趋成熟，未来几年将会成为主流，因此在数据配线缆线的选择上采用 6 类 4 对 UTP 电缆及 6 类非屏蔽插座模块，整个配线信道提供 250MHz 以上的带宽，配合吉比特以太网交换机，完全可以满足传输 1000Mbit/s 速率的需求。

语音及 VOD 点采用超 5 类布线，可以满足语音、VOD 点播要求，且有一定的扩展能力。

② 垂直主干类型：语音主干采用 5 类大对数 UTP 电缆完全可以满足需求；数据主干采用 6 芯多模室内光缆；配以吉比特以太网交换机完全可以满足主干传输 1000Mbit/s 的需求。

③ 电信间位置：其设置保证每条配线电缆不超过 90m。

④ 设备间位置：参照招标文件及系统平面图纸，酒店的计算机主机房设在一层。

⑤ 配线架的选择：连接数据及视频点播的配线架选择 24 口 6 类非屏蔽模块式配线架。

（3）系统性能

数据主干完全支持 10 吉比特网的传输，采用 6 芯光缆冗余备份，为网络应用提供很大的灵活性和可靠性。语音主干采用 5 类大对数 UTP，可支持 100MHz 传输速率，完全满足语音和终端通信的要求。

大楼内的数据配线布线统一采用 6 类系统完全可支持 250MHz 传输速率，可支持各种计算机通信终端，可支持 100Mbit/s 快速以太网和吉比特网的数据应用；VOD 和语音采用超 5 类非屏蔽产品，包括配线架、电缆、插座，完全可支持 100MHz 传输速率，可支持各类语音通信终端及 100Mbit/s 快速以太网的应用。

部分会议室采用光纤到桌面的解决方案，使用 4 芯万兆多模光缆，最高支持 10GHz 的网络传输带宽，满足高速高质量数据传输及今后网络发展的需要。

（4）工作区

综合布线系统的信息点主要分为数据点、无线 AP 点、语音点、酒店 VOD 点播系统和光纤到桌面信息点 5 种类型。在酒店内，客房按标准布线，每个单间和标准客房安装 3 个通信端口，其中 1 个双孔安装在写字台边，用于上网和电话；1 个安装在床头柜边；1 个安装在卫生间，用于电话。

1）信息模块选型

① 数据信息点采用 6 类信息模块。

② 全部的设计面板均可满足非屏蔽模块安装需要。

③ 电缆连接按 TIA/EIA 568B 标准执行。

④ 面板为白色面板，并带有防尘盖。

⑤ 各信息插座输出口为模块式结构，更换及维护方便。

2）数据信息插座采用 6 类非屏蔽信息插座

其功能特点如下。

① 绝缘材质：耐冲击高阻燃塑料，达到标准要求。

② 满足 6 类标准所支持的所有应用，满足下一代吉比特网的应用。

③ 工作温度范围：－10℃～60℃。

3） 语音和 VoD 信息插座采用超 5 类非屏蔽信息插座

其功能特点如下。

① 满足超 5 类标准所支持的所有应用。

② 打线方式：T568 A 或 T568B。

③ 强度要求：耐抗击强冲击。

④ 工作温度范围：－10℃～60℃。

4）信息插座安装

所有信息出口都安装在工作区附近的墙面上或地面上。墙面型出口底边距地面 30cm。信息出口附近要配有电源，信息插座与电源插座的距离应保持 20cm，为避免电源系统的电磁干扰，布线缆线用金属管材铺设。

墙面安装方式采用防尘面板，弹簧门可有效地防止模块因积灰而影响传输速率。

在办公室、各控制机房、会议室等设置地面插座，控制机房采用防静电地板。建议在大开间办公室采用网络地板（高度仅 4cm），模块、面板和缆线均可方便地移动，适应将来工作环境的调整。

（5）配线子系统

配线子系统由大楼内各楼层配线间至各个工作区之间的电缆构成，实现数据、图形、图像的电子信息交换，语音、传真的通信传输以及弱电控制信号的传输。配线子系统完成从分配线架到信息点之间的星型配线连接，为确保高速数据传输（可达 1000MHz），普通办公用的数据、无线 AP 配线缆线均采用 6 类非屏蔽电缆，语音和 VOD 配线缆线选用超 5 类非屏蔽电缆，使系统具有极高的可靠性及灵活性。对用户而言，只需在配线间将相应的跳线重新跳接，就可方便地实现数据点之间的互换，使综合布线系统的灵活性得到最完美的体现。

超 5 类、6 类非屏蔽电缆提供卓越的传输性能。支持 155Mbit/s ATM、100Base-T、吉比特以太网传输，并支持多路 ATM 信号和其他兼容信号同时传输。

（6）管理

电信间的管理点是配线子系统与干线子系统的连接点，由交连、互连配线架、信息插座式配线架以及相关跳线组成。管理点为连接其他子系统提供连接手段。交连和互连允许用户将通信线路定位或重定位到建筑物的不同部分，以便能更容易地管理通信线路。

电信间的语音配线架选用 110 型压接式配线架，配备 110C-5 5 对连接块。

① 符合 GB 50312—2007 及 EIA/TIA 568B 的交叉连接要求。

② 规格：100 对、300 对，高密集度。

③ 安装方式：19 英寸机柜式或墙面安装。

④ 标签：自带标准标签。

⑤ 工作温度范围：－10℃～60℃。

（7）干线子系统

干线子系统提供建筑物的干线路由，由大对数电缆或光缆组成。它的一端端接于设备间的主配线架上，另一端端接在楼层配线间的楼层配线架上。干线子系统的设计要点主要有干线路由的选择及走线方式、干线缆线类型的确定、干线缆线用量的统计等。

电缆主干主要用于语音信号的传输，本系统的电缆主干采用 5 类大对数 UTP 电缆，可以很好地保证语音信号之间的抗干扰能力，充分保证通话质量，同时为未来的宽带通信打下良好的基础。通用大对数电缆有 25 对、50 对、100 对等多种型号，建议在系统实施时尽可能减少所选电缆的型号，在便于采购的同时有利于节约材料、降低成本，在本方案中全部采用 5 类 25 对 UTP 电缆。

系统主干通过弱电竖井的垂直桥架由主机房敷设至各电信间，桥架间以及桥架和弱电预埋扁钢通过导线连接，实现有效接地。

（8）设备间

设备间是大楼的电信设备和计算机网络设备以及建筑物配线设备安装的地点，也是进行网络管理的场所。对综合布线工程设计而言，设备间主要是安装主配线设备。

设备间应当清洁，通风良好，并配置消防系统；应具有 UPS 电源，良好的接地系统，牢靠的门锁装置。

设备间包括数据主配线架和语音主配线架，设备间在物理上通过主干缆线与 13 个分配线架连接，端接的缆线有：6 芯室内多模万兆光缆；5 类 25 对大对数电缆，所有的光缆都在光纤配线架中进行端接，所有的语音主干电缆都端接在机柜内的 110 配线架上。

（9）用户设备与布线系统的连接

① 电话系统与综合布线系统的连接。电话系统使用的标准插头为 RJ-11 插头，可直接插入由综合布线系统提供的标准 RJ-45 插座内。其连接步骤是：在电话机的输出线端装上 RJ-11 插头。然后将其插入综合布线系统提供的双孔信息插座或单孔信息插座上。

② 计算机与综合布线系统的连接。计算机与综合布线系统的连接，需在计算机的扩展槽上插上网卡。如果网卡的接口不是 RJ-45 接口，还需配备从该种接口至 RJ-45 接口的转换器，然后用一条两端配有 RJ-45 插头的电缆分别插在网卡输出端的 RJ-45 插孔和信息插座上即可。

4. 综合布线工程的实施及验收

（1）工程的实施步骤

① 现场勘察。

② 工程的设计、规划与管理。

③ 设备的定购期。

④ 材料验收。

⑤ 布线安装工程的实施。

⑥ 布线系统的测试。

⑦ 布线系统的验收。

⑧ 提供完整的结构化布线文件档案。

⑨ 工程结束。

（2）工程实施进度管理

① 本工程包括产品订货、发货、设计、施工安装、督导、施工管理和验收几部分。

② 双方签订合同后，乙方即组织产品订货，缆线、管材可在 3 日内到工地。

③ 双方签订合同后，乙方即根据甲方的进一步具体要求在 2 天内完善工程施工设计并交由甲方认可。在甲方认可施工设计后，就可组织施工人员进入现场进行前期工作。

④ 管、线的敷设工作可与装修交叉进行，并承诺不影响装修进度。

⑤ 设备到达现场后需清点后方可进行设备的安装工作，并对设备和缆线进行有效连接，此项工作约需 7 个工作日。

⑥ 待配线间的布置安装完成并由甲方认可后，即可对整个布线系统进行详细测试，随时作好测试记录，此项工作约需 3 个工作日；调试工作完成后 3 天内整理好文档资料并交付甲方。

⑦ 以上工作全部完成后，即组织相关人员进行系统培训，此项工作约需 1 个工作日。

⑧ 最后，由甲方组织有关单位和相关人员对系统进行全面验收，并随时作好验收记录，整理好存档资料。

⑨ 在安装施工的全过程中，需委派专业工程师对工程进行督导、管理、严格把关。

（3）测试与验收标准

通信介质的正确连接及良好的传输性能，是系统正常运转的基础，系统安装完毕后，必须对系统进行必要的测试，以确认传输介质的性能指标已达到了系统正常运转的要求。

GB 50312—2007《建筑与建筑群综合布线系统工程验收规范》对结构化布线系统的缆线及其连接器的传输给出了最低的电气性能指标要求。定义了 3 类、5 类，超 5 类和 6 类铜介质布线材料和光传输介质布线材料的传输特性。综合布线系统测试、验收将根据 GB 50312—2007 进行。

（4）测试内容

① 5 类大对数电缆：接线图、长度、衰减、近端串音。

② 超 5 类、6 类非屏蔽电缆：接线图、长度、衰减、近端串音、近端串音功率和、回波损耗、等电平远端串音、等电平远端串音功率和、传输延迟、延迟偏差等。

③ 光缆。多模：850nm 和 1300nm 波长的衰减；单模：1310nm 和 1500nm 波长的衰减。

（5）竣工验收条例

结构化布线工程竣工验收的内容、方法及要求均遵循中华人民共和国国家标准 GB 50312—2007《建筑与建筑群综合布线系统工程验收规范》的规定。

思考与练习 10

一、填空题

1. 综合布线工程与建筑主体工程、装修及其他配套工程的关系大体可以分为_____和_____两个阶段。

2. 综合布线系统的设计较为复杂，设计人员需要熟悉建筑物的结构，主要通过两种方法，首先是_____，然后是_____。

二、选择题

1. 在综合布线工程设计中，用户需求分析的内容主要包括（　　　）。

A. 用户信息点的种类、数量及分布情况　　B. 配线架的规划和数量

C. 设备间、电信间、中心机房的位置　　　D. 建筑物的面积

2. 用户信息需求调查的范围有两种含义，即（　　　）。

A. 地理范围和空间范围　　　　　　　　　B. 地理范围和时间范围

C. 布线范围和设计范围　　　　　　　　　D. 布线区域范围和信息种类范围

三、判断题

1. 综合布线系统工程的规划设计，必须进行用户信息需求调查、分析。（　　　）

2. 现场勘查的时间一般由设计人员自己确定。（　　　）

3. 综合布线系统需求分析的关键是确定建筑物中需要的信息点的类型和场所，即确定工作区的位置和性质。（　　　）

四、简答题

1. 简述综合布线工程与建筑装潢工程的关系。

2. 简述综合布线系统工程用户需求分析的内容和方法。

项目实训 10

一、实训目的

通过实训，理解综合布线系统和计算机网络之间的关系，理解综合布线工程与建筑整体工程的关系，掌握用户需求调查、预测和现场勘查的方法，学会编写综合布线工程需求文档。

二、实训条件

根据实际情况，以一座实际大楼（学生宿舍、教学大楼、办公大楼等）或模拟大楼工程为分析目标。

三、实训内容和步骤

（1）需求描述

模拟综合布线工程的实际情况，通过谈话、问卷调查等方式了解用户对综合布线系统各方面的需求，包括功能需求、性能需求和将来可能提出的要求等。

（2）需求分析

模拟综合布线工程的实际情况，对建设方在需求描述中所表达的笼统意图，通过整体规划、结构化分析，转化为具体、专业的实现方法，并对该方法进行性能和效益分析。

（3）建筑物现场勘查

模拟综合布线工程的实际情况，由建设方技术人员带领，对综合布线工程现场的建筑环境进行考察。在勘查过程中了解建筑图纸的阅读方法，观察建筑物的整体结构，特别注意建筑物吊顶、弱电竖井和其他弱电系统的情况。

（4）编写需求分析文档

根据用户需求调查和现场勘查情况，参照类似工程设计中的有关数据和计算指标，编写需求分析文档。

（5）需求的验证和确认

结合现场调查，核定用户需求预测结果，从需求分析的一致性、完整性和现实性 3 个方面进行验证，经过建设方认可后，双方都在文档上签字确认，作为下一步工作的依据。

任务 11　综合布线工程总体方案设计

综合布线工程设计是指在现有经济和技术条件下，根据建筑物的使用要求，按照国际和国内现行布线标准，对智能建筑进行的基础工程设计。综合布线工程总体方案设计在综合布线工程设计中至关重要，它直接决定工程项目的优劣，其内容主要包括系统的设计目标、设计原则、设计依据、系统结构、系统各类设备的配置及选型等。本任务的目标是正确理解综合布线系统结构、分级与组成，了解布线厂商、品牌，学会选用综合布线工程产品，完成综合布线工程总体方案设计。

11.1　设计概述

综合布线工程设计对布线的全过程起着决定性的作用，有几点注意的事项需要谨记。

① 首先应符合相关标准、规范的要求。综合布线工程设计不仅要做到设计严谨，满足用户使用要求，还要使其造价合理，符合国家标准。国内外对综合布线有着严格的规定和一系列标准，对布线系统的各个环节都做了明确的定义，规定了其设计要求和技术指标。

② 要根据实际情况进行设计。首先要对工程实施的建筑物进行充分的调查研究，收集该建筑物的建筑工程、装修工程和其他有关工程的图纸资料，并充分考虑用户的建设投资预算要求、应用需求及施工进度要求等各方面因素。

③ 要注意选材和布局。布线工程设计中的选材、用料和布局安排对建设成本有直接的影响；在设计中，应根据建设方的需求，选择合适的布线缆线和接插件，所选布线材料等级的不同对总体方案技术指标的影响很大。布局安排除了对建设成本有直接的影响外，还关系到布线系统是否合理，对于一座多层建筑物来说，安装整个建筑物网络主干交换机的信息中心网络机房，最好设置在建筑物的中部楼层，电信间最好设置在楼层的中段，这样不但可以尽量缩短主干和配线子系统的布线缆线长度，节约材料，降低成本，还可以减少不必要的信道传输距离，有利通信质量的提高。

11.2　综合布线系统分级与组成

1. 电缆布线系统分级与组成

（1）电缆布线系统分级

综合布线系统的电缆布线系统分级如表 11-1 所示，3 类、5/5e 类、6 类、7 类布线系统应能支持向下兼容的应用，在 TIA/EIA 568B 中 6A 类（增强 6 类）布线系统支持的带宽为 500MHz。

表 11-1　电缆布线系统的分级与类别

系统分级	支持带宽（Hz）	支持应用器件	
		电缆	连接硬件
A	100K		
B	1M		
C	16M	3 类	3 类
D	100M	5/5e 类	5/5e 类
E	250M	6 类	6 类
F	600M	7 类	7 类

（2）电缆布线系统组成

综合布线系统的配线子系统信道（电缆）应由最长 90m 的水平缆线、最长 10m 的工作区缆线、跳线和设备缆线及最多 4 个连接器件组成，永久链路则由最长 90m 的水平缆线及最多 3 个连接器件组成，连接方式如图 11-1 所示。但 F 级的永久链路仅包括最长 90m 的水平缆线和 2 个连接器件（不包括 CP 连接器件）。

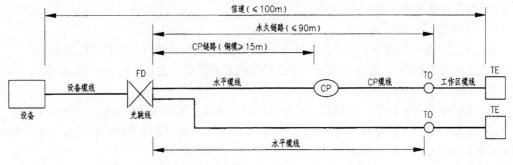

图 11-1　配线子系统信道、永久链路、CP 链路构成

2. 光缆布线系统分级与组成

（1）光纤信道分级

光纤信道分为 OF－300、OF－500 和 OF－2000 共 3 个等级，是指不同的光纤应用于不同等级的光信道时，支持的传输距离不应小于 300m、500m 和 2000m。

（2）光纤信道构成

在综合布线系统中，光纤信道可由水平光缆和主干光缆经过电信间的光纤配线设备上的光跳线连接构成，如图 11-2（a）所示；也可以经过电信间的端接（熔接或机械连接）构成，如图 11-2（b）所示，FD 只设光纤之间的连接点；水平光缆还可以经过电信间直接连至大楼设备间光纤配线设备构成，如图 11-2（c）所示，电信间只作为光缆路径的场合，此电信间可不设 FD。

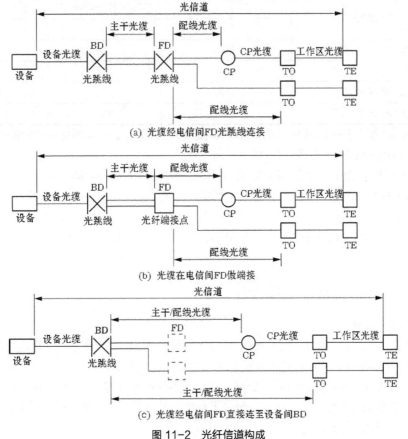

(a) 光缆经电信间FD光跳线连接

(b) 光缆在电信间FD做端接

(c) 光缆经电信间FD直接连至设备间BD

图 11-2　光纤信道构成

3. 信道长度限值

（1）配线信道长度限值

配线子系统信道的最大长度不应大于100m。配线子系统各段缆线的长度限值如下。

① 工作区设备缆线、电信间配线设备上的跳线和设备缆线之和不应大于10m，当大于10m时，水平缆线长度（90m）应适当减少。

② 楼层配线设备（FD）的跳线、设备电缆及工作区设备缆线各自的长度不应大于5m。

③ 在IEEE 802.3标准中，6类布线系统在10吉比特以太网中所支持的长度应不大于55m，但6A类（增强6类）和7类布线系统支持长度仍可达到100m。

（2）干线缆线长度限值

综合布线系统水平缆线与建筑物主干缆线及建筑群主干缆线之和所构成的信道总长度不应大于2000m。

综合布线系统主干缆线长度限制示意图如图11-3所示，各部分缆线长度限制如表11-2所示。

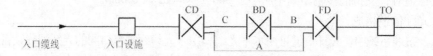

图11-3　综合布线系统主干缆线长度限制示意图

表11-2　综合布线系统主干缆线长度限值

缆线类型	各线段长度限值（m）		
	A	B	C
100Ω对绞电缆	800	300	500
62.5m多模光缆	2000	300	1700
50m多模光缆	2000	300	1700
单模光缆	3000	300	2700

注：① 当B距离小于最大值时，C为对绞电缆的距离可相应增加，但A的总长度不能大于800m；

② 表中100Ω对绞电缆作为语音的传输介质；

③ 单模光纤的传输距离在主干链路时允许达60km，但超出了布线的范围；

④ 在总距离中可以包括入口设施至CD之间的缆线长度；

⑤ 建筑群与建筑物配线设备所设置的跳线长度不应大于20m，如超过20m时主干长度应相应减少；

⑥ 建筑群与建筑物配线设备连至设备的缆线不应大于30m，如超过30m时主干长度应相应减少。

11.3　综合布线系统结构设计

1. 设计的一般规定

① 综合布线系统应与信息设施系统、信息化应用系统、公共安全系统、建筑设备管理系统等统筹规划、相互协调，并按照各系统信息的传输要求优化设计。

② 综合布线系统应能支持语音、数据、图像、多媒体业务等信息传递的应用。

③ 综合布线系统工程宜按工作区、配线子系统、干线子系统、建筑群子系统、设备间、进线间和管理7个部分进行设计。

④ 设计综合布线系统应采用开放式星型拓扑结构,该结构下的每个分支子系统都是相对独立的单元,对每个分支单元系统改动都不影响其他子系统,只要改变节点连接就可使网络在星型、总线型、环型等各种类型间进行转换。

⑤ 综合布线系统工程设计应根据通信业务、计算机网络拓扑结构等因素,选用合适的综合布线系统元器件与设施。选用产品的各项指标应高于系统指标,以保证系统指标,且留有发展的余地,同时也应考虑工程造价及工程要求。

⑥ 应根据系统对网络的构成、传输缆线的规格、传输距离等要求选用相应等级的综合布线产品。

⑦ 设计相应等级的布线系统信道及永久链路、CP链路时应考虑下列具体指标项目:

- 3类、5类布线系统应考虑指标项目为衰减、近端串音(NEXT);
- 5e类、6类、7类布线系统,应考虑指标项目为插入损耗(IL)、近端串音、衰减串音比(ACR)、等电平远端串音(ELFEXT)、近端串音功率和(PSNEXT)、衰减串音比功率和(PSACR)、等电平远端串音功率和(PSELFEXT)、回波损耗(RL)、时延、时延偏差等;
- 屏蔽布线系统还应考虑平衡衰减、传输阻抗、耦合衰减及屏蔽衰减;
- 6A类、7类布线系统在应用时,还应考虑信道电缆的外部串音功率和(PSANEXT)和2根相邻4对对绞电缆间的外部串音(ANEXT)。

⑧ 综合布线系统工程设计中应考虑机械性能指标(缆线结构、直径、材料、承受拉力、弯曲半径等)。

⑨ 综合布线系统作为建筑物的公用通信配套设施在工程设计中应满足为多家电信业务经营者提供业务的需求。

⑩ 大楼智能化建设中的建筑设备、监控、出入口控制等系统设备在提供满足TCP/IP协议接口时,也可使用综合布线系统作为信息的传输介质,为大楼的集中监测、控制与管理打下良好的基础,综合布线系统以一套单一的配线系统,综合通信网络、信息网络及控制网络,可以使相互间的信号实现互连互通。

⑪ 综合布线系统设施及管线的建设,应纳入建筑与建筑群相应的规划设计之中,工程设计时,应根据工程项目的性质、功能、环境条件和近、远期用户需求进行设计,应考虑施工和维护方便,确保综合布线系统工程的质量和安全,做到技术先进、经济合理。

⑫ 综合布线系统的设备应选用经过国家认可的产品质量检验机构鉴定合格的、符合国家有关技术标准的定型产品。

2. 设备间、电信间、进线间的配置

(1)设备间的配置

每幢建筑物应至少设置1个设备间(即分设备间),在其中放置建筑物配线架(BD)。如果电话交换机与计算机网络设备分别安装在不同的场地或根据安全需要,也可设置2个或2个以上设备间,以满足不同业务的设备安装需要。整个建筑群区应设置一个总设备间(可以与所在楼栋的分设备间合用),在其中放置建筑群配线架(CD)。

(2)电信间的配置

电信间是指放置电信设备、电/光缆配线设备并进行缆线交接的专用空间,即安装楼层配线架的房间或空间。

电信间的数量应按所服务的楼层范围及信息点数量来确定。如果该楼层信息点数量不大于400个,配线缆线长度都在90m范围以内,宜设置一个电信间;当超出这一范围时宜设置两个或多个电信间；如果某些楼层的信息点数量较少，在保证配线缆线长度不大于 90m 的情况下，宜几个楼层合设一个电信间。建筑物综合布线系统的两种常见 BD-FD 配置结构如图 11-4 所示，建筑群综合布线系统的标准 CD-BD-FD 配置结构如图 11-5 所示。

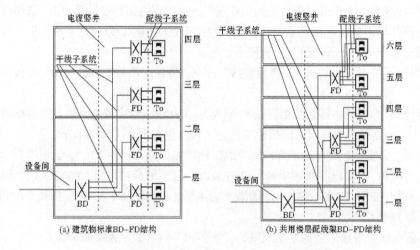

图 11-4　建筑物综合布线系统常见配置结构

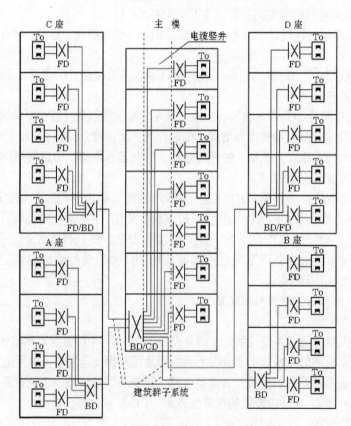

图 11-5　建筑群标准 CD-BD-FD 配置结构

（3）进线间的配置

每栋建筑物宜设置 1 个进线间，一般位于地下层，外线宜从两个不同的位置引入进线间，有利于与外部管道沟通。进线间与建筑物红外线范围内的人孔或手井宜采用管道或通道的方式互连。综合布线系统入口设施及引入缆线构成如图 11-6 所示。对于设置了设备间的建筑物，设备间所在楼层的 FD 可以和设备间中的 BD/CD 及入口设施安装在同一场地。

3. 综合布线系统各类设备选型及配置

综合布线系统配线设备的典型设置与功能组合如图 11-7 所示。

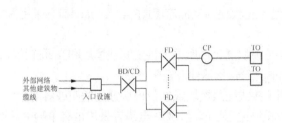
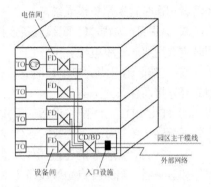

图 11-6　综合布线系统引入部分构成　　　图 11-7　配线设备的典型设置与功能组合

设计人员在进行系统配置设计时，应充分考虑用户近期与远期的实际需要与发展，使之具有通用性和灵活性，尽量避免布线系统投入正常使用以后，较短时间又要进行扩建与改建，造成资金浪费。一般来说，布线系统的配线以远期需要为主，干线以近期实用为主。具体配置要求如下。

① 对于综合布线系统，电缆和接插件之间的连接应考虑阻抗匹配和平衡与非平衡的转换适配。同一布线信道及链路的缆线和连接器件应保持系统等级与阻抗的一致性。在 D 级至 F 级工程中的特性阻抗应符合 100Ω 标准。在进行系统设计时，应保证布线信道和链路在支持相应等级应用中的传输性能，如果选用 6 类布线产品，则缆线、连接硬件、跳线等都应达到 6 类，才能保证系统为 6 类。如果采用屏蔽布线系统，则所有部件都应选用带屏蔽的硬件。

② 综合布线系统工程的产品类别及链路、信道等级的确定应综合考虑建筑物的功能、应用网络、业务终端类型、业务的需求及发展、性能价格、现场安装条件等因素，并符合表 11-3 中的要求。

表 11-3　布线系统等级与类别的应用

业务种类	配线子系统		干线子系统		建筑群子系统	
	等级	类别	等级	类别	等级	类别
语音	D/E	5e/6	C	3（电缆为大对数）	C	3（电缆为室外大对数）
数据	D/E/F	5e/6/6A/7	D/E/F	5e/6/6A/7（电缆为 4 对）		在不超过 90m 时，也可采用室外 4 对对绞电缆
	光纤	62.5μm 多模/50μm 多模/<10μm 单模	光纤	62.5μm 多模/50μm 多模/<10μm 单模	光纤	62.5μm 多模/50μm 多模/<10μm 单模
其他应用	可采用 5e/6 类 4 对对绞电缆和 62.5μm 多模/50μm 多模 / <10μm 单模光缆					

注：其他应用指数字监控摄像头、楼宇自控现场控制器（DDC）、出入口控制系统等采用网络端口传送数字信息时的应用。

③ 综合布线系统光纤信道应采用标称波长为 850nm 和 1300nm 的多模光纤及标称波长为 1310nm 和 1550nm 的单模光纤。

④ 单模和多模光缆的选用应符合网络的构成方式、业务的互连互通方式及光纤在网络中的应用传输距离。楼内宜采用多模光缆，建筑物之间宜采用多模或单模光缆，需直接与电信业务经营者相连时宜采用单模光缆。

⑤ 为保证传输质量，配线设备连接的跳线宜选用产业化制造的电、光各类跳线，在电话应用时宜选用双芯对绞电缆。

⑥ 工作区信息点为电端口时，应采用 8 位模块通用插座（RJ-45），光端口宜采用 SFF 小型光纤连接器件及适配器。

⑦ FD、BD、CD 配线设备应采用 8 位模块通用插座或卡接式配线模块和光纤连接器件及光纤适配器（单工或双工的 ST、SC 或 SFF 光纤连接器件及适配器）。

⑧ CP 集合点安装的连接器件应选用卡接式配线模块或 8 位模块通用插座或各类光纤连接器件和适配器。当集合点配线设备为 8 位模块通用插座时，CP 电缆宜采用带有单端 RJ-45 插头的产业化产品，以保证布线链路的传输性能。

⑨ 电信间和设备间安装的配线设备的选用应与所连接的缆线相适应，具体可参照表 11-4 所示内容。

表 11-4　配线模块产品选用表

类别	产品类型	配线设备安装场地和连接缆线类型				
	配线设备类型	容量及规格	CP（集合点）	FD（电信间）	BD（设备间）	CD（设备间／进线间）
电缆配线设备	大对数卡接模块	4 对卡接模块	4 对水平／CP 电缆	4 对水平／主干电缆	4 对主干电缆	4 对主干电缆
		5 对卡接模块	—	大对数主干电缆	大对数主干电缆	大对数主干电缆
	25 对卡接模块	25 对	4 对水平／CP 电缆	4 对水平／主干／大对数主干电缆	4 对／大对数主干电缆	4 对/大对数主干电缆
	回线型卡接模块	8 回线	4 对水平／CP 电缆	4 对水平／主干电缆	大对数主干电缆	大对数主干电缆
		10 回线	—	大对数主干电缆	大对数主干电缆	大对数主干电缆
	RJ45 配线模块	一般为 24 口或 48 口	4 对水平／CP 电缆	4 对水平／主干电缆	4 对主干电缆	4 对主干电缆
光缆配线设备	ST 光纤连接盘	一般为 24 口单工/双工	水平／CP 光缆	水平／主干光缆	主干光缆	主干光缆
	SC 光纤连接盘	一般为 24 口单工/双工	水平／CP 光缆	水平／主干光缆	主干光缆	主干光缆
	SFF 小型光纤连接盘	一般为 24 口、48 口单工/双工	水平／CP 光缆	水平／主干光缆	主干光缆	主干光缆

注：SFF 小型光纤连接器可以为 LC、MT-RJ、VF-45、MU 和 FJ。

4. 开放型办公室布线系统

对于办公楼、综合楼等商用建筑物或公共区域大开间场地，由于其使用对象数量的不确定性和流动性等因素，宜按开放办公室综合布线系统要求进行设计，并应符合下列规定。

① 采用多用户信息插座时，每一个多用户插座包括适当的备用量在内，能够支持 12 个工作区所需的 8 位模块通用插座；各段缆线长度可按表 11-5 选用，也可按下式计算：

$$C = (102 - H) / 1.2$$

$$W = C - 5$$

$$C = W + D$$

式中：C 为工作区电缆、电信间跳线和设备电缆的长度之和；

D 为电信间跳线和设备电缆的总长度；

W 为工作区电缆的最大长度，且 $W \leqslant 22m$；

H 为水平电缆的长度。

表 11-5　各段缆线长度限值

电缆总长度（m）	水平布线电缆 H（m）	工作区电缆 W（m）	电信间跳线和设备电缆 D（m）
100	90	5	5
99	85	9	5
98	80	13	5
97	25	17	5
97	70	22	5

② 采用集合点时，集合点配线设备与 FD 之间水平缆线的长度应大于 15m。集合点配线设备容量宜以满足 12 个工作区信息点需求设置。同一条水平电缆路由不允许超过一个集合点（CP）；从集合点引出的 CP 缆线应终接于工作区的信息插座或多用户信息插座上。

③ 多用户信息插座和集合点的配线设备应安装于墙体或柱子等建筑物固定的位置。

④ 当集合点（CP）配线设备为 8 位模块通用插座时，CP 电缆宜采用带有单端 RJ-45 插头的产业化产品，以保证布线链路的传输性能。

5. 工业级布线系统

工业级布线系统应能支持语音、数据、图像、视频、控制等信息的传递，并能应用于高温、潮湿、电磁干扰、撞击、振动、腐蚀气体、灰尘等恶劣环境中。

工业布线应用于工业环境中具有良好环境条件的办公区域或控制室和生产区之间的交界场所或生产区的信息点，工业级连接硬件也可应用于室外环境中；在工业设备较为集中的区域应设置现场配线设备；工业级布线系统宜采用星型网络拓扑结构；工业级配线设备应根据环境条件确定 IP 的防护等级；工业级布线系统产品的选用应符合 IP 标准所提出的保护要求，国际防护（IP）定级如表 11-6 所示。

表 11-6　国际防护（IP）定级

级别编号	IP 编号定义（二位数）				级别编号
	保护级别		保护级别		
0	没有保护	对于意外接触没有保护，对于异物没有防护	对水没有防护	没有防护	0
1	防护大颗粒异物	防止大面积人手接触，防护直径大于 50mm 的大固体颗粒	防护垂直下降水滴	防水滴	1
2	防护中等颗粒异物	防止手指接触，防护直径大于 12mm 的中固体颗粒	防止水滴溅射进入（最大 15°）	防水滴	2
3	防护小颗粒异物	防止工具、导线或类似物体接触，防护直径大于 2.5mm 的小固体颗粒	防止水滴（最大 60°）	防喷溅	3
4	防护谷粒状异物	防护直径大于 1mm 的小固体颗粒	防护全方位、泼溅水，允许有限进入	防喷溅	4
5	防护灰尘积垢	有限地防止灰尘	防护全方位、泼溅水（来自喷嘴），允许有限进入	防浇水	5
6	防护灰尘吸入	完全防止灰尘进入，防护灰尘渗透	防护高压喷射或大浪进入，允许有限进入	防水淹	6
—	—		可短时间沉浸在水下 0.15～1m 深度	防水浸	7
—	—		可长期沉浸在压力较大的水下	密封防水	8

注：① 2 位数用来区别防护等级，第 1 位数针对固体物质，第 2 位数针对液体；
　　② 如 IP67 级别就等同于防护灰尘吸入和可短时间沉浸在水下 0.15～1m 深度。

在 ISO／IEC 11801 2002-09 标准中提出，除了维持 SC 光纤连接器件用于工作区信息点以外，建议在设备间、电信间、集合点等区域使用 SFF 小型光纤连接器件及适配器。小型光纤连接器件与传统的 ST、SC 光纤连接器件相比体积较小，可以灵活地使用于多种场合。

6. 综合布线支持以太网在线供电

综合布线支持以太网在线供电（POE），如图 11-8 所示。它提供两种供电方式。在方式一中，以太网在线供电（POE）采用由模块配线架式的供电设备 SB，通过非数据线对 4 和 5、7 和 8 向受电设备提供电源；模块配线架式的供电设备 SB 应兼容 IEEE802.3af 标准（POE 协议），应满足网络交换机的协议，应能识别受电设备的正确供电电压，向受电设备不间断地提供要求的电源，受电设备有情况立即断电，当受电设备断开后停止供电。

在方式二中，以太网在线供电（POE）采用由具有供电功能的以太网交换机 SW，通过叠加在数据传输线对 1 和 2、3 和 6 向受电设备提供电源，或 1、2/3、6 信号，4、5/7、8 供电；以太网在线供电（POE）的对象包括无线接入点、网络电话等；在各种温度条件下，布线系统 D、E、F 级信道线对每一导体最小的传送直流电流应为 0.175A；在各种温度条件下，布线系统 D、E、F 级信道的任何导体之间应支持 48V 直流工作电压，每一线对的输出功率应为 15.4W，末端为 13W 受电设备。

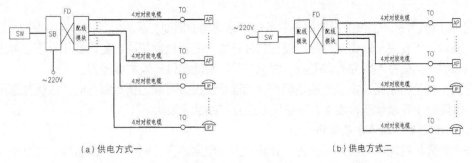

(a) 供电方式一　　　　　　　　　　　　　(b) 供电方式二

图 11-8　综合布线支持以太网在线供电（POE）示意图

11.4　综合布线工程总体方案设计

1. 产品选型

布线产品是决定综合布线系统工程质量的关键因素，产品选型与技术方案、工程造价、业务功能、日常维护管理和今后的系统扩展等密切相关。综合布线工程设计应按照近期和远期的通信业务，计算机网络拓扑结构等的需要，选用合适的布线器件与设施。

（1）产品市场

我国的综合布线系统最早是从美国引入的，随着市场的发展，其他地区的产品相继进入中国市场，2003 年是国内布线厂家异军突起的一年。

据不完全统计，北美地区主要有 AVAYA、3M、西蒙、AMP、康普、IBDN、百通、莫莱克斯（Molex）、泛达等品牌，欧洲地区主要有耐克森、德特威勒、施耐德、科龙、罗森伯格、奔瑞等品牌，澳洲主要有奇胜等品牌；还有万泰、鼎志等港台品牌和普天、TCL、大唐电信、鸿雁电器、宁波东方等国产品牌。每个品牌的产品都有其独特之处，在性能和价格方便也存在一定差异。通常，国有品牌具有低廉的价格和良好的性价比。

（2）产品选型原则

进行综合布线系统产品选型，一般应遵循下列原则。

① 满足功能需求。产品选型应根据智能建筑的主体性质、所处地位、使用功能等特点，从用户信息需求、今后的发展变化情况来考虑，选用合适等级的产品，如 3 类、超 5 类、6 类系统产品或光缆系统，包括各种缆线和连接硬件。

② 满足环境需求。产品选型时应考虑智能建筑和智能小区的环境、气候条件和客观影响等情况，从工程实际和用户信息需求考虑，选用屏蔽或非屏蔽电缆产品还是光纤产品。这与设备配置及网络结构的总体设计方案都有关系。

③ 选用主流产品。采用市场上主流的、通用的系统产品，以便于将来的维护和更新。

④ 选用同一品牌的产品。由于在原材料、生产工艺、检测标准等方面的不同，不同厂商的产品会在阻抗特性等电气性能方面存在较大差异，如果缆线和接插件选用不同厂商的产品，由于特性阻抗不匹配会产生较大的回波损耗，这对高速网络是非常不利的。

⑤ 符合相关标准。选用的产品应符合我国的国情和有关技术标准。所用产品均应按标准要求进行检测和鉴定，未经鉴定合格的设备和器材不得在工程中使用。

⑥ 综合考虑技术性与经济性。对综合布线系统产品的技术性能应以系统指标来衡量。在产品选型时，所选设备和器材的技术性能指标一般要稍高于系统指标，这样在工程竣工后，才能保证满足整体系统技术性能指标；但选用产品的技术性能指标也不宜过高，否则会增加工程

投资。

⑦ 售后服务保障。根据近期信息业务和网络结构的需要，系统要预留一定的发展余地。在具体实施中，不宜完全以布线产品厂商允诺保证的产品质量期来决定是否选用，还要考虑综合布线系统的产品尚在不断完善和提高，要求产品厂家能提供升级扩展能力。

此外，在价格相同、技术性能指标符合标准且能提供可靠的售后服务时，应优先选用国内产品，以降低工程总体运行成本，促进民族企业产品的发展。

2. 一个完整的设计方案结构

一个计算机局域网是由终端设备（计算机）、组网设备（网卡、交换机等）加上布线系统构成的，如图 11-9 所示。我们把图中的电信间部分、设备间部分、主设备间部分、工作区部分称为网络方案结构图，干线子系统部分、配线子系统部分、建筑群子系统部分称为布线方案结构图（作为网络综合布线方案）。

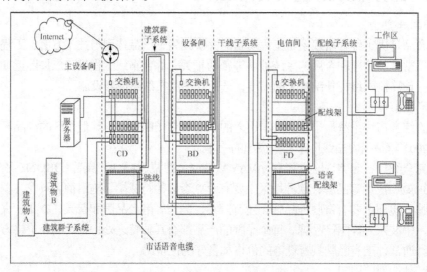

图 11-9　一个完整的设计方案结构示意图

3. 方案设计实例

一、系统总体设计

1. 工程概述及需求分析

××单位综合楼地下两层，地上 6 层（部分为 7 层），总建筑面积约 1.3 万 m^2。地下两层至地上一层为停车场，2 层以上为办公用房（包括小会议室）。本方案设计只考虑地上部分。

（1）布线系统需求分析

××单位综合楼作为一栋现代化的高档商务写字楼，其综合布线所提供的办公软环境的建设是至关重要的。依据建设方提出的弱电工程要求，包括综合布线系统（GCS）、保安监控系统（SAS）、有线电视系统（CATV）、楼宇自控系统（BAS）等几个主要的弱电系统。综合布线系统作为各弱电子系统的物理支撑，在设计上的合理性、经济性、灵活性和长远性显得尤为重要。从功能实现上，以上各系统的传输介质均可通过综合布线系统实现，但从合理性、实用性及经济性的角度考虑，在系统的配置上主要考虑将语音通信系统和计算机网络系统两个主要的子系统挂到 GCS 上，其他各个子系统相对比较独立，考虑到投资效益比，单独布线更为合理。

（2）功能要求

为大楼的语音通信、数据图像通信及自动化管理等系统设备间提供高性能的传输链路。

（3）系统等级

在××单位综合楼的综合布线系统中，信息点的布置依据用户的需要设置，同时考虑适当的扩展性。虽然目前6类、7类布线国际标准业已推出，但采用5e类系统已能满足吉比特网络布线应用。5e系统的性能与6类系统相比差异不大，而且在本系统的配线子系统中需要使用大量对绞电缆及信息模块，5e类缆线和模块的价格较之6类具有相当大的优势，从布线系统的性价比考虑，整个综合布线系统宜选用5e类系统。

2. 设计思想

就智能建筑而言，要构成一个真正智能化的环境，建筑中智能化系统之间要能够根据实际需要自由交换信息，更需要一个开放、灵活、能满足现在及未来发展需要的集成布线系统作为支持。

全光系统的应用前景无限，但就目前的实际情况看，许多用户在建网初期还不需要光纤到桌面，如果建网初期就铺设全程光缆，不仅前期投资巨大，网络也不能完全发挥效用。因此，从功能先进性、投资经济性、系统可靠性、未来可扩展性等方面考虑，××单位综合楼综合布线系统的数据通信部分采用 5e 布线系统，已能够实现对吉比特以太网的支持，满足用户的需求。本系统的数据主干布线将采用6芯 62.5/125μm 室内多模光缆，配线全部采用 5e 类非屏蔽对绞（UTP）电缆，信息出口插座采用标准 RJ-45 接口的 5e 类信息模块，整个数据通信部分按标准设计。

从经济性考虑，本系统的话音通信部分采用3类大对数电缆为主干；配线部分考虑到将来语音、数据点的互换性，也采用 5e 类 UTP 电缆；信息出口插座采用标准 RJ-45 接口的 5e 类信息模块；整个语音通信部分按 GB 50311—2007 标准设计，便于与数据通信部分的调配使用。

系统的设计按实际多预留20%，以满足将来的扩展需要。

本方案能支持 10Mbit/s～1Gbit/s/s 计算机网络高速传输的需要，支持 DDN、X.25、Frame Relay、ATM、FDDI、100Base-T、1G Base-T、TCP/IP、IPX 等目前流行的网络技术和网络协议；能与外界有高速的网络接口；其接口速率可随计算机技术的提高而提高，同时可灵活扩展，只要积木式叠加相应设备，原来的系统不用变动，十分方便。如果应用系统的设备增加，可以充分利用原系统的设计预留进行扩展，不需重新布线，十分方便。

××单位综合楼的数据主配线架及语音主配线架设置于一层的相应配线间内，一层的信息点数量不多，因此考虑在二层弱电井配线间设置分配线架（包括光纤的和电缆的），统一管理一层、二层的信息点；二层以上为办公区域，在每层弱电井配线间设分配线架（包括光纤的和电缆的），对该层配线链路进行集中管理。

3. 设计原则

××单位综合楼综合布线系统工程的设计原则是：面向××单位综合楼的实际需要和今后发展需要，具有功能的先进性和可行性，系统的可靠性，布局的合理性和灵活性，以及投资的经济性和可扩展性。

① 面向实际需要和今后的发展需要：在设计上立足于满足××单位综合楼的目前需要，符合中国国情，同时着眼于未来发展，充分考虑潜在的技术发展要求、可能的功能扩展和系统升级。

② 功能先进性、可行性：要尽量采用国内外先进、成熟的技术，起点要高，又要适应××单位综合楼自身的运作特点。

③ 系统可靠性：要充分考虑系统的安全性、可靠性和信息保密性的需要，保证××单位综合楼内各项业务的正常进行。

④ 布局合理性、灵活性：即综合布线系统的终端插座的布局位置、密度、种类要结合各个区域的实际需求，保证每个办公区域及每张办公桌都有就近的插座，同时尽量注意美观。

⑤ 投资经济性：即系统设计要兼顾技术先进与项目投资的最佳平衡点，同时综合布线系统应在今后较长一段时间内不落后。在今后增加新系统时，能对新设备提供信号传输的支持，体现长远效益。

4. 设计依据

①《Commercial Building Telecommunication Wiring Standard》（EIA/TIA 568B）。

②《Generic Cabling for Customer Premises Cabling 》（ISO 11801：2002）。

③《综合布线系统工程设计规范》（GB 50311—2007）。

④《综合布线系统工程验收规范》（GB 50312—2007）。

⑤《计算站场地技术条件》（GB 2887—89）。

⑥《计算站场地安全要求》（GB 9361—88）。

⑦《电子计算机机房设计规范》（GB 5017493）。

⑧《民用建筑电气设计规范》（JGJ 16—2008）。

5. 系统功能

本设计提出的综合布线系统实现了××单位综合楼内各弱电系统物理层上的相互连接，满足各子系统间信息共享的要求，为综合楼内各子系统的集中管理、实现楼宇自动化建立了基础设施，也为将来综合楼建成后的运营、管理节约了资金，提供了方便性。

具体来说，本设计提出的布线系统支持以下各类应用及其设备。

① 语音：交换机、电话、传真、卫星通信、电话会议、语音信箱等。

② 数据：快速以太网、吉比特以太网、FDDI、ATM、TCP/IP、IPX、Internet 等。

③ 视频：闭路电视监控、电视会议、可视图文、有线电视等。

二、方案设计说明

根据××单位综合楼的实际需要，现提供以下设计方案。

1. 总体设计图

系统总体设计图如图 11-10 所示。

2. 工作区设计说明

工作区主要包括设备连接线、适配器等。

（1）信息点

依照惯例，我们将工作区内连接电话的信息点称为语音点，连接计算机的信息点称为数据点。其他各种楼宇系统的信息点，如空调控制点、出入口控制点等，统称为综

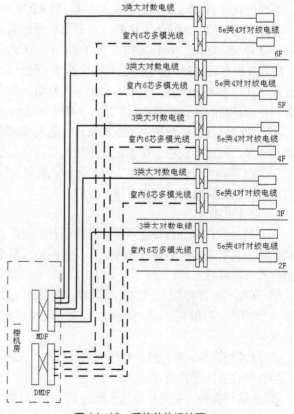

图 11-10 系统总体设计图

合信息点。

（2）信息点分布原则

① 写字楼区域（一层以上）：

- 每个办公区域考虑语音、数据点各 4 个；
- 每间小会议室考虑语音、数据点各 1 个；
- 服务台区域考虑语音、数据点各 1 个。

② 停车场区域（一层）：

- 门卫室考虑语音点 1 个；
- 每间值班室考虑语音、数据点各 1 个；
- 消防控制室考虑语音、数据点各 1 个；
- 控制室考虑语音、数据点各 1 个。

3. 配线子系统设计说明

为便于统一调配，所有配线电缆均选用 5e 类非屏蔽对绞电缆，满足 E 级标准。确保高速多协议局域网的运行，可以支持吉比特高速网络应用。

布线时，配线电缆从电信间（各楼层配线间）通过电缆桥架和墙内敷设的钢管至各信息插座。

（1）信息插座选型

为了便于调配，语音点及数据点全部选用 5e 类信息插座，以满足高速数据传输的需要，同时便于数据点及语音点的统一维护。

（2）安装面板

对于各办公区域选用双口标准面板，暗装于墙内。

4. 干线子系统设计说明

（1）数据系统

对于数据传输，主干缆线选用室内 6 芯 62.5/125μm 多模光缆，其参数指标如下。

① 最大长度：约 4.2km。

② 光纤尺寸：纤芯 62.5μm，包层 125μm，外套 250μm，缓冲 900μm。

③ 光缆最小弯曲半径：安装时，光缆直径的 20 倍；安装后，光缆直径的 10 倍。

④ 缓冲层光纤最小弯曲半径：0.75in（1.91cm）。

⑤ 工作温度范围：−20℃～75℃。

⑥ 最大光纤损耗：850nm 为 3.4dB/km（典型范围 2.8～3.2dB/km），1300nm 为 1.0dB/km（典型范围 0.5～0.8dB/km）。

⑦ 最小带宽：200MHz·km（在 850nm），500MHz·km（在 1300nm）。

（2）语音系统

对于语音信号，干线选用 3 类 25 对大对数电缆，可以支持到语音（模拟、数字）、ISDN等。按照常规，干线电缆对数以配线电缆的每点位对应干线电缆对数的 1～1.5 倍为标准。

5. 管理设计说明

（1）数据系统

作为计算机网络系统的布线，应完成 10Mbit/s、100Mbit/s 直到 1000Mbit/s 的高速传输。对于铜介质来说，需要采用 5e 类的配线管理系统。

（2）铜缆配线架

各区域的配线间选用 5e 类模块式配线架，配线缆线在此端接，通过设备缆线（跳线）完成各层网络设备与配线架之间的连接。

RJ-45 模块式配线架比 110 型更容易管理，特别适用于缆线较多、管理复杂的配线间。5e 类配线架的具体参数如下。

①EIA/TIA 标准：5e 类。

② 缆线尺寸：22~26AWG（0.4~0.65mm）固体铜线。

　　　　　　22~26AWG（0.4~0.65mm）绞合铜线。

③ 绝缘尺寸：0.5in（1.27mm）最大 DOD（顶端）。

　　　　　　0.7in（1.78mm）最大 DOD（底端）。

④ 重复端接次数：最少 200 次。

⑤ 模块化插座插接：最少 750 次。

（3）光纤配线架

各区域配线间的光纤端接选用抽屉式配线架，该配线架可安装于 19 英寸标准机柜内，具有便于安装和管理的优点。

这里所采用的配线架、跳线均经美国 UL 认证，已达到 EIA/TIA 568B 的要求。

（4）语音系统

按照与数据干线设计同样的原则，语音部分的管理系统选用 110 型配线架和相应的跳线及附件。基于对各层信息点数量及管理的方便性考虑，配线架均采用开放式结构，安装在机柜内，通过主配线架与分配线架的两级管理，可以方便地管理整个系统。配线架及有关附件均经美国 UL 认证。

（5）配线间要求

配线间应尽量保持室内无尘土、通风良好、室内照明不低 150lx，每个电源插座的容量不小于 300W。弱电竖井原则上应位于配线间内。所有配线架全部安装于 19 英寸标准落地式机柜内。

机柜的金属基座都应按标准接地，起到保护网络设备的作用。

6. 设备间设计说明

设备间把中央主配线架与各种不同设备互连起来，如 PBX、网络设备和监控设备等。一般来说，该部分设计与网络具体应用有关，相对独立于通用的综合布线系统。

三、系统设备清单

根据××单位综合楼综合布线系统工程的招标文件，本系统的设备选型如表 11-7 所示。

表 11-7　综合布线系统设备表

序号	项目名称	型号	采用厂家	产地	单位	数量
1	信息插座模块				个	699
2	面板（双口）				个	350
3	5e类4对UTP电缆				箱	119
4	3类大对数电缆				箱	2
5	3类普通跳线				箱	1
6	5e类数据跳线				根	10
7	室内6芯多模光缆				米	151
8	数据配线架				套	10
9	过线槽				套	10
10	语音配线架				套	40

序号	项目名称	型号	采用厂家	产地	单位	数量
11	过线槽				套	40
12	光纤配线架（24口）				套	7
13	光电耦合器				个	60
14	尾纤				根	60
15	光纤跳线（双工）				根	10
16	机柜				个	5
17	机柜				个	2

思考与练习 11

一、填空题

1. 综合布线系统的光纤信道应采用标称波长为_____和_____的多模光纤及标称波长为_____和_____的单模光纤。

2. 国家标准规定，配线子系统的对绞电缆最大长度为_____。

3. 配线子系统的网络拓扑结构一般采用_____结构。

4. 综合布线系统中，建筑群配线架（CD）到楼层配线架（FD）间的距离不应超过_____m、建筑物配线架（BD）到楼层配线架（FD）的距离不应超过_____m。

二、选择题

1. 布线系统的工作区，如果使用 4 对非屏蔽对绞电缆作为传输介质，则信息插座与计算机终端设备的距离一般应保持在（　　　）以内。

A. 2m　　　　　　B. 90m　　　　　　C. 5m　　　　　　D. 100m

2. 对绞电缆长度从楼层配线架开始到信息插座不可超过（　　　）m。

A. 50　　　　　　B. 75　　　　　　C. 85　　　　　　D. 90

三、判断题

1. 电信间和设备间安装的配线设备的类型应与所连接的缆线相适应。（　　　）

2. 在建筑群配线架和建筑物配线架上，接插软线和跳线长度不宜超过 20m，超过 20m 的长度应从允许的干线缆线最大长度中扣除。（　　　）

3. 布线产品是决定综合布线系统工程质量的关键因素，在综合布线系统工程设计时应尽量选用最先进的产品。（　　　）

四、简答题

试述综合布线系统产品选型原则。

五、画图题

图示综合布线系统拓扑结构。

六、根据综合布线系统组成划分，填写下列示意图。

（A）_____ （B）_____
（C）_____ （D）_____
（E）_____ （F）_____
（G）_____ （H）_____

项目实训 11

一、实训目的

通过实训，掌握综合布线系统工程方案设计方法，培养综合布线工程设计及方案描述各方面的能力。

二、实训内容

根据实际情况，以一座实际大楼（学生宿舍、教学大楼、办公大楼）或模拟大楼工程为设计目标，完成大楼的综合布线工程整体方案设计。

三、实训步骤

① 确定系统的功能和设计目标。

② 确定系统的设计原则和设计依据。

③ 确定整体方案结构，画出系统结构图。

④ 进行产品选型。

⑤ 编写系统各部分的设计说明。

⑥ 列出系统设备清单。

任务 12　综合布线工程详细设计

综合布线工程是一个较为复杂的系统工程，综合布线工程设计的内容涉及用户需求调查、系统结构设计、产品选型、确定具体布线路由和方案实施细则、绘制施工图、计算各种材料用量和用工、编制概预算和编写设计文档等。本任务的目标是完成综合布线系统各部分的详细设计（含材料用量计算）、电气保护设计和接地系统设计。

12.1　一个楼层的综合布线工程设计

12.1.1　楼层布线需求分析

一个楼层的综合布线系统，通常只包括一个布线子系统，即配线子系统。配线子系统是由工作区用的信息插座、信息插座至楼层配线设备（FD）的配线电缆或光缆、楼层配线设备和跳线组成的。进行配线子系统设计，一般需要先确定电信间的位置、楼层配线架的安装位置和每个房间的工作区需求，然后再进行配线子系统详细设计，具体步骤如下。

第一步：确定电信间的位置，进行电信间设计。

第二步：确定每个房间的工作区需求，进行工作区设计。

第三步：进行信息插座设计，确定信息插座的类型、规格和数量。

第四步：进行配线路由设计，确定配线子系统路由和配线布线方法。

第五步：进行配线缆线设计，确定配线子系统缆线的类型和数量。

第六步：进行配线的支撑系统设计，确定配线用管、槽及其支撑、固定部件的类型和数量。

第七步：进行楼层配线设备设计，确定楼层配线设备的类型、规格和数量。

第八步：列出全部材料清单。

12.1.2　电信间设计

电信间主要为楼层安装配线设备（为机柜、机架、机箱等安装方式）和楼层计算机网络设备（SW）的场地，并可考虑在该场地设置缆线竖井、等电位接地体、电源插座、UPS 配电箱等设施。在场地面积满足的情况下，也可设置建筑物诸如安防、消防、建筑设备监控、无线信号覆盖等系统的布缆线槽和安装功能模块。如果综合布线系统与弱电系统设备合设于同一场地，从建筑的角度出发，称为弱电间。

电信间内或其紧邻处应设置缆线竖井。配线子系统和干线子系统的缆线在电信间的楼层配线架上进行终接，如图 12-1 所示。

电信间的使用面积不宜小于 5m²，可根据工程中配线设备和网络设备的容量进行调整。

一般情况下，综合布线系统的配线设备和计算机网络设备采用 19 英寸标准机柜安装，机柜尺寸通常为 600mm（宽）×900mm（深）×2000mm（高），共有 42U 的安装空间。机柜内可安装光纤连接盘、RJ-45 配线模块、多线对卡接模块（110 型）、理线架、计算机网络设备（SW）等。如果按建筑物每层电话和数据信息点各为 200 个考虑，配置上述设备，大约需要有 2 个 19 英寸（42U）的机柜空间，以此测算电信间的使用面积至少应为 5m²（2.5m×2.0m）。

当布线系统设置内、外网或专用网时，19 英寸机柜应分别设置，并在保持一定间距的情况下预测电信间的面积。

电信间的设备安装和电源要求与设备间相同。

电信间的温度、湿度按配线设备要求提出，当在其中安装计算机网络设备（SW）时，其环境应满足设备提出的要求，温度、湿度的保证措施由空调专业负责解决。电信间应采用外开丙级防火门，门净宽应大于设备宽度，宜为 0.7～1.0m。室温应保持在 10℃～35℃，相对湿度宜保持在 20%～80%。

电信间的数量应按所服务的楼层范围及工作区面积来确定。

一个装有 3 个标准机柜（宽度 800mm，厚度 800mm）的电信间标准平面布置示例，如图 12-2 所示。

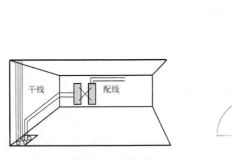

图 12-1　电信间功能示意图

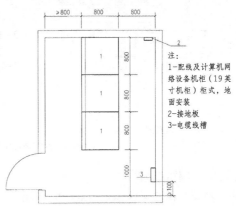

图 12-2　电信间平面布置示例

综合布线系统和弱电系统合用房间的弱电间设备布置如图 12-3 所示。配线及网络设备机柜内的设备安装、接线及维护均在柜前操作，图 12-3 中的 W1 为综合布线线槽（建议采用桥架）的宽度，W2 为 BAS 箱的宽度，W3 为 BAS 线槽的宽度，W4 为有线电视箱的宽度，W5 为有线电视线槽的宽度，W6 为安防箱的宽度，W7 为安防线槽的宽度，W8 为广播箱的宽度，

W9 为广播线槽的宽度，W10 为火灾报警箱的宽度，W11 为火灾报警线槽的宽度，S1 为配线及网络设备机柜的厚度，S2 为其他弱电箱的厚度。住宅楼的弱电间设备布置如图 12-4 所示。

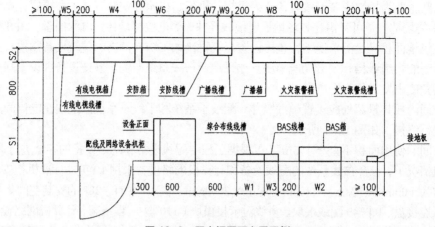

图 12-3　弱电间平面布置示例

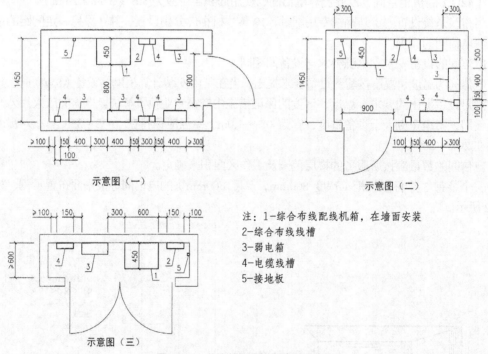

示意图（一）

示意图（二）

示意图（三）

注：1—综合布线配线机箱，在墙面安装
2—综合布线线槽
3—弱电箱
4—电缆线槽
5—接地板

图 12-4　住宅楼弱电间平面布置示例

12.1.3　工作区设计

工作区是综合布线系统中不可缺少的一部分，工作区由配线子系统的信息插座模块（TO）延伸到终端设备处的连接缆线及适配器组成。工作区的终端设备可以是电话、计算机、电视机，也可以是检测仪表、传感器等。

终端设备与信息插座之间连接的最简单方法是使用接插软线（跳线）。例如，电话机、传真机可用两端带连接插头（RJ-11/RJ-45）的对绞电缆直接插到信息插座上。而有些终端设备由于插头、插座不匹配，或者缆线阻抗不匹配，或信号类型不匹配，不能直接插到信息插座上，需要选择适当的适配器才能连接到信息插座上。

工作区的电源应符合下列规定。

① 每一个工作区至少应配置 1 个 220V 交流电源插座。

② 工作区的电源插座应选用带保护接地的单相电源插座，保护接地与 N 线应严格分开。

工作区设计就是要确定每个工作区应安装的信息点的数量、种类和安装位置。这主要根据用户的具体需求来确定，即由需求分析的结构确定。

12.1.4 信息插座设计

信息插座是工作区终端设备与配线子系统连接的接口，信息插座必须具有开放性，即能兼容多种终端设备的连接要求。信息插座还要与建筑物内的装修相匹配，一般新建的建筑物采用嵌入式信息插座（即暗装），而已有的建筑物采用明装式信息插座或嵌入式信息插座。信息插座应安装在距离地面 300mm 以上的位置，且与计算机终端设备的距离应保持在 5m 范围以内。为便于有源设备的使用，每个工作区在信息插座附近应至少配置一个 220V 的 3 孔电源插座为设备供电，其间距不小于 100mm，暗装信息插座（RJ-45）与其旁边电源插座应保持在 200mm 以上的间距，且保护地线与零线严格分开，如图 12-5 所示。

1. 确定信息插座的类型和规格

确定信息插座的类型和规格时，应考虑以下因素。

① 工作区信息点为电端口时，应采用 8 位模块通用信息插座（RJ-45），以支持不同的终端设备接入；信息点电端口为 7 类布线时，采用 RJ-45 或非 RJ-45 型的屏蔽 8 位通用插座。

② 工作区信息点为光端口时，宜采用 SFF 小型光纤连接器件及适配器。

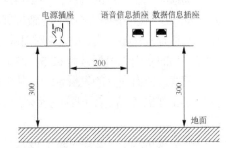

③ 每个工作区信息插座模块（光/电）的数量不宜少于 2 个，并满足各种业务的需求；每一个底盒支持安装的信息点数量不宜大于 2 个。

图 12-5　暗装信息插座与电源插座的布设

④ 光纤信息插座模块安装的底盒大小应充分考虑到水平光缆（2 芯或 4 芯）终接处的光缆盘留空间和满足光缆对弯曲半径的要求。

⑤ 工作区每一个 8 位模块通用插座应连接 1 根 4 对对绞电缆（即 1 条 4 对对绞电缆应全部固定终接在 1 个 8 位模块通用插座上）；每 1 个双工或每 2 个单工光纤连接器件及适配器连接 1 根 2 芯光缆。

⑥ 3 类信息模块支持 16Mbit/s 的信息传输，5 类信息模块支持 100Mbit/s 的信息传输，超 5 类、6 类信息模块支持 1000Mbit/s 的信息传输，光纤插座模块支持 1000Mbit/s 以上的信息传输，适合语音、数据和视频应用。

⑦ 多用户信息插座和集合点的配线设备应安装于墙体或柱子等建筑物固定的位置。

⑧ 工作区信息插座的安装宜符合下列规定：

● 安装在地面上的信息插座应防水和抗压；

● 安装在墙面或柱子上的信息插座底盒、多用户信息插座盒及集合点配线箱体的底部离地面的高度宜为 300mm。

2. 确定信息插座的数量

建筑物各层需要设置的信息点的数量及其位置已由需求分析确定，我们可以按照下面的方法，来计算、确定信息插座的数量。

① 8 位通用信息模块的数量（m）与电端口信息点的数量（n）相同，但可考虑 3% 的富余量，即 $m=n+n\times3\%$。

② 信息插座面板的数量=8位通用信息模块数÷信息插座面板的开口数。

③ 信息插座底盒的数量=信息插座面板的数量。

④ 光纤插座光纤适配器数 = 光端口数 = 光纤信息点数×2（因每个光纤信息点需配 2 芯光纤）。

⑤ 光纤插座面板数 = 光纤插座光纤适配器数÷光纤插座面板的光口数。

⑥ 光纤插座底盒数 = 光纤插座面板数。

12.1.5 配线路由设计

配线子系统的范围比较分散，遍及整栋智能建筑的每一个楼层、每一个房间。设计配线子系统路由，通常要根据建筑图纸、装饰图纸，并由用户、设计人员到现场实地勘查，按照建筑物的结构、用途来确定。配线布线可以在天花板（或吊顶）内、地板（楼板）下或旧建筑物墙面上、地板上进行，其布线方法又有多种。

12.1.6 配线缆线设计

1. 确定配线缆线的类型

选择配线子系统的缆线，要根据建筑物内具体信息点的类型、容量、带宽和传输速率来确定。配线子系统缆线应采用非屏蔽或屏蔽 4 对对绞电缆或室内多模或单模光缆。在配线子系统中推荐语音采用超 5 类、6 类 4 对对绞电缆；数据采用超 5 类、6 类、7 类 4 对对绞电缆或光缆，推荐采用的室内光缆型号为 62.5/125μm、50/125μm 多模光缆和 8.3/125μm 单模光缆。

配线应留有充分的发展余地。从电信间至每一个工作区的水平光缆宜按 2 芯光缆配置。当光缆至工作区需满足用户群或大客户使用时，光纤芯数至少应有 2 芯备份，按 4 芯水平光缆配置。

在配线布线中，配线电缆的最大长度为 90m。配线布线模型如图 12-6（a）所示，根据实际需要，还可以在楼层配线架（FD）与信息插座之间设置一个集合点。

配线光缆布线模型见图 12-6（b），链路的每端各有一个熔接点和一个连接点。

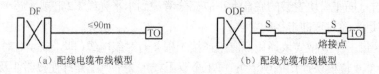

（a）配线电缆布线模型　　　　　　（b）配线光缆布线模型

图 12-6　配线布线模型

2. 计算配线电缆用量

当楼层信息点分布比较均匀时，计算方法如下。

（1）确定平均电缆长度

确定平均电缆长度要根据布线方式和缆线走向，测定信息插座到楼层配线架的最远和最近距离，如图 12-7 所示。

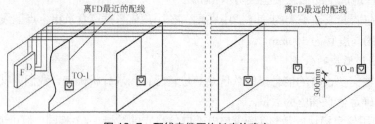

图 12-7　配线电缆平均长度的确定

按可能采用的电缆路由计算平均电缆长度：

$L=(F+N)\times0.55+6$（m）

式中：F 为最远的信息插座离楼层配线架的路由长度；

N 为最近的信息插座离楼层配线架的路由长度；

0.55 为平均电缆长度＋备用部分；

6 为端接容差，常数（主干用 15，配线用 6）。

（2）计算总电缆用量

每个楼层的配线电缆总长度（m）：

$S=L\times C$

式中，C 为每个楼层的电缆信息点总量。

（3）订购电缆

4 对对绞电缆一般以箱为单位成箱订购，每箱电缆的长度通常是 305m。

每箱可用电缆数＝每箱电缆长度÷平均电缆长度

须订购的电缆箱数＝信息点总数÷每箱可用电缆数

【例 12-1】已知某综合布线工程共有电端口信息点 408 个，布点比较均匀，离 FD 最近的信息点路由长度为 7.5m，离 FD 最远的信息点路由长度为 82.5m，试计算需订购的电缆数量（箱数）。

解：平均电缆长度＝（7.5＋82.5）/2×1.1+6=55.5（m）

每箱可用电缆数=305m÷55.5m=5.5　　（只能取整数 5）

须订购的电缆箱数=408÷5=81.6　　（应订 82 箱）

12.1.7 配线管道设计

配线子系统缆线宜穿管或沿桥架敷设。敷设暗管宜采用钢管或阻燃硬质 PVC 管。

1. 配线用管、槽规格的确定

综合布线系统的配线子系统的缆线类型包括大对数屏蔽与非屏蔽电缆（25 对、50 对、100 对），4 对对绞屏蔽与非屏蔽电缆（5e 类、6 类、7 类）及光缆（2 芯至 24 芯）等。尤其是 6 类和屏蔽缆线因构成的方式较复杂，众多缆线的直径与硬度有较大的差异，在设计管线时应引起足够的重视。为了选择到合适大小的管、槽，可以采用管径利用率和截面利用率的公式加以计算、确定。

管径利用率＝d/D，d 为缆线总外径；D 为管道内径。

截面利用率＝$A1/A$，$A1$ 为穿在管内的缆线总截面积，它等于每根缆线的截面积乘以缆线根数；A 为管子的内截面积。

为了保证配线电缆的传输性能及成束缆线在电缆线槽中或弯角处布放时不会产生溢出的现象，管、槽大小的选择应符合下列要求。

① 管内穿大对数电缆或 4 芯以上光缆时，直线管道的管径利用率应为 50%～60%，弯管道的管径利用率应为 40%～50%。

② 暗管布放 4 对对绞电缆或 4 芯以下光缆时，管道的截面利用率应为 25%～30%；线槽的截面利用率应为 30%～50%。

当综合布线缆线穿管布放时，所需管材的管径如表 12-1、表 12-2、表 12-3 和表 12-4 所示；当综合布线缆线采用线槽布放时，常用线槽允许容纳的缆线数如表 12-5 和表 12-6 所示。

表 12-1　综合布线大对数电缆穿管最小管径

大对数电缆规格	管道走向	保护管最小管径（mm）			
		低压流体输送用焊接钢管（SC）	普通炭素钢电线套管（MT）	聚氯乙烯硬质电管（PC）和聚氯乙烯半硬质电管（FPC）	套接紧定式钢管（JDG）和套接扣压式薄壁钢管（KBG）
25 对（3 类）	直线管道	20	25	32	25
	弯管道	25	32	32	32
50 对（3 类）	直线管道	25	32	32	32
	弯管道	32	40	40	40
100 对（3 类）	直线管道	40	50	50	40
	弯管道	50	50	65	—
25 对（5 类）	直线管道	25	32	40	—
	弯管道	32	40	40	—

注：布放椭圆形或扁平形缆线和大对数电缆时，直线管道的管径利用率为 50%，弯管道为 40%。

表 12-2　综合布线 4 对对绞电缆穿管最小管径

电缆类型	保护管类型	保护管穿电缆根数										
		1	2	3	4	5	6	7	8	9	10	11
		保护管最小管径（mm）										
超 5 类（非屏蔽）	低压流体输送用焊接钢管（SC）	15	15	20	20	25	25	25	32	32	32	32
超 5 类（屏蔽）		15	20	25	25	32	32	32	32	40	40	50
6 类（非屏蔽）		15	20	25	25	32	32	32	32	40	40	40
6 类（屏蔽）		15	20	25	32	32	32	32	40	40	50	50
7 类		20	25	32	32	40	40	50	50	50	50	65
超 5 类（非屏蔽）	普通碳素钢电线套管（MT）	15	20	25	25	32	32	32	40	40	40	40
超 5 类（屏蔽）		20	25	25	32	32	40	40	50	50	50	50
6 类（非屏蔽）		15	25	25	32	32	40	40	50	50	50	50
6 类（屏蔽）		20	25	32	40	40	50	50	50	50	50	65
7 类		25	32	32	40	50	50	50	50	65	65	65
超 5 类（非屏蔽）	聚氯乙烯硬质电管（PC）和聚氯乙烯半硬质电管（FPC）	15	20	25	25	32	32	40	40	40	40	50
超 5 类（屏蔽）		20	25	25	32	32	40	40	50	50	50	50
6 类（非屏蔽）		20	25	32	32	40	40	40	50	50	50	50
6 类（屏蔽）		20	25	32	40	50	50	50	65	65	65	65
7 类		25	32	40	40	50	50	50	65	65	65	65
超 5 类（非屏蔽）	套接紧定式钢管（JDG）和套接扣压式薄壁钢管（KBG）	15	20	25	25	32	32	32	32	40	40	40
超 5 类（屏蔽）		15	25	25	32	32	40	40	40			
6 类（非屏蔽）		15	25	25	32	32	40	40	40			
6 类（屏蔽）		20	25	32	40	40	40					
7 类		20	32	32	40	40						

注：按管道的截面利用率为 27.5% 计算得。

表 12-3　4 芯及以下光缆穿保护管最小管径

光缆规格	保护管种类	保护管穿光缆根数													
		1	2	3	4	5	6	7	8	9	10	11	12	13	14
		保护管最小管径（mm）													
2 芯	SC	15	15	15	20	20	25	25	25	25	32	32	32	32	32
4 芯		15	15	20	20	25	25	25	32	32	32	32	32	32	40
2 芯	MT	15	20	25	25	25	32	32	32	32	40	40	40	40	40
4 芯		15	20	25	25	25	32	32	32	40	40	40	40	50	50
2 芯	PC	15	20	20	25	25	32	32	32	40	40	40	40	40	40
4 芯	FPC	15	20	25	25	32	32	32	40	40	40	40	40	50	50
2 芯	JDG	15	15	20	25	25	25	32	32	32	32	40	40	40	40
4 芯	KBG	15	15	20	25	25	32	32	32	32	40	40	40	40	40

注：　4 芯及以下光缆所穿保护管最少管径的截面利用率为 27.5%。

表 12-4　4 芯以上光缆穿保护管最小管径

光缆规格	管道走向	保护管最小管径（mm）			
		低压流体输送用焊接钢管（SC）	普通碳素钢电套管（MT）	聚氯乙烯硬质电管（PC）和聚氯乙烯半硬质电管（FPC）	套接紧定式钢管（JDG）和套接扣压式薄壁钢管（KBG）
6 芯	直线管道	15	15	15	15
	弯管道	15	20	20	15
8 芯	直线管道	15	15	15	15
	弯管道	15	20	20	20
12 芯	直线管道	15	20	20	15
	弯管道	20	25	25	20
16 芯	直线管道	15	20	20	15
	弯管道	20	25	25	20
18 芯	直线管道	20	25	25	20
	弯管道	20	25	25	25
24 芯	直线管道	25	32	32	32
	弯管道	32	404	40	40

注：4 芯以上光缆所穿保护管最少管径，直线管道的管径利用率为 50%，弯管道为 40%。

表 12-5　线槽内允许容纳综合布线电缆根数

线槽规格 宽×高	4 对对绞电缆					大对数电缆（非屏蔽）			
	超 5 类 (UTP)	超 5 类 (屏蔽)	6 类 (非屏蔽)	6 类 (屏蔽)	7 类	25 对 (3 类)	50 对 (3 类)	100 对 (3 类)	25 对 (5 类)
	各系列线槽容纳的电缆根数								
50×50	30(50)	19(33)	19(33)	14(24)	11(19)	7(12)	4(8)	2(4)	4(7)
100×50	62(104)	41(68)	41(68)	50(30)	24(40)	15(25)	9(16)	5(8)	9(15)
100×70	89(148)	58(97)	58(97)	71(43)	34(57)	21(36)	14(25)	7(12)	13(22)
200×70	180(301)	119(198)	119(198)	87(145)	69(116)	44(73)	28(48)	15(25)	27(45)
200×100	261(436)	182(288)	172(288)	126(210)	101(168)	63(106)	41(69)	21(36)	39(65)
300×100	394(658)	260(434)	260(434)	190(317)	152(253)	96(160)	62(104)	32(54)	59(99)
300×150	598(997)	522(658)	522(658)	288(481)	230(384)	145(242)	95(159)	49(83)	90(150)
400×150	792(1320)	702(871)	702(871)	382(637)	305(509)	192(321)	126(210)	65(109)	119(199)
400×200	1063(1773)	787(1170)	787(1170)	513(855)	410(684)	259(431)	169(282)	88(147)	160(267)

表 12-6　线槽内允许容纳综合布线光缆根数

线槽规格	2 芯光缆	4 芯光缆	6 芯光缆	8 芯光缆	12 芯光缆	16 芯光缆	18 芯光缆	24 芯光缆
	各系列线槽容纳的电缆根数							
50×50	38(63)	32(54)	27(45)	22(37)	17(28)	17(28)	12(20)	5(8)
100×50	78(131)	67(112)	55(92)	46(76)	35(59)	35(59)	25(42)	10(18)
100×70	112(187)	96(160)	79(132)	65(109)	50(84)	50(84)	36(60)	15(26)
200×70	228(380)	195(325)	161(269)	133(222)	102(171)	102(171)	73(122)	31(52)
200×100	330(550)	282(471)	233(389)	193(321)	149(248)	149(248)	106(176)	45(76)
300×100	498(830)	426(711)	352(587)	291(485)	224(374)	224(374)	159(266)	69(115)
300×150	755(1258)	646(1077)	533(889)	441(735)	340(567)	340(567)	242(403)	105(175)
400×150	1000(1667)	856(1426)	707(1178)	584(973)	450(751)	450(751)	320(534)	169(231)
400×200	1342(2237)	1149(1915)	949(1582)	784(1307)	605(1008)	605(1008)	430(717)	186(311)

说明：表中括号外（内）的数字为线槽截面利用率为 30%（50%）时所穿缆线的根数。

2. 确定配线管、槽的数量

可以参照配线电缆长度的计算方法，来确定配线管、槽的数量。

3. 确定配线管、槽支撑部件的型号和数量

线管的固定部件主要有管卡，线槽的支撑部件主要有吊杆和拖臂等。

12.1.8　楼层配线设备设计

在电信间里。需要通过配线设备把计算机网络设备和语音干线连接到永久安装的配线缆线上。根据配线子系统缆线类型的不同，综合布线系统的配线设备有电缆配线设备和光缆配线设备两种。进行楼层配线设备的设计，应遵循以下原则。

连接至电信间的每一根水平电缆/光缆应终接于相应的配线模块，配线模块与缆线容量要相适应。具体来说，1 根 4 对对绞电缆应全部固定终接在 1 个 8 位模块通用插座上。不允许将 1

根 4 对对绞电缆终接在 2 个或 2 个以上 8 位模块通用插座上。配线模块可按以下原则选择。

① 多线对端子配线模块可以选用 4 对或 5 对卡接模块，每个卡接模块应卡接 1 根 4 对对绞电缆。一般 100 对卡接端子容量的模块可卡接 24 根（采用 4 对卡接模块）或 20 根（采用 5 对卡接模块）4 对对绞电缆。

② 25 对端子配线模块可卡接 1 根 25 对大对数电缆或 6 根 4 对对绞电缆。

③ 回线式配线模块（8 回线或 10 回线）可卡接 2 根 4 对对绞电缆或 8/10 回线。布线中使用的回线式配线模块的卡接端子可以为连通型或断开型。一般在 CP 处选用连通型，在需要加装过压过流保护器时采用断开型。

④ 光纤连接器件每个单工端口应支持 1 芯光纤的连接，双工端口则支持 2 芯光纤的连接。

1. 模块化配线架型号和数量的确定

在电信间中，数据点的配线缆线一般是通过模块化配线架来终接的，模块化配线架有 24 口、48 口等规格，应根据数据信息点的多少进行配备。

【例 12-2】已知某幢建筑物的某楼层的计算机网络信息点数为 100 个，且全部汇接到电信间，那么在电信间中应安装何种规格的模块化配线架？数量是多少？

解：根据题目得知汇接到电信间的总信息点为 100 个，因此电信间的模块化配线架应提供不少于 100 个 RJ-45 接口。如果选用 24 口的模块化配线架，则电信间端接配线电缆需要的配线架个数应为 5 个（100/24＝4.2，向上取整应为 5 个）。

2. 语音配线架型号和数量的确定

在电信间中，语音点的缆线一般是通过 110 型配线架进行管理的。110 型配线架需要使用 4 型和 5 型对线的连接块。

【例 12-3】计算一个含 300 对线的 110 型配线架可以端接多少个 4 对对绞电缆？

解：110 型配线架的每行可以端接 25 对线，一个 100 对线的 110 型配线架共有 4 行，一个 300 对线的 110 型配线架共有 12 行。

110 型配线架的每行可以终接 6 条 4 对对绞电缆（使用 5 个 4 对连接块和 1 个 5 对连接块）。因此，一个 300 对线的 110 型配线架可以端接的 4 对对绞电缆数为 12×6=72 条。

需要 60 个 110C-4 型连接块和 12 个 110C-5 型连接块来连接。

3. 光缆配线设备型号和数量的确定

光缆布线主要采用光纤配线架作为光缆配线设备，目前常见的光纤配线架有 12 口、24 口、48 口和 72 口等多种规格。

【例 12-4】已知某建筑物的其中一个楼层采用光纤到桌面的布线方案，该楼层共有 40 个光纤信息点，每个光纤信息点均布设一根室内 2 芯多模光缆至建筑物的设备间，请问设备间的机柜内应选用何种规格的光纤配线架？数量多少？需要订购多少个光纤耦合器？

解：由题目得知共有 40 个光纤信息点，每个光纤信息点连接一根双芯光缆，因此电信间配备的光纤配线架应提供不少于 80 个光端口，考虑网络以后的扩展，可以选用 3 个 24 口的光纤配线架和 1 个 12 口的光纤配线架。光纤配线架配备的耦合器数量与需要连接的光纤芯数相等，即为 80 个。

12.2 一栋楼的综合布线工程设计

12.2.1 建筑物布线需求分析

一栋楼的综合布线工程，通常只包括两个布线子系统，即配线子系统和干线子系统。干线子系统提供建筑物主干的缆线路由，负责把各个电信间连接到设备间。干线子系统需要的电缆总对数和光纤总芯数，应满足工程的实际需求，并留有适当的备份容量。一般需要先确定设备间（每栋楼一个）、电信间（一个楼层一个或几个楼层共一个）的位置，然后再进行配线子系统和干线子系统的详细设计。电信间和配线子系统的详细设计见上一节，本节主要考虑设备间和干线子系统设计，具体步骤如下。

第一步：设备间设计。

第二步：干线子系统路由设计，确定干线路由和布线方法。

第三步：干线子系统缆线设计，确定每层楼的干线缆线类别和容量以及干线侧电信间、设备间配线设备的类型、规格和数量。

第四步：干线子系统的支撑系统设计，确定干线支撑、固定部件的类型和数量。

第五步：确定干线接合方法。

第六步：列出全部材料清单。

12.2.2 设备间设计

1. 设计概述

设备间是大楼的电话交换设备和计算机网络设备，以及建筑物配线设备（BD）安装的地点，也是进行网络管理的场所。就综合布线工程设计而言，设备间主要安装总配线设备，入口设施也可与配线设备安装在一起。当信息通信设施与配线设备分别设置时，考虑到设备电缆有长度限制的要求，安装总配线架的设备间与安装电话交换机及计算机主机的设备间之间宜尽量靠近。

在设备间内安装的 BD 配线设备干线侧的容量应与主干缆线的容量相一致。设备侧的容量应与设备端口容量相一致或与干线侧配线设备容量相同。

建筑物综合布线系统与外部配线网连接时，应遵循相应的接口标准要求；BD 配线设备与电话交换机及计算机网络设备的连接方式应符合相关要求。

2. 设备间的大小和位置

每幢建筑物内应至少设置 1 个设备间，如果电话交换机与计算机网络设备分别安装在不同场地或根据安全需要，也可设置 2 个或 2 个以上设备间，以满足不同业务的设备安装需要。

首先，设备间内应有足够的设备安装空间，其使用面积不应小于 10m²。设备间梁下净高不应小于 2.5m，采用外开双扇门，门宽不应小于 1.5m。

一般来讲，一个 10m² 大小的设备间，大约能安装 5 个 19 英寸的机柜。在机柜中安装电话大对数电缆多对卡接式模块（110 型配线架）、数据主干缆线配线设备模块，大约能支持总量为 6000 个信息点（其中电话和数据信息点各占 50%）所需的建筑物配线设备安装空间。

设备间的设计应符合下列规定。

① 设备间宜处于干线子系统的中间位置，并考虑主干缆线的传输距离与数量。

② 设备间宜尽可能靠近建筑物缆线竖井位置，有利于主干缆线的引入。

③ 设备间的位置宜便于设备接地。

④ 设备间应尽量远离高低压变配电、电机、X 射线、无线电发射等有干扰源存在的场地。

⑤ 在地震区的区域内，设备安装应按规定进行抗震加固。

⑥ 设备间的设备安装宜符合下列规定。

- 机架或机柜前面的净空不应小于 800mm，后面的净空不应小于 600mm；
- 壁挂式配线设备底部离地面的高度不宜小于 300mm。

3. 环境要求（装修要求）

设备间的环境设计应符合以下要求。

① 温度和湿度：设备间的室内温度应保持在 10℃～35℃，相对湿度应保持在 20%～80%，并应有良好的通风。若设备间内安装有程控交换机或计算机网络设备时，室内温度和相对湿度应符合相关规定。

② 尘埃：设备间应防止有害气体（如氯、碳水化合物、硫化氢、氮氧化物、二氧化碳等）侵入，并应有良好的防尘措施，尘埃含量应符合表 12-7 中的规定。

表 12-7　尘埃限值

尘埃颗粒的最大直径（μm）	0.5	1	2	5
灰尘颗粒的最大浓度（粒子数／m³）	1.4×10^7	7×10^5	2.4×10^5	1.3×10^5

注：灰尘粒子应是不导电的，非铁磁性和非腐蚀性的。

③ 照明：设备间内在距离地面 0.8m 处，照度不应低于 200lx；应设置应急照明，在距离地面 0.8m 处，照度不应低于 5lx。

④ 噪声：设备间的噪声应小于 70dB。

⑤ 电磁场干扰：设备间无线电干扰场强，在 0.15～1000MHz 的频率范围内，噪声不大于 120 dB，设备间内磁场干扰场强，不大于 8000A/m（相当于 100e）。

⑥ 供电：设备间应提供不少于两个 220V、10A 带保护接地的单相电源插座，但不作为设备供电电源。设备间如果安装电信设备或其他信息网络设备时，设备供电应符合相应的设计要求。

设备间内的各种电力电缆应为耐燃铜芯屏蔽电缆。各电力电缆（如空调设备、电源设备的电缆等）与对绞电缆应尽量分开走线槽布线。交叉时，应尽量以接近于垂直的角度交叉，并采取防延燃措施。

⑦ 安全：设备间应根据设备的要求，采取完善的设备间安全措施，设防盗、防火装置。

⑧ 地面：为方便表面敷设电缆和电源线，设备间地面最好采用防静电活动地板，其系统电阻应为 1～10Ω。具体要求应符合 GR 6650—86《计算机房用地板技术条件》要求：

带有走线口的活动地板称为异形地板，其走线口应光滑，以防损伤缆线；

放置活动地板的设备间的建筑地面应平整、光滑、防潮、防尘。

⑨ 墙面：设备间的墙面应选择不易产生灰尘和吸附尘埃的材料。目前的大多数作法是在平滑的墙面上涂刷阻燃漆，或在平滑的墙面上覆盖耐火的胶合板。

⑩ 吊顶：为了吸音和布置照明灯具，吊顶材料应满足防火要求。我国大多采用铝合金或轻钢作龙骨，安装吸音铝合金板、难燃铝塑板、喷塑石英板等。

⑪ 隔断：根据设备间放置的设备需要和工作需要，可用玻璃将设备间隔成若干个房间。隔断可以选用防火铝合金或轻钢作龙骨，安装 10mm 厚玻璃。

⑫ 火灾报警及灭火设施：设备间应设置相应的火灾报警装置和灭火设施。

4. 设备间平面布置

一个安装有电话系统的程控用户交换机和计算机网络系统的网络交换机及配线设备的设备间平面布置示例如图 12-8 所示，设备间应有良好的接地系统，配线架和有源设备外壳（正极）宜用单独导线引至接地板；设备间的活荷载标准值为 8～10kN/m²；设备间的吊挂荷载为 1.2kN/m²。

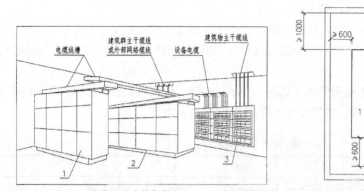

注：1 程控用户交换机机柜 2 网络交换机机柜 3 墙面配线设备

图 12-8 设备间平面布置示例一

当用户程控交换机、计算机网络交换机、电源设备另设机房时，综合布线设备可独立安装在设备间，这时的设备间面积可小一些，如图 12-9（a）所示；当用户程控交换机机房另设，或单独组建计算机网络时，综合布线设备可与网络设备合用一个设备间，如图 12-9（b）所示。

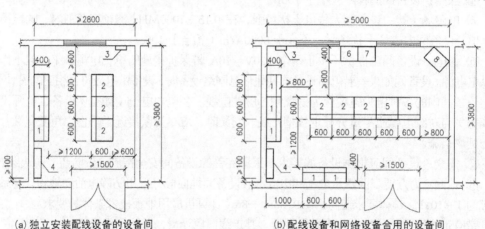

（a）独立安装配线设备的设备间　　　　（b）配线设备和网络设备合用的设备间

注：1 IDC配线架，在墙面安装 2 19英寸配线机柜 3 接地板 4 电缆线槽
　　5 网络交换机机柜 6 配电箱 7 UPS电源 8 空调机

图 12-9 设备间平面布置示例二

12.2.3 干线路由设计

干线路由应选择较短的安全的路由。路由的选择要根据建筑物的结构以及建筑物内预留的电缆孔、电缆竖井等通道的位置来决定。在大型建筑物内，都有开放型通道和封闭型通道（如楼梯间、弱电间），宜选择封闭型通道敷设干线缆线。开放型通道通常是从建筑物的最底层到楼顶的一个开放空间，中间没有任何楼板隔开，如通风道、电梯通道等。弱电间是一连串上下对齐的小房间，每层楼都有一间，电缆竖井、电缆孔、电缆管道、电缆桥架等要穿过这些房间的地板层。

确定整座建筑物的干线路由和电信间的数目，主要依据所需服务的楼层空间分布来考虑。如果在给定楼层，所需服务的所有终端设备都在电信间的75m范围之内，则采用单干线通道即可。凡不符合这一要求的，则要采用双干线通道，或者采用经分支电缆与电信间相连接的二级电信间。在同一层的若干电信间之间宜设置干线路由。

12.2.4　确定建筑物干线布线方案

干线垂直通道穿过楼板时宜采用电缆竖井方式。也可以采用电缆孔、电缆管道和桥架方式，电缆孔、电缆竖井的位置应上、下对齐。

1. 电缆竖井和电缆孔方式

干线通道中所用的电缆孔是很短的管道，如图 12-10（a）所示，通常用一根或数根外径 63～102mm 的刚性金属管制成。在浇注混凝土地板时，将它们嵌入其中，金属管高出地面 25～50mm。也可以直接在地板中预留一个大小适当的孔洞。电缆往往捆在钢绳上，而钢绳又固定到墙上已铆好的金属条上。当然也可以在电缆竖孔中直接敷设管道，再在管道中敷设缆线。

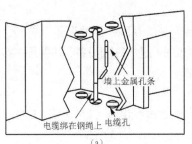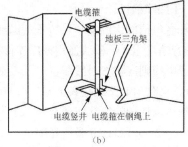

图 12-10　电缆孔

电缆竖井是指在每层楼楼板上开出的一些方孔，使电缆可以穿过它，从一个楼层伸到另一个楼层。如图 12-10（b）所示，电缆竖井的大小依据所穿缆线的数目而定，一般不小于 600mm×400mm。与电缆孔方法一样，电缆也是捆在或箍在支撑用的钢绳上，钢绳靠墙上金属条或地板三角架固定住。当然也可以在电缆竖井中直接敷设桥架，再在桥架中敷设缆线。电缆竖井比比电缆孔灵活，可以让粗细不同的各种缆线以任何组合方式通过，但造价较高，而且不使用的电缆井很难防火。

在电信间里，要将电缆孔或电缆竖井设置在靠近支持缆线的墙壁附近，但电缆孔或电缆竖井不应妨碍端接空间。

2. 电缆管道和电缆桥架

电缆管道和电缆桥架既可以安装在建筑物墙面上，供垂直干线缆线走线；也可以安装在吊顶内、天花板上，供水平干线缆线走线。在多层楼房中，经常需要使用干线电缆的横向通道才能将干线缆线从设备间连接到干线通道。

如图 12-11（a）所示，在横向干线走线系统中，电缆管道对电缆起机械保护作用。电缆管道不仅有防火的优点，而且它提供的密封和坚固的空间使电缆可以安全地延伸到目的地。但是，电缆管道很难重新布置，因而不太灵活，同时其造价较高。在建筑物设计阶段，必须进行周密的计划，以保证管道粗细合适。这种方法也适用于低矮而又宽阔的单层平面建筑物，如工矿企业的大型厂房、机场等。

图 12-11（b）所示的电缆桥架是一种梯级式桥架，电缆铺在桥架上，由支撑件固定住。电缆桥架方法最适合缆线数量很多的情况，待安装的缆线粗细和数量决定了桥架的尺寸。梯级式桥架非常便于安放缆线，没有缆线穿过管道的麻烦，但由于缆线外露，所以很难防火。从美观的角度看，一般不宜采用这种方法。

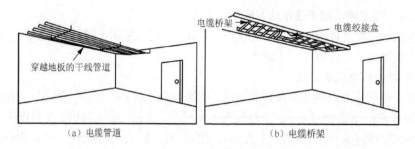

（a）电缆管道 （b）电缆桥架

图 12-11 管道和桥架

12.2.5 干线缆线设计

除设备间和各电信间之间需要设置干线缆线之外，在同一层的若干电信间之间宜设置干线路由。例如，语音信息点 8 位模块通用插座连接 ISDN 用户终端设备，并采用 S 接口（4 线接口）时，相应的主干电缆则应按 2 对线配置。

1. 确定每个电信间的干线缆线类别

干线子系统可以使用的缆线主要有 100Ω 大对数对绞电缆（UTP 或 STP）、4 对对绞电缆（UTP 或 STP）、$62.5 / 125\mu$ m 多模光缆、$8.3 / 125\mu$ m 单模光缆。

如果电话交换机和计算机主机设置在建筑物内不同的设备间，宜采用不同的主干缆线来分别满足语音和数据的需要。对电话应用可采用 3 类或 5 类大对数对绞电缆（25 对、50 对、100 对等规格）。针对数据，一般选用 $62.5 / 125\mu$ m 多模光缆或超 5 类以上 4 对对绞电缆。在选择主干缆线时，还要考虑干线缆线的长度限制，针对数据，对绞电缆的敷设长度不应超过 90m。

2. 确定每个电信间的干线缆线容量

电信间 FD 与电话交换设备及计算机网络设备之间的连接方式应符合下列要求。

① 电话系统的连接方式如图 12-12 所示。

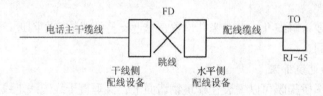

图 12-12 电话系统连接方式

FD 支持电话系统配线设备有两个类型：FD 配线设备采用 IDC 配线模块，如图 12-13（a）所示；FD 配线设备建筑物主干侧采用 IDC 配线模块和水平侧采用 RJ-45 配线模块，如图 12-13（b）所示。

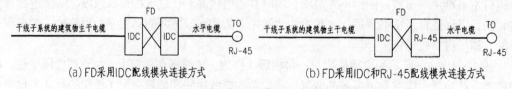

（a）FD 采用 IDC 配线模块连接方式 （b）FD 采用 IDC 和 RJ-45 配线模块连接方式

图 12-13 支持电话系统的 FD 连接方式

② 数据系统的连接方式如图 12-14 所示。

FD 支持的数据系统配线设备有两大类型，RJ-45 配线模块和光纤互连装置盘。

经跳线连接应符合下列要求，如图 12-15 所示。

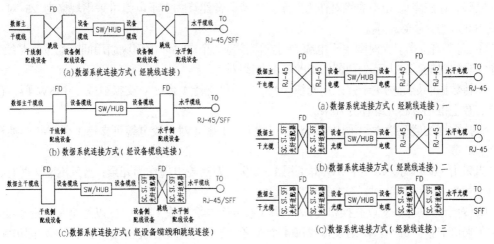

图 12-14　数据系统连接方式　　图 12-15　数据系统经跳线连接方式

经设备线连接应符合下列要求，如图 12-16 所示。

数据主干侧经设备缆线连接，水平侧经跳线连接应符合下列要求，如图 12-17 所示。

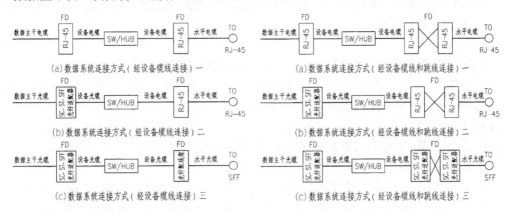

图 12-16　数据系统经设备线连接方式　　图 12-17　数据系统主干侧经设备缆线和水平侧跳线连接方式

③ 电信间 FD 主干侧各类配线模块应按电话交换机、计算机网络的构成及主干电／光缆所需容量要求及模块类型和规格的选用进行配置。楼层配线设备 FD 可由 IDC 配线模块、RJ-45 配线模块和光纤连接盘 3 大类型组成，在工程设计中，通常采用 IDC 配线模块支持干线侧、RJ-45 配线模块支持水平侧的语音配线、RJ-45 或光纤连接盘支持数据配线。

④ 电信间 FD 采用的设备缆线和各类跳线宜按计算机网络设备的使用端口容量和电话交换机的实装容量、业务的实际需求或信息点总数的比例进行配置，比例范围为 25% ~ 50%。

⑤ 为保证传输质量，配线设备连接的跳线宜选用产业化制造的电、光各类跳线，在电话应用时宜选用双芯对绞电缆。

⑥ FD、BD、CD 配线设备应采用 8 位模块通用插座或卡接式配线模块（多对、25 对及回线型卡接模块）和光纤连接器件及光纤适配器（单工或双工的 ST、SC 或 SFF 光纤连接器件及适配器）。

干线缆线所需的电缆总对数和光纤总芯数，应满足工程的实际需求，并留有适当的备份容量。主干电缆和光缆所需的容量要求及配置应符合以下规定：

支持语音建筑物主干电缆的总对数按水平电缆总对数的 25% 计，即为每个语音信息点配 1 对对绞线，还应考虑 10% 的线对作为冗余。支持语音建筑物主干电缆可采用规格为 25 对、50 对或 100 对的大岁数电缆。

① 对语音业务，大对数主干电缆的对数应按每一个电话 8 位模块通用插座配置 1 对线，并在总需求线对的基础上至少预留约 10% 的备用线对。

支持数据的建筑物主干宜采用光缆，2 芯光纤可支持 1 台 SW 交换机或一个 SW 群，在光纤总芯数上备用 2 芯光纤作为冗余。

支持数据的建筑物主干采用 4 对对绞电缆时，1 根 4 对对绞电缆可支持 1 台 SW 交换机或一个 SW 群。

当采用 SW 群时，每一个 SW 群备用 1~2 根 4 对对绞电缆作为冗余；当采用 SW 群时，每 2~4 台 SW 备用 1 根 4 对对绞电缆作为冗余。

② 对于数据业务应以交换机（SW）群（按 4 个 SW 组成 1 群），或以每个 SW 设备设置 1 个主干端口配置。每 1 群网络设备或每 4 个网络设备宜考虑 1 个备份端口。主干端口为电端口时应按 4 对线容量，为光端口时则按 2 芯光纤容量配置。

③ 当工作区至电信间的配线光缆延伸至设备间的光配线设备（BD/CD）时，主干光缆的容量应包括所延伸的配线光缆光纤的容量在内。

例如，建筑物的某一层共设置了 200 个信息点，计算机网络信息点与电话信息点各占 50%，即各为 100 个。其配置如下。

（1）电话部分

① FD 水平侧配线模块按连接 100 根 4 对的水平电缆配置。

② 语音主干的总对数按水平电缆总对数的 25% 计，为 100 对线的需求；如考虑 10% 的备份线对，则语音主干电缆总对数需求量为 110 对。

（2）数据部分

① FD 水平侧配线模块按连接 100 根 4 对的水平电缆配置。

② 数据主干缆线的配置可以参照下列方法进行。

● 最少量配置：以每个交换机 24 个端口计，100 个数据信息点需设置 5 个交换机；以每 4 个交换机为一群（96 个端口），组成了 2 个交换机群；现以每个交换机群设置 1 个主干端口，并考虑 1 个备份端口，则 2 个交换机群需设 4 个主干端口。如果主干缆线采用对绞电缆，则每个主干端口需设 4 对线，因而线对的总需求量为 16 对；如果主干缆线采用光缆，且每个主干光端口按 2 芯光纤考虑，则所需光纤的芯数为 8 芯。

● 最大量配置：同样以每个交换机 24 端口计，100 个数据信息点需设置 5 个交换机；以每 1 个交换机（24 个端口）设置 1 个主干端口，每 4 个交换机考虑 1 个备份端口的话，共需设置 7 个主干端口。如果主干缆线采用对绞电缆，则每个主干电端口需要 4 对线，因而线对的需求量为 28 对；如果主干缆线采用光缆，每个主干光端口按 2 芯光纤考虑，则光纤的需求量为 14 芯。

3. 确定电信间、设备间干线侧配线设备的类型、规格和数量

电信间、设备间干线侧配线设备的类型、规格应依据干线缆线的类别和性能等级而定，其数量应满足干线缆线的终接接需要，并留有一定的余量。

例如，当某楼层电信间干线缆线为 3 根 3 类 50 对大对数对绞电缆（满足语音布线需求）和一条 12 芯多模光缆（满足数据布线需求）时，则在该电信间应为干线缆线配置 100 对线的 110 型配线架 2 个，12 口或 24 口的光纤配线架 1 个，多模光纤适配器（耦合器）12 个。

12.2.6 确定建筑物干线布线支撑部件的规格和数量

干线布线的支撑部件是指干线缆线的支撑保护件（线管、桥架及其配套、固定件等）和缆线绑扎件（扎带等）。干线布线支撑件的规格和数量应根据干线缆线的实际情况而定，可以参照配线缆线支撑件的估算方法来确定。

12.2.7 确定干线缆线的接合方法

主干电缆宜采用点对点终接，也可采用分支递减终接。点对点终接是最简单、最直接的配线方法，电信间的每根干线电缆直接从设备间延伸到指定的楼层电信间。分支递减终接是用 1 根大对数干线电缆来支持若干个电信间的通信容量，经过电缆接头保护箱分出若干根小电缆，它们分别延伸到相应的电信间，并终接于目的地的配线设备。

（1）点对点终接法

点对点终接法如图 12-18 所示。首先要选择 1 根对绞电缆或光缆，其数量（电缆对数、光纤芯数）可以满足一个电信间的全部信息点的需要，然后从设备间引出这根缆线，经过干线通道，终接于该电信间内的连接硬件上。缆线到此为止，不再往别处延伸。

在点对点终接方法中，各条干线缆线的长度各不相同（每根缆线的长度只要足以延伸到指定的电信间），而且粗细也可能不同。在设计阶段，缆线的材料清单应反映出这一情况。此外，还要在施工图纸上详细说明哪根缆线终接到哪个楼层的哪个电信间。

点对点终接方法的主要优点是可以在干线中采用较小、较轻、较灵活的缆线，不必使用昂贵的绞接盒。缺点是穿过设备间附近楼层的缆线数目较多。

（2）分支递减终接法

分支递减终接是指干线中的 1 根多对电缆或多芯光缆可以支持若干个电信间的通信，经过绞接盒后分出若干根小电缆或几芯光纤，它们再分别延伸到每个电信间，并终接于目的地的连接硬件上。

这种方法通常用于支持 5 个楼层的通信需要（以每 5 层为一组）。一根主干缆线向上延伸到中点（第 3 层）。安装人员在该楼层的电信间里装上一个绞接盒，然后用它把主干缆线与粗细合适的各根小缆线连接起来后再分别连往上两层楼和下两层楼。

典型的分支递减终接法如图 12-19 所示。

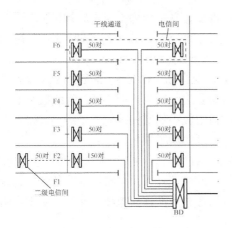

图 12-18 典型的点对点终接方法

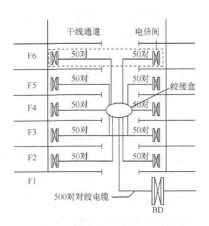

图 12-19 典型的分支递减终接方法

分支递减终接方法的优点是干线中的主干缆线总数较少，可以节省一些空间；但维护成本很高，实际中较少使用。

12.3 一个园区（多栋楼）的综合布线工程设计

12.3.1 园区布线需求分析

一个园区的综合布线系统，通常需要包括 3 个布线子系统，即配线子系统、干线子系统和建筑群子系统，还需设置电信间、设备间（包括主设备间和分设备间）和进线间。建筑群子系统是为实现建筑物之间的相互连接，提供楼栋之间相互通信的设施。由连接各建筑物之间的综合布线缆线、建筑群配线设备（CD）和跳线等组成。CD 宜安装在进线间或设备间，并可与入口设施或 BD 合用场地。

建筑群电缆、光缆，公用网和专用网电缆、光缆，在进入建筑物时，都应设置引入设备，并在适当位置成端转换为室内电缆、光缆。引入设备还包括必要的保护装置以达到防雷击和接地的要求。引入设备宜单独设置房间，如条件合适也可以与 BD 和 CD 合设。引入设备的安装应符合相关规范的规定。

建筑群子系统所需要的电缆总对数和光纤总芯数，应满足工程的实际需求，并留有适当的备份容量。一般需要先确定设备间（每栋楼至少一个，其中一个为主设备间，其余的为分设备间）、电信间（一个楼层一个或几个楼层共一个）和进线间的位置，然后再进行配线子系统、干线子系统和建筑群子系统的详细设计。设备间、电信间、配线子系统和干线子系统的详细设计前面已经描述过，本节主要考虑进线间和建筑群子系统设计，具体步骤如下。

第一步：进线间设计。

第二步：确定园区布线方案。

第三步：进行建筑群子系统设计，包括确定建筑群子系统路由和布线方法，进行建筑群缆线设计（确定每栋楼的建筑群缆线类别和容量以及分设备间、主设备间建筑群侧配线设备的类型、规格和数量），进行建筑群子系统的支撑系统设计（确定建筑群缆线支撑、固定部件的类型和数量）。

第四步：列出全部材料清单。

12.3.2 进线间设计

进线间是建筑物外部通信和信息管线的入口部位，并可作为入口设施和建筑群配线设备的安装场地。每栋建筑物宜设置 1 个进线间，一般位于地下层，外线宜从两个不同的路由引入进线间。

对于光缆至大楼（FTTB）、至用户（FTTH）、至桌面（FTTO）的应用及光缆数量日益增多的现状，进线间显得尤为重要。在不具备设置单独进线间或入楼电缆、光缆数量及入口设施容量较小时，建筑物也可在入口处采用挖地沟或设置较小的空间来完成缆线的成端与盘长，入口设施则可安装在设备间，但宜设置单独的场地，以便功能分区。

建筑群主干电缆、光缆，公用网和专用网电缆、光缆及天线馈线等室外缆线进入建筑物时，应在进线间成端转换成室内电缆、光缆，并在缆线的终端处可由多家电信业务经营者设置入口设施，入口设施中的配线设备应与 BD 或 CD 间敷设相应的连接电缆、光缆，实现路由互通；缆线类型与容量应与配线设备相一致。

进线间应设置管道入口。其管孔数量应满足建筑物之间、外部接入业务及多家电信业务经营者缆线接入的要求，并留有 2～4 孔的余量。

进线间的大小应按进线间的进线管道最终容量及入口设施的最终容量设计。应满足缆线的敷设路由、成端位置及数量、光缆的盘长空间和弯曲半径、充气维护设备、配线设备安装所需要的场地空间和面积要求。

进线间设计应符合下列规定。

① 进线间应防止渗水，宜设有抽排水装置。

② 进线间应与布线系统垂直竖井沟通。

③ 进线间应采用相应防火级别的防火门，门向外开，宽度不小于 1000mm。

④ 进线间应设置防有害气体措施和通风装置，排风量按换气次数不小于 5 次/h 确定。

⑤ 与进线间无关的管道不宜通过。

⑥ 进线间入口管道口所有布缆和空闲的管孔应采取防火材料封堵，做好防水处理。

⑦ 进线间如安装配线设备和信息通信设施时，应符合设备安装设计的要求。

进线间的平面布置如图 12-20 所示。

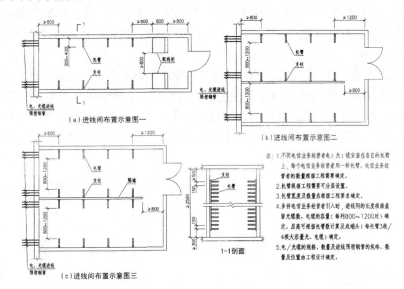

图 12-20 进线间平面布置示例

12.3.3 确定园区布线方案

建筑群子系统有架空、地埋、地下管道和电缆沟 4 种布线方法。

1. 架空布线法

架空布线法要求用电线杆将缆线在建筑物之间悬空架设，一般是先架设钢丝绳，然后将缆线沿钢丝绳挂放。架空缆线在引入建筑物时，通常先穿入建筑物外墙上的 U 形钢保护套，然后向下（或向上）延伸，从电缆孔进入建筑物内部，如图 12-21 所示。电缆入口的孔径一般为 5cm，建筑物到最近处的电线杆的距离应小于 30m。通信电缆与电力电缆之间的间距应遵守当地有关部门的规定。

架空布线法的优点是施工技术简单，施工不受

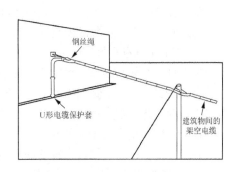

图 12-21 架空布线法

地形条件的限制，易于拆除、迁移、更换或调整，便于扩建、增容，工程初次投资费用较低；缺点是产生障碍的机会较多，通信安全有所影响，易受外界腐蚀和机械损伤，电（光）缆使用寿命较短，维护工作和维护费用较高，对周围环境美观有影响。

架空布线法适用于不定型的街坊、小区及道路有可能变化的地段和有其他架空杆路可利用，能够节约成本的场合及因客观条件限制，无法采用地下方式的地段。不能在附近有空气腐蚀或高压电力线的场合和环境要求美观的场所采用。

2. 地埋布线法

地埋布线法是根据选定的布线路由在地面挖沟，然后将缆线直接埋在沟内的布线方法。如图 12-22 所示，除了穿过基础墙的那部分缆线有导管保护外，缆线的其余部分都没有管道给予保护。基础墙的电缆孔应往外尽量延伸，达到不动土的地方，以免日后有人在墙边挖土时损坏缆线。直埋缆线通常应埋在距地面 0.6m 以下的地方，或者按照当地有关部门的相关法规操作。

地埋布线法的优点是比架空布线安全，产生障碍机会少，有利于使用和维护，维护工作和费用较少，线路隐蔽，环境美观不受影响，工程初次投资较管道布线低，不需建手井和管道，施工技术较简单，建筑条件不受限制，与其他地下管线发生矛盾时，易于处理。缺点是维护、更换及扩建都不方便，发生故障后必须挖掘，修复时间较长，影响通信，与其他地下管线较为邻近时，双方在维修时，会增加外界机械损伤的机会。

地埋布线法适用于用户数量比较固定，缆线容量和条数不多，且今后不会扩建的场所，要求缆线隐蔽，采用地下管道不经济或不能建设管道的场合和敷设缆线条数很少的特殊重要地段。不能在今后需要翻建的道路或广场、规划用地或今后有发展的地段、地下有化学腐蚀或电气腐蚀以及土质不好的地段，地下管线和建筑物比较复杂且常有挖掘可能的地段和已建成高级路面的道路上使用。

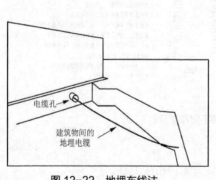

图 12-22　地埋布线法

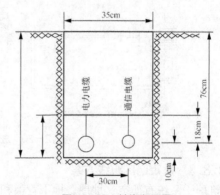

图 12-23　地沟断面图

如果在同一土沟里埋入了通信电缆和电力电缆，应设立明显的共用标志。通信管道和电力线管道之间的间距，要严格按照有关电气设计规范设计，最小间距为 0.3m，如图 12-23 所示。

3. 地下管道布线法

地下管道布线系统是一种由管道和手孔组成的地下系统，它把建筑群的各个建筑物进行互连。图 12-24 所示的地下管道布线法给出了 1 根或多根管道通过基础墙进入建筑物内部的情况。由于管道是用耐腐蚀性的材料做成的，所以这种方法给缆线提供了最好的机械保护，使缆线受损而维修的机会减少到最低程度；它还能保持建筑物的原貌。

一般来说，埋设的管道起码要低于地面 0.8m（在 0.8～1.2m），或者应符合当地城管等部门有关法规规定的深度。为了方便日后布线，安装管道时至少应埋设一个备用管道并放进 1 根拉线。为了方便缆线的管理，地下管道应在间隔 50～180m 处设立一个接合井（手孔），以方便人员维护。

地下管道布线法的优点是缆线安全，有最佳的保护设施，产生障碍机会少，有利于使用和维护，维护工作和费用少，线路隐蔽、环境美观，使所在地区整齐有序，敷设方便，易于扩建和更换。缺点是施工难度大、技术较复杂、要求较高，工程初次投资较高，需要有较好的施工条件，易与各种地下管线设施产生矛盾，协调工作较复杂。

地下管道布线法适用于较为定型的街坊或小区，道路基本不变的地段，要求环境美观的街区和智能化小区，特殊地段，如广场或花园等，重要场所（如交通路口）或其他敷设方式不适用时。不能在街坊和道路尚不定型或今后有变化的地段，地下有化学腐蚀或电气腐蚀的地段，地下管线和障碍物较复杂的地段，地质土壤不稳定、土壤松软塌陷的地段，地面高程相差较大和地下水位较高的地段采用。

4．电缆沟布线法

在有些特大型的建筑群体之间会设有公用的综合性隧道或电缆沟，如其建筑结构较好，且内部安装的其他管线设施不会对通信系统线路产生危害时，可以考虑利用该设施进行布线，如隧道或电缆沟中有其他危害通信线路的管线时应慎重考虑是否合用。如必须合用，应有一定间距和保证安全的具体措施，并设置明显的标志。在合用的电缆沟中，通信缆线用的电缆托架位置应尽量远离电力电缆，当合用电缆沟中的两侧均有电缆托架时，通信缆线应与电力电缆各占一侧。如安排确有困难，通信缆线应与信号和仪表等弱电线路合用一侧。电缆沟布线法如图 12－25 所示。

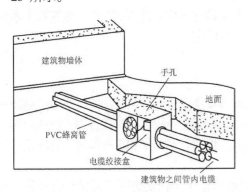

图 12-24　管道布线法

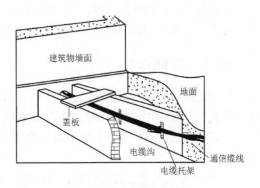

图 12-25　电缆沟布线法

电缆沟布线法的优点是线路隐蔽安全稳定、不受外界影响，施工简单、工作条件较直埋等要好，查修障碍和今后扩建均较方便，如与其他弱电线路合用，工程初次投资少。缺点是：如为专用电缆沟，工程初次投资较高；如与其他弱电线路共建，需要在施工和维护方面互相配合，有时会发生矛盾；如公用设施中设有危害通信线路的管线，需要增设保护措施，会增加维护费用和维护工作量。

电缆沟布线法适用于较为定型的街坊或小区，道路基本不变的地段，在特殊场合或重要场所，要求各种管线综合建设的地段，已有电缆沟并可以使用的地段。不能在附近有影响人身和缆线安全因素的地段，地面要求特别美观的广场等地段使用。

总之，以上讨论的几种布线方法，既可以单独使用，也可以混合使用，视具体建筑群情况而定。设计时，一定要采取灵活的思路，开阔的方法，既要考虑实用，又要考虑经济、美观，还要考虑维护方便。

12.3.4 建筑群子系统设计

CD 宜安装在进线间或设备间内，并可与入口设施或 BD 合用场地。

1. 确定建筑群缆线路由和布线方法

建筑物之间的缆线宜采用地下管道或电缆沟的方式敷设，并应符合相关规范的规定。确定建筑群子系统路由时，应尽量选择最短、最平直的路由，但必须根据建筑物之间的地形和敷设条件来确定。还应考虑已铺设的各种地下管道设施，并保证管道间间距的要求。通常都需要先确定每栋建筑物建筑群缆线的入口位置，然后了解敷设现场，确定主缆线路由和备用缆线路由。对于地下系统，还需画出挖沟详图，包括公用道路图和任何需要审批才能动用的地区草图。

2. 进行建筑群缆线设计

建筑群子系统可以使用的缆线为大对数对绞电缆、$62.5 / 125 \mu m$ 多模光缆、$8.3 / 125 \mu m$ 单模光缆。

对电话应用可采用 3 类或 5 类大对数对绞电缆。针对数据，当距离小于 2km 时，一般选用 $62.5 / 125 \mu m$ 多模光缆，而超过 2km 时，通常选用 $8.3 / 125 \mu m$ 单模光缆。

建筑群电缆、光缆所需的容量要求及配置参见干线电缆、光缆的容量要求及配置。

主设备间、分设备间建筑群侧配线设备的类型、规格应依据建筑群缆线的类别和容量而定；其数量应满足建筑群缆线的终接需要，并留有一定的余量。

CD 配线设备内、外侧的容量应与建筑物内连接 BD 配线设备的建筑群主干缆线的容量及建筑物外部引入的建筑群主干缆线的容量相一致。

3. 确定建筑群子系统布线支撑部件的规格和数量

建筑群子系统布线的支撑部件是指建筑群缆线的支撑保护件和缆线绑扎件。建筑群子系统布线支撑件的规格和数量应根据建筑群缆线的实际情况而定。

12.4 管理设计

管理是对设备间、电信间、进线间和工作区的配线设备、缆线、信息插座模块等设施按一定的模式进行标识和记录。管理的内容包括管理方式、标识、色标、交叉连接等，这些内容的实施，将给今后的维护和管理带来很大的方便，有利于提高管理水平和工作效率。管理设计应符合下列规定。

① 综合布线系统工程宜采用计算机进行文档记录与保存，简单且规模较小的综合布线系统工程可按图纸资料等纸质文档进行管理，并做到记录准确、及时更新、便于查阅。

② 综合布线的每条电/光缆、配线设备、端接点、接地装置、敷设管/槽等组成部分均应给定唯一的标识符，并设置标签。

③ 设备间、电信间、进线间的配线设备宜采用统一的色标区别各类业务与用途的配线区。

④ 综合布线系统使用的标签可采用粘贴型和插入型；电缆和光缆的两端应采用不易脱落和磨损的不干胶条标明相同的标识符。

⑤ 对于规模较大的布线系统工程，为提高布线工程维护水平与网络安全，宜采用电子配线设备对信息点或配线设备进行管理，以显示与记录配线设备的连接、使用及变更状况。

⑥ 管理系统的设计应使系统可在无须改变已有标识符和标签的情况下升级和扩充。

12.4.1 综合布线工程管理需求分析

综合布线系统的管理方式是由构造交接场的硬件的地点、结构、规模和类型决定的。

管理标记是综合布线系统的一个重要组成部分。综合布线系统应在需要管理的各个部位设置标签，表示相关的管理信息。标识符可由数字、字母、汉语拼音或其他字符组成，布线系统内同类型的器件与缆线的标识符应具有同样的特征（相同数量的字母和数字等）。

一般情况下，管理标记方案由用户的网络系统管理员和综合布线系统设计员共同制订。标记方案应规定各种参数和识别方法，以便查清配线架上交连场的各条线路和终端设备的端接点。记录信息包括所需信息和任选信息。具体要求如下。

① 管线记录包括管道的标识符、类型、填充率、接地等内容。

② 缆线记录包括缆线标识符、缆线类型、连接状态、线对连接位置、缆线占用管道类型、缆线长度、接地等内容。

③ 连接器件及连接位置记录包括相应标识符、安装场地、连接器件类型、连接器件位置、连接方式、接地等内容。

④ 接地记录包括接地体与接地导线标识符、接地电阻值、接地导线类型、接地体安装位置、接地体与接地导线连接状态、导线长度、接地体测量日期等内容。

12.4.2 管理分级

综合布线系统工程的技术管理涉及综合布线系统的工作区、电信间、设备间、进线间、入口设施、缆线管道与传输介质、配线连接器件及接地等各个方面，根据布线系统的复杂程度分为以下四级。

一级管理：针对单一电信间或设备间的系统。

二级管理：针对同一建筑物内多个电信间或设备间的系统。

三级管理：针对同一建筑群内多栋建筑物的系统，包括建筑物内部及外部系统。

四级管理：针对多个建筑群的系统。

12.4.3 对绞电缆管理设计

1. 管理标记

综合布线系统的电缆管理通常使用电缆标记、插入标记和场标记 3 种标记。

（1）电缆标记

电缆标记是塑料标牌或不干胶，可以系在电缆端头或直接贴到电缆表面。其尺寸和形状根据需要而定，在交连场安装和做标记之前，电缆的两端应贴上相同的标记。以此来辨别电缆的来源和去处。例如，一根电缆从三楼的 311 房的第 1 个数据信息点拉至电信间，则该电缆的两端可以标记上"311-D1"这样的标记，其中的"D"表示数据信息点。

（2）插入标记

插入标记是硬纸片，用颜色块标识相应线对的卡接位置。对于 110 型配线架，可以插在两个水平齿形条之间的透明塑料夹内，对于模块化配线架，可以插在模块的缆线端接部位。

（3）场标记

场标记又称为区域标记，是一种色标标记。在设备间、进线间、电信间的各种配线设备上，要用色标来区分配线设备连接的电缆是干线电缆、配线电缆还是设备端接点；同时，还要采用标签表明端接区域、物理位置、编号、容量、规格等，以便维护人员在现场一目了然地加以识别。

场标记的背面是不干胶，可以贴在配线设备布线场的平整表面上。色标的规定及应用场合如图 12-26 所示。

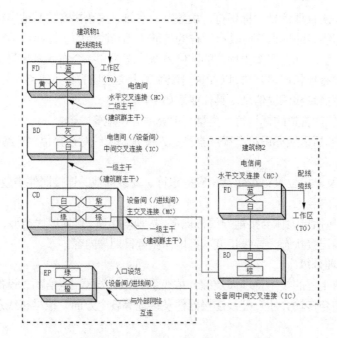

图 12-26　色标应用位置示意图

① 橙色——用于分界点，连接入口设施与外部网络的配线设备。
② 绿色——用于建筑物分界点，连接入口设施与建筑群的配线设备。
③ 紫色——用于与信息通信设施（PBX、计算机网络、传输等设备）连接的配线设备。
④ 白色——用于连接建筑物内主干缆线的配线设备（一级主干）。
⑤ 灰色——用于连接建筑物内主干缆线的配线设备（二级主干）。
⑥ 棕色——用于连接建筑群主干缆线的配线设备。
⑦ 蓝色——用于连接配线缆线的配线设备。
⑧ 黄色——用于报警、安全等其他线路。
⑨ 红色——预留备用。

2. 管理方式

在每个布线区实现线路管理的方式是在各色标区域之间，按照应用的要求，采用跳线进行连接。电缆的管理方式主要有单点管理和双点管理两种。

单点管理位于设备间的交接设备或互连设备附近，通常线路不进行跳线管理，直接连至用户工作区。图 12-27（a）所示为单点管理单交接方式，或直接连至电信间的第二个交连区，如果没有电信间，第二个交连区可以放在用户房间的墙壁上。图 12-27（b）所示为单点管理双交接方式。

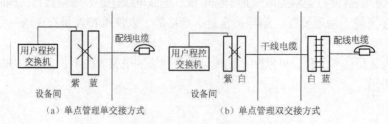

图 12-27　单点管理

双点管理除了在设备间里有一个管理点之外，在电信间或用户房间的墙壁上还有第二个可管理的交接区。双交接要经过二级交接设备。当综合布线规模较大且复杂时可以采用双点管理双交接方式，如图 12-28 所示。

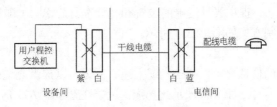

图 12-28　双点管理双交接

若建筑物的规模大且结构复杂，还可以采用双点管理 3 交接方式，如图 12-29 所示；甚至双点管理 4 交接方式，如图 12-30 所示。

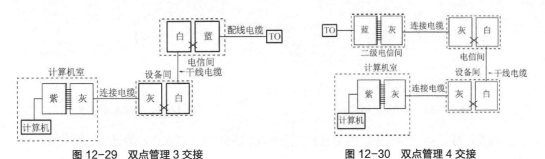

图 12-29　双点管理 3 交接　　　　　　　图 12-30　双点管理 4 交接

注意：综合布线中使用的电缆，一般不能超过 4 次连接。

3. 交连场布局设计

设备间的主布线交连场要把来自公用系统设备的线路连接到干线和建筑群子系统的输入线对。主布线场通常包括 2～4 个色场，即白场、棕场、紫场和黄场。为便于线路管理和未来的扩充，应安排好交连场的位置和布局。理想的交连场结构应使插接软线可以连接该场的任何两点。在小的交连场安装中，只要把不同颜色的场一个挨着一个安装在一起即可；在大的交连场安排中，因插接软线长度有限，常需将一个较大的交连场一分为二，一个交连场放在另一个交连场的两边。典型的交连场布局方案如图 12-31 所示。

12.4.4　光缆管理设计

1. 管理方式

光缆管理常采用单点管理方式。如图 12-32 所示，只由中央设备机房内单点进行管理。这种结构的优点是，便于集中管理，可以减少光缆及相关设备的管理维护费用。

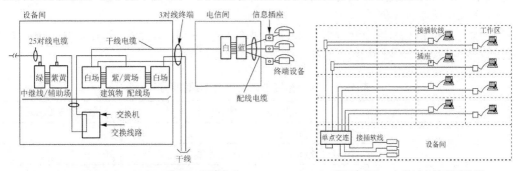

图 12-31　典型的交连场布局方案　　　　图 12-32　光缆单点管理系统图

2. 管理标记

综合布线系统的光缆部分采用两种标记，即交连标记和光缆标记。

（1）交连标记

交连标记标在交连点，提供光纤远端的位置和光纤本身的说明（即光纤识别码）。

每个交连标记的编制方式如图 12-33 所示。

（2）光缆标记

除了交连标记提供的信息之外，每条光缆上还有标记，以提供光缆远端的位置和该光缆的特殊信息。如图 12-34 所示，第 1 行表示此光缆的远端在音乐厅 A77 房间；第 2 行表示启用光纤数为 6 根，备用光纤数为 2 根，光缆长度为 357m。

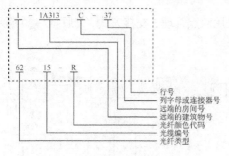

图 12-33　交连标记格式

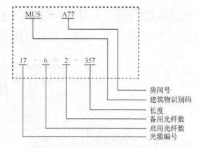

图 12-34　光缆标记格式

光缆管理除了利用标记来提供信息外，还应向用户提供一套永久性的记录。永久性记录应至少包括以下信息。

① 建筑物、房间和电信间的编号方法。

② 距离编号方法。

③ 光缆编号方法。

④ 各条光纤的测试结果和用途。

12.5　其他设计

12.5.1　电气保护设计

电气保护是指通过对缆线、金属线槽、金属线管、机柜、设备等做适当的接地处理，以便使浪涌电流、感应电流顺畅地流入大地，从而达到保护系统安全，避免雷击及其他强感应电损坏设备，同时防止弱感应电流影响系统正常运行。

随着各种类型的电子信息系统在建筑物内的大量设置，各种干扰源将会影响到综合布线系统电缆的传输质量与安全，在进行综合布线工程设计时，对于电气保护，主要考虑以下内容。

1. 与强电接近的防护

① 综合布线电缆与附近可能产生高电平电磁干扰的电动机、电力变压器、射频应用设备等电器设备之间应保持必要的间距，具体应符合表 12-8 中的规定。

表 12-8　综合布线电缆与电力电缆的间距

类　别	与综合布线接近状况	最小净距（mm）
380V 电力电缆 <2kV·A	与缆线平行敷设	130
	有一方在接地的金属线槽或钢管中	70
	双方都在接地的金属线槽或钢管中[①]	10[①]

类 别	与综合布线接近状况	最小净距（mm）
380V 电力电缆 2～5kV·A	与缆线平行敷设	300
	有一方在接地的金属线槽或钢管中	150
	双方都在接地的金属线槽或钢管中②	80
380V 电力电缆 >5kV·A	与缆线平行敷设	600
	有一方在接地的金属线槽或钢管中	300
	双方都在接地的金属线槽或钢管中②	150

注：①当 380V 电力电缆<2kV·A，双方都在接地的线槽中，且平行长度≤10m 时，最小间距可为 10mm；
② 双方都在接地的线槽中，系指两个不同的线槽，也可在同一线槽中用金属板隔开。

② 综合布线系统缆线与配电箱、变电室、电梯机房、空调机房之间的最小净距应符合表 12-9 中的规定。

表 12-9　综合布线缆线与电气设备的最小净距

名称	最小净距（m）	名称	最小净距（m）
配电箱	1	电梯机房	2
变电室	2	空调机房	2

③ 墙上敷设的综合布线缆线及管线与其他管线的间距应符合表 12-10 中的规定。当墙壁电缆敷设高度超过 6000mm 时，与避雷引下线的交叉间距应按下式计算：

$$S \geq 0.05L$$

式中：S 为交叉间距（mm）；

L 为交叉处避雷引下线距地面的高度（mm）。

表 12-10　综合布线缆线及管线与其他管线的间距

其他管线	平行净距（mm）	垂直交叉净距（mm）
避雷引下线	1000	300
保护地线	50	20
给水管	150	20
压缩空气管	150	20
热力管（不包封）	500	500
热力管（包封）	300	300
煤气管	300	20

2. 室外电缆接入的电气防护

室外电缆进入建筑物时，通常在入口处经过一次转接进入室内。在转接处加上电器保护设备以避免因电缆遭受雷击、感应电势或与电力线接触而给用户设备带来的损坏。

建筑物缆线入口通常设置在进线间或设备间的墙上，如图 12-35 所示，室外电缆先进入一个阻燃接合箱，然后与保护装置的电缆线对相连接。装在墙上的网络接口装置再把保护装置的另一端电缆连接到干线电缆上。

电气保护装置（设备）主要分为过压保护和过流保护两种。

（1）过压保护

综合布线系统中的过压保护一般是通过在电路中并联气体放电管保护器来实现的。气体放电管保护器的陶瓷外壳内密封有两个金属电极，其间有放电间隙，并充有惰性气体。当两个电极之间的电位差超过 250V 交流电压或 700V 雷电浪涌电压时，气体放电管开始导通并放电，从而保护与之相连的设备。

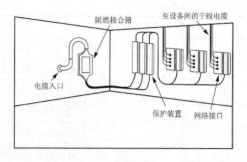

图 12-35　建筑物电缆入口区

综合布线系统对于低电压的防护，一般采用固态保护器，它的击穿电压为 60～90V。一旦超过击穿电压，它可将过压引入大地，然后自动恢复。固态保护器通过电子电路实现保护控制，因此比气体放电管保护器反应更快，使用寿命更长，但价格昂贵。

（2）过流保护

综合布线系统中的过流保护一般是通过在电路中串联过流保护器来实现的。当线路出现大电流时，过流保护器会自动切断电路，保护与之相连的设备。

在一般情况下，过流保护器的工作电流为 350～500mA。综合布线系统中，电缆上出现的低电压也有可能产生大电流，从而损坏设备。在这种情形下，综合布线系统除了采用过压保护器之外，还应同时安装过流保护器，且应选用具有自恢复功能的过流保护器。

12.5.2　接地系统设计

综合布线系统的接地遍布于系统的各个部分，且在影响系统性能和安全性方面起着非常重要的作用。

1. 接地要求

在综合布线系统工程中，电信间、设备间内安装的设备、机柜、金属线管、桥架、防静电地板，以及从室外进入建筑物内的电缆、光缆等都需要进行接地处理，以保证设备的安全运行。根据综合布线相关规范要求，具体接地要求如下。

① 在电信间、设备间及进线间应设置楼层或局部等电位接地端子板。

② 综合布线系统应采用共用接地的接地系统，如单独设置接地体时，接地电阻不应大于 4Ω。如布线系统的接地系统中存在两个不同的接地体时，其接地电位差不应大于 1Vr.m.s。

③ 楼层安装的各个配线柜（架、箱）应采用适当截面的绝缘铜导线单独布线至就近的等电位接地装置，也可采用竖井内等电位接地铜排引到建筑物共用接地装置，铜导线的规格与接地的距离直接相关，一般接地距离在 30m 以内时，采用直径为 4mm 的带绝缘套的多股铜导线，接地铜缆规格与接地距离的关系如表 12-11 所示。

④ 综合布线的电缆采用桥架或钢管敷设时，桥架或钢管应保持连续的电气连接，并应有不少于两点的良好接地。

⑤ 当缆线从建筑物外面进入建筑物时，电缆和光缆的金属护套或金属件应在入口处就近与等电位接地端子板连接。

表 12-11　接地铜导线规格与接地距离的关系表

接地距离（m）	接地导线直径（m）	接地导线截面积（mm²）
<30	4.0	12
30～48	4.5	16
48～76	5.6	25
76～106	6.2	30
106～122	6.7	35
122～150	8.0	50
150～300	9.8	75

　　对于屏蔽布线系统接地，一般在配线设备（FD、BD、CD）的安装柜内设有接地端子，需要将接地端子与屏蔽模块的屏蔽罩连通，机柜接地端子经过接地线连至建筑物等电位接地体。图 12-36 所示为屏蔽式综合布线接地示意图。

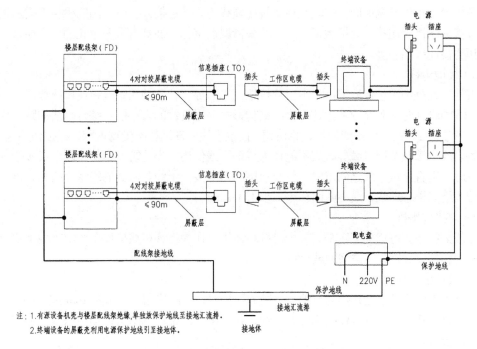

图 12-36　屏蔽式综合布线接地示意图

2. 接地系统设计

　　综合布线系统作为智能建筑的重要组成部分和基础设施，其接地系统的好坏将直接影响到综合布线系统的运行质量，所以显得非常重要。

（1）接地系统的结构组成

　　综合布线系统的接地系统结构包括设备接地线、接地干线、接地引入线、总接地铜排、分接地铜排和接地体 6 个部分，如图 12-37 所示。

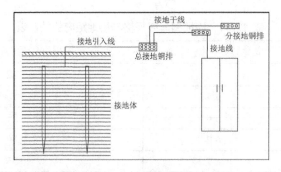

图 12-37　接地系统结构

1）接地线

接地线是指综合布线系统的各种设备与分接地铜排之间的连线，所有接地线均采用截面不小于 4mm² 的铜质绝缘导线，当综合布线系统采用屏蔽电缆布线时，信息插座的接地可利用电缆屏蔽层作为接地线连至电信间的机柜。

2）分接地铜排

分接地铜排位于电信间，是配线与系统接地线的公共连接处。电信间的机柜等需通过接地线与分接地铜排相连接，分接地铜排的尺寸视情况而定，上面打有很多小孔洞，需通过合适的铜线钼与接地线相连接。

3）接地干线

接地干线是指由总接地铜排引出至分接地铜排的导线，两端用铜线钼连接或焊接。在进行接地干线的设计时，应充分考虑建筑物的结构形式、建筑物的大小以及综合布线的路由与空间配置，并与综合布线干线电缆的敷设相协调。接地干线应安装在不受物理和机械损伤的保护处，建筑物内的水管及金属电缆屏蔽层不能作为接地干线使用。当建筑物中使用两个或多个垂直接地干线时，垂直接地干线之间每隔三层及顶层需用与接地干线等截面的绝缘导线相焊接。接地干线应为绝缘铜芯导线，最小截面积应不小于 16mm²。

4）总接地铜排

一般情况下，每栋建筑物都有一个总接地铜排，作为综合布线接地系统中接地干线及设备接地线的转接点，常设于进线间或设备间。

5）接地引入线

接地引入线指总接地铜排与接地体之间的连接线，一般采用 40mm×1mm 或 50mm×1mm 的镀锌扁钢。接地引入线应作绝缘防腐处理，在其出土部位应有防机械损伤措施，不宜与暖气管道同沟布放。

6）接地体

接地体有联合接地体和人工接地体两种。联合接地体是指用作建筑物地基的钢筋网构成的接地体。人工接地体是指专门制作的接地体，人工接地体的制作方法如图 12-37 所示。为了获得良好的接地，推荐采用联合接地方式，其接地电阻小于或等于 1Ω。所谓联合接地方式就是将防雷接地、交流工作接地、直流工作接地等统一接到共用的接地装置（联合接地体）上。当综合布线系统采用单独接地系统时，人工接地体应满足以下条件：

① 距离工频低压交流供电系统的接地体不宜小于 10m；

② 距离建筑物防雷系统的接地体不应小于 2m；

③ 接地电阻不应大于 4Ω。

12.5.3 防火设计

1. 防火设计的基本要求

在综合布线工程设计中，防火设计应注意以下几点。

① 根据建筑物的防火等级和对材料的耐火要求，综合布线系统的缆线选用和布线方式及安装的场地应采用相应的措施。

② 综合布线工程设计选用的电缆、光缆应从建筑物的高度、面积、功能、重要性等方面加以综合考虑，选用相应等级的防火缆线。

③ 对于防火缆线的应用分级，北美、欧洲的相应标准中主要以缆线受火的燃烧程度及着火以后，火焰在缆线上蔓延的距离、燃烧的时间、热量与烟雾的释放、释放气体的毒性等指标，并通过实验室模拟缆线燃烧的现场状况实测取得。北美和欧洲的通信电缆测试标准及分级分别如表 12-12 和表 12-13 所示。

表 12-12 通信电缆欧洲测试标准及分级表

测试标准	缆线分级
PrEN50399−2−2 和 EN 50265−2−1	B1
PrEN50399−2−2 和 EN 50265−2−1	B2
	C
	D
EN 50265−2−1	E

表 12-13 通信电缆北美测试标准及分级表

测试标准	NEC 标准（自高向低排列）	
	电缆分级	光缆分级
UL910（NFPA262）	CMP（阻燃级）	OFNP 或 OFCP
UL1666	CMR（主干级）	OFNR 或 OFCR
UL1581	CMCMG（通用级）	OFN（G）或 OFC（G）
VW−1	CMX（住宅级）	

注：参考现行 NEC2002 版。

2. 综合布线系统中防火缆线的选用

在综合布线系统的防火设计中，就缆线的选择而言，北美与欧洲存在不同意见。欧盟国家使用无卤素、无铅的屏蔽缆线作为电力与通信缆线；同时，欧盟建筑法规规定缆线必须安装在金属套管内。美国国家电气法规（NEC）明确规定：通信网络必须使用含卤素材料的非屏蔽对绞线。这是因为，含卤素电缆虽然具有重要环保缺陷，但卤素本身具有很强的抗燃性和高燃点，如果电缆根本不着火或很难着火，那么就不会引起燃烧，也就不会散发出有毒的烟雾。鉴于此，布线缆线的选择应根据建筑物布线场地的实际情况如线槽（线管）材料、空调通风系统安装情况、缆线安装方式等因素综合考虑。

① 在通风空间内（架空地板下或吊顶内等）采用敞开式敷设缆线或若为 PVC 线槽/管且安装了空调通风系统时，须采用阻燃级的（CMP 级或 OFNP/OFCP 级或 B1 级）缆线；如果建筑物架空地板或吊顶内采用金属线槽/管或防火性 PVC 线槽/管时，可采用任意防火等级（CM/

/CMR/CMP 或 OFN/ OFNR/OFNP 或 D 级）的缆线。

② 在主干缆线竖井内的主干缆线采用敞开的方式敷设或若为 PVC 线槽/管时，应采用垂直级（CMR 或 OFNR/OFCR 或 C、B2 级）以上等级的缆线；Z 主干竖井内若为金属线槽/管（或阻燃 PVC 线槽/管）时，可采用任意防火等级（（CM/ /CMR/CMP 或 OFN/ OFNR/OFNP 或 D 级）的缆线。

③ 对于有环保需求的建筑物，设计综合布线工程时应选用符合 LSZH 等级的缆线，同时应采用金属线槽/管或阻燃 PVC 线槽/管。

思考与练习 12

一、填空题

1. 设备间中应有足够的设备安装空间，一般设备间的面积不应小于_____。

2. 对绞电缆一般以箱为单位订购，每箱对绞电缆的长度为_____。

3. 电缆管理标记通常有_____、_____和_____ 3 种。

4. 在不同类型的建筑物中，电缆管理常采用_____和_____两种管理方式。

5. 干线子系统的接合方法有_____和_____两种。

二、选择题（答案可能不止一个）

1. 下列缆线中可以作为综合布线系统的配线缆线的是（   ）。

A. 特性阻抗 100Ω 的对绞电缆　　　　B. 特性阻抗为 100Ω 的同轴电缆

C. 特性阻抗为 120Ω 的对绞电缆　　　　D. 62.5/125μm 的多模光缆

2. 下列通道中不能用来敷设干线缆线的是（   ）。

A. 通风通道　　　　B. 电缆孔　　　　C. 电缆井　　　　D. 电梯通道

3. 室外电缆进入建筑物时，通常在入口处经过一次转接进入室内。在转接处加上电器保护设备，以避免因电缆受到雷击、感应电势或与电力线接触而给用户设备带来的损坏。这是为了满足（   ）的需要。

A. 屏蔽保护　　　　B. 过流保护　　　　C. 电气保护　　　　D. 过压保护

4. 在综合布线系统的电信间、设备间内安装的设备、机架、金属线管、桥架、防静电地板，以及从室外进入建筑物内的电缆等都需要（   ），以保证设备的安全运行。

A. 接地　　　　B. 防火　　　　C. 屏蔽　　　　D. 阻燃

5. 为了获得良好的接地，推荐采用联合接地方式，接地电阻要求小于或等于（   ）。

A. 1Ω　　　　B. 2Ω　　　　C. 3Ω　　　　D. 4Ω

三、判断题

1. 设计综合布线系统时，对用户业务的需求分析可有可无。（   ）

2. 在配线子系统中，缆线既可以用对绞电缆也可以用光缆。（   ）

3. 110 型配线架只能终接语音信息点。（   ）

4. 采用屏蔽电缆可以完全消除电磁干扰。（   ）

四、名词解释

1. 弱电间

2. 电缆孔

3. 电缆竖井

4. 电气保护

五、简答题

1. 综合布线系统有哪几个布线子系统？

2. 干线子系统布线方法有哪些？并说明其特点。

3. 干线子系统的接合方法有哪些？各有何特点？

4. 干线子系统缆线是否都垂直布放，为什么？

5. 怎样计算干线缆线用量？

6. 如何确定设备间的位置和大小？

7. 设备间、电信间对环境有哪些要求？

8. 管理子系统的管理方式有哪些？各有什么特点？

9. 室外缆线进入建筑物内，应采取什么保护措施？

10. 过压保护采用什么器件？

11. 过流保护采用什么器件？

12. 简述综合布线系统的接地设计要求。

六、画图题

图示接地系统结构。

七、计算题

1. 已知某综合布线工程共有 500 个信息点，布点比较均匀，距离 FD 最近的信息插座布线长度为 12m，最远信息插座的布线长度为 80m，该综合布线工程配线子系统使用 6 类对绞电缆，则需要购买对绞电缆多少箱（305m/箱）？

2. 已知某校园网分为 3 个片区，各片区机房需要布设一根 24 芯的单模光缆至网络中心机房，以构成校园网的光纤骨干网络。网管中心机房为管理好这些光缆应配备何种规格的光纤配线架？数量多少？光纤耦合器多少个？

项目实训 12

一、实训目的

掌握综合布线系统的基本设计方法。能根据不同用户的业务需求和建筑物的实际情况，熟悉进线间、设备间、管理、工作区、配线子系统、干线子系统和建筑群子系统的设计要求、原则和注意事项，在此基础上完成上述各子系统设计方案。

二、实训内容

完成教学楼或学生宿舍的综合布线系统各子系统设计。

三、实训步骤

1. 设计依据和设计要求

① 了解该建筑物的概况，如建筑物的规模、层数、结构、业务需求等。

② 确定信息种类和信息点的数量。

③ 确定进线间、设备间和电信间的位置。

④ 明确系统设计要求和设计标准。

2. 确定设计方案

（1）确定设计范围

依据用户实际需要，结合建筑物的具体情况，确定系统有哪些范围需要设计。例如，只有一栋楼时，就不考虑建筑群子系统设计，当建筑物范围比较小时，可以考虑设备间和进线间合用一个房间。

（2）确定工作区的设计内容

① 工作区的数量、面积、用途和建筑结构。

② 统计信息点数。

（3）进行配线子系统设计

① 确定配线布线路由。

② 确定配线缆线的类型和数量。

③ 确定楼层配线设备的数量、规格和位置。

④ 确定信息插座的类型、规格和数量。

⑤ 确定支撑保护件的类型、规格和数量。

（4）进行干线子系统设计

① 选择主干路由和布线方式。

② 确定干线缆线的类型、数量和接合方法。

③ 考虑缆线的保护和接地，如有条件宜选择桥架敷设缆线。

（5）进行管理设计

① 确定建筑物配线架位置、规格、型号和数量。

② 确定标志管理方案。

（6）确定与有关系统的配合和连接

① 与用户交换机网络系统的配合和连接。

② 与计算机网络系统的配合和连接。

3. 列出全部材料清单

四、实训总结

通过本次实训，应掌握综合布线系统各子系统的设计步骤、要求、设计内容和设计方法；学会对简单建筑物的布线系统进行结构设计。

任务 13　绘制综合布线工程施工图

综合布线工程施工图在综合布线工程中起着关键的作用。首先，设计人员要通过建筑图纸来了解和熟悉建筑物结构并设计综合布线工程图，然后，用户要根据工程施工图来对工程进行可行性分析和判断；施工技术人员要根据设计施工图组织施工；工程竣工后施工方需先将包括施工图在内的所有竣工资料移交给建设方，验收过程中，验收人员还需根据施工图进行项目验收，检查设备及链路的安装位置、安装工艺等是否符合设计要求。施工图是用来指导施工的，应能清晰直观地反映综合布线系统的结构、管线路由和信息点分布等情况。因此，识图、绘图能力是综合布线工程设计与施工组织人员必备的基本功。本任务的目标是学习绘图知识，掌握综合布线工程施工图的作用、种类，使用绘图软件绘制综合布线工程施工图。

13.1　设计参考图集

在综合布线系统图纸设计过程中，所采用的主要参考图集是《智能建筑弱电工程设计施工图集（97×700）》。该图集由中华人民共和国建设部 1998 年 4 月 16 日批准，包括智能建筑弱电系统共 11 个系统的设计，具体如下。

（1）通信系统

（2）综合布线系统

（3）火灾报警与消防控制系统

（4）安全防范系统

（5）楼宇设备自控系统

（6）公用建筑计算机经营管理系统

（7）有线电视系统

（8）服务性广播系统

（9）厅堂扩声系统

（10）声像节目制作与电化教学系统

（11）呼应信号及公共显示系统

该图集在一定程度上保持各自的独立性和完整性，对某些系统，除规定特定的图形符号外，还比较详细地介绍了系统构成、原理和实施方法。

13.2 通信工程制图的整体要求和统一规定

通信工程制图执行的标准是原信息产业部〔2007〕532号文件发布的YD/T5015—2007《电信工程制图和图形符号规定》。

1. 制图的整体要求

① 根据表述对象的性质，论述的目的与内容，选取适宜的图纸及表达手段，以便完整地表述主题内容。

② 图面应布局合理、排列均匀、轮廓清晰和便于识别。

③ 应选取合适的图线宽度，避免图中的线条过粗或过细。

④ 正确使用国标和行标规定的图形符号；派生新的符号时，应符合国标图形符号的派生规律，并应在适合的地方加以说明。

⑤ 在保证图面布局紧凑和使用方便的前提下，选择适合的图纸幅面，使原图大小适中。

⑥ 应准确地按规定标注各种必要的技术数据和注释，并按规定进行书写和打印。

⑦ 工程设计图纸应按规定设置图衔，并按规定的责任范围签字，各种图纸应按规定顺序编号。

2. 制图的统一规定

（1）图幅尺寸

① 工程设计图纸幅面和图框大小应符合相关国家标准的规定，一般采用A0、A1、A2、A3、A4图纸幅面（实际工程设计中，只采用A4一种图纸幅面，以利于装订和美观），如表13-1所示。

表13-1 图纸幅面和图框尺寸

单位：mm

幅面代号	A0	A1	A2	A3	A4
图框尺寸（高×宽）	1189×841	841×594	594×420	420×297	297×210
非装订侧侧边框距	10			5	
装订侧侧边框距	25				

当上述幅面不能满足要求时，可按照 GB 4457.1—84《机械制图图纸幅面及格式》的规定加大幅面，也可在不影响整体视图效果的情况下分割成若干张图绘制（大多采用该方式）。

② 根据表述对象的规模大小、复杂程度、所要表达的详细程度、有无图衔及注释的数量来选择较小的适合幅面。

（2）图线型式及用途

① 线型分类及用途如表 13-2 所示。

表 13-2　线型分类及用途

图线名称	图线型式	一般用途
实线	——————	基本线条：图纸主要内容用线，可见轮廓线
虚线	— — — — —	辅助线条：屏蔽线、机械连接线、不可见轮廓线、计划扩展内容用线
点划线	—·—·—·—	图框线：表示分界线、结构图框线、功能图框线、分级图框线
双点划线	—··—··—··—	辅助图框线：表更多的功能组合或从某种图框中区分不属于它的功能部件

② 图线的宽度。一般从这些数值中选用：0.25mm、0.35mm、0.5mm、0.7mm、1.0mm、1.4mm。

③ 通常只选用两种宽度的图线，粗线的宽度为细线宽度的两倍，主要图线粗些，次要图线细些。对于复杂的图纸也可采用粗、中、细 3 种线宽，线的宽度按 2 的倍数依次递增，但线宽种类也不宜过多。

④ 使用图线绘图时，应使图形的比例和配线协调恰当、重点突出、主次分明，在同一张图纸上，按不同比例绘制的图样及同类图形的图线粗细应保持一致。

⑤ 细实线是最常用的线条，在以细实线为主的图纸上，粗实线主要用于主回路线、图纸的图框及需要突出的设备、线路、电路等处。指引线、尺寸线、标注线应使用细实线。

⑥ 当需要区分新安装的设备时，则粗线表示新建的设施，细线表示原有设施，虚线表示规划预留部分。在改建的电信工程图纸上，需要表示拆除的设备及线路用"×"来标注。

⑦ 平行线之间的最小间距不宜小于粗线宽度的两倍，同时最小不能小于 0.7mm。

（3）比例

① 对于建筑平面图、平面布置图、通信管道图、设备加固图及零部件加工图等图纸，一般应有比例要求；对于通信线路图、系统框图、电路组织图、方案示意图等类图纸则无比例要求，但应按工作顺序、线路走向、信息流向排列。

② 对平面布置图和区域规划性质的图纸，推荐的比例为 1：10、1：20、1：50、1：100、1：200、1：500、1：1000、1：2000、1：5000、1：10000、1：50 000 等，各专业应按照相关规范要求选用适合的比例。

③ 对于设备加固图及零部件加工图等图纸推荐的比例为 1：2、1：4 等；

④ 应根据图纸表达的内容深度和选用的图幅，选择适合的比例，并在图纸上及图衔相应栏目处注明。

这里要特别说明的是，对于通信线路图纸，为了更为方便地表达周围环境情况，一张图中可有多种比例，或完全按示意性图纸绘制。

（4）尺寸标注

① 一个完整的尺寸标注应由尺寸数字、尺寸界线、尺寸线（两端带箭头的线段）等组成。

② 图中的尺寸单位，在线路图中一般以米（m）为单位，其他图中均以毫米（mm）为单位，且无须另行说明。

③ 尺寸界线用细实线绘制，由图形的轮廓线、轴线或对称中心线引出，也可利用轮廓线、轴线或对称中心线作尺寸界线。尺寸界线一般应与尺寸线垂直。

但在通信线路工程图纸中，更多的是直接用数字代表距离，而无须尺寸界线和尺寸线，如图13-1所示。在这张图纸中，由上往下的35、20、23、26、12、28、19和15均表示架空杆路中的架空距离，单位为m（无须标注）。

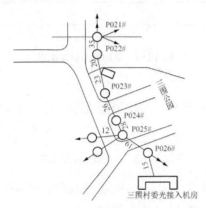

图13-1　线路工程中的尺寸标注示意

（5）字体及写法

① 图纸中书写的文字（包括汉字、字母、数字、代号等）均应字体工整、笔画清晰、排列整齐、间隔均匀，其书写位置应根据图面妥善安排，不能出现线压字或字压线的情况，否则会严重影响图纸质量，同时也不利于施工人员看图。

文字多时宜放在图的下面或右侧，从左至右横向书写，标点符号占一个汉字的位置。中文书写时，应采用国家正式颁布的简化汉字，宜采用宋体或长仿宋字体。

② 图中的"技术要求""说明"或"注"等字样，应写在具体文字内容的左上方，并使用比文字内容大一号的字体书写，标题下均不画横线。具体内容多于一项时，应按下列顺序号排列：

- 1、2、3 …
- （1）、（2）、（3）…
- ①、②、③…

③ 图中的数字，均应采用阿拉伯数字表示；计量单位应使用国家颁布的法定计量单位。

（6）图衔

图衔就是位于图纸右下角的"标题栏"。各个设计单位都非常重视"标题栏"的设置，它们都会把经过精心设计的带有各自特色的"标题栏"放置在设计模板中，设计人员只能在规定模板中绘制图纸，而不会去另行设计图衔。这是为什么呢？因为这是它们的招牌，代表公司形象，在客户心中占有比较重要的位置。

电信工程常用标准图衔为长方形，大小为 30mm×180mm（高×长）。图衔应包括图名、图号、设计单位名称、单位主管、部门主管、总负责人、单项负责人、设计人、审校核人等内容。图 13-2 所示为一种常见的图衔设计。从图 13-2 中可以看出：第一，"设计单位名称"或"图名"占整个图衔长度的一半；第二，图衔的外框必须加粗，其线条粗细应与整个大图图框一致。

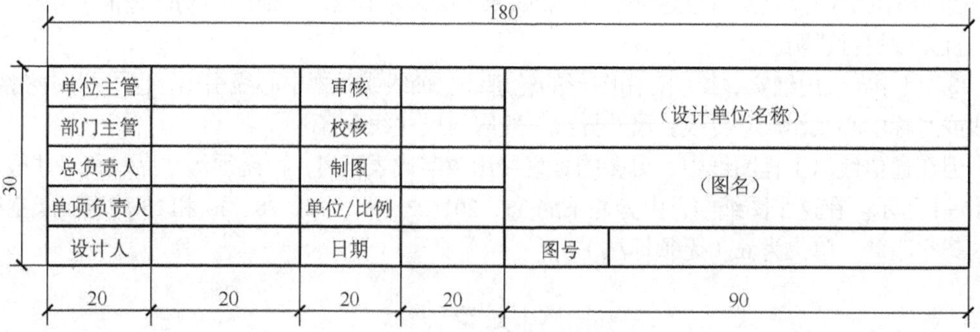

图 13-2　常用图衔设计示意

（7）图纸编号

① 图纸编号的编排应尽量简洁，一般图纸编号的组成分为 4 段，如图 13-3 所示。

工程计划号 — 设计阶段代号 — 专业代号 — 图纸编号

图 13-3　一般图纸编号组成

② 工程计划号：可使用上级下达、客户要求或自行编排的计划号。

③ 设计阶段代号：应符合表 13-3 中的规定。

表 13-3　设计阶段代号

设计阶段	代号	设计阶段	代号	设计阶段	代号
可行性研究	Y	初步设计	C	技术设计	J
规划设计	G	方案设计	F	设计投标书	T
勘察报告	K	初设阶段的技术规范书	CJ	修改设计	在原代号后加X
引进工程询价书	YX	施工图设计、一阶段设计	S		

④ 常用专业代号应符合表 13-4 中的规定（表中代号均为汉语拼音缩写）。

表 13-4　常用专业代号

名称	代号	名称	代号
光缆线路	GL	电缆线路	DL
海底光缆	HGL	通信管道	GD
光传输设备	GS	移动通信	YD
无线接入	WJ	交换	JH
数据通信	SJ	计费系统	JF
网管系统	WG	微波通信	WB
卫星通信	WT	铁塔	TT
同步网	TBW	信令网	XLW
通信电源	DY	电源监控	DJK

（8）注释、标志和技术数据

① 当含义不便于用图示方法表达时，可以采用注释。当图中出现多个注释或大段说明性注释时，应当把注释按顺序放在边框附近。当注释不在需要说明的对象附近时，应使用指引线（细实线）指向说明对象。

② 标志和技术数据应该放在图形符号的旁边。当数据很少时，技术数据也可以放在矩形符号的方框内；数据较多时可以用分式表示，也可以用表格形式列出。

当用分式表示时，可采用以下模式：

$$A - B$$
$$N \qquad F$$
$$C - D$$

式中，N 为设备编号，一般靠前或靠上放；A、B、C、D 为不同的标注内容，可增可减；F 为敷设方式，应靠后放；当设计中需表示本工程前后有变化时，可采用斜杠方式：（原有数）/（设计数），当设计中需表示本工程前后有增加时，可采用加号方式：（原有数）+（增加数）。

常用的标注方式如表 13-5 所示。

表 13-5　常用标注方式

序号	标注方式	说明
01	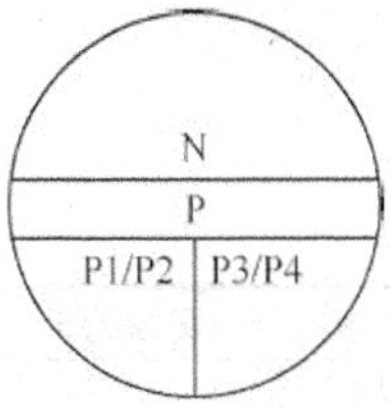	直接配线区的标注方式（外圆圈一定要加粗） 注:图中的文字符号应以工程数据代替（下同） 其中：N 为主干电缆编号，如 0101 表示 01 电缆上第一个直接配线区；P 为主干电缆容量（初设为对数，施设为线序）；P1 为现有局号用户数；P2 为现有专线用户数，当有不需要局号的专线用户时，再用+（对数）表示；P3 为设计局号用户数；P4 为设计专线用户数
02	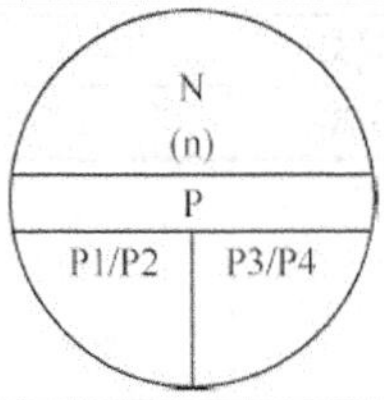	交接配线区的标注方式（外圆圈一定要加粗） 注：图中的文字符号应以工程数据代替（下同） 其中：N为交接配线区编号，如J22001表示22局第一个交接配线区；n为交接箱容量，如2400（对）；P1、P2、P3、P4的含义同01注
03	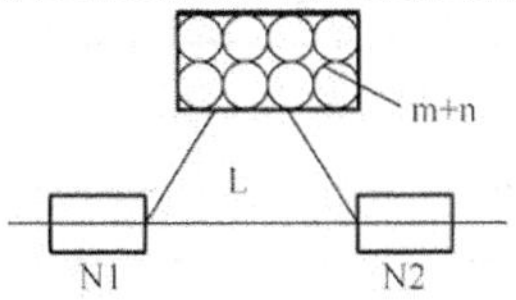	对管道扩容的标注 其中：m 为原有管孔数，可附加管孔材料符号；n 为新增管孔数，可附加管孔材料符号；L 为管道长度；N1、N2 为人孔编号
04	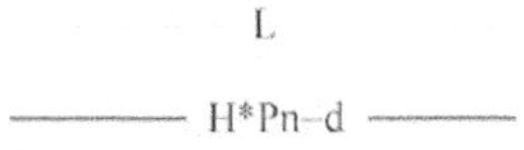	对市话电缆的标注（典型标注如HYA1－0.4） 其中：L 为电缆长度；H*为电缆型号（如 HYA）；Pn 为电缆百对数；d 为电缆芯线线径
05	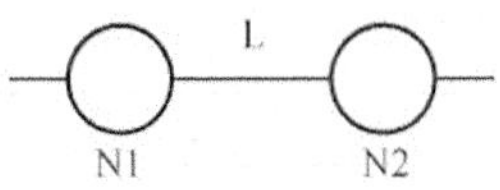	对架空杆路的标注 其中：L 为杆路长度，单位为 m；N1、N2 为起止电杆编号（可加注杆材类别的代号）

序号	标注方式	说明
06	L H*Pn–d N1　　　N–X　　　N2	对管道电缆的简化标注 其中：L 为电缆长度；H*为电缆型号；Pn 为电缆百对数； d 为电缆芯线线径；X 为线序；斜向虚线为人孔的简化画法；N1、N2 为起止人孔编号；N 为主干电缆编号
07	$\dfrac{N–B}{C}$ $\left\vert\ \dfrac{d}{D}\right.$	分线盒标注方式 其中：N 为编号；B 为容量；C 为线序；d 为现有用户数； D 为设计用户数
08	$\dfrac{N–B}{C}$ $\left\vert\left\vert\ \dfrac{d}{D}\right.\right.$	分线箱标注方式 注：字母含义同 07
09	$\dfrac{WN–B}{C}$ $\left\vert\left\vert\ \dfrac{d}{D}\right.\right.$	壁龛式分线箱标注方式 注：字母含义同 07

③ 通信工程设计中，由于文件名称和图纸编号都已明确，在项目代号和文字标注方面 可适当简化，推荐如下：平面布置图中可主要使用位置代号或用顺序号加表格说明；系统方 框图中可使用图形符号或用方框加文字符号来表示，必要时也可二者兼用；接线图应符合《电气技术用文件编制》的相关规定。

④ 对安装方式的标注应符合表 13-6 中的规定。

表 13-6　安装方式的标注

序号	代号	安装方式
1	W	壁装式
2	C	吸顶式
3	R	嵌入式
4	DS	管吊式

⑤ 对敷设部位的标注应符合表 13-7 中的规定。

表 13-7　对敷设部位的标注

序号	代号	安装方式
1	M	钢索敷设
2	AB	沿梁或跨梁敷设
3	AC	沿柱或跨柱敷设
4	WS	沿墙面敷设
5	CE	沿天棚面、顶板面敷设
6	SC	吊顶内敷设
7	BC	暗敷设在梁内
8	CLC	暗敷设在柱内
9	BW	墙内埋设
10	F	地板或地板下敷设
11	CC	暗敷设在屋面或顶板内

13.3 识图

1. 认识图例

图例是设计人员用来表达其设计意图和设计理念的符号。只要设计人员在图纸中以图例形式加以说明，使用什么样的图形或符号来表示并不重要。但如果设计人员既不想特别说明，又希望读者能明白其意，从而读懂图纸，就必须使用一些统一的图符（图例）。为此，设计人员在绘图之前，首先需要确定图例，以便使用。施工技术人员需要认识图例，以便明白图意。在综合布线工程设计中，部分常用图例如表 13-8 所示。

表 13-8　综合布线工程设计常用图例

图例	说明	图例	说明
FD	楼层配线架（系统图，无跳线连接）	TO	信息点（插座）
形式1: FD 形式2: FD	楼层配线架（系统图，含跳线连接）	形式1: nTO 形式2: nTO	信息插座，n 为信息孔数量（$n \leq 4$）。例如，TO、2TO、4TO 分别为单孔、二孔、四孔信息插座
形式1: BD 形式2: BD	建筑物配线架（系统图，含跳线连接）	形式1: * 形式2: *	信息插座的一般符号，*可用以下的文字或符号区别不同插座；TP-电话；TD-计算机（数据）
形式1: CD 形式2: CD	建筑群配线架（系统图，含跳线连接）	MUTO	多用户信息插座
形式1: CP 形式2: CP	集合点配线箱	形式1: TV 形式2: TV	电视插座
ODF	光纤配线架（光纤总连接盘，系统图，含跳线连接）	LIU *	光纤连接盘（系统图），可配 SC、ST、SFF 种类光纤适配器
MDF	用户总配线架（系统图，含跳线连接）	*	配线架柜的一般符号，*可用以下文字表示不同的配线架；CD-建筑群；BD-建筑物；FD-楼层
HDD	家居配线箱	HUB	集线器
SB	模块配线架式的供电设备（系统图）	⏚	接地
SW	网络交换机	PABX	程控用户交换机
☎	网络电话	AP	无线接入点
⎓⊘	光纤或光缆	▭▭▭	线槽
⊘ a/b/c	光缆及其参数标注（abc 分别为光缆型号、光纤芯数和光缆长度）	HDD	家居配线箱
ST	卡口式锁紧连接器（光纤连接器）	SC	直插式连接器（光纤连接器）

图例	说明	图例	说明
SFF	小型连接器（光纤连接器）	TE	终端设备
OF	光纤	CP	集合点
CD	建筑群配线架	BD	建筑物配线架
FD	楼层配线架	MDF	用户总配线架
ODF	用户配线架	IDC	卡接式配线模块
RJ45	8 位模块通用插座		综合布线系统的互连
	沿建筑物明敷的通信线路		沿建筑物暗敷的通信线路
	桥架		直角弯头
	走线槽（明敷）		T 型弯头
	走线槽（暗装）	MD	调制解调器
	交接间		落地式电缆交接箱
	光纤永久接头		墙挂式交接箱
	光纤可拆卸固定接头		落地式光缆交接箱
	光纤连接器（插头−插座）		架空电缆交接箱
	架空线路		电缆穿管保护
	墙壁吊挂式		墙壁预留孔
	墙壁卡子式		埋式光、电缆上方敷设排流线
	直埋线路		光、电缆预留
	管道线路		埋式光、电缆铺砖、铺水泥盖板保护
	直通型手井		埋式光、电缆穿管保护
	双页手井		埋式电缆旁边敷设防雷消弧线
	电缆充气点		光、电缆蛇形敷设
	局前人孔		直埋线路标石的一般符号
	直角人孔		光、电缆盘留
	斜通型人孔		水线房
	分歧人孔	或	单杆及双杆水线标牌
	埋式双页手井		通信线路巡房

2．识图

通信工程图纸是通过各种图形符号、文字符号、文字说明及标注表达的。预算人员要通过图纸了解工程规模、工程内容，统计出工程量，编制出工程概预算文件。施工人员要通过图纸了解施工要求，按图施工。阅读图纸的过程称为识图。换句话说，识图，就是要根据图例和所学的专业知识，认识设计图纸上的每个符号，理解其工程意义，进而很好地掌握设计者的设计意图，明确在实际施工过程中，要完成的具体工作任务，这是按图施工的基本要求，也是准确套用定额进行综合布线工程概预算的必要前提。

3．识图举例

图 13-4 所示为某光缆线路工程的一部分（因为没有图衔，同时图中有 A-A' 接图符号），现在，我们运用学到的制图知识和专业知识来详细识读它。

① 对图纸进行整体观察，看它具备哪些要素，是否突出了主题。该图除了图衔没有外，其他要素基本是全的，它有指北针（这是线路工程图纸必不可少的，因为它能帮助施工人员辨明方向，正确快速地找到施工位置）；主要参照物——围墙、道路及建筑物（如图书馆、体育馆等）齐全；光缆（图中最左边有 GYTA-12B2 字样表明是光缆）敷设路由采用粗线条表示，距离数据齐全，所以主题突出；技术说明和主要工程量表齐全，为编制施工图预算创造了条件，同时也为施工技术人员掌握设计意图，从而快速施工提供了详细的资料。

② 细读图纸，看是否能直接指导施工。从 A-A' 接图符号处开始看图：12 芯的室外单模光缆自东向西敷设至 7# 双页手井，通过套 PVC 管直埋 2m 后从图书馆的西南角沿墙引上 6m。这里要注意的技术问题是：如果图书馆旁边有水沟（一般都会有），则 PVC 管应埋在水沟底下 30cm 处，此外，沿墙引上高度至少要在 3.5m 以上，引上 $\phi16$ 钢管保护长度不得低于 2.5m，且其上管口要封堵。引上后采用墙壁吊挂式施工形式沿图书馆、体育馆的西墙一直敷设到体育馆的正西北角，然后沿图书馆外墙引下，墙壁吊挂式的总敷设长度为 41+10+58+1（天桥处引下 1m）=110m，这期间有两个技术问题要看清：一是在图书馆和体育馆之间要求吊线做假终结，这是因为施工规范规

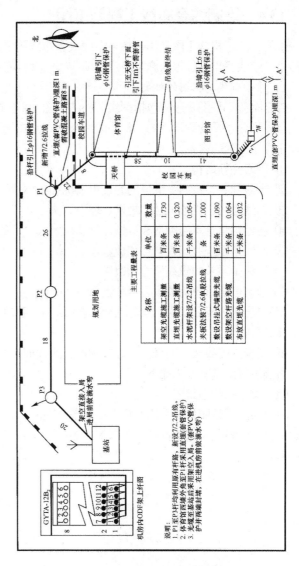

主要工程量表		
名称	单位	数量
架空光缆施工测量	百米条	1.730
直埋光缆施工测量	百米条	0.320
水泥杆架设7/2.2拉线	千米条	0.064
夹板法装7/2.6吊挂式光缆	条	1.000
敷设吊挂式吊线墙壁光缆	百米条	1.090
敷设架空吊线杆路光缆	千米条	0.064
布放直埋光缆	千米条	0.032

说明：
1. P1至P3杆均利用原有杆路，新设7/2.2吊线。
2. 体育馆西南角至P1杆采用直埋(套管保护)。
3. 光缆至基站后采用架空入局。(套PVC管保护)井井两端封堵，在进机房前做滴水弯。

图 13-4　线路工程图纸识图举例

定建筑物墙壁间间距大于 6m 时必须加固吊线，而此处的间距为 10m；二是天桥处画的是虚线表示光缆从天桥下穿过，而不是走天桥上方。光缆从图书馆西北角沿墙通过 ϕ16 钢管（保护高度同样不得低于 2.5m 且上管口要封堵）引下后通过 30m（8+22）的直埋（套 PVC 管保护）到达原有电杆 P1 再引上，这期间有 8m 要开挖混凝土路面（因为是校内车道），其余 22m 是普通土。从 P1 杆引上后沿着原有杆路（为什么是原有杆路？因为图中的电杆圆圈是没有加粗的，是细实线）架空敷设 26+18+20=64m 后到达基站机房墙壁，因为光缆的加挂增加了杆路负荷，所以在 P1 处新增 7/2.6 卸力拉线 1 条，而 P3 处的拉线利旧（细线条表示），整个杆路架空长度内采用的吊线为 7/2.2（见说明）。架空到达基站墙壁后要沿墙直接进入基站机房内（因为现在机房均采用上走线形式），注意高度不得低于 3.5m，同时应与室内走线架高度相匹配，进入机房前应留滴水弯，防止雨水进入机房。最后这 12 根光纤在机房内的 ODF 架上与 1、2 两排法兰盘连接，每排上纤 6 芯，第 1 排上 1 #～6#纤，第 2 排上 7#～12#纤。至此，将全部图纸阅读完毕。

13.4　绘制综合布线工程施工图

综合布线工程施工图是用来指导布线人员布线施工的。在施工图上要对一些关键信息点、交接点、缆线拐点等位置的施工注意事项和布线管槽的规格、材质等进行详细的标注或说明。

1.　综合布线工程图的种类

综合布线工程图一般应包括网络拓扑结构图、综合布线系统图、综合布线系统管线路由图、楼层信息点分布及管线路由图和机柜配线架信息点布局图等几类图纸。通过这些工程图，来反映以下几个方面的内容。

① 网络拓扑结构。

② 进线间、设备间、电信间的设置情况和具体位置。

③ 布线路由、管槽型号和规格、埋设方法。

④ 各楼层信息点的类型和数量，信息插座底盒（终端盒）的埋设位置。

⑤ 配线子系统的缆线型号和数量。

⑥ 干线子系统的缆线型号和数量。

⑦ 建筑群子系统的缆线型号和数量。

⑧ 楼层配线架（FD）、建筑物配线架（BD）、建筑群配线架（CD）、光纤互连单元（LIU）的数量和分布位置。

⑨ 机柜内配线架及网络设备分布情况，缆线成端位置。

各类图纸的基本要求如下。

（1）综合布线系统图

综合布线系统图作为全面概括布线系统全貌的示意图。如图 13-5、图 13-6 所示，主要描述进线间、设备间、电信间的设置情况，各布线子系统缆线的型号、规格和整体布线系统结构等内容。

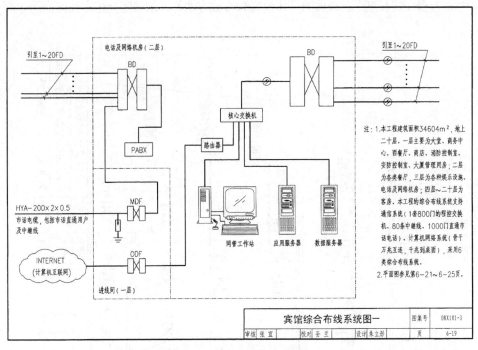

注:1.本工程建筑面积34604m²,地上二十层。一层主要为大堂、商务中心、百餐厅、商店、消防控制室、安防控制室、大厦管理用房;二层为各类餐厅,三层为各种娱乐设施、电话及网络机房;四层~二十层为客房。本工程的综合布线系统支持通信系统(1套800门的程控交换机、80条中继线、1000门直通市话电话)、计算机网络系统(骨干万兆互连,千兆到桌面),采用6类综合布线系统。

2.平面图参见第6-21~6-25页。

宾馆综合布线系统图一		图集号	08X101-3
审核 张宜 校对 孙兰 设计 朱立彤		页	6-19

图 13-5 宾馆综合布线系统图一

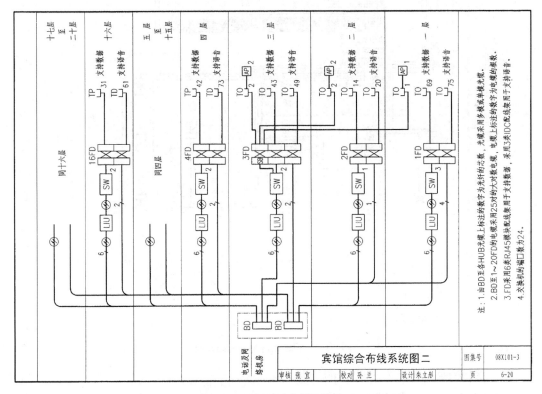

注:1.由BD至各HUB光缆上标注的数字为光纤的芯数,光缆采用多模或单模光缆。

2.BD至1~20FD的电缆采用25对的大对数电缆,电缆上标注的数字为电缆的根数。

3.FD用6类RJ45模块配线架用于支持数据,采用3类IDC配线架用于支持语音。

4.交换机的端口数为24。

宾馆综合布线系统图二		图集号	08X101-3
审核 张宜 校对 孙兰 设计 朱立彤		页	6-20

图 13-6 宾馆综合布线系统图二

（2）综合布线系统管线路由图

综合布线系统管线路由图主要反映主干（建筑群子系统和干线子系统）缆线的布线路由、

桥架规格、数量（或长度）、布放的具体位置和布放方法等。某园区光缆布线路由图如图 13-7 所示。

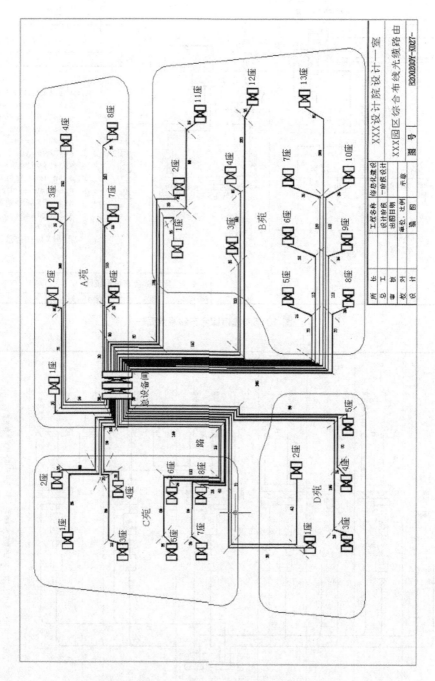

图 13-7　某园区光缆布线路由图

（3）楼层信息点分布及管线路由图（楼层综合布线平面图）

楼层信息点分布及管线路由图应明确反映相应楼层的布线情况，具体包括：该楼层的配线路由和布线方法，该楼层配线用管槽的具体规格、安装方法及用量，终端盒的具体安装位置及方法等。某宾馆一层和四～十五层的信息点分布及管线路由图如图 13-8、图 13-9 所示。

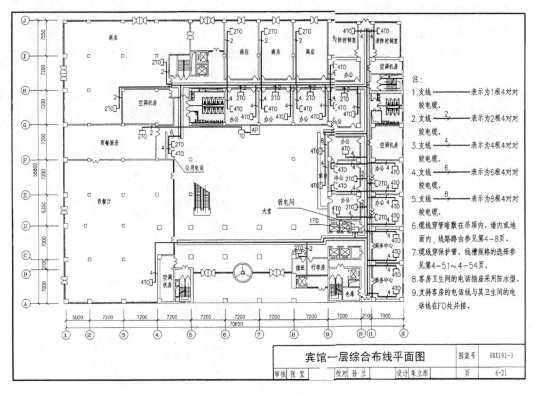

注:
1. 支线 ——— 表示为1根4对对绞电缆。
2. 支线 ——2— 表示为2根4对对绞电缆。
3. 支线 ——4— 表示为4根4对对绞电缆。
4. 支线 ——6— 表示为6根4对对绞电缆。
5. 支线 ——8— 表示为8根4对对绞电缆。
6. 缆线穿暗敷在吊顶内、墙内或地面内,线路路由参见第4-8页。
7. 缆线穿保护管、线槽规格的选择参见第4-51～4-54页。
8. 客房卫生间的电话插座采用防水型。
9. 支持客房的电话线与其卫生间的电话线在FD处并接。

| 宾馆一层综合布线平面图 | 图集号 | 08X101-3 |
| 审核 张宜　校对 孙兰　设计 朱立彤 | 页 | 6-21 |

图 13-8　楼层综合布线平面图一

注:见第6-21页注。

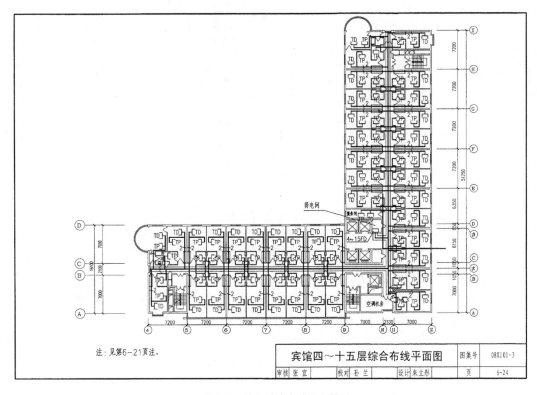

| 宾馆四～十五层综合布线平面图 | 图集号 | 08X101-3 |
| 审核 张宜　校对 孙兰　设计 朱立彤 | 页 | 6-24 |

图 13-9　楼层综合布线平面图二

项目五　设计综合布线工程

（4）机柜配线架分布图

机柜配线架分布图应明确反映以下内容。

① 机柜中需安装的各种设备，包括各种规格的配线设备、理线设备和网络设备（如果有的话）。

② 机柜中各种设备的安装位置和安装方法。

③ 各配线架的用途(分别用来端接什么缆线)，配线架中各缆线的成端位置(对应的端口)。

某机柜配线架分布图如图13-10所示。

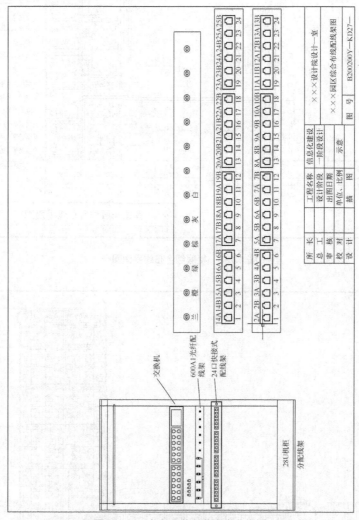

图 13-10　机柜配线架信息点分布图

（5）电信间、设备间布置图

电信间、设备间布置图应明确反映电信间、设备间的机柜、机架安装位置等情况。

某办公楼机房、弱电间的布置图如图13-11所示。

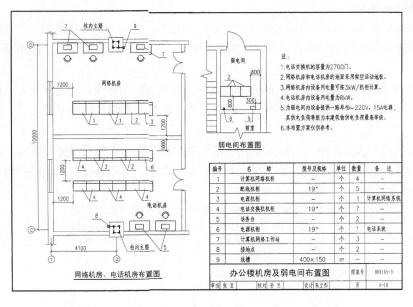

编号	名 称	型号及规格	单位	数量	备 注
1	计算机网络机柜	—	个	4	
2	配线机柜	19″	个	5	
3	电源机柜	—	个	1	计算机网络系统
4	电话交换机柜	19″	个	7	
5	话务台	—	个	1	
6	电源机柜	19″	个	1	电话系统
7	计算机网络工作站	—	个	3	
8	接地点	—	个	2	
9	线槽	400×150	m	—	—

注：
1. 电话交换机的容量为2700门。
2. 网络机房和电话机房的地面采用架空活动地板。
3. 网络机房内设备用电量可按3kW/机柜计算。
4. 电话机房内设备用电量为8kW。
5. 为弱电间内设备提供一路单相～220V、15A电源，其供电负荷等级为本建筑物供电负荷最高等级。
6. 本布置方案仅供参考。

图 13-11　机房及弱电间布置图

2. 使用绘图软件绘图

在综合布线工程设计中，主要采用两种绘图软件：AutoCAD 和 Microsoft Visio。当然也可以利用综合布线系统计算机辅助设计软件或其他绘图软件进行绘制。

（1）AutoCAD

AtuoCAD 是由美国 Autodesk（欧特克）公司于 20 世纪 80 年代初，为微机上应用 CAD（计算机辅助设计）技术而开发的绘图程序软件包，经过不断完善，已经成为国际上广为流行的绘图工具。AutoCAD 不但应用于综合布线工程的设计，也广泛应用于建筑工程设计当中，因此，如果建筑单位（业主）能提供建筑物图纸的电子文档，设计人员便可在其图纸上直接进行综合布线系统的设计，成倍地提高工作效率。图 13-12 所示为用 AutoCAD 绘制的某楼层信息点分布图。

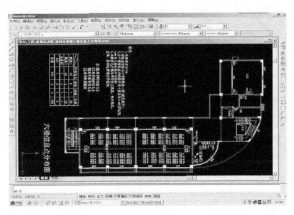

图 13-12　用 AutoCAD 绘制的某楼层信息点分布图示意

在综合布线工程设计中，AutoCAD 常用于绘制综合布线系统管线路由图、楼层信息点分布图、机柜配线架布局图等。

（2）Microsoft Visio

Microsoft Visio 作为 Microsoft Office 组合软件的成员，是当今比较优秀的绘图软件之一，它将强大的功能和易用性完美结合，可广泛应用于电子、机械、通信、建筑、软件设计和企业管理等领域。

Visio 具有易用的集成环境、丰富的图表类型和直观的绘图方式；能使专业人员和管理人员快速、方便地制作出各种建筑平面图、管理机构图、网络布线图、机械设计图、工程流程图、电路图等。

在综合布线工程设计中，Visio 通常用于绘制网络拓扑图、布线系统图和楼层信息点分布及管线路由图等。用 Visio 绘制的布线系统拓扑图和楼层信息点分布及管线路由图分别如图 13-13 和图 13-14 所示。

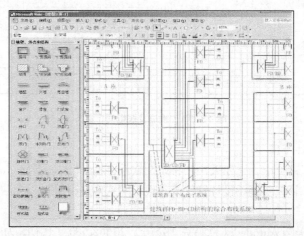

图 13-13　用 Microsoft Visio 绘制的综合布线系统拓扑图示意

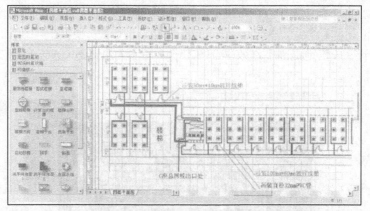

图 13-14　用 Microsoft Visio 绘制的楼层信息点分布及管线路由图示意

思考与练习 13

一、填空题

1. 综合布线工程设计主要使用两种绘图软件:_____和_____。

2. 综合布线工程图主要包括_____、_____、_____、_____和_____几类图纸。

3. 在综合布线工程设计中，Excel 主要用于_____。

二、选择题

1. 下列线宽（单位：mm）数值中，可在通信工程设计图纸中使用的是_____。

A. 1.8 B. 1.6 C. 1.4 D. 0.1

2. 综合布线工程图一般应包括_____。

A. 网络拓扑结构图 B. 综合布线系统图

C. 管线路由与楼层信息点分布图 D. 机柜配线架布局图

三、判断题

1. 识图、绘图能力是综合布线工程设计与施工组织人员必备的基本功。（　　）

2. 工程设计图纸应按规定设置图衔，并按规定的责任范围签字，图衔的位置是图纸的左下角。（　　）

3. 设计图中的粗实线一般用来表示原有，细实线表示新建。（　　）

4. 设计图纸中的线宽最大为 1.4mm，最小为 0.25mm。（　　）

5. 若设计图纸中只涉及两种线宽，则粗线线宽一般应为细线线宽的 1.5 倍。（　　）

6. 设计图纸上的"×"表示不要，也无须统计其工程量。（　　）

7. 设计图纸中平行线之间的最小间距不宜小于粗线宽度的两倍，同时最小不能小于 0.7mm。（　　）

8. 通信线路或通信管道工程图纸上一定要有指北针。（　　）

9. 一个完整的尺寸标注应由尺寸、尺寸界线和尺寸线 3 部分组成，但在通信线路工程图纸中一般直接用数值表示尺寸。（　　）

10. 图衔外框的线宽应与整个图框的线宽一致。（　　）

四、请在下面表格的空格栏填上左边图形符号的名称或含义。

图符	说明	图符	说明
ODF ⊠		LIU *	
MDF ⊠		⌐ *	
HDD		HUB	
SB		PABX	
SW		AP	
☎		▭	
ST		SC	
SFF		TE	
OF		CP	

项目实训 13

一、实训目的

通过实训，掌握综合布线工程图绘制方法，学会使用 AutoCAD 或 Microsoft Visio 等绘图软件。

二、实训内容

① 绘制如图 13-15 所示综合布线系统拓扑图。

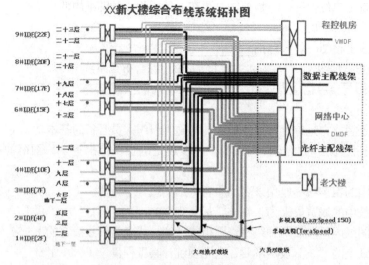

图 13-15　XX 新大楼综合布线系统拓扑图

② 绘制如图 13-16 所示综合布线系统平面图通常设备间所在楼层综合布线系统平面图应反映以下内容：

- 电信公用网进线的具体位置、标高、进线方向、进线管道数目、管径；
- 电话机房和计算机机房的位置，由机房引出线槽的位置；
- 电信公用网进线到电话机房的位置，由机房引出线槽的位置；
- 每层信息点的分布、数量、插座的样式、安装标高、安装位置、预埋底盒；
- 水平缆线的路由，由线槽到信息插座之间管道的材料、管径、安装方式、安装位置；如果采用水平线槽，则应当标明线槽的规格、安装位置、安装形式；
- 弱电竖井的数量、位置、大小，是否提供照明电源、220V 设备电源、地线，有无通风设施；
- 当管理区设备需要安装在弱电竖井中，需要确定设备的分布图；
- 弱电竖井中的金属梯架的规格、尺寸、安装位置。

③ 已知某建筑物的某一层需要设置 200 个信息点，其中 100 个电话信息点，100 个计算机数据信息点。配线全部采用 5e 类 4 对对绞电缆，共 200 根。所有配线都应终接到配线架上。试确定该层电信间楼层配线架的规格和数量，并画出该电信间的机柜配线架布局示意图。

三、实训步骤

① 绘制如图 13-15 所示的综合布线系统拓扑图。

② 绘制如图 13-16 所示的综合布线系统平面图。

③ 确定电信间所需各种配线架的型号、规格、数量。

④ 确定机柜的规格。

⑤ 绘制电信间的机柜配线架布局示意图。

⑥ 绘制如图 13-11 所示的机房、弱电间布置图。

四、实训总结

提交实训报告。

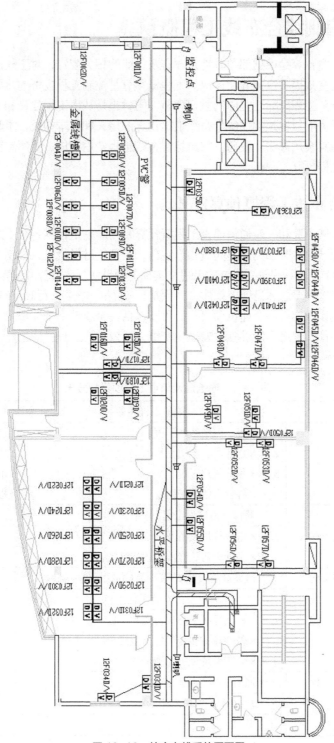

图 13-16　综合布线系统平面图

任务 14　编制综合布线工程概预算

综合布线工程概预算是根据部委、地方政府及行业的相关规定，对工程造价进行的数字计算，反映工程的投资规模和投资分配情况。工程概预算是控制工程投资的重要手段，编制工程概预算是工程设计和工程投标过程中的重要环节，同时也是从事工程建设和工程监理工作的基本技能之一。本任务的目标是掌握综合布线工程预算的定义和基本构成，了解现行定额的基本结构及内容，掌握其套用方法、技巧，掌握综合布线工程费用构成、费用定额及计算规则，学会编制综合布线工程预算。

14.1　综合布线工程概预算定义

综合布线工程概预算和一般通信建设工程概预算相同。它是根据各个不同设计阶段的深度和建设内容，按照国家主管部门颁发的概预算定额，设备、材料价格，编制方法、费用定额、费用标准等有关规定，对建设项目、单项工程按实物工程量法预先计算和确定的全部费用文件。

建设项目是指按一个总体设计进行建设，经济上实行统一核算，行政上有独立的组织形式，实行统一管理的建设内容。一个建设项目一般可以包括一个或若干个单项工程。单项工程是指具有单独的设计文件，建成后能够独立发挥生产能力或效益的工程。通信建设单项工程项目的划分如表 14-1 所示。

表 14-1　通信建设单项工程项目划分表

专业类别	单项工程名称	备注
通信线路工程	1.××光、电缆线路工程 2.××水底光、电缆工程 3.××用户线路工程 4.××综合布线系统工程	进局及中继光（电）缆工程可按每个城市作为一个单项工程
通信管道建设工程	××通信管道建设工程	
通信传输设备安装工程	1.××数字复用设备及光、电设备安装工程 2.××中继设备、光放设备安装工程	
微波通信设备安装工程	××微波通信设备安装工程（包括天线、馈线）	
卫星通信设备安装工程	××地球站通信设备安装工程（包括天线、馈线）	
移动通信设备安装工程	1.××移动控制中心设备安装工程 2.××基站设备安装工程（包括天线、馈线） 3.××分布系统设备安装工程	
通信交换设备安装工程	××通信交换设备安装工程	
数据通信设备安装工程	××数据通信设备安装工程	
供电设备安装工程	××电源设备安装工程	

14.2　通信建设工程定额

所谓定额，就是在一定的生产技术和劳动组织条件下，完成单位合格产品在人力、物力、财力的利用和消耗方面应当遵守的标准。它反映行业在一定时期内的生产技术和管理水平，是企业搞好经营管理的前提，也是企业组织生产、引入竞争机制的手段，是进行经济核算和贯彻"按劳分配"原则的依据。

14.2.1 定额分类

在我国，工程建设中使用的定额种类较多，常用的有以下几种分类方法。

① 按建设工程定额反映的物质消耗内容分类，可以把建设工程定额分为劳动消耗定额、材料消耗定额、机械消耗定额和仪表消耗定额 4 种。

- 劳动消耗定额简称劳动定额，是指完成一定合格产品（工程实体或劳务）所需消耗活劳动的数量标准。由于劳动定额大多采用工作时间消耗量来计算劳动消耗的数量，所以劳动定额的主要表现形式是时间定额，但同时也表现为产量定额。
- 材料消耗定额简称材料定额，是指完成一定合格产品所需消耗材料的数量标准。材料是指工程建设中使用的原材料、成品、半成品、构配件等。
- 机械消耗定额简称机械定额，是指为完成一定合格产品所需消耗的施工机械的数量标准。机械消耗定额的主要表现形式是机械时间定额，但同时也以产量定额表现。在我国，机械消耗定额主要是以一台机械工作一个工作班（8 小时）为计量单位，所以又称为机械台班定额。
- 仪表消耗定额简称仪表定额，是指为完成一定合格产品所需消耗的施工仪表的数量标准。仪表消耗定额的主要表现形式是仪表时间定额，但同时也以产量定额表现。在我国，仪表消耗定额也是以一台仪表工作一个工作班（8 小时）为计量单位，所以又称为仪表台班定额。

② 按主编单位和管理权限分类，建设工程定额可以分为行业定额、地区性定额、企业定额和临时定额 4 种。

- 行业定额是各行业主管部门根据其行业工程技术特点以及施工生产和管理水平编制的，在本行业范围内使用的定额，如矿井建设工程定额，通信建设工程定额。
- 地区性定额（包括省、自治区、直辖市定额）是指地区主管部门考虑本地区特点而编制的，在本地区范围内使用的定额。
- 企业定额是施工企业根据本企业具体情况，参照行业或地区性定额的水平编制的定额。只在本企业内部使用，是企业素质的一个标志。企业定额水平一般应高于行业或地区现行施工定额，才能满足生产技术发展、企业管理和市场竞争的需要。
- 临时定额是指随着设计、施工技术的发展，在现行各种定额不能满足需要的情况下，为了补充缺项由设计单位会同建设单位所编制的定额。临时定额只能一次性使用，并需向有关定额管理部门报备，作为修补定额的基础资料。

③ 按定额的编制程序和用途分类，可以把建设工程定额分为施工定额、预算定额、概算定额、投资估算指标和工期定额 5 种。

- 施工定额，是施工单位直接用于施工管理的一种定额，是编制施工作业计划、施工预算、计算工料、向班组下达任务书的依据。
- 预算定额是编制预算时使用的定额，是确定一定计量单位的分部分项工程或结构构件的人工（工日）、机械（台班）、仪表（台班）和材料的消耗数量标准。每一项分部分项工程的定额都规定有工作内容，以便确定该项定额的适用对象，而定额本身则规定：人工工日数、各种材料的消耗量和机械、仪表的台班数量等四方面的实物指标。
- 概算定额是编制概算时使用的定额，是确定一定计量单位的分部分项工程或结构构件的工、料和机械、仪表台班消耗量的标准。其内容和预算定额相似，但项目划分较粗，没有预算定额的准确性高。

● 投资估算指标是在项目建议书可行性研究阶段编制投资估算、计算投资需要量时使用的一种定额，往往以独立的单项工程或完整的工程项目为计算对象。其编制基础离不开预算定额、概算定额。

● 工期定额是为各类工程规定施工期限的定额天数，包括建设工期定额和施工工期定额两个层次。建设工期是指建设项目或独立的单项工程在建设过程中所耗用的时间总量，是从开工建设时起，到全部建成投产或交付使用为止所经历的时间。施工工期一般是指单项工程从开工到完工所经历的时间。

14.2.2 通信建设工程预算定额

1. 预算定额编制的依据和原则

通信建设工程预算定额以现行通信工程建设标准、质量评定标准、安全操作规程为编制依据。贯彻执行"控制量""量价分离""技普分开"的原则。

① 控制量是指预算定额中的人工工日、机械台班数量、仪表台班数量和主材消耗量是法定的，任何单位和个人不得擅自调整。

② 量价分离是指预算定额中只反映人工工日、主要材料、机械（仪表）台班的消耗量，而不反映其单价。单价由主管部门或造价管理归口单位另行发布。

③ 技普分开是指为了适应市场经济和通信建设工程的实际需要取消综合工。凡是由技工操作的工序内容均按技工计取工日，凡是由非技工操作的工序内容均按普工计取工日。

2. 预算定额子目编号

定额子目编号由 3 部分组成，第一部分为册名代号，表示通信建设工程的各个专业，由汉语拼音（字母）缩写组成，表示预算定额的名称；第二部分为定额子目所在的章号，由一位阿拉伯数字表示；第三部分为三位阿拉伯数字，表示定额子目所在章内的序号。

例如：

① TDS×——×××，表示通信电源设备安装工程预算定额×章×××子目序号。

② TSY×——×××，表示有线通信设备安装工程预算定额×章×××子目序号。

③ TSW×——×××，表示无线通信设备安装工程预算定额×章×××子目序号。

④ TXL×——×××，表示通信线路工程预算定额×章×××子目序号。

⑤ TGD×——×××，表示通信管道工程预算定额×章×××子目序号。

3. 预算定额子目中的人工工日及消耗量的确定

预算定额中的人工消耗量是指完成定额规定计量单位所需要的全部工序的用工量，一般应包括基本用工、辅助用工和其他用工。

（1）基本用工

由于预算定额是综合性的定额，每个分部、分项定额都综合了数个工序内容，各种工序用工工效应根据施工定额逐项计算，因此，完成定额单位产品的基本用工量包括分项工程中主体工程的用工量和附属于主体工程的各项工程的加工量。基本用工量是构成预算定额人工消耗指标的主要组成部分。一般应按劳动定额的时间定额乘以该工序的工程量计算确定，即：

$$L_{\text{基}} = \Sigma (I \times t)$$

式中：$L_{\text{基}}$ 为定额项目基本用工；

I 为工序工程量；

t 为时间定额。

（2）辅助用工

辅助用工是指劳动定额未包括的工序的用工量，包括施工现场某些材料临时加工用工和排除一般障碍、维持必要的现场安全用工等，是施工生产不可缺少的用工，应以辅助用工的形式列入预算定额。

施工现场临时材料加工用工量计算，一般按加工材料的数量乘以相应时间定额确定的。

（3）其他用工

其他用工是指劳动定额中未包括而在正常施工条件下必然发生的零星用工量，是预算定额的必要组成部分，编制预算定额时必须计算。内容包括：

① 在正常施工条件下各工序间的搭接和工种间的交叉配合所需的停歇时间；

② 施工机械在单位工程之间转移及临时水电线路在施工过程中移动所发生的不可避免的工作停歇；

③ 工程质量检查与隐蔽工程验收而影响工人操作的时间；

④ 场内单位工程之间操作地点的转移，影响工人操作的时间，施工过程中工种之间交叉作业的时间；

⑤ 施工中细小的难以测定的不可避免的工序和零星用工所需的时间等。

其他用工一般按预算定额的基本用工量和辅助用工量之和的 10% 计算。

4. 预算定额子目中的材料及消耗量的确定

预算定额中的材料消耗量包括直接用于安装工程中的主要材料使用量和规定的损耗量。

（1）主要材料使用量

主要材料是指在建筑安装工程中或产品构成中形成产品实体的各种材料。主要材料使用量即完成某工程实体所需主要材料的净用量。

（2）规定的损耗量

规定的损耗量是指施工运输、现场堆放和生产过程中不可避免的合理损耗量，包括主要材料损耗、施工措施消耗和周转性材料消耗等。施工措施消耗部分和周转性材料消耗要按不同施工方法、不同材质分别列出一次性使用量和一次摊销量。

施工过程中多次周转使用的材料，每次施工完成之后还可以再次使用，但在每次用过之后必然发生一定的损耗，经过若干次使用之后，此种材料报废或仅剩残值，这种材料就要以一定的摊销量分摊到部分分项工程预算定额中，通常称作周转性材料摊销量。

例如，管道沟挡土板所用木材，一般按周转 10 次摊销。在预算定额编制过程中，对周转性材料应严格控制周转次数，以促进施工企业合理使用材料，充分发挥周转性材料的潜力，减少材料损耗，降低工程成本。

预算定额的一次摊销材料量的计算公式如下：

$$R = (Q \cdot (1 + P)) / N$$

式中：R 为周转性材料的定额摊销量；

Q 为周转性材料分项工程一次施工需用量；

P 为材料损耗率（见表 14-2）；

N 为规定材料在施工中所需周转次数。

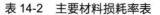

表 14-2　主要材料损耗率表

序号	材料名称	损耗率	序号	材料名称	损耗率
1	铁线	1.5%	18	塑料接头保护管	1%
2	钢绞线	1.5%	19	水泥（袋装）	1.1%
3	铜包钢线	0.5%	20	水泥（散装）	5%
4	铜线	0.5%	21	水泥电杆及水泥制品	0.3%
5	铝线	2.5%	22	水泥盖板	2%
6	铅套管	1%	23	标石	2%
7	钢材	2%	24	毛石	10%
8	钢筋	2%	25	碎石	4%
9	顶管用钢管	3%	26	粗砂	5%
10	各种铁件	1%	27	白灰	3%
11	各种穿钉	1%	28	木材	5%
12	埋式光（电）缆	0.5%	29	机制砖	2%
13	管道光（电）缆	1.5%	30	水泥砂浆	3%
14	架空光（电）缆	0.7%	31	混凝土	2%
15	局内配线光（电）缆	2%	32	水银告警器	15%
16	电缆挂钩	3%	33	木杆、横木、桩木	0.2%
17	绝缘导线	1.5%	34	炸药	1%

5. 预算定额子目中的施工机械台班消耗量的确定

通信建设工程中凡是可以计取台班的施工机械（施工机械单位价格在 2000 元以上，构成固定资产的），定额子目中均给定了台班消耗量。计算公式为：

施工机械台班消耗量 = 1/每台班产量

例如，用一辆 5 吨起重吊车，立 9m 水泥杆，每台班产量为 25 根，则每根所需台班消耗量应为：

1/25 = 0.04 台班

6. 预算定额子目中的施工仪表台班消耗量的确定

通信建设工程中凡是可以计取台班的施工仪表（施工仪表单位价格在 2000 元以上，构成固定资产的），定额子目中均给定了台班消耗量。施工仪表台班消耗量是按通信建设标准规定的测试项目及指标要求综合取定的。

7. 通信建设工程概预算定额的构成

为适应通信建设工程发展需要，合理和有效控制工程建设投资，规范通信建设概、预算的编制与管理，中华人民共和国工业和信息化部颁布了新修订的通信建设工程概、预算编制办法。其配套文件包括：《通信建设工程概、预算编制办法》《通信建设工程费用定额》《通信建设工程施工机械、仪器仪表台班定额》《通信建设工程预算定额》（共五册），自 2008 年 7 月 1 日起实施。其中，《通信建设工程预算定额》的每一册都由总说明、册说明、章说明、定额项目表和附录 5 部分构成。

（1）总说明

总说明不仅阐述定额的编制原则、指导思想、编制依据和实用范围，同时还说明编制定额时已经考虑和没有考虑的各项因素以及有关规定和使用方法等，部分主要条目如下。

① 本定额按通信专业工程分册，包括第一册通信电源设备安装工程、第二册有线通信设备安装工程、第三册无线通信设备安装工程、第四册通信线路工程、第五册通信管道工程；

② 本定额是编制通信建设项目投资估算、概算、预算和工程量清单的基础，也可以作为通信建设项目招标、投标报价的基础。

③ 本定额适用于通信建设项目新建、扩建工程的概、预算的编制，改建工程可参照使用。

④ 本定额用于扩建工程时，其扩建施工降效部分的人工工日按乘以系数 1.1 计取。

⑤ 高原地区施工时，本定额人工工日、机械台班量乘以表 14-3 中的系数。

表 14-3　高原地区调整系数表

海拔高度（m）		2000m以上	3000m以上	4000m以上
调整系数	人工	1.13	1.30	1.37
	机械	1.29	1.54	1.84

⑥ 原始森林地区（室外）及沼泽地区施工时人工工日、机械台班消耗量乘以系数 1.30。

⑦ 非固定沙漠地带，进行室外施工时，人工工日乘以系数 1.10。

⑧ 其他类型的特殊地区按相关部门规定处理。

⑨ 以上 4 种特殊地区若在施工中同时存在两种以上情况时，只能参照较高标准计取一次，不应重复计列。

（2）册说明

册说明阐述该册的内容，编制基础和使用该册应注意的问题及有关规定等。第四册通信线路工程的册说明如下。

① 《通信线路工程》预算定额适用于通信光（电）缆的直埋、架空、管道、海底等线路的新建工程。

② 通信线路工程，当工程规模较小时，人工工日以总工日为基数按下列规定系数进行调整：

● 工程总工日在 100 工日以下时，增加 15% ；

● 工程总工日在 100～250 工日时，增加 10% 。

● 定额中带有括号和以分数表示的消耗量，供设计选用；"*"表示由设计确定其用量。

● 用于拆除工程时，不单立子目，发生时按表 14-4 的规定执行。

表 14-4　拆除工程占新建工程定额的百分比表

序号	拆除工程内容	占新建工程定额的百分比(%)	
		人工工日	机械台班
1	光（电）缆（不需清理入库）	40	40
2	埋式光（电）缆（清理入库）	100	100
3	管道光（电）缆（清理入库）	90	90
4	成端电缆（清理入库）	40	40
5	架空、墙壁、室内、通道、槽道、引上光（电）缆（清理入库）	70	70
6	线路工程各种设备以及除光(电)缆外的其他材料（清理入库）	60	60
7	线路工程各种设备以及除光(电)缆外的其他材料（不需清理入库）	30	30

③ 敷设光(电)缆工程量计算时，应考虑敷设的长度和设计中规定的各种预留长度。

④ 敷设光缆定额中，光时域反射仪台班量是按单窗口测试取定的，如需双窗口测试时，其人工和仪表定额分别乘以 1.8 的系数。

（3）章说明

章说明主要说明分部、分项工程的工作内容、工程量计算方法和本章有关规定、计量单位、起迄范围、应扣除和应增加的部分等。第四册通信线路工程中第七章建筑与建筑群综合布线系统的章说明如下。

① 本章定额是按 5 类布线系统编制的，同时适用于 5 类以上及光纤布线系统工程；低于 5 类的综合布线系统工程可参照使用。

② 建筑群子系统架空、管道、直埋、墙壁及暗管敷设光、电缆工程，应执行本册其他章节的相关定额子目。

③ 顶棚内敷设管道及线槽、明布缆线时，每百米定额工日调增 10%。

（4）定额项目表

定额项目表是预算定额的主要内容，项目表列出了分部分项工程所需的人工工日、主材、机械台班、仪表台班的消耗量。例如，第四册通信线路工程中第七章第一节安装综合布线设备的第一个、第二个定额项目表分别如表 14-5 和表 14-6 所示。

表 14-5　开槽的定额项目表

第一节　安装综合布线设备

一、开槽

工作内容：划线定位、开槽、水泥砂浆抹平等。

定额编号		TXL7-001	TXL7-002
项　目		开槽	
		砖槽	混泥土槽
定额单位		m	
名　称	单位	数量	
人工 技工	工日	—	—
普工	工日	0.07	0.28
主要材料 水泥32.5	kg	1.00	1.00
粗砂	kg	3.00	3.00

注：本定额是按预埋长度为 1m 的 Φ25 钢管取定的开槽定额工日。

表 14-6　敷设管路的定额项目表

二、敷设管路

工作内容：1.敷设钢管：管材检查、配管、锉管内口、敷管、固定、试通、接地、伸缩及沉降处理、做标记等。
　　　　　2.敷设硬质PVC管：管材检查、配管、锉管内口、敷管、固定、试通、做标记等。
　　　　　3.敷设金属软管：管材检查、配管、敷管、连接接头、做标记等。

定额编号		TXL-003	TXL004	TXL-005	TXL006	TXL-007
项目		敷设钢管		敷设硬质PVC管		敷设金属软管
		Φ25以下	Φ50以下	Φ25以下	Φ50以下	
定额单位		100m				根
名称	单位	数量				
人工 技工	工日	2.63	3.95	1.76	2.64	—
普工	工日	10.52	15.78	7.04	10.56	0.40
主要材料 钢管	m	103.00	103.00	—	—	—
硬质PVC管	m	—	—	105.00	105.00	—
金属软管	m	—	—	—	—	*
配件	套	*	*	*	*	*
机械 交流电焊机（21kVA）	台班	0.60	.90	—	—	—
仪表						

（5）附录

《通信建设工程预算定额》第四册 通信线路工程的后面包含3个附录。即附录一、土壤及岩石分类表；附录二、主要材料损耗率及参考容量表；附录三、光（电）缆工程成品预制件材料用量表。

8. 定额项目的选用原则

在选用预算定额项目时要注意以下几点。

① 设计概、预算的计价单位划分应与定额规定的项目内容相对应，才能直接套用。定额数量的换算，应按定额规定的系数调整。

② 编制预算定额时，为了保证预算价值的精确性，对许多定额项目，采用了扩大计量单位的办法。例如，挖填光电缆沟及接头坑，以 $100m^3$ 为单位，在使用定额时必须注意计量单位的规定，避免出现小数点定位的错误。

③ 定额中的项目划分是根据分项工程对象和工种的不同、材料品种不同、机械的类型不同而划分的，套用时要注意工艺、规格的一致性。

④ 注意定额项目表下的注释，因为注释说明了人工、主材、机械台班和仪表台班消耗量的使用条件和增减的规定。

14.3 通信建设工程费用定额

费用定额是指工程建设过程中各项费用的计取标准。通信建设工程费用定额依据通信建设工程的特点，对其费用构成、定额及计算规则进行了相应的规定。

通信建设工程项目总费用由各单项工程项目总费用构成；各单项工程总费用由工程费、工程建设其他费、预备费、建设期利息4部分组成。具体项目构成如下：

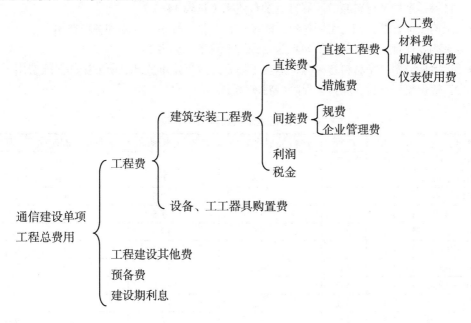

14.3.1 建筑安装工程工程费内容、相关定额及计算规则

建筑安装工程工程费由直接费、间接费、利润和税金4部分组成。

1. 直接费

直接费又由直接工程费和措施费构成。

（1）直接工程费

直接工程费是指施工过程中耗用的构成工程实体和有助于工程实体形成的各项费用，包括人工费、材料费、机械使用费和仪表使用费。

① 人工费。人工费是指为直接从事建筑安装工程施工的生产人员开支的各项费用，内容包括：基本工资（岗位工资和技能工资）、工资性补贴（物价补贴、煤、燃气补贴、交通费补贴、住房补贴、流动施工津贴等）、辅助工资（培训和假期工资等）、职工福利费和劳动保护费（劳动保护用品的购置费和修理费、防暑降温）等。其标准及计算规则如下：

通信建设工程不分专业和地区工资类别，综合取定人工费。人工费标准：技工单价为48元/工日；普工单价为19元/工日。

概（预）算人工费 = 技工费十普工费

概（预）算技工费 = 技工单价×概（预）算技工总工日

概（预）算普工费 = 普工单价×概（预）算普工总工日

② 材料费。材料费是指施工过程中实体消耗的直接材料费用与采备材料所发生的费用的总和。

材料费计费标准及计算规则如下：

材料费=主要材料费 + 辅助材料费

主要材料费 = 材料原价 + 材料运杂费 + 运输保险费 + 采购及保管费 + 采购代理服务费

式中：

- 材料原价：指供应价或供货地点价。
- 材料运杂费：指材料自来源地运至工地仓库或指定堆放地点所发生的费用。

材料运杂费 = 材料原价×器材运杂费费率（见表14-7）

- 采购及保管费：指为组织材料采购及材料保管过程中所需要的各项费用。

采购及保管费 = 材料原价×采购及保管费费率（见表14-8）

- 运输保险费：指材料自来源地运至工地仓库或指定堆放地点所发生的保险费用。

运输保险费 = 材料原价×保险费费率 0.1%

表 14-7 器材运杂费费率表（单位%）

运距（km）	光缆	电缆	塑料及塑料制品	木材及木制品	水泥及水泥制品	其他
100以下	1.O	1.5	4.3	8.4	18.0	3.6
101～200	1.1	1.7	4.8	9.4	20.0	4.0
201～300	1.2	1.9	5.4	10.5	23.0	4.5
301～400	1.3	2.1	5.8	11.5	24.5	4.8
401～500	1.4	2.4	6.5	12.5	27.0	5.4
501～75O	1.7	2.6	6.7	14.7	—	6.3
751～1000	1.9	3.0	6.9	16.8	—	7.2
1001～1250	2.2	3.4	7.2	18.9	—	8.1
1251～1500	2.4	3.8	7.5	21.0	—	9.0
1501～1750	2.6	4.0	—	22.4	—	9.6
1751～2000	2.8	4.3	—	23.8	—	10.2
2000km以上每增250km增加	0.2	0.3	—	1.5	—	0.6

注：① 编制概算时，除水泥及水泥制品的运输距离按 500km 计算外，其他类型的材料运输距离按

1500km 计算。

② 编制预算时，按主要器材的实际平均运距计算（工程中所需器材品种很多，在编制预算时不可能都知道所有器材实际运距，运距只能按其中占比例较大的、价值较高的器材运距计算）。

表 14-8　材料采购及保管费费率表

工程名称	计算基础	费率（%）
通信设备安装工程	材料原价	1.0
通信线路工程		1.1
通信管道工程		3.0

● 采购代理服务费：指委托中介采购代理服务的费用，按实计列。
● 辅助材料费：指对施工生产起辅助作用的材料所需的费用。

　辅助材料费＝主要材料费×辅助材料费费率（见表 14-9）

表 14-9　辅助材料费费率表

工程名称	计算基础	费率（%）
通信设备安装工程	主要材料费	3.0
电源设备安装工程		5.0
通信线路工程		0.3
通信管道工程		0.5

③ 机械使用费。机械使用费是指使用施工机械作业所发生的机械使用费以及机械安拆费。内容包括以下几项。

● 折旧费：指施工机械在规定的使用年限内，陆续收回其原值及购置资金的时间价值。
● 大修理费：指施工机械按规定的大修理间隔台班进行必要的大修理，以恢复其正常功能所需的费用。
● 经常修理费：指施工机械除大修理以外的各级保养和临时故障排除所需的费用，包括为保障机械正常运转所需替换设备与随机配备工具和附具的摊销、维护费用，机械运转中日常保养所需润滑与擦拭的材料费及机械停滞期间的维护和保养费用等。
● 安拆费：指施工机械在现场进行安装与拆卸所需的人工、材料、机械和试运转费用以及机械辅助设施的折旧、搭设、拆除等费用。
● 人工费：指机上操作人员和其他操作人员的工作日人工费及上述人员在施工机械规定的年工作台班以外的人工费。
● 燃料动力费：指施工机械在运转作业中所消耗的固体燃料（媒、木柴）、液体燃料（汽油、柴油）及水、电等的费用。
● 养路费及车辆使用税：指施工机械按照国家规定和有关部门规定应缴纳的养路费、车船使用税、保险费及年检费等。

计算规则为：

　　　　机械使用费＝机械台班单价×概（预）算的机械台班量

通信工程机械台班单价定额如表 14-10 所示。

表 14-10　通信工程机械台班单价定额

编号	名称	规格（型号）	台班单价（元）
TXJ0001	光纤熔接机		168
TXJ0002	带状光纤熔接机		409
TXJ0003	电缆模块接续机		74
TXJ0004	交流电焊机	21kVA	58
TXJ0005	交流电焊机	30kVA	69
TXJ0006	汽油发电机	10kW	290
TXJ0007	柴油发电机	30kW	323
TXJ0008	柴油发电机	50kW	333
TXJ0009	电动卷扬机	3t	57
TXJ0010	电动卷扬机	5t	60
TXJ0011	汽车式起重机	5t	400
TXJ0012	汽车式起重机	8t	575
TXJ0013	汽车式起重机	16t	868
TXJ0014	汽车式起重机	25t	1052
TXJ0015	载重汽车	5t	154
TXJ0016	载重汽车	8t	220
TXJ0017	载重汽车	12t	294
TXJ0018	叉式装载车	3t	331
TXJ0019	叉式装载车	5t	401
TXJ0020	光缆接续车		242
TXJ0021	电缆工程车		574
TXJ0022	电缆拖车		69
TXJ0023	柴油机		57
TXJ0024	真空滤油机		247
TXJ0025	真空泵		120
TXJ0026	台式电钻机	ϕ25mm	61
TXJ0027	立式钻床	ϕ25mm	62
TXJ0028	金属切割机		54
TXJ0029	氧炔焊接设备		81
TXJ0030	燃油式路面切割机		121
TXJ0031	电动式空气压缩机	0.6m³/min	51
TXJ0032	燃油式空气压缩机	6m³/min	326
TXJ0033	燃油式空气压缩机（含风镐）	6m³/min	330
TXJ0034	污水泵		56
TXJ0035	抽水机		57
TXJ0036	夯实机		53
TXJ0037	气流敷设设备（含空气压缩机）		1449

编号	名称	规格（型号）	台班单价（元）
TXJ0038	微管微缆气吹设备		1715
TXJ0039	微控钻孔敷管设备（套）	25t以下	1803
TXJ0040	微控钻孔敷管设备（套）	25t以上	2168
TXJ0041	水泵冲槽设备（套）		417
TXJ0042	水下光（电）缆沟挖冲机		1682
TXJ0043	液压顶管机	5t	348

④仪表使用费。仪表使用费是指施工作业所发生的属于固定资产的仪表的使用费，内容包括折旧费、经常修理费、年检费和人工费（指施工仪表操作人员在台班定额内的人工费）。计算规则为

$$仪表使用费 = 仪表台班单价 × 概（预）算的仪表台班量$$

通信工程仪表台班单价定额如表 14-11 所示。

表 14-11　通信工程仪表台班单价定额

编号	名称	规格（型号）	台班单价（元）
TXY0001	数字传输分析仪	155M/622M	1002
TXY0002	数字传输分析仪	2.5G	1956
TXY0003	数字传输分析仪	10G	2909
TXY0004	稳定光源		72
TXY0005	误码测试仪	2M	66
TXY0006	光可变衰耗器		99
TXY0007	光功率计		62
TXY0008	数字频率计		169
TXY0009	数字宽带示波器	20G	873
TXY0010	数字宽带示波器	50G	1956
TXY0011	光谱分析仪		626
TXY0012	多波长计		333
TXY0013	信令分析仪		257
TXY0014	协议分析仪		66
TXY0015	ATM性能分析仪		1002
TXY0016	网络测试仪		105
TXY0017	PCM通道测试仪		198
TXY0018	用户模拟呼叫器		626
TXY0019	数据业务测试仪		1193
TXY0020	漂移测试仪		1765
TXY0021	中继模拟呼叫器		742
TXY0022	光时域反射仪		306
TXY0023	偏振模色散测试仪		626

编号	名称	规格（型号）	台班单价（元）
TXY0024	操作测试终端（电脑）		74
TXY0025	音频振荡器		72
TXY0026	音频电平表		80
TXY0027	射频功率计		127
TXY0028	天馈线测试仪		193
TXY0029	频谱分析仪		78
TXY0030	微波信号发生器		149
TXY0031	微波/标量网络分析仪		695
TXY0032	微波频率计		145
TXY0033	噪声测试仪		157
TXY0034	数字微波分析仪（SDH）		145
TXY0035	射频/微波步进衰耗器		92
TXY0036	微波传输测试仪		364
TXY0037	数字示波器	350M	95
TXY0038	数字示波器	500M	121
TXY0039	微波线路分析仪		466
TXY0040	视频、音频测试仪		187
TXY0041	视频信号发生器		193
TXY0042	音频信号发生器		165
TXY0043	绘图仪		76
TXY0044	中频信号发生器		113
TXY0045	中频噪声发生器		72
TXY0046	测试变频器		145
TXY0047	TEMS路测设备（测试手机配套使用）		1956
TXY0048	网络优化测试仪		1048
TXY0049	综合布线线路分析仪		153
TXY0050	经纬仪		68
TXY0051	GPS定位仪		56
TXY0052	地下管线探测仪		173
TXY0053	对地绝缘探测仪		173

（2）措施费

措施费是指为完成工程项目施工，发生于该工程前和施工过程中非工程实体项目的费用，包括环境保护费、文明施工费、工地器材搬运费、工程干扰费、工程点交场地清理费、临时设施费、工程车辆使用费、夜间施工增加费、冬雨季施工增加费、生产工具用具使用费、施工用水电汽费、等特殊地区施工增加费、已完工程及设备保护费、运土费、施工队伍调遣费、大型施工机械调遣费。

① 环境保护费。环境保护费是指施工场地为达到环保部门要求所需要的各项费用。计算规则为：

环境保护费＝人工费×环境保护费费率（见表 14-12）

表 14-12　环境保护费费率表

工程名称	计算基础	费率（％）
无线通信设备安装工程	人工费	1.20
通信线路、通信管道工程		1.50
通信设备安装工程	人工费	1.3
通信线路工程		5.0
通信管道工程		1.0

② 文明施工费。文明施工费是指施工现场文明施工所需要的各项费用，按实计列。

③ 工地器材搬运费。工地器材搬运费是指由工地仓库或指定地点至施工现场转运器材而发生的费用，按实计列。

④ 工程干扰费。工程干扰费是指通信线路工程、通信管道工程由于受市政管理、交通管制、人流密集、输配电设施等影响工效的补偿费用。计费标准和计算规则为：

工程干扰费＝人工费×工程干扰费费率（见表 14-13）

表 14-13　工程干扰费费率表

工程名称	计算基础	费率（％）
通信线路工程、通信管道工程（干扰地区）	人工费	6.0
移动通信基站设备安装工程		4.0

注：① 干扰地区指城区、高速公路隔离带、铁路路基边缘等施工地带；

② 综合布线工程不计取。

⑤ 工程点交、场地清理费。工程点交、场地清理费是指按规定编制竣工图及资料、工程点交、施工场地清理等发生的费用。计费标准和计算规则为：

工程点交、场地清理费＝人工费×工程点交、场地清理费费率（见表 14－14）

表 14-14　工程点交、场地清理费费率表

工程名称	计算基础	费率（％）
通信设备安装工程	人工费	3.5
通信线路工程		5.0
通信管道工程		2.0

⑥ 临时设施费。临时设施费是指施工企业为进行工程施工所必须设置的生活和生产用临时建筑物、构筑物和其他临时设施的费用，包括临时设施的租用或搭设、维修、拆除费或摊销费。计费标准和计算规则为：

临时设施费＝人工费×临时设施费费率（见表 14-15）

临时设施费按施工场与企业的距离划分为 35km 以内、35km 以外两挡。

表 14-15　临时设施费费率表

工 程 名 称	计算基础	费率（%）	
		距离≤35km	距离>35km
通信设备安装工程	人工费	6.0	12.0
通信线路工程		5.0	10.0
通信管道工程		12.0	15.0

⑦ 工程车辆使用费。工程车辆使用费是指工程施工中接送施工人员、生活用车等（含过路和过桥）费用。计费标准和计算规则为：

工程车辆使用费＝人工费×工程车辆使用费费率（见表 14-16）

表 14-16　工程车辆使用费费率表

工程名称	计算基础	费率（%）
无线通信设备安装工程、通信线路工程	人工费	6.0
有线通信设备安装工程、通信电源设备安装工程、通信管道工程		2.6

⑧ 夜间施工增加费。夜间施工增加费是指因夜间施工所发生的夜间补助费、夜间施工降效、夜间施工照明设备摊销及照明用电等费用。计费标准和计算规则为：

夜间施工增加费＝人工费×夜间施工增加费费率（见表 14-17）

表 14-17　夜间施工增加费费率表

工程名称	计算基础	费率（%）
通信设备安装工程	人工费	2.0
通信线路工程（城区部分）、通信管道工程		3.0

注：此项费用不考虑施工时段均按相应费率计取。

⑨ 冬雨季施工增加费。冬雨季施工增加费是指在冬雨季施工时所采取的防冻、保温、防雨等安全措施及工效降低所增加的费用。计费标准和计算规则为：

冬雨季施工增加费＝人工费×冬雨季施工增加费费率（见表 14-18）

表 14-18　冬雨季施工增加费费率表

工程名称	计算基础	费率（%）
通信设备安装工程（室外天线、馈线部分）	人工费	2.0
通信线路工程、通信管道工程		

注：① 此项费用不分施工所处季节均按相应费率计取；

② 综合布线工程不计取。

⑩ 生产工具用具使用费。生产工具用具使用费是指施工所需的不属于固定资产的工具用具等的购置、摊销、维修费。计费标准和计算规则为：

生产工具用具使用费＝人工费×生产工具用具使用费费率（见表 14-19）

表 14-19　生产工具用具使用费费率表

工程名称	计算基础	费率（%）
通信设备安装工程	人工费	2.0
通信线路工程、通信管道工程		3.0

⑪ 施工用水电蒸汽费。施工用水电蒸汽费是指施工生产过程中使用水、电、蒸汽所发生的费用。通信线路、通信管道工程依照施工工艺要求按实计列施工用水电汽费。

⑫ 特殊地区施工增加费。特殊地区施工增加费是指在原始森林地区、海拔2000m以上的高原地区、化工区、核污染区、沙漠地区、山区无人值守站等特殊地区施工所需增加的费用。计费标准和计算规则为

特殊地区施工增加费＝概（预）算总工日×3.20 元／工日

各类通信工程按 3.20/工日标准，计取特殊地区施工增加费。

⑬ 已完工程及设备保护费。已完工程及设备保护费是指竣工验收前，对已完工程及设备进行保护所需的费用。承包人依据工程发包的内容范围报价，经业主确认计取已完工程及设备保护费。

⑭ 运土费。运土费是指直埋光（电）缆、管道工程施工、需从远离施工地点取土及必须向外倒运出土方所发生的费用。通信线路（城区部分）、通信管道工程根据市政管理要求，按实计取运土费，计算依据参照地方标准。

⑮ 施工队伍调遣费。施工队伍调遣费是指因建设工程的需要，应支付施工队伍的调遣费用，内容包括调遣人员的差旅费、调遣期间的工资、施工工具与用具等的运费。计费标准和计算规则为：

施工队伍调遣费＝单程调遣费定额（见表 14-20）×调遣人数（见表 14-21）×2

施工队伍调遣费按调遣费定额计算。

施工现场与企业的距离在 35km 以内时，不计取此项费用。

表 14-20　施工队伍单程调遣费定额表

调遣里程（L）（km）	调遣费（元）	调遣里程（L）（km）	调遣费（元）
35<L≤200	106	2400<L≤2600	724
200<L≤400	151	2600<L≤2800	757
400<L≤600	227	2800<L≤3000	784
600<L≤800	275	3000<L≤3200	868
800<L≤1000	376	3200<L≤3400	903
1000<L≤1200	416	3400<L≤3600	928
1200<L≤1400	455	3600<L≤3800	964
1400<L≤1600	496	3800<L≤4000	1042
1600<L≤1800	534	4000<L≤4200	1071
1800<L≤2000	568	4200<L≤4400	1095
2000<L≤2200	601	L>4400km 时，每增加 200km 增加	73
2200<L≤2400	688		

表 14-21　施工队伍调遣人数定额表

通信设备安装工程			
概（预）算技工总工日	调遣人数（人）	概（预）算技工总工日	调遣人数（人）
500 工日以下	5	4000 工日以下	30
1000 工日以下	10	5000 工日以下	35
2000 工日以下	17	5000 工日以上，每增加 1000 工日增加调遣人数	3
3000 工日以下	24		
通信线路、通信管道工程			
概（预）算技工总工日	调遣人数（人）	概（预）算技工总工日	调遣人数（人）
500 工日以下	5	9000 工日以下	55
1000 工日以下	10	10 000 工日以下	60
2000 工日以下	17	15 000 工日以下	80
3000 工日以下	24	20 000 工日以下	95
4000 工日以下	30	25 000 工日以下	105
5000 工日以下	35	30 000 工日以下	120
6000 工日以下	40	3000 工日以上，每增加 5000 工日增加调遣人数	3
7000 工日以下	45		
8000 工日以下	50		

⑯ 大型施工机械调遣费。大型施工机械调遣费是指大型施工机械调遣所发生的运输费用。计费标准和计算规则为

大型施工机械调遣费 = 2×[单程运价×调遣运距×总吨位]　（见表 14-22）

大型施工机械调遣费单程运价为：0.62 元/吨，单程公里。

表 14-22　大型施工机械调遣吨位表

机械名称	吨位	机械名称	吨位
光缆接续车	4	水下光（电）缆沟挖冲机	6
光（电）缆拖车	5	液压顶管机	5
微管微缆气吹设备	6	微控钻孔微管设备	25t 以下
气流敷设吹缆设备	8	微控钻孔微管设备	25t 以上

2．间接费

间接费由规费和企业管理费构成。

（1）规费

规费是指政府和有关部门规定必须缴纳的费用，包括以下几项。

① 工程排污费：指施工现场按规定缴纳的排污费。

② 社会保障费：具体如下。

养老保险费：指企业按规定标准为职工缴纳的基本养老保险费。

失业保险费：指企业按照国家规定标准为职工缴纳的失业保险费。

医疗保险费：指企业按照规定标准为职工缴纳的基本医疗保险费。

计费标准和计算规则为：

社会保险费 = 人工费 × 社会保险费费率 26.81%

③ 住房公积金：指企业按照规定标准为职工缴纳的住房公积金。计费标准和计算规则为：

住房公积金 = 人工费 × 住房公积金费率 4.19%

④ 危险作业意外伤害保险费：指企业为从事危险作业的建筑安装施工人员支付的意外伤害保险费。计费标准和计算规则为：

危险作业意外伤害保险费 = 人工费 × 危险作业意外伤害保险费费率 1.0%

（2）企业管理费

企业管理费是指施工企业组织施工生产和经营管理所需费用，内容包括以下几项。

① 管理人员工资：指管理人员的基本工资、工资性补贴、职工福利费、劳动保护费等。

② 办公费：指企业管理办公用的文具、纸张、印刷、邮电、书报、会议、水电、烧水和集体取暖用煤等费用。

③ 差旅交通费：指职工因工出差、调动工作等的差旅费、住勤补助费、市内交通费和误餐补助费、职工探亲路费、劳动力招募费、职工离退休、职工一次性路费、工伤人员就医路费、土地转移费以及管理部门使用的交通工具的油料、燃料、养路费及牌照费。

④ 固定资产使用费：指管理和试验部门及附属生产单位使用的属于固定资产的房屋、设备仪器等的折旧、大修、维修或租赁费。

⑤ 工具用具使用费：指管理使用的不属于固定资产的生产工具、器具、家具、交通工具和检验、测绘、消防用具等的购置、维修和摊销费。

⑥ 劳动保险费：指由企业支付离退休职工的异地安家补助费、职工退职金、6个月以上的病假人员工资、职工死亡丧葬补助费、抚恤金、按规定支付给离退休干部的各项费用。

⑦ 工会经费：指企业按职工工资总额计提的工会经费。

⑧ 职工教育经费：指企业为职工学习先进技术和提高文化水平，按职工工资总额计提的费用。

⑨ 财产保险费：指施工管理用财产、车辆保险费用。

⑩ 财务费：指企业为筹集资金而发生的各项费用。

⑪ 税金：指企业按规定缴纳的房产税、车船使用税、土地使用税、印花税等。

⑫ 其他：包括技术转让费、技术开发费、业务招待费、绿化费、广告费、公证费、法律顾问费、审计费、咨询费等。

计费标准和计算规则为：

企业管理费 = 人工费 × 企业管理费费率（见表 14-23）

表 14-23　企业管理费费率表

工程名称	计算基础	费率（%）
通信线路工程、通信设备安装工程	人工费	30.0
通信管道工程		25.0

3. 利润

利润是指施工企业完成所承包工程获得的盈利。计费标准和计算规则为

利润＝人工费×利润费率（见表 14-24）

表 14-24　利润费率表

工程名称	计算基础	利润费率（%）
通信线路、通信设备安装工程	人工费	30.0
通信管道工程		25.0

4. 税金

税金是指按国家税法规定应计入建筑安装工程造价内的营业税、城市维护建设税及教育费附加。计费标准和计算规则为

税金＝（直接费＋间接费＋利润）×税率 3.41%

注：通信线路工程计取税金时将光缆、电缆的预算价从直接工程费中核减。

14.3.2　设备、工器具购置费费用内容、相关定额及计算规则

设备、工器具购置费是指根据设计提出的设备（包括必需的备品备件）、仪表、工器具清单，按设备原价、运杂费、采购及保管费、运输保险费和采购代理服务费计算的费用。

计费标准和计算规则为

设备、工器具购置费＝设备原价＋运杂费＋采购及保管费＋运输保险费＋采购代理服务费

式中：① 设备原价：指供应价或供货地点价；

② 运杂费＝设备原价×设备运杂费费率（见表 14-25）；

表 14-25　设备运杂费费率表

运输里程 L（km）	取费基础	费率（%）	运输里程 L（km）	取费基础	费率（%）
$L \leq 100$	设备原价	0.8	$1000 < L \leq 1250$	设备原价	2.0
$100 < L \leq 200$	设备原价	0.9	$1250 < L \leq 1500$	设备原价	2.2
$200 < L \leq 300$	设备原价	1.O	$1500 < L \leq 1750$	设备原价	2.4
$300 < L \leq 400$	设备原价	1.1	$1750 < L \leq 2000$	设备原价	2.6
$400 < L \leq 500$	设备原价	1.2	$L > 2000$km 时，每增 250km 增加	设备原价	0.1
$500 < L \leq 750$	设备原价	1.5			
$7500 < L \leq 1000$	设备原价	1.7			

③ 运输保险费＝设备原价×保险费费率 0.4%；

④ 采购及保管费 ＝ 设备原价×采购及保管费费率（采购及保管费费率，需要安装的设备为 0.82%；不需要安装的设备、仪表、工器具为 0.41%）；

⑤ 采购代理服务费按实计列。

14.3.3　工程建设其他费费用内容、相关定额及计算规则

工程建设其他费是指根据有关规定应在建设项目的建设投资中开列的固定资产其他费用、无形资产费用和其他资产费用。

1. 建设用地及综合赔补费

建设用地及综合赔补费是指按照《中华人民共和国土地管理法》等规定，建设项目征用土地或租用土地应支付的费用，包括土地征用及迁移补偿费、征用耕地按规定一次性缴纳的耕地占用税、建设单位租用建设项目土地使用权而支付的租地费用、建设单位在建设项目期间租用建筑设施、场地费用以及因项目施工造成所在企业事业单位或居民的生产、生活干扰而支付的赔补费用。计费标准和计算规则如下。

① 根据应征建设用地面积、临时用地面积，按建设项目所在省、市、自治区人民政府制定颁发的土地征用补偿费、安置补助费标准和耕地占用税、城镇土地使用税标准计算。

② 建设用地上的建（构）筑物如需迁建，其迁建补偿费应按迁建补偿协议计列或按新建同类工程造价计算。

2. 建设单位管理费

建设单位管理费是指建设单位发生的管理性质的开支，包括差旅交通费、工具用具使用费、固定资产使用费、必要的办公及生活用品购置费、必要的通信设备及交通工具购置费、零星固定资产购置费、招募生产工人费、技术图书资料费、业务招待费、设计审查费、合同契约公证费、法律顾问费、咨询费、完工清理费、竣工验收费、印花税和其他管理性质开支。如果成立筹建机构，建设单位管理费还应包括筹建人员工资类开支。计费标准和计算规则

参照财政部财建〔2002〕384号《基建财务管理规定》执行。

3. 可行性研究费

可行性研究费是指在建设项目前期工作中，编制和评估项目建议书（或预可行性研究报告）、可行性研究报告所需的费用。计费标准和计算规则参照《国家计委关于印发<建设项目前期工作咨询收费暂行规定>的通知》（计投资〔1999〕1283号）的规定计列。

4. 研究试验费

研究试验费是指为本建设项目提供或验证设计数据、资料等进行必要的研究实验及按照设计规定在建设过程中必须进行实验、验证所需的费用。计费标准和计算规则为：研究试验费根据建设项目研究实验内容和要求进行编制。

5. 勘察设计费

勘察设计费是指委托勘察设计单位进行工程水文、地质勘察、工程设计所发生的各项费用，包括工程勘察费、初步设计费、施工图设计费。计费标准和计算规则为：勘察设计费参照国家计委、建设部《关于印发<工程勘察设计收费管理规定>的通知》（计价格〔2002〕10号）的规定计列。

6. 环境影响评价费

环境影响评价费是指按照《中华人民共和国环境保护法》《中华人民共和国环境影响评价法》等规定，为全面详细评价本建设项目对环境可能产生的污染或造成的重大影响所需的费用，包括编制环境影响报告书（含大纲）、环境影响报告表和评估环境影响报告书（含大纲）、环境影响报告表等所需的费用。计费标准和计算规则为：环境影响评价费参照国家计委、国家环境保护总局《关于规范环境影响咨询收费有关问题的通知》（计价格〔2002〕125号）的规定计列。

7. 劳动安全卫生评价费

劳动安全卫生评价费是指按照劳动部 10 号令（1998 年 2 月 5 日）《建设项目（工程）劳动安全卫生预评价管理办法》的规定，为预测和分析建设项目存在的职业危险、危害因素的种类和危害程度，并提出先进、科学、合理可行的劳动安全卫生技术和管理对策所需的费用。 计费标准和计算规则为：劳动安全卫生评价费参照建设项目所在省（市、自治区）劳动行政部门规定的标准计算计列。

8. 建设工程监理费

建设工程监理费是指建设单位委托工程监理单位实施工程监理的费用。计费标准和计算规则为：建设工程监理费参照国家发改委、建设部〔2007〕670 号文，关于《建设工程监理与相关服务收费管理规定》的通知进行计算计列。

9. 安全生产费

安全生产费是指施工企业按照国家有关规定和建设施工安全标准，购置施工防护用具、落实安全施工措施以及改善安全生产条件所需要的各项费用。计费标准和计算规则为：

安全生产费参照财政部、国家安全生产监督管理总局财企〔2006〕478 号文，《高危行业企业安全生产费用财务管理暂行办法》的通知，安全生产费按建筑安装工程费的 1.0% 计取。

10. 工程质量监督费

工程质量监督费是指工程质量监督机构对通信工程进行质量监督所发生的费用。计费标准和计算规则为：工程质量监督费参照国家发改委、财政部计价格〔2001〕585 号文的相关规定计列。

11. 工程定额编制测定费

工程定额编制测定费是指建设单位发包工程按规定上缴工程造价（定额）管理部门的费用。计费标准和计算规则为：

$$工程定额编制测定费 = 直接费 × 费率 0.14\%$$

12. 引进技术及进口设备其他费

引进技术及进口设备其他费的费用内容、计费标准和计算规则如下。

① 引进项目图纸资料翻译复制费：根据引进项目的具体情况计列或按引进设备到岸价的比例估列。

② 出国人员费用：依照合同规定的出国人次、期限和费用标准计算；生活费及制装费按照财政部、外交部规定的现行标准计算；旅费按中国民航公布的国际航线票价计算。

③ 来华人员费用：应依据引进合同有关条款规定计算。引进合同价款中已包括的费用内容不得重复计算。来华人员接待费用可按每人次费用指标计算。

④ 银行担保及承诺费：按担保及承诺协议计取。

13. 工程保险费

工程保险费是指建设项目在建设期间根据需要对建筑安装工程及其设备进行投保而发生的保险费用。计费标准和计算规则为：不投保的工程不计取此项费用；不同的建设项目可根据工程特点选择投保险种，根据投保合同计列保险费用。

14. 工程招标代理费

工程招标代理费是指招标人委托代理机构编制招标文件、编制标底、审查投标人资格、组织投标人踏勘现场并答疑，组织开标、评标、定标，以及提供招标前期咨询、协调合同的签订等业务所收取的费用。计费标准和计算规则为：参照国家计委《招标代理服务费管理暂行办法》计价格〔2002〕1980 号规定计列。

15. 专利及专用技术使用费

专利及专用技术使用费费用内容包括国外设计及技术资料费、引进有效专利、专有技术使用费和技术保密费，国内有效专利、专有技术使用费用和商标使用费、特许经营权费等。计费标准和计算规则如下。

① 按专利使用许可协议和专有技术使用合同的规定计列。

② 专有技术的界定应以省、部级鉴定机构的批准为依据。

③ 项目投资中只计取需要在建设期支付的专利及专有技术使用费。协议或合同规定在生产期支付的使用费应在成本中核算。

16. 生产准备及开办费

生产准备及开办费是指建设项目为保证正常生产而发生的人员培训费、提前进场费以及投产使用初期必备的生产生活用具、工器具等购置费用，包括以下几项。

① 人员培训费及提前进场费：自行组织培训或委托其他单位培训的人员工资、工资性补贴、职工福利费、差旅交通费、劳动保护费、学习资料费等。

② 为保证初期正常生产、生活所必需的生产办公、生活家具用具购置费。

③ 为保证初期正常生产必需的第一套不构成固定资产标准的生产工具、器具、用具购置费（不包括备品备件费）。计费标准和计算规则为：

生产准备费＝设计定员×生产准备费指标（元/人）（生产准备费指标由投资企业自行测算）

新建项目按设计定员为基数计算，改扩建项目按新增设计定员为基数计算。

14.3.4 预备费费用内容、相关定额及计算规则

预备费是指在初步设计及预算内难以预料的工程费用，包括基本预备费和价差预备费。

1. 基本预备费

基本预备费包括以下 3 项。

① 进行技术设计、施工图设计和施工过程中，在批准的初步设计和概算范围内所增加的工程费用。

② 由一般自然灾害所造成的损失和预防自然灾害所采取的措施费用。

③ 竣工验收为鉴定工程质量，必须开挖和修复隐蔽工程的费用。

2. 价差预备费：设备、材料的价差

计费标准和计算规则为：

预备费＝（工程费＋工程建设其他费）×预备费费率（见表 14-26）

表 14-26 预备费费率表

工程名称	计费基础	费率（%）
通信设备安装工程	工程费+工程建设其他费	3.0
通信线路工程		4.0
通信管道工程		5.0

14.3.5 建设期利息费用内容、相关定额及计算规则

建设期利息是指建设项目贷款在建设期内发生并应计入固定资产的贷款利息等财务费用。计费标准和计算规则为：建设期利息按银行当期利率计算。

14.4 编制综合布线工程预算

建设工程项目的设计概预算是初步设计概算和施工图设计预算的统称。通信建设工程概（预）算编制办法规定：通信建设工程概算、预算应包括从筹建到竣工验收所需的全部费用，其具体内容、计算方法、计算规则应依据工业和信息化部发布的现行通信建设工程定额及其他有关计价依据进行编制；通信建设工程概算、预算应由具有通信建设相关资质的单位编制；概预算编制、审核以及从事通信工程造价的相关人员必须持有工业和信息化部颁发的《通信建设工程概预算人员资格证书》。

通信建设工程概预算的编制应按相应的设计阶段进行。当建设项目采用两阶段设计时，初步设计阶段编制设计概算，施工图设计阶段编制施工图预算。采用一阶段设计时，应编制施工图预算，并列预备费、投资贷款利息等费用。

14.4.1 施工图预算的作用

设计单位必须严格按照批准的初步设计总概算进行施工图设计预算的编制，施工图预算不应突破设计概算。

施工图预算是施工图设计文件的重要组成部分。编制施工图预算应在批准的初步设计概算范围内进行，是设计概算的进一步具体化。它是根据施工图设计算出的工程量、依据现行预算定额及取费标准、签订的设备材料合同价或设备材料预算价格等，进行计算和编制的工程费用文件。施工图预算具有以下重要作用。

① 施工图预算是考核工程成本，确定工程造价的主要依据。

② 施工图预算是签订工程承、发包合同的依据。

③ 施工图预算是工程价款结算的主要依据。

④ 施工图预算是考核施工图设计技术经济合理性的主要依据。

14.4.2 预算的编制依据

一个建设项目如果由几个设计单位共同设计时，总体设计单位负责统一概算、预算的编制原则和依据，并汇编建设项目的总概算；分设计单位负责本单位所承担的单项工程概预算的编制。概预算人员应深入现场进行实地调查，收集可靠的资料。如所需资料收集不足时，可参考当地已建或在建项目的有关资料据此编制概算，并将这些基础资料打印成册，分发给有关设计单位的相关设计人员，作为该项工程编制概（预）算的依据。

施工图预算的编制依据如下。

① 批准的初步设计概算及有关文件。

② 施工图、标准图、通用图及其编制说明。

③ 国家相关管理部门发布的有关法律、法规、标准规范。

④《通信建设工程预算定额》《通信建设工程费用定额》《通信建设工程施工机械、仪表台班费用定额》及有关文件。

⑤ 建设项目所在地政府发布的有关土地征用和赔补费规定。

⑥ 有关合同、协议等。

14.4.3 预算的构成

施工图预算由编制说明和预算表组成。

（1）编制说明

编制说明一般应由以下几项内容组成。

① 工程概况、预算总价值。

② 编制依据及采取的取费标准和计算方法的说明。

③ 工程技术经济指标分析。

④ 其他需要说明的问题。

（2）预算表

通信建设工程预算表统一使用6种共10张表格。

① 《汇总表》，供编制建设项目总概算（预算）使用，如表14-27所示。

表14-27　建设项目总　　算表（汇总表）

建设项目名称：　　　　　　　建设单位名称：　　　　　表格编号：　　　　　　　第　页

序号	表格编号	单项工程名称	小型建筑工程费	需要安装的设备费	不需要安装的设备、工器具费	建筑安装工程费	预备费	其他费用	总价值		生产准备及开办费
									人民币（元）	其中外币（ ）	（元）
					（元）						
I	II	III	IV	V	VI	VII	VIII	IX	X	XI	XII

设计负责人：　　　　　审核：　　　　　编制：　　　　　编制日期：　　　年　月

② 《工程概（预）算总表》（表一），供编制单项（单位）工程概算（预算）使用（见表14-29）。

③ 《建筑安装工程费用概（预）算表》（表二），供编制建筑安装工程费使用（见表14-30）。

④ 《建筑安装工程量概（预）算表》（表三）甲，供编制建筑安装工程量，并计算技工和普工总工日数量使用（见表14-31）。

⑤《建筑安装工程施工机械使用费概（预）算表》（表三）乙，供编制本工程所列的机械使用费用汇总使用（见表14-32）。

⑥《建筑安装工程仪器仪表使用费概（预）算表》（表三）丙，供编制本工程所列的仪表费用汇总使用（见表14-33）。

⑦《国内器材概（预）算表》（表四）甲，供编制本工程的主要材料、设备和工器具的数量和费用使用（见表14-34）。

⑧《引进器材概（预）算表》（表四）乙，供编制引进工程的主要材料、设备和工器具的数量和费用使用。

⑨《工程建设其他费用概（预）算表》（表五）甲，供编制国内工程计列的工程建设其他费使用（见表14-35）。

⑩《引进设备工程其他费概（预）算表》（表五）乙，供编制引进工程计列的工程建设其他费使用。

14.4.4 预算的编制程序

综合布线工程概（预）算的编制程序如图14-1所示。

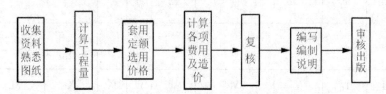

图14-1 建筑安装工程概、预算编制程序

（1）收集资料、熟悉图纸

在编制概（预）算前，针对工程具体情况和所编概（预）算内容收集有关资料，包括概（预）算定额、费用定额以及材料、设备价格等。对施工图做一次全面的检查，图纸是否完整，明确设计意图，检查各部分尺寸是否有误，有无施工说明。

（2）计算工程量

这是一项工作量很大而又十分细致的工作。工程量是编制概（预）算的基本数据，计算的准确与否直接影响到工程造价的准确度。工程量计算时要注意以下几点。

① 首先熟悉图纸的内容和相互关系，注意搞清有关标注和说明。

② 计算的单位一定要与编制概算、预算时依据的概（预）算定额单位相一致。

③ 计算的方法一般可依照施工图顺序由下而上，由内而外，由左而右依次进行。

④ 要防止误算、漏算和重复计算。

⑤ 最后将同类项加以合并，并编制工程量汇总表。

（3）套用定额，选用价格

工程量经复核无误后，方可套用定额。套用定额时应核对工程内容与定额内容是否一致，以防误套。

（4）计算各项费用

根据"通信建设工程费用定额"的计算规则、标准分别计算各项费用，并按通信建设工程概（预）算表格的填写要求填写表格。

（5）复核表格内容

复核上述表格内容，进行一次全面检查。检查所列项目、工程量、计算结果、套用定额、选用单价、取费标准以及计算数值等是否正确。

（6）编写说明

复核无误后，进行对比、分析，编写编制说明。凡概预算表格不能反映的一些事项以及编制中必须说明的问题，都要用文字表达出来，以供审批单位审查。

（7）审核出版

审核，领导签署，印刷出版。

14.4.5 预算实例

×× 学校学生宿舍楼群综合布线

工 程 预 算 书

建设单位：略

施工单位：略

工程内容：×× 学校学生宿舍楼群综合布线

工程总价：681 291.33

预算编制人：

预算审核人：

编制时间：2010.11

一、编制说明

1. 概述

本预算为《×× 学校学生宿舍楼群综合布线工程预算》，工程投资预算值为 681 291.33 元。

工程概况：本工程为某学校新建一学生宿舍楼群，包含 E、F 两栋结构相同的学生公寓，均为 7 层，一楼为公用设施，从二楼开始每层 21 个宿舍，计划将来每个宿舍住 4 个学生，为较高档学生公寓。

工程范围：本工程内容为楼宇设备机房配线架至宿舍内信息点的所有光缆、电缆布放及成端端接、机架安装、配线架安装、光纤配线架安装、信息插座安装和测试；布放、连接园区宽带 4 芯多模室外光缆和预留电信电缆位置。不含楼内管道和线槽敷设、室外管道建设、电源等内容。

设计方案：本系统采用星型拓扑结构连接，每栋楼设立设备间一个，每个宿舍布 4 个分离的宽带信息点和一个语音点，即得数据点 1008 个和语音点 252 个。考虑到各楼层信息点较多，每层楼设电信间一个，电信间位于各楼的中间，以减少配线缆线长度。从设备间配线架到电信间配线架和园区机房配线架均以光缆连接，电信间到信息点之间用超 5 类电缆连接；语音部分，从设备间配线架到电信间配线架以大对数 3 类通信电缆连接，电信间到信息点之间用 3 类 4 芯语音电缆连接。

   2. 编制依据

① 工信部〔2008〕75号关于发布《通信建设工程概算、预算编制办法及费用定额》。

② 通信建设工程预算定额第四册《通信线路工程》。

   3. 相关费率的取定

① 预备费费率：4%。

② 表五相关费用的计算：

- 勘察费=[基价+内插值×相应差值]×80%；
- 设计费=计费额×0.045；
- 施工监理费=建安费×0.4%×0.8。

   4. 技术经济指标分析

技术经济指标分析如表14-28所示。

表14-28 技术经济指标分析表

序号	项目		单位	技术经济分析	
				数量	指标
1	总投资		元	681,291.33	1.00
2	工程费		元	599,744.99	0.88
2.1	其中	1.建安费	元	599,744.99	0.88
2.2		2.设备费	元	0.00	
3	预备费		元	57,556.54	0.08
4	工程建设其他费		元	23,989.80	0.04
4.1	其中	1.勘察设计费	元	29,368.52	0.05
4.2		2.监理费	元	19,191.84	0.03
4.3		3.质量监督费	元	0.00	0.00
4.4		4.建设单位管理费	元	8,996.17	0.01
4.5		5.赔补费	元	0.00	
5	信息点数		点	1260.00	
5.1	单位造价		元/点		540.71

二、概算表

概算表如表14-29至表14-35所示。

表 14-29 工程预算总表（表一）

工程名称：××学校学生宿舍楼群综合布线工程

建设单位名称：

表格编号：JYX－1

第 全 页

序号	表格编号	费用名称	小型建筑工程费	需要安装的设备费	不需要安装的设备、工器具费	建筑安装工程费	其他费用	总价值	
					（元）			人民币（元）	其中外币（ ）
I	II	III	IV	V	VI	VII	VIII	IX	X
1	JYX－2	建安费				115 704.26		115 704.26	
2	JYX－5	工程建设其他费					13 024.79	13 024.79	
3		预备费					4 628.17	4 628.17	
4		合计				115 704.26	17 652.96	133 357.23	

设计负责人：

审核：

编制：

编制日期：2010 年 11 月

表14-30 建筑安装工程费用预算表（表二）

工程名称：××学校学生宿舍楼群综合布线工程　　建设单位名称：　　表格编号：JYX-2　　第 全 页

序号 I	费用名称 II	依据和计算方法 III	合计（元）V
一	建筑安装工程费	一+二+三+四	115 704.26
（一）	直接费	（一）+（二）	66 932.18
（一）	直接工程费	1+2+3+4	47 394.55
1	人工费		45 970.89
-1	技工费	技工日×48	36 900.37
-2	普工费	普工日×49	9 070.53
2	材料费	表四（甲）	711.83
-1	主要材料费	主×0.3%	0.00
-2	辅助材料费		0.00
3	机械使用费	表三（乙）	260.48
4	仪表使用费	表三（丙）	451.35
（二）	措施费	1+2+…+16	19 537.63
1	环境保护费	人工费×1.5%	689.56
2	文明施工费	人工费×1.0%	459.71
3	工地器材搬运费	人工费×5.0%	2 298.54
4	工程干扰费	人工费×6.0%	2 758.25
5	工程点交、场地清理费	人工费×5.0%	2 298.54
6	临时设施费	人工费×10.0%	4 597.09
7	工程车辆使用费	人工费×6.0%	2 758.25
8	夜间施工增加费	人工费×3.0%	1 379.13
9	冬雨季施工增加费	人工费×2.0%	919.42
10	生产工具用具使用费	人工费×3.0%	1 379.13
11	施工用水电蒸汽费	按实计划	
12	特殊地区施工增加费	总工日×3.2%	0.00
13	已完工程及设备保护费	协商	
14	运土费	协商	
15	施工队伍调遣费	不计	
16	大型施工机械调遣费	不计	
二	间接费	（一）+（二）	28 501.95
（一）	规费	1+2+3+4	14 710.69
1	工程排污费	人工费×26.81%	12 324.80
2	社会保障费	人工费×4.19%	1 926.18
3	住房公积金	人工费×1%	459.71
4	危险作业意外伤害保险费	人工费×1%	
（二）	企业管理费	人工费×30%	13 719.27
三	利润	人工费×30%	13 791.27
四	税金	[一+二+三]×3.41%	6 478.86

设计负责人：　　审核：　　编制：　　编制日期：2010年11月

表14-31 建筑安装工程费用预算表（表三）甲

工程名称：××学校学生宿合楼群综合布线工程　　　建设单位名称：　　　　　　　表格编号：JYX－3－1　　　　　　第　全　页

序号	定额编号	项 目 名 称	单 位	数 量	单位定额值（工日）		合计值（工日）	
					技工	普工	技工	普工
I	II	III	IV	V	VI	VII	VIII	IX
1	TXL1－003	管道光（电）缆工程施工测量	100M	13.900	0.50		6.950	0.000
2	TXL7－014	安装吊挂式桥架（300宽以下）	10m	6.240	0.41	3.66	2.558	22.838
3	TXL7－020	安装垂直桥架（300宽以下）	10m	3.600	0.22	1.77	0.792	6.372
4	TXL7－029	安装落地式机柜	架	2.000	2.00	0.67	4.000	1.340
5	TXL7－030	安装壁挂式机柜	架	12.000	3.00	1.00	36.000	12.000
6	TXL7－041	管、暗槽内穿放光缆	百米条	7.304	1.36	1.36	9.933	9.933
7	TXL7－042	布放桥架、线槽光缆	百米条	4.706	0.90	0.90	4.235	4.235
8	TXL7－053	缠结光缆裕接尾纤	芯	152.000	0.40		60.800	0.000
9	TXL7－066	光纤链路测试（单纤）	链路	76.000	0.10		7.600	0.000
10	TXL7－033	管、暗槽内穿放4对对绞电缆	百米条	179.852	0.85	0.85	152.874	152.874
11	TXL7－038	桥架线槽内明布4对对绞电缆	百米条	419.592	0.51	0.51	213.992	213.992
12	TXL7－039	桥架线槽内明布大对数电缆（50对以下）	百米条	3.495	0.96	0.96	3.355	3.355
13	TXL7－045	卡接4对对绞电缆（配线架测）	条	252.000	0.06		15.120	0.000
14	TXL7－047	卡接大对数电缆（配线架测）	百对	6.000	1.13		6.780	0.000
15	TXL7－056	安装8位单口模块式信息插座	10个	100.800	0.45	0.07	45.360	7.056
16	TXL7－062	制作电缆跳线	条	252.000	0.08		20.160	0.000
17	TXL7－065	电缆链路测试	链路	1 008.000	0.10		100.800	0.000
18	TXL5－178	配线电缆测试	百对	5.040	1.50		7.560	0.000
		合　计					768.758	477.396
		总工日						1 246.154

设计负责人：　　　　　　　　审核：　　　　　　　　编制：　　　　　　　　编制日期：2010 年 11 月

项目五　设计综合布线工程

表 14-32 建筑安装工程施工机械使用费算表（表三）乙

工程名称：××学校学生宿舍楼群综合布线工程

建设单位名称：

表格编号：JYX - 3 - 2

第 全 页

序号	定额编号	项目名称	单位	数量	机械名称	单位定额值		合计值	
						数量（台班）	单价（元）	数量（台班）	合价（元）
Ⅰ	Ⅱ	Ⅲ	Ⅳ	Ⅴ	Ⅵ	Ⅶ	Ⅷ	Ⅸ	Ⅹ
1	TX15 - 053	光缆成端接头	芯	152	光纤熔接机	0.03	168.80	4.56	766.08
2									
合计									766.08

设计负责人：　　　　　　　审核：　　　　　　　编制：　　　　　　　编制日期：2010 年 11 月

表14-33 建筑安装工程仪器仪表使用费预算表（表三）丙

工程名称：××学校学生宿舍楼群综合布线工程

建设单位名称：

表格编号：JYX－3－3

第 全 页

序号	定额编号	项目名称	单位	数量	仪表名称	单位定额值		合计值	
						数量 （台班）	单价 （元）	数量 （台班）	合价 （元）
I	II	III	IV	V	VI	VII	VIII	IX	X
1	TXL7－066	光纤链路测试	芯	76	稳定光源	0.20	72.00	15.20	1 094.40
2	TXL7－066	光纤链路测试	芯	76	光功率计	0.20	62.00	15.20	942.40
3	TXL7－065	电缆链路测试	链路	1008	综合布线分析仪	0.05	153.00	50.40	7 711.20
合计									9 748.00

设计负责人：

审核：

编制：

编制日期：2010 年11 月

表14-34 国内器材预算表（表四）甲

工程名称：××学校学生宿舍楼群综合布线工程　　　表格编号：JYX-4

建设单位名称：　　　　　（主材）表

序号	名　称	规格程式	单位	数量	单价（元）	合价（元）	备注
I	II	III	IV	V	VI	VII	VIII
1	吊装式桥架	200mm×100mm	m	630.24	186.00	177 224.64	
2	垂直桥架	300mm×100mm	m	36.36	260.00	6 453.60	
3	机柜	200cm×60cm×60cm	架	2.00	1 200.00	2 400.00	
4	壁挂式机柜	80cm×60cm×60cm	架	12.00	850.00	10 200.00	
5	四芯多膜室外楷装光缆	4芯多膜	m	745.00	27.00	20 115.00	
6	六芯多膜室内光缆	6芯多膜	m	480.00	18.00	8 640.00	
7	FC头多膜尾纤	FC-FC, 1.5m, 多膜	条	77.00	28.00	2 156.00	
8	四对对绞电缆	非屏蔽, 超五类	箱	164.00	780.00	127 920.00	
9	25对对绞电缆	非屏蔽, 25对, 三类	m	360.00	12.00	4 320.00	
10	语音电缆	4×0.5, 三类	m	11 844.00	1.20	14 212.80	
11	镀锌铁丝	Φ1.5	kg	21.58	6.80	146.74	
12	钢丝	Φ1.5	kg	44.96	7.20	323.71	
13	信息插座模块	8位	个	1 008.00	27.00	27 216.00	
14	信息插座面板	单口数据	个	1 008.00	8.00	8 064.00	
15	信息插座模块	4位	个	252.00	10.00	2 520.00	
16	信息插座面板	但口, 语音	个	252.00	5.00	1 260.00	
17	跳线	RJ45、5m	条	1 008.00	30.00	30 240.00	
18	跳线	RJ45、3m	条	1 008.00	25.00	25 200.00	
19	跳线	单芯, 0.5mm	m	368.00	0.80	294.40	
20	机架式光纤配线架（含耦合器、熔纤盘）	24芯、带FC耦合器	个	4.00	2 900.00	11 600.00	
21	机架式光纤配线架（含耦合器、熔纤盘）	8芯、带FC耦合器	个	12.00	1 300.00	15 600.00	
22	快捷式超五类配线架（含理线环）	模块式、24口	个	48.00	460.00	22 080.00	
23	110配线架（含背板）	100对	个	8.00	175.00	1 400.00	
24	110配线架（含背板）	50对	个	12.00	85.00	1 020.00	
25	110模块	5对	个	240.00	6.00	1 440.00	
	小计　1～25项					465 046.90	

设计负责人：　　　　　审核：　　　　　编制：　　　　　编制日期：2010年11月

序 号	名　　称	规 格 程 式	单　位	数　　量	单价（元）	合价（元）	备　注
Ⅰ	Ⅱ	Ⅲ	Ⅳ	Ⅴ	Ⅵ	Ⅶ	Ⅷ
27	运输保险费（材料原价×0.1%）					465.05	
28	运杂费（5－7项和）×1.0%					309.11	
29	运杂费（8－10项，17－19项和）×1.5%					3 032.81	
30	运杂费（13－16项和）×4.3%					1 679.58	
31	运杂费（1－4项，11－12项，20－25项和）×3.6%					6 943.99	
32	采购及保管费（材料原价×1.1%）					5 115.52	
合计						482 592.95	

设计负责人：　　　　　　　　　　审核：　　　　　　　　　　编制：

编制日期：2010 年 11 月

表14-35 工程建设其他费用预算表（表五）甲

工程名称：××学校学生宿舍楼群综合布线工程

建设单位名称：

表格编号：JYX－2

第 全 页

序号	费用名称	计算依据及方法		金额（元）	备注
Ⅰ	Ⅱ	Ⅲ		Ⅳ	Ⅴ
1	建设用地及综合赔补费	给定		0.000	
2	建设单位管理费	工程费×1.5%		1 735.56	197804.35×1.5%
3	可行性研究费	不计			
4	研究性试验费	不计			
5	勘察设计费	（2000＋1300×0.75）×0.8＋197804.35×0.045		7 586.69	勘察费为（2000＋起价×相应差值）×80%
6	环境影响评价费	不计			
7	劳动安全卫生评价费	不计			
8	建设工程监理费			3 702.54	建安费×4%×0.8
9	安全生产费	不计			
10	工程质量监督费	不计			
11	工程定额测定费	不计			
12	引进技术及引进设备其他费	无			
13	工程保险费	不计			
14	工程招标代理费	不计			
15	专利及专利技术使用费				
	总计			13 024.79	
16	生产准备及开办费（运营费）	不计			

设计负责人： 审核： 编制：

编制日期：2010年11月

思考与练习 14

一、填空题

1. 按建设工程定额反映的物质消耗内容分类，可以把建设工程定额分为_____、_____、_____和_____ 4 种。

2. 现行《通信建设工程预算定额》由_____、_____、_____、_____和_____构成。

3. 建筑安装工程工程费由_____、_____、_____和_____组成。

4. 建设工程概（预）算由_____和_____组成。

5. 间接费由_____和_____组成。

二、选择题（答案可能不止一个）

1. 按主编单位和管理权限分类，建设工程定额可以分为（　　）4 种。

A. 劳动消耗定额和仪表消耗定额　　　　B. 机械消耗定额和材料消耗定额

C. 行业定额、地区性定额　　　　　　　D. 企业定额和临时定额

2. 工程项目的设计概预算是指（　　）的统称。

A. 初步设计概算和施工图设计预算　　　B. 初步设计预算和施工图设计概算

C. 初步设计概算和方案设计预算　　　　D. 初步设计预算和方案设计概算

3. 通信建设工程概（预）算使用的概（预）算表格统一使用。（　　）

A. 6 种共 10 张表格　　　　　　　　　B. 6 种共 9 张表格

C. 6 种共 7 张表格　　　　　　　　　　D. 6 种共 8 张表格

4. 下面有关定额的描述，正确的是（　　）。

A. 通信建设工程定额属于行业定额

B. 企业定额只在本企业内部使用，是企业素质的一个标志

C. 地区性定额（包括省、自治区、直辖市定额）只在本地区范围内使用

D. 临时定额可多次使用，但需向有关部门报备，作为修、补定额的基础资料。

5. 下列选项中，不应归入措施费的是（　　）。

A. 临时设施费　　　　　　　　　　　　B. 特殊地区施工增加费

C. 建设单位管理费　　　　　　　　　　D. 工程车辆使用费

6. 工程干扰费是指通信线路工程在市区施工（　　）的费用。

A. 工程对外界的干扰　B. 相互干扰　C. 外界对施工干扰　D. 电磁干扰

7. 依照费用定额的规定，下列费用中，不能作为税金计费基础的是（　　）。

A. 直接费　　　　　B. 光缆预算价　C. 间接费　　　　D. 利润

8. 下列选项中不属于间接费的是（　　）。

A. 财务费　　　　　　　　　　　　　　B.职工养老保险金

C. 企业管理人员工资　　　　　　　　　D.生产人员工资

9.计算器材运杂费时材料按光缆、电缆、塑料及塑料制品、木材及木制品、（　　）分别计算。

A. 电线　　　　　B. 地方材料　　　C. 水泥及水泥制品　　D. 其他

10. 机械使用费包括大修理费、经常维修费、安拆费、燃料动力费、（　　）。

A. 机械调遣费　　　　　　　　　　　　B. 包装费

C. 养路费及车船使用税　　　　　　　　D. 折旧费

11. 预备费包括（　　　）等。

A. 一般自然灾害造成工程损失和预防自然灾害所采取措施的费用

B. 竣工验收时为鉴定工程质量对隐蔽工程进行必要的挖掘和修复费用

C. 旧设备拆除费用

D. 割接费

12. 夜间施工增加费是为确保工程顺利实施，需要在夜间施工而增加的费用，下列可以计取夜间施工增加费的工作内容有（　　　）。

A. 敷设管道　　　B. 通信设备的联调　　　C. 城区开挖路面　　　D. 赶工期

13. 规费包括（　　　）。

A. 工程排污费　　　　　　　　　B. 社会保障费

C. 住房公积金　　　　　　　　　D. 危险作业意外伤害保险

三、判断题

1. 在编制通信建设工程概算时，主要材料费运距均按 1500km 计算。（　　　）

2. 通信建设工程不分专业均可计取冬雨季施工增加费。（　　　）

3. 利润是指按规定应计入建筑安装工程造价中的施工单位必须获取的利润。（　　　）

4. 凡是施工图设计的预算都应计列预备费。（　　　）

5. 工程所在地距离施工企业基地为 30km，比距离为 25km 的施工队伍调遣费要多。（　　　）

6. 通信线路工程都应计列工程干扰费。（　　　）

7. 夜间施工增加费只有必须在夜间施工的工程才计列。（　　　）

8. 当税金由建设单位代扣代（施工单位）缴时，预算时可不计取。（　　　）

9. 通信工程计费依据中的人工费，包含技工费和普工费。（　　　）

10. 按编制程序和用途分类，建设工程定额分为施工定额、预算定额、概算定额、投资估算指标和工期定额 5 种。（　　　）

四、名词解释

1. 综合布线工程概预算

2. 定额

3. 预备费

4. 费用定额

五、简答题

1. 简述综合布线工程概预算编制依据。

2. 试述建筑安装工程概预算编制程序。

3. 试述建筑安装工程措施费内容。

项目实训 14

一、实训目的

熟悉和掌握单项工程预算的编制流程、技巧和方法，学会编制综合布线工程预算。

二、实训内容

按要求编制工程预算。已知条件和要求如下：

① 本设计为固戍鹤州村光接入网点管道光缆线路工程施工图设计，具体图纸如图 14－2 和图 14－3 所示。

② 本工程建设单位为××市电信分公司，建设项目名称为××市光接入网工程，本工程不购买工程保险，不实行工程招标。新机房的 ODF 架及室外落地式光交接箱均已安装完毕，本次工程的传输光缆只需上架成端即可。

③ 施工企业距离工程所在地 400km，运土费单价为 100 元/吨。

④ 国内配套主材的运距为 300km，按不需要中转（即无须采购代理）考虑。

⑤ 施工用水、电、蒸气费，综合赔补费，劳动安全卫生评价费分别按 1000 元、5000 元和 400 元计取。

⑥ 本工程不计取"已完工程及设备保护费""工程排污费""建设期利息""价差预备费""可行性研究费""研究实验费""环境影响评价费""专利及专用技术使用费"和"生产准备及开办费"等费用。

⑦ 计算建设单位管理费时计费基础为建筑安装工程费。

⑧ 要求编制施工图设计预算，精确到小数点后两位，并撰写编制说明。

⑨ 工程中用到的部分外线工程材料原价格详见表 14-28，若还用到其他材料请学员或教师自行定价，但需在编制说明中加以说明。

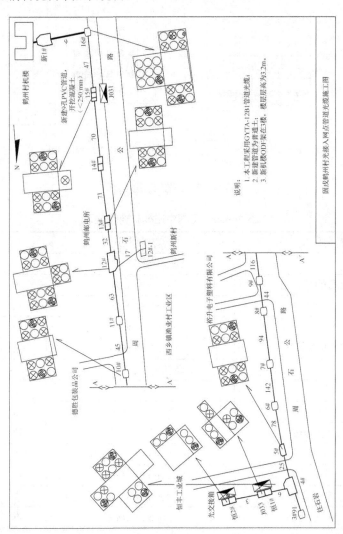

图 14-2　光缆施工图（1）

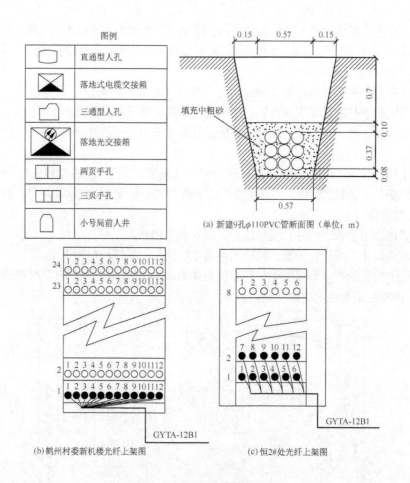

图 14-3　光缆施工图（2）

表 14-36　工程中主要材料价格表

材料名称	规格型号	单位	价格/元
1. 通信光缆			
层绞式光缆	GYTA-6B1	m	2.03
层绞式光缆	GYTA-8B1	m	2.37
层绞式光缆	GYTA-12B1	m	2.68
层绞式光缆	GYTA-16B1	m	3.13
2. 塑料管材			
波纹管	ϕ20 mm	m	3.00
波纹管	ϕ25 mm	m	3.30
绝缘胶板（五华）	厚3 mm	块	6.80
PVC管（联生）	ϕ110×3.5×6000mm	条	80.00
PVC黏性胶带（五华）	20mm×10m	卷	1.43
PVC黏性胶带（五华）	40mm×10m	卷	2.86
PVC黏性胶带（五华）	20mm×10m	卷	2.86
PVC黏性胶带（五华）	40mm×10m	卷	4.00

材料名称	规格型号	单位	价格/元
塑料保护软管		m	9.80
聚乙烯塑管固定堵头		个	34.00
管道电缆封堵器	GU-6	套	85.00
PVC胶		kg	50.00
塑料管支架		套	12.00
聚氨酯		kg	15.00
3. 三材（水泥、沙石、砖、钢材和木材）			
水泥	C32.5	吨	330.00
水泥	#525	吨	410.00
碎石	5-32	吨	40.00
河砂	中粗	m³	45.00
水泥拉线盘		套	45.00
上覆板（预制）		套	75.00
机制砖	240mm	块	0.36
钢筋	各式圆钢、扁钢、螺纹钢、槽钢、角钢	kg	8.00
沥青		kg	0.50
石粉		kg	0.60
板方材E等		m³	1200.00
原木皿等		m³	900.00
4. 铁件			
人孔内电缆托架	180 mm	块	6.50
人孔内电缆托架	120 mm	块	5.50
电缆托架穿钉	M16	个	3.00
人井口圈	车行道	套	120.00
积水罐		套	24.00
拉力环		个	6.00
光缆标志牌	（五华）	块	2.29
标志牌（机房用）	（五华）	块	1.00
ODF单元（世纪人）	SC/FC,12芯	个	235.00
ODF单元（世纪人）	2×6芯/单元（含尾纤,适配器）	个	337.00
走线单元（世纪人）	3U走线单元	个	50.00
走线单元（世纪人）	4U走线单元	个	60.00
熔纤单元（世纪人）	FJX12a（窄架）	个	45.00
光缆固定单元（世纪人）	FGB-3	套	200.00
适配器（南京普天）	FC/UPC	只	4.30
适配器（南京普天）	SC/UPC	只	4.10
适配器（南京普天）	FC/APC	只	4.30

续表

材料名称	规格型号	单位	价格/元
转换适配器	FC/SC	个	35.00
镀锌铜管	$\phi 80 \times 2.5mm$	m	38.00
镀锌铜管	$\phi 25 \times 2.5 \times 2500mm$	根	20.00
镀锌钢管	$\phi 25 \times 2.5 \times 3000mm$	根	24.00
钢管卡子		副	4.50
U形钢卡		副	6.00
膨胀螺栓	M10×100mm	套	0.67
膨胀螺栓	M12×40mm	套	0.57
余缆支架		套	52.00

三、实训过程

① 确定布线工程的工程量，如果有的话只需要核实。

② 编制预算说明。

③ 填写预算表格。

④ 提交完整的预算。

四、实训总结

通过本次实训，应掌握综合布线工程概（预）算的组成，初步掌握综合布线工程概（预）算的编制方法。

任务 15　综合布线工程施工图设计

综合布线工程设计一般采用一阶段设计，即施工图设计，对于规模特大的情况亦可采用二阶段设计，即方案设计（也叫初步设计）和施工图设计。方案设计的主要任务是按照用户网络建设的总体需求、投资规模，作出综合布线工程的总体规划；根据建筑平面图、装修平面图等资料，概算信息点数目，计算各种布线材料的用量和劳动力消耗，作出工程投资概算。施工图设计是指根据网络建设需求，按照国家和地方政府的综合布线规范，设计出的综合布线施工方案，包括工程概况、布线路由、预埋细则、电信间机柜布置、设备间机柜布置、缆线成端端接、信息点布置及园区光缆路由和管道布置等施工图纸、各部分的施工详细要求与施工方法，以及工程预算。本任务的主要目标是综合运用前面学到的知识，完成指定项目的施工图设计。

15.1　设计步骤

对于二阶段设计情况，施工图设计可在初步设计的基础上，将设计内容进行改进、细化，原则上工程预算投资不能超过方案设计中的概算投资。

为设计出一个合理的综合布线工程方案，一般需要经历如图 15-1 所示的设计流程，具体如下。

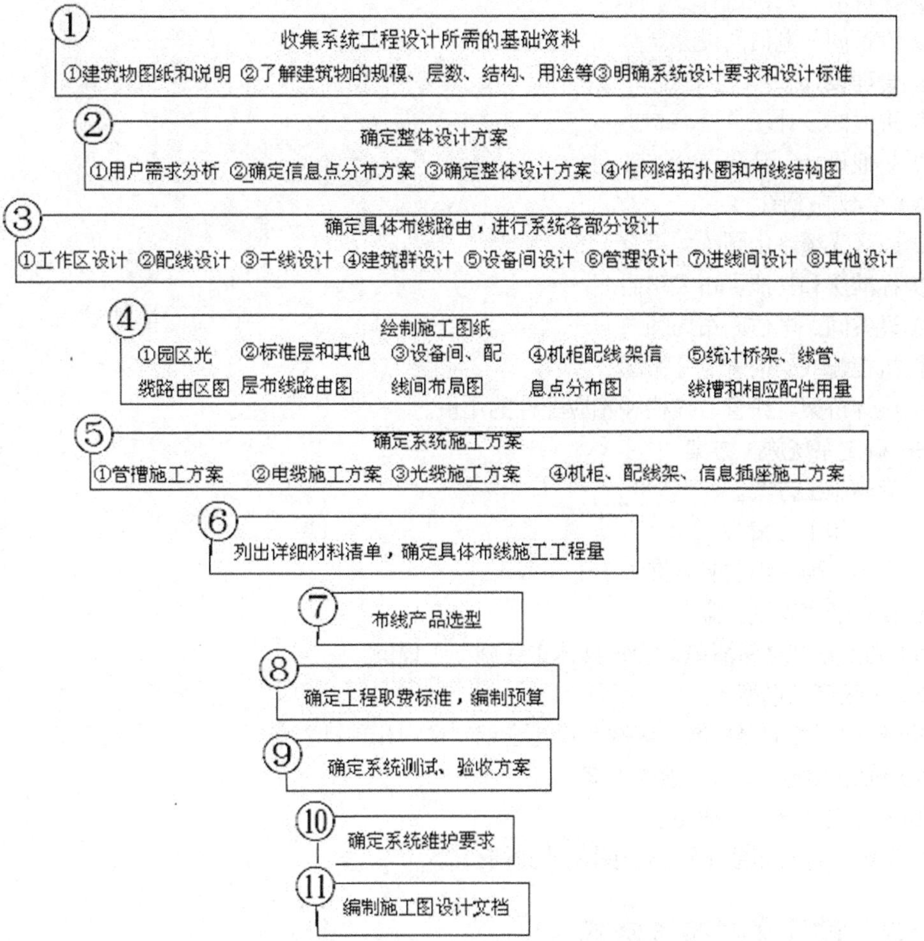

① 收集系统工程设计所需的基础资料
①建筑物图纸和说明 ②了解建筑物的规模、层数、结构、用途等③明确系统设计要求和设计标准

② 确定整体设计方案
①用户需求分析 ②确定信息点分布方案 ③确定整体设计方案 ④作网络拓扑圈和布线结构图

③ 确定具体布线路由，进行系统各部分设计
①工作区设计 ②配线设计 ③干线设计 ④建筑群设计 ⑤设备间设计 ⑥管理设计 ⑦进线间设计 ⑧其他设计

④ 绘制施工图纸
①园区光缆路由区图 ②标准层和其他层布线路由图 ③设备间、配线间布局图 ④机柜配线架信息点分布图 ⑤统计桥架、线管、线槽和相应配件用量

⑤ 确定系统施工方案
①管槽施工方案 ②电缆施工方案 ③光缆施工方案 ④机柜、配线架、信息插座施工方案

⑥ 列出详细材料清单，确定具体布线施工工程量

⑦ 布线产品选型

⑧ 确定工程取费标准，编制预算

⑨ 确定系统测试、验收方案

⑩ 确定系统维护要求

⑪ 编制施工图设计文档

图 15-1　施工图设计流程示意

（1）收集系统工程设计所需的基础资料。

包括建筑物图纸和说明，了解建筑物的具体情况，如建筑物的规模、层数、结构、用途（业务需求）等，明确系统设计要求和设计标准。

（2）确定整体设计方案

① 依据用户实际需要，结合现场勘查，针对建筑物的具体情况，进行需求分析，确定用户信息种类和信息点分布情况，确定进线间、设备间、电信间的位置，将用户需求分析结果编写成用户需求分析文档，列出该项目的信息点分布统计表。

② 确定整体设计方案（如布线系统等级、3 个布线子系统的缆线类型等），画出网络拓扑图和布线系统图。

（3）确定具体布线路由，进行系统各部分设计。

确定布线器材的规格，并计算其用量（各种机柜、配线架、信息插座、缆线、尾纤、光纤适配器等的数量）。

① 工作区设计。

② 配线子系统设计。

③ 干线子系统设计。

④ 建筑群子系统设计。

⑤ 设备间和电信间设计。

⑥ 管理设计。

⑦ 进线间设计。

⑧ 其他设计。

（4）绘制施工图

① 园区光缆路由图（如果有）。

② 标准层和其他层布线路由图。

③ 设备间、电信间布局图。

④ 机柜配线架信息点分布图。

⑤ 统计桥架、线管、线槽和相应配件的用量。

（5）确定系统施工方案

① 管槽施工方案。

② 缆线施工方案。

③ 机柜、配线架安装方案。

④ 信息插座安装方案。

（6）列出详细材料清单，确定具体布线施工工程量

（7）布线产品选型

（8）确定工程取费标准，编制预算（含编制说明和预算表格）

（9）确定系统的测试、验收方案

（10）确定系统的维护要求

（11）编制综合布线工程施工图设计文档

15.2 设计文档参考格式

1. 概述

1.1 工程概况（包括楼栋数、楼层数，房间功能、楼宇平面的形状和尺寸、层高、竖井的位置和具体情况等，甲方选定的设备间位置；电话外线的端接点；如果有建筑群子系统，则要说明室外光缆入口；楼宇的典型平面图，图中标明主机房和竖井的位置）

1.2 设计目标（阐述布线系统要达到的目标）

1.3 设计原则（设计所依据的如先进性、经济性、可扩展性、可靠性等原则）

1.4 设计标准（包括布线系统设计标准、测试标准和其他标准）

2. 总体方案设计

2.1 需求分析（列出信息点分布统计表）

2.2 总体方案设计（包括该布线系统的系统图和文字描述）

2.3 产品选型（探讨 CAT3、CAT5、CAT5e、CAT6 布线系统的选择；布线产品品牌的选择；屏蔽与非屏蔽的选择；电缆与光缆的选择等）

3. 系统各部分详细设计

3.1 工作区设计（描述工作区的器件选配和用量统计）

3.2 配线子系统设计（包括信息插座设计和配线缆线设计、楼层配线设备设计和支撑保护设计几部分）

3.3 干线子系统设计（描述干线缆线和器件的选配与用量统计等）

3.4 建筑群子系统设计（描述建筑群缆线和器件的选配与用量统计等）

3.5 管理设计（描述管理标记的材质、规格、信息标注等）

3.6 设备间设计（包括设备间、电信间、跳线、接地系统等内容）

3.7 进线间设计

3.8 其他设计（包括电气保护、接地等内容的设计）

4. 施工方案

给出该系统的管槽、缆线和机柜、配线架、终端盒施工方案、施工要求等。

5. 系统测试

给出测试依据、测试模型、测试参数及要求等。

6. 系统维护

给出工程完工后需提交的工程技术文档、竣工资料等。

附录：①综合布线系统材料总清单；

②施工图（包括系统图、结构图、路由图、楼层信息点分布图等）；

③工程预算。

15.3 综合布线工程项目施工图设计完整方案

项目名称：办公楼综合布线系统施工图设计

1. 设计依据

1.1 建筑概况

本工程建筑面积 34812m²，地下二层，主要为车库、冷冻机房、变配电站及物业办公等；地上二十八层，一层主要为大堂、茶座、餐厅、消防控制室、大厦管理室，二层为会议室、计算机网络机房、电话机房等，三层～七层为开放型办公室，八层～十层为开放型办公室（需进行二次装修），十一层～十八层为小开间办公室，十九层～二十四层为大开间开放型办公室（需进行二次装修），二十五层～二十八层为开放型办公室。

1.2 建设单位提供的设计任务书及相关设计要求的技术咨询文件，有关职能部门认定的工程设计资料。

1.3 本工程采用的主要标准规范

《综合布线系统工程设计规范》GB50311—2007；

《建筑物电子信息系统防雷技术规范》GB50343—2004；

其他有关现行国家标准；行业标准及地方标准。

2. 设计范围

本程的综合布线系统支持通信系统（1 套 2700 门的程控交换机、270 条中继线、350 门直通市话电话）、计算机网络系统（骨干万兆互连、千兆到桌面）、公共显示系统。

3. 综合布线系统

3.1 系统组成

综合布线系统由工作区、配线子系统、干线子系统、建筑群子系统、设备间、进线间等组成，详见综合布线系统图。

3.1.1 工作区

办公部分每个工作区面积按 5m² 设计，每个工作区设置一组信息点（即 1 个语音点、1 个数据点）；每个中小型会议室设置 3 个数据信息点，每个大型会议室设置 6 个数据信息点；一层大堂为公共显示系统设置 1 个数据信息点，其他场所根据需要设置一定数量的信息点、水平电缆采用 6 类 4 对对绞电缆，出线端口采用 6 类连接器件。

本工程语音信息点共 3465 个，数据信息点共 3513 个。

3.1.2 配线子系统

采用 6 类非屏蔽（UTP）4 对对绞电缆。

3.1.3 干线子系统

采用 6 芯单模光缆支持数据传输，采用 3 类大对数电缆支持语音传输。

3.1.4 建筑群子系统

由市话网引入 1 根 800 对市话电缆（含 270 条中继线、3500 门直通市话电话），由城市 Internet 引入 1 根 6 芯单模光缆。

3.1.5 设备间

设备间设在二层，包括电话机房和计算机网络机房。电话机房（42m²）内设有 1 套 2700 门的程控交换机及 BD，计算机网络机房（30m²）设有网络交换机、路由器、数据服务器、应用服务器、BD 等。

3.1.6 电信间

在各层设有电信间，安装楼层配线设备等。

3.2 配线设备选用

3.2.1 FD 采用 6 类 RJ45 模块配线架用于支持数据，采用模块配线架式的供电设备，用于支持无线接入点（SW 具有为无线接入点供电功能），采用 3 类 IDC 配线架用于支持语音。

3.2.2 CP 采用 6 类 RJ45 配线架用于支持数据和语音。

3.2.3 BD 采用 3 类 IDC 配线架用于支持语音。

3.2.4 BD 采用光纤配线架用于支持数据。

3.2.5 电信业务经营者提供 MDF、ODF。

3.3 布线

3.3.1 水平布线

水平电缆沿金属线槽、网络地板敷设或穿镀锌钢管敷设。

3.3.2 垂直干线布线

干线大对数电缆和光缆沿金属线槽敷设或穿镀锌钢管敷设。

3.4 系统接地方式及接地电阻要求

系统采用联合接地方式，其接地电阻要求小于等于 1Ω。

由室外引入的市话电缆加装浪涌保护器（SPD）。

主要设备及材料如表 15-1 所示。

表 15-1 主要设备及材料

序号	名称	型号及规格	单位	数量
1	单孔插座	含面板及模块	套	25
2	双孔插座	含面板及模块	套	202
3	四孔插座	含面板及模块	套	1743
4	多用户信息插座	12 孔，含面板及模块	套	54
5	非屏蔽 4 对对绞电缆	6 类	箱	1381

序号	名称	型号及规格	单位	数量
6	单模室内光缆	6 芯	m	3408
7	大对数电缆	3 类、25 对	箱	48
8	RJ45 非屏蔽配线架	6 类、24 口、含模块	套	572
9	光纤连接盘	6 口	套	27
10	光纤连接盘	12 口	套	2
11	光纤配线架	24 口、双工	套	13
12	IDC 配线架	3 类、100 对	个	134
13	模块配线架式的供电设备	4 口	个	9
14	模块配线架式的供电设备	8 口	个	1
15	光纤跳线	2 芯	根	151
16	非屏蔽跳线	6 类、RJ-45-RJ-45	根	1836
17	非屏蔽跳线	IDC-RJ-45	根	1816
18	非屏蔽跳线	IDC-IDC（2 对）	根	3465
19	标准机柜	1U	个	829
20	标准机柜	15U	个	2
21	标准机柜	20U	个	1
22	标准机柜	30U	个	30
23	标准机柜	42U	个	28
24	标准机柜	6U	个	45
25	浪涌保护器	100 对	个	8

附录 1：施工图

办公楼综合布线系统施工图如图 15-2 至图 15-17 所示。

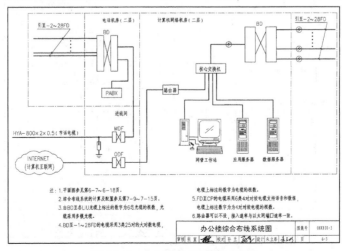

图 15-2　办公楼综合布线系统图 1

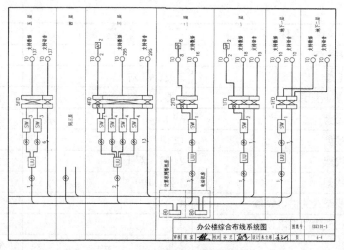

图 15-3　办公楼综合布线系统图 2

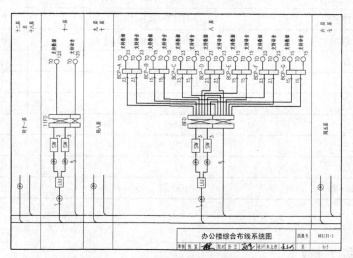

图 15-4　办公楼综合布线系统图 3

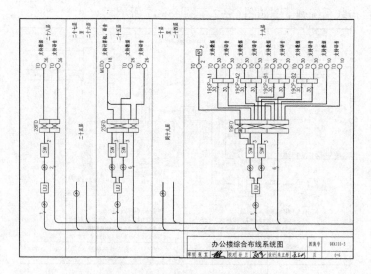

图 15-5　办公楼综合布线系统图 4

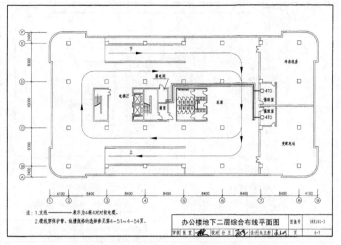

图 15-6　办公楼地下二层综合布线平面图

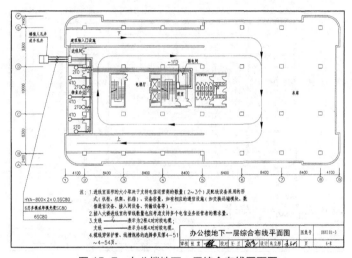

图 15-7　办公楼地下一层综合布线平面图

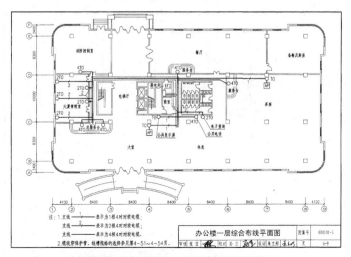

图 15-8　办公楼一层综合布线平面图

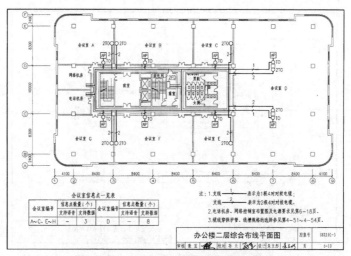

图 15-9　办公楼二层综合布线平面图

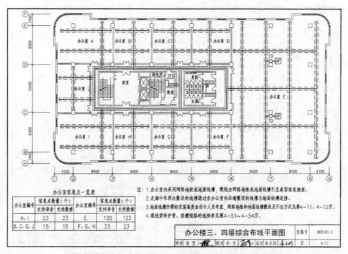

图 15-10　办公楼三、四层综合布线平面图

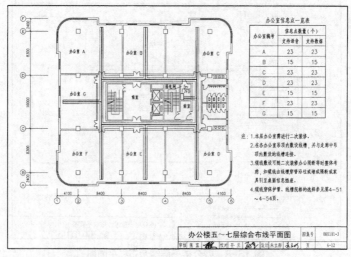

图 15-11　办公楼五～七层综合布线平面图

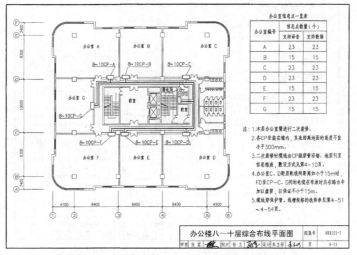

图 15-12　办公楼八～十层综合布线平面图

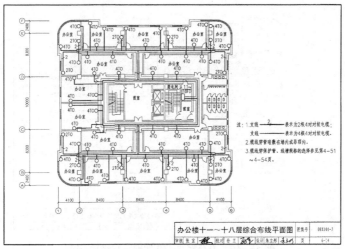

图 15-13　办公楼十一～十八层综合布线平面图

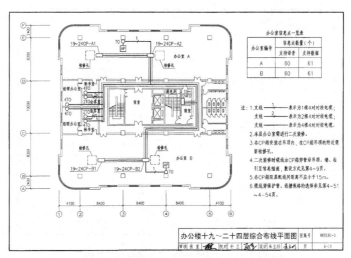

图 15-14　办公楼十九～二十四层综合布线平面图

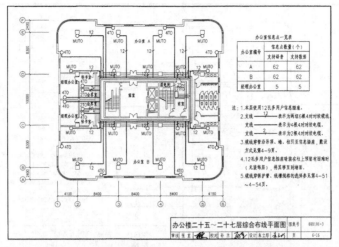

图 15-15　办公楼二十五～二十七层综合布线平面图

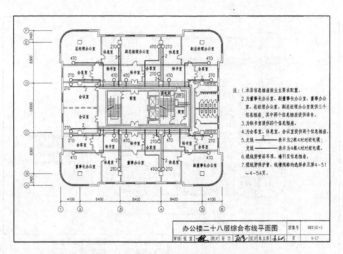

图 15-16　办公楼二十八层综合布线平面图

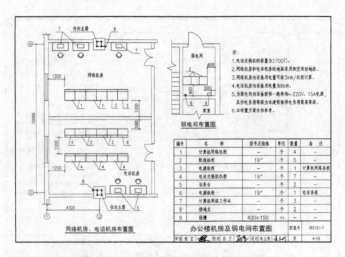

图 15-17　办公楼机房及弱电间布置图

附录2：综合布线系统的计算方法

2.1 工作区设计

工作区的服务面值参考表10-1确定，每个工作区的信息点数量配置参考10-2确定，住宅工作区的服务区域按房间（书房、起居室、卧室等）划分，每房间可按1个工作区估算；其他各种类型建筑物按用户性质与功能进行工作区面积的确定。

2.2 配线子系统

（1）配线子系统设计所需的前提条件

根据工程提出近期和远期的终端设备的类型要求；每层需要安装的信息点数量及位置。

（2）信息点数量的计算

① 根据建筑物的工程平面图，分别计算出各层（区）工作区总面积（其中不包括公共走廊、电梯厅、楼梯间、卫生间等面积）。

② 根据各层（区）工作区总面积及一个工作区的服务面积，计算出各层（区）工作区的数量。

$$W_n = S_n \div S_b \tag{15-1}$$

式中：W_n 为第 n 层（区）工作区的数量（取整数值）；

S_n 为第 n 层（区）工作区的总面积；

S_b 为一个工作区的服务面积。

③ 根据已选定的综合布线系统配置标准及各层（区）工作区的数量，计算出各层（区）信息点的数量。

$$T_{pn} = W_n \times \Delta T_p \tag{15-2}$$

式中：T_{pn} 为第 n 层（区）支持语音（电话）的信息点的数量；

ΔT_p 为一个工作区内支持语音（电话）的信息点的数量。

$$T_{dn} = W_n \times \Delta T_d \tag{15-3}$$

式中：T_{dn} 为第 n 层（区）支持数据（计算机）的信息点的数量；

ΔT_d 为一个工作区内支持数据（计算机）的信息点的数量。

$$T_n = T_{pn} + T_{dn} \tag{15-4}$$

式中，T_n 为第 n 层（区）信息点的数量。

④ 根据各层（区）信息点的数量，计算建筑物内信息点的总数量。

$$T_p = \sum_{n=1}^{N} T_{pn} \tag{15-5}$$

式中：T_p 为建筑物内支持语音（电话）信息点的总数量；

N 为建筑物的层（区）数。

$$T_d = \sum_{n=1}^{N} T_{dn} \tag{15-6}$$

式中：T_d 为建筑物内支持数据（计算机）信息点的总数量；

N 为建筑物的层（区）数。

$$T = T_p + T_d \tag{15-7}$$

式中，T 为建筑物内信息点的总数量。

（3）配线子系统缆线选择

配线子系统在通常情况下，水平电缆采用非屏蔽或屏蔽 4 对对绞电缆，配线子系统在有高速率应用场合，应采用室内多模或单模光缆，水平光缆应按 2 芯光缆配置；当满足用户群或大客户使用时，光纤芯数至少应有 2 芯备份，按 4 芯水平光缆配置。配线设备交叉连接的跳线应选用综合布线专用的插接软跳线，电话跳线应按每根 1 对或 2 对对绞电缆容量配置，数据跳线应按每根 4 对对绞电缆配置，光纤跳线应按每根 1 芯或 2 芯光纤配置。

（4）配线子系统缆线用量计算

1）配线子系统水平电缆用量计算

配线子系统水平电缆各部分之间的相互关系如图 15-18 所示。

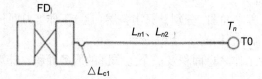

图 15-18　配线子系统水平电缆各部分之间的相互关系

根据电信间及信息插座的位置，计算出各层（区）配线子系统水平电缆总长度，再计算出建筑物内配线子系统水平电缆总长度及总用量。

① 各层（区）配线子系统水平电缆的平均长度：

$$L_{hn} = (L_{hn1} + L_{hn2}) \div 2 + \Delta L_{c1} \tag{15-8}$$

式中：L_{hn} 为第 n 层（区）水平电缆的平均长度；

L_{hn1} 为第 n 层（区）电信间至最近信息插座水平电缆的长度；

L_{hn2} 为第 n 层（区）电信间至最远信息插座水平电缆的长度；

ΔL_{c1} 为在电信间电缆预留长度，长度一般为 $0.5 \sim 2 m$。

② 各层（区）配线子系统水平电缆的总长度：

$$L_{hzn} = L_{hn} \times T_n \tag{15-9}$$

式中：L_{hzn} 为第 n 层（区）水平电缆的总长度。

③ 建筑物内配线子系统水平电缆的总长度：

$$L_{hz} = \sum L_{hzn} \tag{15-10}$$

式中：L_{hz} 为建筑物内水平电缆的总长度。

④ 建筑物内配线子系统水平电缆的总用量：

$$X_h = L_{hz} \div 305 \tag{15-11}$$

式中：X_h 为建筑物内配线子系统水平电缆的总用量（取整数值）（箱）；

305 为每箱电缆的长度（m／箱）。

2）配线子系统水平光缆用来计算

配线子系统水平光缆各部分之间的相互关系如图 15-19 所示。

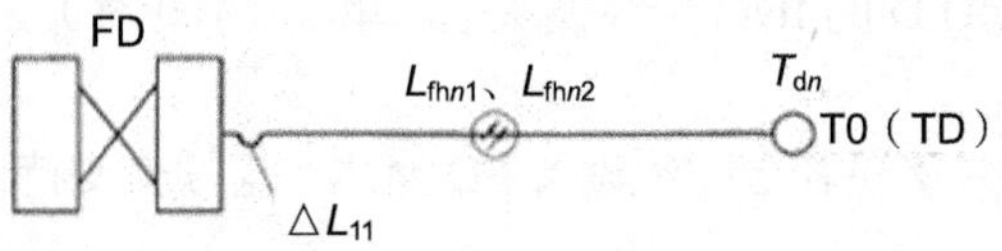

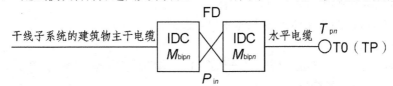

图 15-19　配线子系统水平光缆各部分之间的相互关系

根据电信间及计算机插座的位置，计算出各层（区）配线子系统水平光缆总长度，再计算出建筑物内配线子系统水平光缆总用量。

① 各层（区）配线子系统水平光缆的平均长度：

$$L_{fhn} = (L_{fhn1} + L_{fhn2}) \div 2 + \Delta L_n \tag{15-12}$$

式中：L_{fhn} 为第 n 层（区）水平光缆的平均长度；

　　　　L_{fhn1} 为第 n 层（区）电信间至最近光纤信息插座水平光缆的长度；

L_{fhn2} 为第 n 层（区）电信间至最远光纤信息插座水平光缆的长度；

ΔL_n 为在电信间水平光缆预留长度，长度一般为 3～5 m。

② 各层（区）配线子系统水平光缆的总长度：

$$L_{fhzn} = L_{fhn} \times T_{dn} \tag{15-13}$$

式中：L_{fhzn} 为第 n 层（区）配线子系统水平光缆的总长度；

T_{dn} 为第 n 层（区）光纤信息插座的数量。

③ 建筑物内配线子系统水平光缆的总用量：

$$L_{fhz} = \sum L_{fhzn} \tag{15-14}$$

式中：L_{fhz} 为建筑物内水平光缆的总长度。

（5）楼层配线设备 FD 类型及容量的确定

1）FD 配线设备的类型

① IDC 配线模块。IDC 配线模块通常用于支持楼层配线设备 FD 的语音配线；IDC 配线模块的基本单元规格一般为 100 对卡接端子。采用 5 对卡接模块时，一个规格为 100 对基本单元的 IDC 配线模块在至水平电缆侧可接 20 根 4 对对绞电缆（即可支持 20 个信息点）；采用 4 对卡接模块时，一个规格为 100 对基本单元的 IDC 配线模块在至水平电缆侧可接 24 根 4 对对绞电缆（即可支持 24 个信息点）；一个规格为 100 对基本单元的 IDC 配线模块在建筑物主干侧可接 1 根 100 对大对数电缆或 2 根 50 对或 4 根 25 对大对数电缆。

② RJ-45 配线模块。RJ-45 配线模块通常用于支持楼层配线设备 FD 的数据配线和楼层配线设备 FD 水平侧的语音配线。RJ-45 配线模块的基本单元规格为 24 口，在至水平（或建筑物主干）电缆侧每个端口可接 1 根 4 对对绞电缆（即可支持一个信息点）。

③ 光纤连接盘。光纤连接盘每个端口可用于支持数据配线。光纤连接盘的基本单元规格为 6 口、12 口、24 口、24 口（双工连接器）等，在至水平光缆侧每 2 芯可支持一个光纤信息点。

2）FD 的 IDC 配线模块容量确定

FD 的 IDC 配线模块各部分之间关系如图 15-20 所示，IDC 配线模块用于支持语音连接。

图 15-20　FD 的 IDC 配线模块各部分之间关系

① 至水平侧支持语音 FD 的 IDC 配线模块基本单元（100 对）数量。

$$M_{\text{aip}n} = T_{\text{p}n} \div 24（20）\tag{15-15}$$

式中：$M_{\text{aip}n}$ 为第 n 层（区）楼层配线设备 FD 至水平电缆侧支持语音 IDC 配线模块的基本单元数量（取整数值）；

$T_{\text{p}n}$ 为第 n 层（区）的电话信息点数量；

24（20）为采用 4（5）对卡接模块时，1 个规格为 100 对基本单元的 IDC 配线架可支持 24（20）个电话信息点。

② 至建筑物主干侧语音 FD 的 IDC 配线模块基本单元（100 对）数量。

$$M_{\text{bip}n} = T_{\text{p}n} \times 1.1 \div 100\tag{15-16}$$

式中：$M_{\text{bip}n}$ 为第 n 层（区）楼层配线设备 FD 至建筑物主干电缆侧支持语音 IDC 配线模块基本单元数量（取整数值）；

1.1 中的.01 为备份系数，一般按 10%冗余考虑；

③ FD 的 IDC 配线模块总容量（总对数）。

$$P_{\text{i}n} =（\quad M_{\text{aip}n}\quad + M_{\text{bip}n}）\times 100\tag{15-17}$$

式中：$P_{\text{i}n}$ 为第 n 层（区）楼层配线设备 FD 支持语音（电话）规格 100 对 IDC 配线模块的总容量。

④ FD 的 IDC 配线模块跳线。

跳线按每根 1 对对绞电缆容量配置，跳线两端连接插头采用 IDC 型，跳线根数等于 $T_{\text{p}n}$ 根。

3）支持语音和数据 FD 的 RJ45 配线模块容量（24 口模块）的确定

FD 的 RJ-45 配线模块各部分之间的关系如图 15-21 和图 15-22 所示。

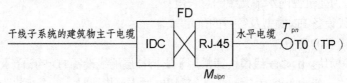

图 15-21　支持语音 FD 的 RJ-45 配线模块各部分之间的关系

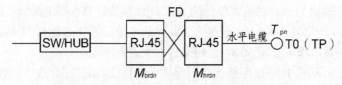

图 15-22　支持数据 FD 的配线模块各部分之间的关系

① 至水平侧 FD 的 RJ-45 配线模块基本单元（24 口 RJ-45 模块）数量。

$$M_{\text{hrp}n} = T_{\text{p}n} + 24\tag{15-18}$$

$$M_{\text{hrd}n} = T_{\text{d}n} + 24\tag{15-19}$$

式中：$M_{\text{hrp}n}$、$M_{\text{hrd}n}$ 为第 n 层（区）楼层配线设备 FD 至水平侧支持语音和数据规格 24 口 RJ-45 配线模块的基本单元数量（取整数值）。

② 至干线侧 FD 的 RJ45 配线模块基本单元数量。

$$M_{\text{brd}n} = M_{\text{hrd}n}\ T_{\text{d}n} + 24\tag{15-20}$$

式中：$M_{\text{brd}n}$ 为第 n 层（区）楼层配线设备 FD 至建筑物主干电缆侧支持数据 RJ-45 配线模块的基本单元数量（取整数值）。

③ FD 的 RJ-45 配线模块总容量。

$$P_{tn} = (M_{hrpn} + M_{hrdn} + M_{brdn}) \times 24 \qquad (15-21)$$

式中：P_{tn} 为第 n 层（区）楼层配线设备 FD 支持语音和数据规格 24 口 RJ-45 配线模块的总容量。

④ FD 的 IDC 和 RJ45 配线模块跳线。

支持语音跳线：跳线按每根 1 对对绞电缆容量配置，跳线一端连接插头采用 IDC 型，另一端连接插头采用 RJ-45 型，跳线根数等于 T_{pn} 根。

支持数据跳线：跳线按每根 4 对对绞电缆容量配置，跳线两端连接插头采用 RJ-45 型，跳线根数等于 T_{dn} 根。

4）数据 FD 的光纤连接盘容量的确定

FD 的光纤连接盘各部分之间的关系如图 15-23 所示。

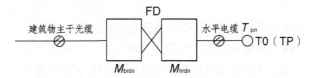

图 15-23　支持数据 FD 的光纤连接盘各部分之间的关系

① 至水平侧光纤 FD 的光纤连接盘基本单元（12 口双工连接器）数量。

$$M_{hfn} = T_{dn} \div 12 \qquad (15-22)$$

式中：M_{hfn} 为第 n 层（区）楼层配线设备 FD 至水平侧支持数据光纤连接盘（双工）的基本单位数量（取整数值）；

T_{dn} 为第 n 层（区）光纤连接点（双工）的数量；

12 为 1 个光纤连接盘基本单元可支持光纤信息点（双工）的数量。

② 至干线侧 FD 的光纤连接盘基本单元（12 口双工连接器）数量。

$$M_{bfn} = M_{hfn} \qquad (15-23)$$

式中：M_{bfn} 为第 n 层（区）楼层配线设备 FD 至建筑物主干侧支持数据光纤连接盘（双工）的基本单元数量（取整数值）。

③ FD 的光纤连接盘总容量。

$$P_{tn} = (M_{hfn} + M_{bfn}) \times 12 \qquad (15-24)$$

式中：P_{tn} 为第 n 层（区）楼层配线设备 FD 支持数据光纤连接盘（双工）的总容量。

④ 光纤跳线按每根 2 芯光纤配置，光跳线两端连接器件采用 ST、SC 或 SFF 型。

2.3　干线子系统设计

干线子系统设计应满足规范中所规定的干线子系统缆线长度要求，从 BD 到 FD 之间干线子系统缆线长度限值应小于或等于 300m。

（1）支持数据的干线子系统光缆用量计算

干线子系统建筑物主干光缆各部分之间的相互关系如图 15-24 所示。

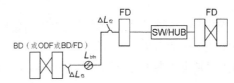

图 15-24　干线子系统干线光缆各部分之间的关系

① 至各层（区）支持数据的建筑物主干光缆用量计算。

$$L_{fn}=\left(L_{bfn}+\Delta L_{f2}+\Delta L_{f3}\right)\times G_{fn} \qquad (15-25)$$

式中：L_{fn} 为至第 n 层（区）支持数据的干线光缆用量；

        L_{bfn} 为第 n 层（区）FD 与 BD 之间缆线路由距离；

        ΔL_{f2} 为在电信间光缆预留长度，长度一般为 3～5m；

        ΔL_{f3} 为在设备间光缆预留长度，长度一般为 3～5m；

        G_{fn} 为至第 n 层（区）干线子系统光缆的根数。

② 建筑物内支持数据的干线子系统光缆用量计算。

$$L_f=\sum_{n=1}^{N}L_{fn} \qquad (15-26)$$

式中：L_f 为建筑物内支持数据的干线子系统光缆的总长度。

（2）支持数据的干线子系统 4 对对绞电缆用量计算

支持数据的干线子系统 4 对对绞电缆各部分之间的相互关系如图 15-25 所示。

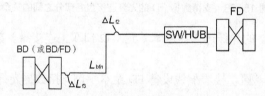

图 15-25　支持数据的干线子系统 4 对对绞电缆各部分之间的相互关系

① 至各层（区）支持数据的干线子系统 4 对对绞电缆根数计算。

$$G_{bn}=第\ n\ 层（区）SW\ 或\ SW\ 群的数量+冗余数量 \qquad (15-27)$$

式中：G_{bn} 为至第 n 层（区）支持数据的 4 对对绞电缆的根数；

冗余数量：当采用 SW 群时，每 1 个 SW 群备用 1～2 根 4 对对绞电缆作为冗余，未采用 SW 群时，每 2～4 台个 SW 备用 1 根 4 对对绞电缆作为冗余。

② 至各层（区）支持数据的干线子系统 4 对对绞电缆用量计算。

$$L_{bn}=\left(L_{bfn}+\Delta L_{c2}+\Delta L_{c3}\right)\times G_{bn} \qquad (15-28)$$

式中：L_{bn} 为至第 n 层（区）支持数据的 4 对对绞电缆的用量；

        L_{bfn} 为第 n 层（区）FD 与 BD 之间的缆线路由距离；

        ΔL_{c2} 为在电信间电缆预留长度，一般为 0.5～2m；

        ΔL_{c3} 为在设备间电缆预留长度，一般为 3～5m；

        G_{fn} 为至第 n 层（区）干线子系统光缆的根数。

③ 建筑物内支持数据的干线子系统 4 对对绞电缆用量计算。

$$L_b=\sum_{n=1}^{N}L_{bn} \qquad (15-29)$$

式中：L_b 为建筑物内支持数据的干线子系统 4 对对绞电缆的总长度。

（3）支持语音的干线子系统大对数电缆用量计算

支持语音的干线子系统大对数电缆各部分之间的相互关系如图 15-26 所示。

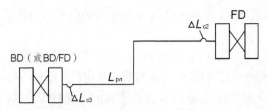

图 15-26 支持语音的干线子系统大对数电缆各部分之间的相互关系

① 至各层（区）支持语音的干线子系统大对数电缆根数计算。

$$G_{pn} = T_{pn} \times 1.1 \div 25 \text{（或 50、或 100）} \tag{15-30}$$

式中：G_{pn} 为至第 n 层（区）支持语音的 25 对（或 50 对、或 100 对）大对数干线电缆的根数（取整数值）；

1.1 中的 0.1 为备份系数，一般按 10% 冗余考虑。

② 至各层（区）支持语音的干线子系统大对数电缆用量计算。

$$L_{pn} = （L_{bfn} + \Delta L_{c2} + \Delta L_{c3}） \times G_{pn} \tag{15-31}$$

式中：L_{pn} 为至第 n 层（区）支持语音的 25 对（或 50 对、或 100 对）大对数电缆的用量；

L_{bfn} 为第 n 层（区）FD 与 BD 之间的缆线路由距离；

ΔL_{c2} 为在电信间电缆预留长度，长度一般为 0.5～2m；

ΔL_{c3} 为在设备间电缆预留长度，长度一般为 3～5m。

③ 建筑物内支持语音的干线子系统大对数电缆用量计算。

$$L_p = \sum_{n=1}^{N} L_{pn} \tag{15-32}$$

式中：L_p 为建筑物内支持语音的干线子系统 25 对（或 50 对、或 100 对）大对数电缆的总长度。

（4）建筑物配线设备 BD 类型及容量的确定

在小型综合布线系统工程中，建筑物配线设备 BD 通常采用支持铜缆 IDC 和（或）RJ-45 两种类型的配线模块用于语音、数据的配线，在某些系统中可不设 FD，而将 BD 和 FD 合用配线设备，称为 BD/FD。但此时，电缆的长度应按小于等于 100m 考虑。

在大、中型综合布线系统工程中，建筑物配线设备 BD 通常由支持铜缆的 MDF 配线设备和支持光缆的 ODF 配线设备两部分组成。MDF 配线设备用于语音的配线，ODF 配线设备用于支持数据；MDF 宜采用 IDC 配线模块。

1）支持语音 BD（或 BD/FD）的 IDC 配线模块（大、中、小型综合布线系统工程设计中均有该项设计）

支持语音 BD（或 BD/FD）的 IDC 配线模块各部分之间的关系如图 15-27 所示，如 M_{ip2} 接入建筑群主干电缆时，应选用适配的信号线路浪涌保护器。

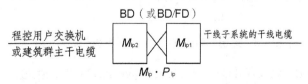

图 15-27　支持语音 BD 的 IDC 配线模块各部分之间的关系

①第 n 层（区）FD 至 BD（或 BD/FD）支持语音的电缆对数计算。

$$G_{ipn}=G_{pn}\times 25 \tag{15-33}$$

式中：G_{ipn} 为第 n 层（区）BD（或 BD/FD）支持语音电缆的对数；

G_{pn} 为第 n 层（区）支持语音规格 25 对大对数干线电缆（以 25 对大对数电缆为例）的根数。

② BD（或 BD/FD）至各层（区）FD 支持语音的电缆对数计算。

$$D_{ip1}=\sum_{n=1}^{N}D_{ipn}=\sum_{n=1}^{N}G_{pn}\times 25 \tag{15-34}$$

式中：D_{ip1} 为 BD（或 BD/FD）至各层（区）FD 支持语音规格为 25 对的电缆对数之和。

③ 至建筑物主干电缆侧 BD（或 BD/FD）支持语音的 IDC 配线模块基本单元数量计算。

$$M_{ip1}=D_{ip1}\div 100 \tag{15-35}$$

式中：M_{ip1} 为至建筑物主干电缆侧 BD（或 BD/FD）支持语音规格 100 对的 IDC 配线模块基本单元数量。

④ BD（或 BD/FD）所支持语音信息点数量计算。

$$T_{p}=\sum_{n=1}^{N}T_{pn} \tag{15-36}$$

式中：T_{p} 为 BD（或 BD/FD）所支持语音信息点数量之和。

⑤ 至程控用户交换机或建筑群主干电缆侧支持语音 BD（或 BD/FD）的 IDC 配线模块基本单元数量（取整数值）。

$$M_{ip2}=T_{p}\div 100 \tag{15-37}$$

式中：M_{ip2} 为至程控用户交换机或建筑群主干电缆侧 BD（或 BD/FD）的 IDC 配线模块基本单元数量（取整数值）。

⑥ 支持语音 BD（或 BD/FD）的 IDC 配线模块基本单元数量计算。

$$M_{ip}=M_{ip1}+M_{ip2} \tag{15-38}$$

式中，M_{ip} 为支持语音 BD（或 BD/FD）的 IDC 配线模块基本单元数量。

⑦ 支持语音的计算。

$$P_{ip}=M_{ip}\times 100 \tag{15-39}$$

式中：P_{ip} 为支持语音 BD（或 BD/FD）的 IDC 配线模块容量（总对数）。

2）支持数据 BD（或 BD/FD）的 RJ-45 配线模块

支持数据 BD（或 BD/FD）的 RJ-45 配线模块各部分之间的关系如图 15-28 所示，

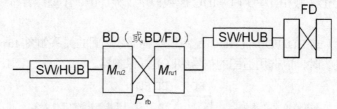

图 15-28　支持数据 BD 的 RJ45 配线模块各部分之间的关系

①BD（或 BD/FD）所支持 FD 侧 SW/HUB 群或 SW/HUB 的数量。

$$H_u = \sum_{n=1}^{N} H_{un} \qquad (15\text{-}40)$$

② 至支持 SW/HUB 群或 SW/HUB 干线侧 BD（或 BD/FD）的 RJ-45 配线模块基本单元数量（每单元按 24 口计算）。

$$M_{ru1} = （H_u + 冗余数量）\div 24 \qquad (15\text{-}41)$$

式中：M_{ru1} 为至支持 SW/HUB 群或 SW/HUB 干线电缆侧规格 24 口 RJ-45 配线模块的基本单元数量（取整数值）。

③ 至网络交换机侧 RJ-45 配线模块的基本单元数量。

$$M_{ru2} = H_u \div 24 \qquad (15\text{-}42)$$

式中：M_{ru2} 为至网络交换机或建筑群主干电缆侧规格 24 口 RJ-45 配线模块的基本单元数量（取整数值）。

④ BD（或 BD/FD）的 RJ45 配线模块的基本单元数量。

$$M_{ru} = M_{ru1} + M_{ru2} \qquad (15\text{-}43)$$

式中：M_{ru} 为 BD（或 BD/FD）的 RJ-45 配线模块的基本单元数。

⑤ BD（或 BD/FD）的 RJ-45 配线模块总容量的计算。

$$P_{rb} = M_{ru} \times 24 = （M_{ru1} + M_{ru2}）\times 24 \qquad (15\text{-}44)$$

式中：P_{rub} 为 BD（或 BD/FD）规格 24 口的 RJ-45 配线模块总容量。

3）支持数据的 BD 光纤配线设备

支持数据的 BD 光纤配线架各部分之间的关系如图 15-29 所示。

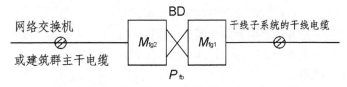

图 15-29　支持数据的 BD 光纤配线架各部分之间的关系

① BD 至各层（区）FD 光缆芯数计算。

$$C_{fg1} = \sum_{n=1}^{N} C_{fn} \qquad (15\text{-}45)$$

式中：C_{fg1} 为 BD 至各层（区）FD 光缆的总芯数；

C_{fn} 为 BD 至第 n 层（区）FD 光缆的芯数。

② 至各层（区）FD 侧 BD 光纤配线架的基本单元数量。

BD 光纤配线设备用于支持数据配线，其基本单元规格为 12 口（双工连接器）。

$$M_{fg1} = C_{f1} \div 12 \qquad (15\text{-}46)$$

式中：M_{fg1} 为至各层（区）FD 侧 BD 光纤配线设备的基本单元数量（取整数值）。

③至网络交换机或建筑群主干光缆侧 BD 的光缆芯数计算。

C_{fg2} = 网络交换机光端口数（每端口为 2 芯光纤）所需的光纤数或建筑群主干光缆的总芯数

$$(15\text{-}47)$$

式中：C_{fg2} 为 BD 至网络交换机或建筑群主干光缆的光缆总芯数。

④ 至网络交换机或建筑群主干光缆侧 BD 光纤配线设备的基本单元数量。

$$M_{fg2}=C_{fg2}\div12 \qquad\qquad\qquad\qquad\qquad\qquad (15-48)$$

⑤ BD 光纤配线设备的总容量。

$$M_{fb}=M_{fg1}+M_{fg2} \qquad\qquad\qquad\qquad\qquad (15-49)$$

$$P_{fb}=（M_{fg1}+M_{fg2}）\times12 \qquad\qquad\qquad (15-50)$$

式中：M_{fb} 为 BD 光纤配线设备的基本单元数量；

P_{fb} 为 BD 光纤配线设备的总容量。

附录 3：办公楼工程计算配置示例

3.1 配线设备及缆线的选用

3.1.1 配线架

RJ-45 模块配线架的规格为 24 口，IDC 配线架的规格为 100 对，模块配线架式供电设备为 4 口，楼层采用光纤互连装置的规格为 12 口 12 芯，BD 采用光纤配线架的规格为 24 口 48 芯。

FD 采用 RJ-45 模块配线架用于支持数据；

FD 至建筑物主干电缆侧采用 IDC 配线架、至水平电缆侧采用 RJ-45 模块配线架用于支持语音；

CP 采用 RJ-45 模块配线架支持数据和语音；

BD 采用 IDC 配线架支持语音，采用光纤配线架支持数据。

3.1.2 缆线

水平电缆采用 6 类 4 对对绞电缆支持数据和语音；

建筑物主干光缆采用 6 芯单模室内光缆支持数据；

建筑物主干点缆采用 6 类 25 对大对数电缆支持语音。

3.1.3 机柜、机箱

机柜的规格为 15U、20U、30U、42U；

机箱的规格为 6U。

3.1.4 设备的高度

24 口 RJ-45 模块配线架的高度为 1U；

1 个 100 对 IDC 配线架的高度为 1U；

24 口 48 芯光纤配线架的高度为 1U；

6 口 6 芯光纤连接盘的高度为 1U；

12 口 12 芯光纤连接盘的高度为 1U；

4 口模块配线架式供电设备的高度为 4U；

8 口模块配线架式供电设备的高度为 4U；

24 端口交换机的高度为 1U；

跳线管理器的高度为 1U。

3.1.5 各类跳线

（1）语音跳线

BD 语音部分采用 IDC—IDC 专用跳线（1 对）；

FD 处采用 IDC—RJ-45 专用跳线（1 对）；数量按语音信息点数的 50% 进线配置。

（2）数据跳线

FD 处采用 RJ-45—RJ-45 专用跳线；数量按数据信息点数的 50%进线配置；

光纤采用 ST—ST、SFF—SFF 专用光纤跳线（2 芯）。

3.2 地下一层楼层配线设备（–1FD）

3.2.1 RJ-45 配线架

3.2.1.1 至水平电缆侧配线架

–1FD 的 RJ-45 配线架共支持语音点 T_{p-1}=14 个；

RJ-45 配线架的基本单元数量 M_{hip-1}= T_{p-1}÷24=14÷24=0.6 个，取整数值 1 个。

3.2.1.2 至 SW 侧配线架

–1FD 的 RJ-45 配线架共支持数据点 T_{d-1}=14 个；

RJ-45 配线架的基本单元数量 M_{brd-1}= T_{d-1}÷24=14÷24=0.6 个，取整数值 1 个。

3.2.1.3 RJ-45 配线架总容量

RJ-45 配线架总容量（基本单元数量）M_{r-1}=至水平电缆侧配线架容量+至 SW 侧配线架容量=M_{hrp-1}+M_{brd-1}+M_{brd-1}=1+1+1=3 个。

3.2.2 IDC 配线架

–1FD 的 IDC 配线架共支持语音点 T_{p-1}=14 个；

至建筑物主干电缆 IDC 配线架的基本单元数量 M_{bip-1}= T_{p-1}×（1+10%）÷100=14×1.1÷100=0.15 个，取整数值 1 个。

3.2.3 25 对大对数电缆

25 对大对数电缆的根数 G_{p-1}= T_{p-1}×（1+10%）÷25=14×1.1÷25=0.62 根，取整数值 1 根。

3.2.4 交换机的规格及数量

交换机共支持数据点 14 个，采用 1 台 24 口交换机。

3.2.5 光缆的规格及数量

交换机共 1 台，光缆采用 1 根 6 芯光缆。

3.2.6 光纤连接盘

采用 1 个 6 口光纤连接盘。

3.2.7 机柜

3 个 RJ-45 配线架的基本单元，高度为 3U；

100 对 IDC 配线架的为 1 组基本单元，高度为 1U；

1 台 24 口交换机，高度为 1U；

1 个 6 口光纤连接盘，高度为 1U；

6 个跳线管理器，高度为 6 个 U；

–1FD 处设备的总高度为 12 个 U；

–1FD 处机柜可采用 1 个规格为 15U 的 19 英寸机柜。

3.2.8 跳线

IDC—RJ-45 专用跳线数量=T_{p-1}×50%=14×50%=7 根；

RJ-45—RJ-45 专用跳线数量=T_{d-1}×50%=14×50%=7 根；

光纤跳线数量=交换机群数=1 根（2 芯）。

3.3 一层楼层配线设备（1FD）

3.3.1 RJ-45 配线架

3.3.1.1 至水平电缆侧配线架

1FD 的 RJ-45 配线架共支持语音点 T_{p1}=19 个；

RJ-45 配线架的基本单元数量 M_{hrp1}= T_{p1}÷24=19÷24=0.8 个，取整数值 1 个；

1FD 的 RJ-45 配线架共支持数据点 T_{d1}=20 个；

RJ-45 配线架的基本单元数量 M_{hrd1}= T_{d1}÷24=20÷24=0.83 个，取整数值 1 个；

3.3.1.2 至 SW 侧配线架

1FD 的 RJ-45 配线架共支持数据点 T_{d1}=20 个；

RJ-45 配线架的基本单元数量 M_{brd1}= （ $T_{d1}-T_{d1sb}$ ）÷24=（20-2）÷24=0.75 个，取整数值 1 个。

3.3.1.3 RJ45 配线架总容量

RJ-45 配线架总容量（基本单元数量）M_{r1}=至水平电缆侧配线架容量+至 SW 侧配线架容量=M_{hrp1}+ M_{hrd1}+M_{brd1}=1+1+1=3 个。

3.3.2 IDC 配线架

1FD 的 IDC 配线架共支持语音点 T_{p1}=19 个；

至建筑物主干电缆 IDC 配线架的基本单元数量 M_{bip1}= T_{p1}×（1+10%）÷100=19×1.1÷100=0.2 个，取整数值 1 个。

3.3.3 模块配电架式供电设备

1FD 的模块配电架式供电设备共支持用电设备（点）T_{d1sb}=2 个；

4 口模块配电架式供电设备的基本单元数量= T_{d1sb}÷4=0.5 个，取整数值 1 个。

3.3.4 25 对大对数电缆

25 对大对数电缆的根数 G_{p1}=T_{p1}×（1+10%）÷25=19×1.1÷25=0.629 根，取整数值 1 根。

3.3.5 交换机的规格及数量

交换机共支持数据点 20 个，采用 1 台 24 口交换机。

3.3.6 光缆的规格及数量

交换机共 1 台，光缆采用 1 根 6 芯光缆和 1 个 6 口光纤连接盘。

3.3.7 机柜

3 个 RJ-45 配线架的基本单元，高度为 3U；

100 对 IDC 配线架的为 1 组基本单元，高度为 1U；

1 台 24 口交换机，高度为 1U；

1 个 6 口光纤连接盘，高度为 1U；

1 个模块配电架式供电设备，高度为 4 个 U；

7 个跳线管理器，高度为 7 个 U；

1FD 处设备的总高度为 17 个 U；

1FD 处机柜可采用 1 个规格为 20U 的 19 英寸机柜。

3.3.8 跳线

IDC—RJ-45 专用跳线数量=T_{p1}×50%=19×50%=9.5 根，取整数值 10 个；

RJ45—RJ-45 专用跳线数量=T_{d1}×50%=30×50%=10 根；

光纤跳线数量=交换机群数=1 根（2 芯）。

3.4　二层楼层配线设备（2FD）

2FD 的 RJ-45 配线架共支持数据点 T_{d2}=24 个；

RJ-45 配线架的总容量 M_{d2}= 2 个；

2FD 的模块配电架式供电设备共支持用电设备（点）T_{d2sb}=8 个；

8 口模块配电架式供电设备的基本单元数量=1 个；

交换机采用 1 台 24 端口交换机；

采用 1 根 6 芯光缆和 1 个 6 口光纤连接盘。

跳线管理器 5 个；

2FD 机柜可采用 1 个规格为 15U 的 19 英寸机柜；

RJ-45—RJ-45 专用跳线 12 根；光纤跳线 1 根（2 芯）。

3.5　三、四层楼层配线设备 3FD、4 FD（以 3 FD 为例）

3FD 的 RJ-45 配线架共支持语音点 T_{p3}=295 个；

3FD 的 RJ-45 配线架共支持数据点 T_{d3}=297 个；

RJ-45 配线架的总容量 M_{d3}= 39 个；

至干线电缆 IDC 配线架的基本单元数 M_{bip3}=4 个；

3FD 的模块配电架式供电设备共支持用电设备（点）T_{d3sb}=2 个；

4 口模块配电架式供电设备的基本单元数量=1 个；

交换机采用 13 台 24 端口交换机；

采用 2 根 6 芯光缆；

25 对大对数电缆 13 根；

1 个 12 口光纤连接盘；

跳线管理器 58 个；

3FD 处机柜可采用 3 个规格为 42U 的 19 英寸机柜；

IDC—RJ-45 专用跳线 148 根；

RJ-45—RJ-45 专用跳线 149 根；

光纤跳线 4 根。

3.6　五~七层楼层配线设备 5FD~7 FD（以 5 FD 为例）

5FD 的 RJ-45 配线架共支持语音点 T_{p5}=137 个；

5FD 的 RJ-45 配线架共支持数据点 T_{d5}=137 个；

RJ-45 配线架的总容量 M_{d5}= 18 个；

至干线电缆 IDC 配线架的基本单元数 M_{bip5}=2 个；

交换机采用 6 台 24 端口交换机；

光缆采用 1 根 6 芯光缆；

25 对大对数电缆 6 根；

1 个 6 口光纤连接盘；

跳线管理器 27 个；

5FD 处机柜可采用 2 个规格为 30U 的 19 英寸机柜；

IDC—RJ-45 专用跳线 69 根；

RJ-45—RJ-45 专用跳线 69 根；

光纤跳线 2 根。

3.7　八~十层集合点配线箱 8~10CP-A、C、D、F（以 8CP-A 为例）

共支持语音点 T_{8cp-Ap}=23 个、数据点 T_{8cp-Ad}=23 个。

3.7.1　支持语音

RJ-45 配线架的基本单元数量：$M_{8cp-Ap} \div 24$=23÷24=0.96 个，取整数值 1 个。

3.7.2　支持数据

RJ-45 配线架的基本单元数量：$M_{8cp-Ad} \div 24$=23÷24=0.96 个，取整数值 1 个。

3.7.3　8cp-A 的 RJ-45 配线架总容量

RJ-45 配线架的总容量（基本单元数量）：$M_{8cp-A}= M_{8cp-Ap} +M_{8cp-Ad}$=1+1=2 个。

3.7.4　机箱

2 个 RJ-45 配线架的基本单元，高度共为 2U；

8CP-A 处机柜可采用 1 个规格为 6U 的 19 英寸机箱。

3.8　八~十层集合点配线箱 8~10CP-B、E、G（以 8CP-B 为例）

共支持语音点 T_{8cp-Bp}=23 个、数据点 T_{8cp-Bd}=23 个。

3.8.1　支持语音

RJ-45 配线架的基本单元数量：$M_{8cp-Bp} \div 24$=23÷24=0.96 个，取整数值 1 个。

3.8.2　支持数据

RJ-45 配线架的基本单元数量：$M_{8cp-Bd} \div 24$=23÷24=0.96 个，取整数值 1 个。

3.8.3　8cp-B 的 RJ-45 配线架总容量

RJ-45 配线架的总容量（基本单元数量）：$M_{8cp-B}=M_{8cp-Bp} +M_{8cp-Bd}$=1+1=2 个。

3.8.4　机箱

2 个 RJ-45 配线架的基本单元，高度共为 2U；

8CP-B 处机柜可采用 1 个规格为 6U 的 19 英寸机箱。

3.9　八~十层楼层配线设备 8FD~10FD　（以 8FD 为例）

8FD 的 RJ-45 配线架共支持语音点 T_{p8}=137 个；

8FD 的 RJ-45 配线架共支持数据点 T_{d8}=137 个；

RJ-45 配线架的总容量（基本单元数量）M_{8}= 18 个；

至干线电缆 IDC 配线架的基本单元数 M_{bip8}=2 个；

交换机采用 6 台 24 端口交换机；

光缆采用 1 根 6 芯光缆

25 对大对数电缆 6 根；

1 个 6 口光纤连接盘；

跳线管理器 27 个；

8FD 处机柜可采用 2 个规格为 30U 的 19 英寸机柜；

IDC-RJ-45 专用跳线 69 根；

RJ-45-RJ-45 专用跳线 69 根；

光纤跳线 2 根。

3.10 十一～十八层楼层配线设备 11FD～18FD （以 11FD 为例）

11FD 的 RJ-45 配线架共支持语音点 T_{p11}=120 个；

11FD 的 RJ-45 配线架共支持数据点 T_{d11}=120 个；

RJ-45 配线架的总容量（基本单元数量）M_{r11}= 15 个；

至干线电缆 IDC 配线架的基本单元数 M_{bip11}=2 个；

交换机采用 5 台 24 端口交换机；

光缆采用 1 根 6 芯光缆；

25 对大对数电缆 6 根；

1 个 6 口光纤连接盘；

跳线管理器 23 个；

11FD 处机柜可采用 2 个规格为 30U 的 19 英寸机柜；

IDC—RJ-45 专用跳线 60 根；

RJ-45—RJ-45 专用跳线 60 根；

光纤跳线 2 根。

3.11 十九～二十四层集合点配线箱 19～24CP-A1、A2、B1、B2（以 19CP-A1 为例）

共支持语音点 $T_{19cp-Bip}$=30 个、数据点 $T_{19cp-Bid}$=30 个；

RJ-45 配线架的总容量（基本单元数量）：$M_{19cp-A1}$=4 个。

3.12 十九～二十四层楼层配线设备 19FD～24FD （以 19FD 为例）

19FD 的 RJ-45 配线架共支持语音点 T_{p19}=130 个；

19FD 的 RJ-45 配线架共支持数据点 T_{d19}=132 个；

RJ-45 配线架的总容量（基本单元数量）M_{r19}= 18 个；

至干线电缆 IDC 配线架的基本单元数 M_{bip19}=2 个；

19FD 的模块配线架式供电设备共支持用电设备（点）T_{d19sb}=2 个；

4 口模块配线架式供电设备的基本单元数量=1 个；

交换机采用 6 台 24 端口交换机；

光缆采用 1 根 6 芯光缆；

25 对大对数电缆 6 根；

1 个 6 口光纤连接盘；

跳线管理器 28 个；

19FD 处机柜可采用 2 个规格为 42U 的 19 英寸机柜；

IDC-RJ45 专用跳线 65 根；

RJ45-RJ45 专用跳线 66 根；

光纤跳线 2 根。

3.13 二十五～二十七层楼层配线设备 25FD～27FD（以 25FD 为例）

25FD 的 RJ-45 配线架共支持语音点 T_{p25}=134 个；

25FD 的 RJ-45 配线架共支持数据点 T_{d25}=134 个；

RJ45 配线架的总容量（基本单元数量）M_{25}= 18 个；

至干线电缆 IDC 配线架的基本单元数 M_{bip25}=2 个；

交换机采用 6 台 24 端口交换机；

光缆采用 1 根 6 芯光缆；

25 对大对数电缆 6 根；

1 个 6 口光纤连接盘；

跳线管理器 27 个；

25FD 处机柜可采用 2 个规格为 42U 的 19 英寸机柜；

IDC—RJ-45 专用跳线 67 根；

RJ-45—RJ-45 专用跳线 67 根；

光纤跳线 2 根。

3.14 28FD

28FD 的 RJ-45 配线架共支持语音点 T_{p28}=36 个；

28FD 的 RJ-45 配线架共支持数据点 T_{d28}=36 个；

RJ-45 配线架的总容量（基本单元数量）M_{28}= 6 个；

至干线电缆 IDC 配线架的基本单元数 M_{bip28}=1 个；

交换机采用 2 台 24 端口交换机；

光缆采用 1 根 6 芯光缆；

25 对大对数电缆 2 根；

1 个 6 口光纤连接盘；

跳线管理器 10 个；

28FD 处机柜可采用 1 个规格为 30U 的 19 英寸机柜；

IDC—RJ-45 专用跳线 18 根；

RJ-45—RJ-45 专用跳线 18 根；

光纤跳线 1 根。

3.15 BD 的语音部分

BD 的 IDC 配线架共支持电话插座 T_p=3465 个；

各层 FD 至 BD 的 25 对大对数电缆的总根数 G_p=168 根。

3.15.1 至建筑物主干电缆侧配线架

IDC 配线架的 100 对基本单元数量 M_{ip1}= G_p×25÷100=168×25÷100=42 个。

3.15.2 至 PABX、MDF 侧配线架

IDC 配线架的基本单元数量 M_{ip2}=T_p÷100=3465÷100=34.7 个取整数值 35 个，或按电话交换机的容量确定。

3.15.3 IDC 配线架总容量

IDC 配线架总容量（基本单元数量）$M_{ib}=M_{ip}=M_{ip1}+M_{ip2}=42+35=77$ 个。

3.15.4 IDC—IDC 专业跳线数量

IDC—IDC 专业跳线数量 $=T_p=3465$ 根。

3.15.5 机柜

跳线管理器 77 个；

机柜可采用 4 个规格为 42U 的 19 英寸机柜。

3.16 BD 的数据部分

3.16.1 至建筑物主干光缆侧光纤配线架

① BD 至各层（区）FD 光缆的总芯数。

BD 至各层（区）FD 光缆的总芯数 $C_n=\sum_{n=-1}^{N}C_{fn}=186$ 芯；

②至建筑物主干光缆侧光纤配线架的基本单元数量。

光纤配线架的 24 口基本单元数量 $M_{fi}=C_n\div24=186\div24=7.8$ 个，取整数值 8 个。

3.16.2 至核心交换机侧光纤配线架

光纤配线架的单元数量 $M_{f2}=C_{f2}\div24=114\div24=4.8$ 个，取整数值 5 个。

3.16.3 BD 光纤配线架总容量

BD 光纤配线架总容量（基本单元数量）$M=M_{fi}+M_{f2}=8+5=13$ 个。

3.16.4 光纤跳线数量

光纤跳线数量 $=C_n\div2=186\div2=93$ 根。

3.16.5 机柜

跳线管理器 13 个；

机柜可采用 1 个规格为 30U 的 19 英寸机柜.。

思考与练习 15

一、填空题

综合布线工程设计一般可以采用一阶段设计，即＿＿＿＿＿＿＿＿，对于规模特大的情况亦可采用二阶段设计，即＿＿＿＿＿＿＿＿＿＿和＿＿＿＿＿＿＿＿＿＿。

二、名词解释

1. 方案设计

2. 施工图设计

项目实训 15

一、实训目的

能根据不同用户的业务需求和建筑物的实际情况，熟悉设备间、管理、工作区、配线子系统、干线子系统和建筑群子系统的设计要求、设计原则和注意事项，在此基础上完成综合布线工程的施工图设计。

二、实训内容

完成教学楼或学生宿舍的结构化综合布线工程设计。要求每人设计一个综合布线方案，通过老师和同学的评价，评选出最佳方案，作为最后的施工方案。

三、实训步骤

1. 设计依据和设计要求

① 了解该建筑物的概况，如建筑物的规模、层数、结构、业务需求等。

② 确定信息种类和信息点的数量。

③ 确定设备间和电信间的位置。

④ 明确系统设计要求和设计标准。

2. 确定设计方案

① 依据用户实际需要，结合建筑物的具体情况，确定系统有哪些范围需要设计。例如，只有一幢楼时，就不考虑建筑群子系统设计，当建筑物范围比较小时，可以考虑设备间和电信间合用一个房间。

② 确定工作区的设计内容，包括工作区的数量、面积、用途等。

③ 配线子系统设计。

● 配线布线路由；

● 配线缆线的类型和长度；

● 楼层配线架的数量、规格和位置，如果信息点数量较少，可以考虑是否合用一个配线架。

④ 干线子系统设计。

● 选择主干路由；

● 确定布线方式；

● 考虑缆线的保护和屏蔽接地。

⑤ 确定设备间和管理设计。

● 设备间位置和面积；

● 建筑物配线架位置、规格、型号和数量；

● 确定标志管理方案。

⑥ 确定管槽设计方案。

● 根据缆线的数量，选择水平线槽类型、位置、规格和数量；

● 如有条件在垂直方向宜选择桥架敷设缆线。

⑦ 确定与有关系统的配合和连接。

● 与用户交换机网络系统的配合和连接；

● 与计算机网络系统的配合和连接。

3. 绘制图纸

绘制综合布线工程设计的结构方案图和施工图。

4. 确定布线产品

5. 列出系统材料清单，确定布线工程量

6. 编制预算

7. 确定综合布线系统施工方案

阐述总的槽道、缆线敷设方案，机柜、配线架、信息插座安装方案。

8. 综合布线系统的维护管理

给出布线系统竣工后移交给甲方的技术资料，包括信息点编号规则、配线架编号规则、布线系统管理文档、合同、布线系统详细设计和布线系统竣工文档（包括配线架电缆卡接位置图、配线架电缆卡接色序、房间信息点位置表、竣工图纸、链路测试报告）。

9. 验收测试

应对链路测试模型、所选用的测试标准和缆线类型、测试指标和测试仪作简略介绍。

10. 培训、售后服务与保证期

包括对用户的培训计划、售后服务的方式以及质量保证期。

11. 图纸

包括图纸目录、图纸说明、网络系统图、布线拓扑图、管线路由图、楼层信息点平面图、机柜配线架信息点分布图等。

12. 编制综合布线工程施工图设计文档

四、实训总结

通过本实训，应掌握综合布线工程的设计步骤、设计要求、设计原则和设计内容。学会对简单建筑物的布线系统进行设计。需要强调的是在实际设计中，应根据建筑物和用户的要求，灵活选择系统的配置、路由和设计等级。

PART 6

项目六
验收综合布线工程

任务 16　综合布线工程验收

综合布线工程经过设计、施工、测试，最后进入竣工验收阶段。综合布线工程竣工验收是全面考核工程的质量，包括设计质量、主辅材料质量、工程施工质量和竣工资料及相关原始资料质量。工程竣工验收合格后将移交给建设单位使用。本任务的主要目标是掌握综合布线工程验收标准，了解综合布线工程各阶段验收的内容，完成综合布线工程的竣工验收工作，实现工程的顺利移交。

16.1　综合布线工程验收标准

布线工程的验收是一项非常系统的工作，它不仅包括利用各类认证测试仪进行的现场认证测试，同时还应包括对施工环境、设备质量及安装工艺、缆线在楼内及楼宇之间的布放工艺、缆线端接或终接、管理标记、竣工技术文档等众多项目的检查。

1. 验收标准及依据

综合布线系统工程的验收应按照以下标准和依据来执行。

① 必须以工程合同、技术设计方案、设计修改变更单为依据。

② 应按中华人民共和国国家标准《建筑与建筑群综合布线系统工程验收规范》GB 50312
—2007的规定并结合现行国家标准《建筑与建筑群综合布线系统工程设计规范》GB 50311—2007
来执行。

③ 工程技术文件、承包合同文件要求采用国际标准时，应按要求采用适用的国际标准，但不应低于 GB 50312—2007 的规定。以下国际标准可供参考：

- 《用户建筑综合布线》ISO/IEC 11801；
- 《商业建筑电信布线标准》EIA/TIA 568；
- 《商业建筑电信布线安装标准》EIA/TIA 569；
- 《商业建筑通信基础结构管理规范》EIA/TIA 606；
- 《商业建筑通信接地要求》EIA/TIA 607；
- 《信息系统通用布线标准》EN 50173；
- 《信息系统布线安装标准》EN 50174。

④ 由于综合布线系统工程涉及面广，因此，综合布线系统工程验收还将涉及其他标准规范，如《智能建筑工程质量验收规范》GB 50339、《建筑电气工程施工质量验收规范》GB 50303、《通

信管道工程施工及验收技术规范》GB 50374 等。

2. 验收组织

按照综合布线行业国际惯例，大中型综合布线系统工程的验收主要由中立的有资质的第三方认证服务提供商来提供测试验收服务。就我国目前的情况而言，综合布线系统工程的验收小组应包括工程双方单位的行政负责人、相关项目主管、主要工程项目监理人员、建筑设计施工单位的相关技术人员、第三方验收机构或相关技术人员组成的专家组。主要有以下 3 种验收组织形式：

① 施工单位自己组织验收；

② 施工监理机构组织验收；

③ 第三方测试机构组织验收。

16.2　综合布线工程的验收方式

综合布线工程的验收工作贯穿于整个综合布线工程的施工过程，不同的验收阶段有不同的验收内容和要求，要求建设方的常驻工地代表或工程监理人员必须严格按照验收要求完成工程质量检查工作。

1. 开工前检查

工程验收是从工程开工之日开始的。开工前检查包括设备材料检验和环境检验。设备材料检验包括查验产品的规格、数量、型号是否符合设计要求；材料设备的外观检查、抽检缆线的性能指标是否符合技术规范等。环境检查包括查土建施工的地面、墙面、门、电源插座及接地装置、机房面积、预留孔洞等环境。

2. 随工验收

为了随时考核施工单位的施工水平和施工质量，部分验收工作应随工进行，如布线系统的电气性能测试工作、隐蔽工程签证等。尤其是隐蔽工程，在竣工验收时一般不再（也不可能）进行复验，所以，随工验收应由工地代表和施工监理员负责，主要应对工程的隐蔽部分进行边施工边验收，以便及早发现工程质量问题，避免造成人力、物力和财力的大量浪费。

3. 初步验收

为保证竣工验收顺利进行，对于大、中型工程项目在竣工验收前一般应安排初步验收。时间应定在原定计划的建设工期内，由建设单位组织相关单位（如设计、施工、监理、使用等单位）的人员参加。初步验收包括检查工程质量，审查竣工资料等，对发现的问题提出处理意见，并组织相关责任单位落实解决。

4. 竣工总验收

工程竣工验收是工程建设的最后一个环节。竣工验收的内容应包括：确认各阶段测试检查结果、验收组认为必要的项目的复验、设备的清点核实、全部竣工图纸、文档资料审查、工程评定和签收等。

16.3　综合布线工程验收项目及内容

1. 综合布线工程验收项目及内容

GB 50312—2007 规定，综合布线系统工程应按表 16-1 中所列项目、内容进行检验。检测结论作为工程竣工资料的组成部分及工程验收的依据之一。

表 16-1　综合布线系统工程检验项目及内容

阶段	验收项目	验收内容	验收方式
施工前检查	1.环境要求	（1）土建施工情况：地面、墙面、门、电源插座及接地装置；（2）土建工艺：机房面积、预留孔洞；（3）施工电源；（4）地板敷设；（5）建筑物入口设施检查	施工前检查
	2.器材检验	（1）外观检查；（2）型号、规格、数量；（3）电缆及连接器件电气性能测试；（4）光纤及连接器件特性测试（5）测试仪表和工具的检验	
	3.安全、防火要求	（1）消防器材；（2）危险物的堆放；（3）预留孔洞防火措施	
设备安装	1.电信间、设备间、设备机柜、机架	（1）规格、外观；（2）安装垂直、水平度；（3）油漆不得脱落，标志应完整齐全；（4）各种螺丝必须紧固；（5）抗震加固措施；（6）接地措施	随工检验
	2.配线模块及8位模块式通用插座	（1）规格、位置、质量；（2）各种螺丝必须拧紧；（3）标志齐全；（4）安装符合工艺要求；（5）屏蔽层可靠连接	
电、光缆布放（楼内）	1.电缆桥架及线槽布放	（1）安装位置正确；（2）安装符合工艺要求；（3）符合布放缆线工艺要求；（4）接地	
	2.缆线暗敷（包括暗管、线槽、地板下等方式）	（1）缆线规格、路由、位置；（2）符合布放缆线工艺要求；（3）接地	隐蔽工程签证
电、光缆布放（楼间）	1.架空缆线	（1）吊线规格、架设位置、装设规格；（2）吊线垂度；（3）缆线规格；（4）卡、挂间隔；（5）缆线的引入符合工艺要求	随工检验
	2.管道缆线	（1）使用管孔孔位；（2）缆线规格；（3）缆线走向；（4）缆线防护设施的设置质量	隐蔽工程签证
	3.埋式缆线	（1）缆线规格；（2）敷设位置、深度；（3）缆线防护设施的设置质量；（4）回土夯实质量	
	4.通道缆线	（1）缆线规格；（2）安装位置，路由；（3）土建设计符合工艺要求	
	5.其他	（1）通信线路与其他设施的距离；（2）进线室安装、施工质量；	随工检验或隐蔽工程签证
缆线终接	1.8位模块式通用插座	符合工艺要求	随工检验
	2.配线模块	符合工艺要求	
	3.光纤连接器件	符合工艺要求	
	4.各类跳线	符合工艺要求	
系统测试	1.工程电气性能测试	（1）连接图；（2）长度；（3）衰减；（4）近端串音；（5）近端串音功率和；（6）衰减串音比；（7）衰减串音比功率和；（8）等电平远端串音；（9）等电平远端串音功率和；（10）回波损耗；（11）传播时延；（12）传播时延偏差；（13）插入损耗；（14）直流环路电阻；（15）设计中特殊规定的测试内容；（16）屏蔽层的导通	竣工检验
	2.光纤特性测试	（1）衰减；（2）长度	
管理系统	1.管理系统级别	符合设计要求	
	2.标识符与标签设置	（1）专用标识符类型及组成；（2）标签设置；（3）标签材质及色标	
	3.记录和报告	（1）记录信息；（2）报告；（3）工程图纸	
工程总验收	1.竣工技术文件	清点、交接技术文件	
	2.工程验收评价	考核工程质量，确认验收结果	

注：系统测试内容的验收亦可在随工中进行检验。

在验收中发现不合格的项目，应由验收机构查明原因，分清责任，提出解决办法。

2. 综合布线工程验收基本要求

GB 50312—2007 规定，对综合布线系统工程进行验收，应从环境检查、设备安装检验、缆线的敷设和保护方式检验、电缆端接、光缆成端检验、管理系统验收、工程电气测试和工程验收等方面进行验收。

（1）环境检查

1）工作区、电信间、设备间的检查。

① 工作区、电信间、设备间土建工程已全部竣工。房屋地面平整、光洁，门的高度和宽度应符合设计要求。

② 房屋预埋线槽、暗管、孔洞和竖井的位置、数量、尺寸均应符合设计要求。

③ 铺设活动地板的场所，活动地板防静电措施及接地应符合设计要求。

④ 电信间、设备间应提供 220V 带保护接地的单相电源插座。

⑤ 电信间、设备间应提供可靠的接地装置，接地电阻值及接地装置的设置应符合设计要求。

⑥ 电信间、设备间的位置、面积、高度、通风、防火及环境温、湿度等应符合设计要求。

2）建筑物进线间及入口设施的检查。

① 引入管道与其他设施如电气、水、煤气、下水道等的位置、间距应符合设计要求。

② 引入缆线采用的敷设方法应符合设计要求。

③ 管线入口部位的处理应符合设计要求，并应检查采取排水及防止气、水、虫等进入的措施。

④ 进线间的位置、面积、高度、照明、电源、接地、防火、防水等应符合设计要求。

3）有关设施的安装方式应符合设计文件规定的抗震要求。

（2）设备安装检验

1）机柜、机架的安装应符合下列要求：

① 机柜、机架安装位置应符合设计要求，垂直偏差度不应大于 3mm；

② 机柜、机架上的各种零件不得脱落或碰坏，漆面不应有脱落及划痕，各种标志应完整、清晰；

③ 机柜、机架、配线设备箱体、电缆桥架及线槽等设备的安装应牢固，如有抗震要求，应按抗震设计进行加固。

2）各类配线部件的安装应符合下列要求：

① 各部件应完整，安装就位，标志齐全；

② 安装螺丝必须拧紧，面板应保持在一个平面上。

3）信息插座模块的安装应符合下列要求：

① 信息插座模块、多用户信息插座、集合点配线模块安装位置和高度应符合设计要求；

② 安装在活动地板内或地面上时，应固定在接线盒内，插座面板采用直立和水平等形式；接线盒盒盖可开启，并应具有防水、防尘、抗压功能。接线盒盖面应与地面齐平；

③ 信息插座底盒同时安装信息插座模块和电源插座时，间距及采取的防护措施应符合设计要求；

④ 信息插座模块明装底盒的固定方法根据施工现场条件而定；

⑤ 固定螺丝需拧紧，不应产生松动现象；

⑥ 各种插座面板应有标识，以颜色、图形、文字表示所接终端设备业务类型；

⑦工作区内终接光缆的光纤连接器件及适配器安装底盒应具有足够的空间，并应符合设计

要求。

4）电缆桥架及线槽的安装应符合下列要求：

① 桥架及线槽的安装位置应符合施工图要求，左右偏差不应超过 50mm；

② 桥架及线槽水平度每米偏差不应超过 2mm；

③ 垂直桥架及线槽应与地面保持垂直，垂直度偏差不应超过 3mm；

④ 线槽截断处及两线槽拼接处应平滑、无毛刺；

⑤ 吊架和支架安装应保持垂直，整齐牢固，无歪斜现象；

⑥ 金属桥架、线槽及金属管各段之间应保持连接良好，安装牢固；

⑦ 采用吊顶支撑柱布放缆线时，支撑点宜避开地面沟槽和线槽位置，支撑应牢固。

5）安装机柜、机架、配线设备屏蔽层及金属管、线槽、桥架使用的接地体应符合设计要求，就近接地，并应保持良好的电气连接。

（3）缆线的敷设和保护方式检验

1）缆线的敷设应满足下列要求：

① 缆线的型号、规格应与设计规定相符；

② 缆线在各种环境中的敷设方式、布放间距均应符合设计要求；

③ 缆线的布放应自然平直，不得产生扭绞、打圈、接头等现象，不应受到外力的挤压和损伤；

④ 缆线两端应贴有标签，应标明编号，标签书写应清晰、端正和正确，标签应选用不易损坏的材料；

⑤ 缆线应有余量以适应终、端接、检测和变更，对绞电缆预留长度：在工作区宜为 3～6cm，电信间宜为 0.5～2m，设备间宜为 3～5m；光缆布放路由宜盘留，预留长度宜为 3～5m，有特殊要求的应按设计要求预留长度；

⑥ 缆线的弯曲半径应符合下列规定：

● 非屏蔽 4 对对绞电缆的弯曲半径应至少为电缆外径的 4 倍；

● 屏蔽 4 对对绞电缆的弯曲半径应至少为电缆外径的 8 倍；

● 主干对绞电缆的弯曲半径应至少为电缆外径的 10 倍；

● 2 芯或 4 芯水平光缆的弯曲半径应大于 25mm；其他芯数的水平光缆、主干光缆和室外光缆的弯曲半径应至少为光缆外径的 10 倍；

⑦ 缆线间的最小净距应符合设计要求：

● 综合布线缆线宜单独敷设，与其他弱电系统各子系统的缆线间距应符合设计要求；

● 对于有安全保密要求的工程，综合布线缆线与信号线、电力线、接地线的间距应符合相应的保密规定；

● 对于具有安全保密要求的缆线应采取独立的金属管或金属线槽敷设；

⑧ 屏蔽电缆的屏蔽层端到端应保持完好的导通性；

⑨ 预埋线槽和暗管敷设缆线应符合下列规定：

● 敷设线槽和暗管的两端宜用标志表示出编号等内容；

● 预埋线槽宜采用金属线槽，预埋或密封线槽的截面利用率应为 30%～50%；

● 敷设暗管宜采用钢管或阻燃聚氯乙烯硬质管；布放大对数主干电缆及 4 芯以上光缆时，直线管道的管径利用率应为 50%～60%，弯管道应为 40%～50%；暗管布放 4 对对绞电缆或 4 芯及以下光缆时，管道的截面利用率应为 25%～30%；

⑩ 设置缆线桥架和线槽敷设缆线应符合下列规定：

- 密封线槽内缆线布放应顺直，尽量不交叉，在缆线进出线槽部位、转弯处应绑扎固定；
- 缆线桥架内缆线垂直敷设时，在缆线的上端和每间隔 1.5m 处应固定在桥架的支架上；水平敷设时，在缆线的首、尾、转弯及每间隔 5～10m 处进行固定；
- 在水平、垂直桥架中敷设缆线时，应对缆线进行绑扎；对绞电缆、光缆及其他信号电缆应根据缆线的类别、数量、缆径、缆线芯数分束绑扎；绑扎间距不宜大于 1.5m，间距应均匀，不宜绑扎过紧或使缆线受到挤压；
- 楼内光缆在桥架敞开敷设时应在绑扎固定段加装垫套；

⑪ 采用吊顶支撑柱作为线槽在顶棚内敷设缆线时，每根支撑柱所辖范围内的缆线可以不设置密封线槽进行布放，但应分束绑扎，缆线应阻燃，缆线选用应符合设计要求；

⑫ 建筑群子系统采用架空、管道、直埋、墙壁及暗管敷设电缆、光缆的施工技术要求应按照本地网通信线路工程验收的相关规定执行。

2）保护措施。

◎配线子系统缆线敷设保护应符合下列要求。

① 预埋金属线槽保护要求。

- 在建筑物中预埋线槽，应按单层设置，每一路由进出同一过路盒的预埋线槽均不应超过 3 根，线槽截面高度不宜超过 25mm，总宽度不宜超过 300mm。线槽路由中若包括过线盒和出线盒，截面高度宜在 70～100mm 范围内。
- 线槽直埋长度超过 30m 或在线槽路由交叉、转弯时，宜设置过线盒，以便于布放缆线和维修。
- 过线盒和接线盒盒盖能开启，并与地面齐平，盒盖应具有防灰、防水与抗压功能。
- 从金属线槽至信息插座模块接线盒间或金属线槽与金属钢管之间相连接时的缆线宜采用金属软管敷设。

② 预埋暗管保护要求。

- 预埋在墙体中间的暗管最大管外径不宜超过 50mm，楼板中暗管的最大管外径不宜超过 25mm，室外管道进入建筑物的最大管外径不宜超过 100mm。
- 直线布管每 30m 处应设置过线盒装置。
- 暗管的转弯角度应大于 90°，在路径上每根暗管的转弯角不得多于 2 个，并不应有 S 弯出现，有转弯的管段长度超过 20m 时，应设置管线过线盒装置；有 2 个弯时，不超过 15m 应设置过线盒。
- 暗管管口应光滑，并加有护口保护，管口伸出部位宜为 25～50mm。
- 至楼层电信间暗管的管口应排列有序，便于识别与布放缆线。
- 暗管内应安置牵引线或拉线。
- 金属管明敷时，在距接线盒 300mm 处，弯头处的两端，每隔 3m 处应采用管卡固定。
- 管路转弯的曲半径不应小于所穿入缆线的最小允许弯曲半径，并且不应小于该管外径的 6 倍，如暗管外径大于 50mm 时，不应小于 10 倍。

③ 设置缆线桥架和线槽保护要求。

- 缆线桥架底部应高于地面 2.2m 及以上，顶部距建筑物楼板不宜小于 300mm，与梁及其他障碍物交叉处间的距离不宜小于 50mm。
- 缆线桥架水平敷设时，支撑间距宜为 1.5～3m。垂直敷设时固定在建筑物结构体上的间距宜小于 2m，距地 1.8m 以下部分应加金属盖板保护，或采用金属走线柜包封，门应可开启。

- 直线段缆线桥架每超过 15～30m 或跨越建筑物变形缝时，应设置伸缩补偿装置。
- 金属线槽敷设时，在线槽接头处、每间距 3m 处、离开线槽两端出口 0.5m 处、转弯处应设置支架或吊架。
- 塑料线槽槽底固定点间距宜为 1m。
- 缆线桥架和缆线线槽转弯半径不应小于槽内缆线的最小允许弯曲半径，线槽直角弯处最小弯曲半径不应小于槽内最粗缆线外径的 10 倍。
- 桥架和线槽穿过防火墙体或楼板时，缆线布放完成后应采取防火封堵措施。

④ 网络地板缆线敷设保护要求。

- 线槽之间应沟通；线槽盖板应可开启。
- 主线槽的宽度宜在 200～400mm，支线槽宽度不宜小于 70mm。
- 可开启的线槽盖板与明装插座底盒间应采用金属软管连接。
- 地板块与线槽盖板应抗压、抗冲击和阻燃。
- 当网络地板具有防静电功能时，地板整体应接地。地板块间的金属线槽段与段之间应保持良好导通并接地。

⑤ 在架空活动地板下敷设缆线时，地板内净空应为 150～300mm。若空调采用下送风方式则地板内净高应为 300～500mm。

⑥ 吊顶支撑柱中电力线和综合布线缆线合一布放时，中间应有金属板隔开，间距应符合设计要求。

◎当综合布线缆线与大楼弱电系统缆线采用同一线槽或桥架敷设时，子系统之间应采用金属板隔开，间距应符合设计要求。

◎干线子系统缆线敷设保护方式应符合下列要求。

- 缆线不得布放在电梯或供水、供气、供暖管道竖井中，缆线不应布放在强电竖井中。
- 电信间、设备间、进线间之间干线通道应沟通。

◎建筑群子系统缆线敷设保护方式应符合设计要求。

◎当电缆从建筑物外面进入建筑物时，应选用适配的信号线路浪涌保护器，信号线路浪涌保护器应符合设计要求。

（4）缆线终接

1）缆线端接应符合下列要求。

① 缆线在端接前，必须核对缆线标识内容是否正确。

② 缆线中间不应有接头。

③ 缆线端接处必须牢固、接触良好。

2）对绞电缆端接应符合下列要求。

① 端接时，每对对绞线应保持扭绞状态，扭绞松开长度对于 3 类电缆不应大于 75mm；对于 5 类电缆不应大于 13mm；对于 6 类电缆应尽量保持扭绞状态，减小扭绞松开长度。

② 对绞线与 8 位模块式通用插座相连时，必须按色标和线对顺序进行卡接。两种连接方式均可采用，但在同一布线工程中两种连接方式不应混合使用。

③ 7 类布线系统采用非 RJ-45 方式端接时，连接图应符合相关标准规定。

④ 屏蔽对绞电缆的屏蔽层与连接器件端接处屏蔽罩应通过紧固件可靠接触，缆线屏蔽层应与连接器件屏蔽罩 360° 圆周接触，接触长度不宜小于 10mm。屏蔽层不应用于受力的场合。

⑤ 对不同的屏蔽对绞线或屏蔽电缆，屏蔽层应采用不同的端接方法。应对编织层或金属箔与汇流导线进行有效的端接。

⑥ 每个2口86面板底盒宜终接2条对绞电缆或1根2芯/4芯光缆，不宜兼做过路盒使用。

3）光缆终接与接续应采用下列方式。

① 光纤与连接器件连接可采用尾纤熔接、现场研磨和机械连接方式。

② 光纤与光纤接续可采用熔接和光连接子（机械）连接方式。

4）光缆芯线终接应符合下列要求。

① 采用光纤连接盘对光纤进行连接、保护，在连接盘中光纤的弯曲半径应符合安装工艺要求。

② 光纤熔接处应加以保护和固定；光纤连接盘面板应有标志。

③ 光纤连接损耗值，应符合表16-2中的规定。

表16-2　光纤连接损耗值（dB）

连接类别	多模		单模	
	平均值	最大值	平均值	最大值
熔接	0.15	0.3	0.15	0.3
机械连接		0.3		0.3

5）各类跳线的长度应符合设计要求；各类跳线缆线和连接器件间接触应良好，接线无误，标志齐全；跳线选用类型应符合系统设计要求。

（5）管理系统验收

1）综合布线管理系统宜满足下列要求。

① 管理系统级别的选择应符合设计要求。

② 需要管理的每个组成部分均设置标签，并由唯一的标识符进行表示，标识符与标签的设置应符合设计要求。

③ 管理系统的记录文档应详细完整并汉化，包括每个标识符相关信息、记录、报告、图纸等。

④ 不同级别的管理系统可采用通用电子表格、专用管理软件或电子配线设备等进行维护管理。

2）综合布线管理系统的标识符与标签的设置应符合下列要求。

① 标识符应包括安装场地、缆线终端位置、缆线管道、水平链路、主干缆线、连接器件、接地等类型的专用标识，系统中每一组件应指定一个唯一标识符。

② 电信间、设备间、进线间所设置的配线设备及信息点处均应设置标签。

③ 每根缆线应指定专用标识符，标在缆线的护套上或在距每一端护套300mm内设置标签，缆线的端接点应设置标签标记指定的专用标识符。

④ 接地体和接地导线应指定专用标识符，标签应设置在靠近导线和接地体连接处的明显部位。

⑤ 根据设置的部位不同，可使用粘贴型、插入型或其他类型标签。标签表示内容应清晰，材质应符合工程应用环境要求，具有耐磨、抗恶劣环境、附着力强等性能。

⑥ 端接色标应符合缆线的布放要求，缆线两端端接点的色标颜色应一致。

3）综合布线系统各个组成部分的管理信息记录和报告，应包括如下内容。

① 记录应包括管道、缆线、连接器件及连接位置、接地等内容，各部分记录中应包括相应的标识符、类型、状态、位置等信息。

② 报告应包括管道、安装场地、缆线、接地系统等内容，各部分报告中应包括相应的记录。

4）综合布线系统工程如采用布线工程管理软件和电子配线设备组成的系统进行管理和维护工作，应按专项系统工程进行验收。

（6）工程电气测试

综合布线工程电气测试包括电缆系统电气性能测试及光纤系统性能测试。电缆系统电气性能测试项目应根据布线信道或链路的设计等级和布线系统的类别要求制定。各项测试结果应有详细记录，作为竣工资料的一部分。

（7）竣工总验收

综合布线工程竣工总验收的项目包括竣工技术文件和工程验收评价，即清点交接技术文件和考核工程质量、确认验收结果。

16.4 综合布线工程竣工验收

1. 验收准备

完成综合布线工程施工后，还需要清理现场，保持现场清洁、美观；汇总各种剩余材料，集中放置一处，并登记其还可使用的数量；对墙洞、竖井等交接处进行修补；做好总结材料。包括开工报告、布线工程图、施工过程报告、测试报告、使用报告和工程验收所需的验收报告；做好工程的其他收尾工作，迎接竣工总验收。其他收尾工作主要还包括以下内容。

（1）库房

由工程的销售负责人与库房负责人完成以下工作：

① 清点此工程已交付的货物；

② 把还需交付的货物全部出库；

③ 在用户付清全部款项并通过竣工审核后，撤掉此工程的库房账。

（2）财务

由工程的销售负责人配合财务负责人完成以下工作：

① 清点应收账款，财务应根据库房的工程出库清单，计算应收账款；

② 支付各项费用，包括施工材料、雇工等；

③ 结清所有内部有关此工程的费用，全部报销完毕，还清借款；

④ 收回全部应收账款；

⑤ 在用户付清全部款项，并通过竣工审核后，撤财务账。

（3）整理工程文件袋

工程负责人整理工程文件袋，内容至少包括：

① 合同；

② 历次的设计方案、图纸；

③ 竣工平面图、系统图；

④ 工程中的洽商记录、接货收条、日志；

⑤ 竣工技术文件；

⑥ 工程文件备份，内容包括合同，历次的布线系统设计，工程洽商、日志、给客户的传真等工程实施过程中的文件，工程竣工技术文件，插座、配线架标签；

⑦ 删除计算机内该工程目录中没用的文件，然后把该工程的所有计算机文件备份到文件服务器中。

（4）工程部验收前审核

工程项目负责人做好验收准备后，把项目文件袋和交工技术文件交工程部经理审查。

（5）现场验收

① 查看主机柜、配线架；

② 查看插座；

③ 查看主干线槽；

④ 抽测信息点；

⑤ 验收签字。

（6）综合布线工程竣工审核

由各部门经理对项目组的工作进行审核，宣布工程竣工。

（7）移交竣工文档

2. 验收内容

竣工验收内容及步骤如下。

① 确认各阶段测试检查结果。

② 验收组认为必要的项目的复验。

③ 设备的清点核实。

④ 全部竣工图纸、文档资料审查等。

⑤ 工程评定和签收。

3. 工程竣工技术资料

工程竣工后，施工单位应在工程验收以前，将工程竣工技术资料交给建设单位。综合布线系统工程的竣工技术资料应至少包括以下内容。

① 安装工程量。

② 工程说明。

③ 设备、器材明细表。

④ 竣工图纸。

⑤ 测试记录（宜采用中文表示）。

⑥ 工程变更、检查记录及施工过程中需更改设计或采取相关措施，建设、设计、施工等单位之间的双方洽商记录。

⑦ 随工验收记录。

⑧ 隐蔽工程签证。

⑨ 工程决算。

竣工技术资料应保证质量，做到外观整洁，内容齐全，数据准确，具体要求如下。

① 竣工验收技术文件中的说明和图纸，必须配套并完整无缺，文件外观整洁，文件应有编号，以利登记归档。

② 竣工验收技术文件最少一式三份，如有需要增加份数，可按需要增加份数，以满足各方需要。

③ 文件内容和质量必须做到内容完整、齐全无漏、图纸数据准确无误、文字图表清晰、叙述表达条理清楚，不应有互相矛盾、彼此脱节、图文不清和错误遗漏等现象发生。

④ 技术文件的文字页数和排列顺序及图纸编号等要与目录对应，做到查阅简便,利于查考,文字和图纸应装订成册，取用方便。

综合布线系统工程竣工图纸应包括说明、设计系统图和反映各部分设备安装情况的施工图。竣工图纸应表示以下内容。

① 安装场地和布线管道的位置、尺寸、标识符等。

② 设备间、电信间、进线间等安装场地的平面图或剖面图及信息插座模块安装位置。

③ 缆线布放路径、弯曲半径、孔洞、连接方法及尺寸等。

4. 验收合格判据

综合布线系统工程，应按表 16-1 所列项目、内容进行检验。检测结论作为工程竣工资料的组成部分及工程验收的依据之一。

① 系统工程安装质量检查，各项指标符合设计要求，则被检项目检查结果为合格；被检项目的合格率为 100%，则工程安装质量判为合格。

② 系统性能检测中，对绞电缆布线链路、光纤信道应全部检测，竣工验收需要抽验时，抽样比例不低于 10%，抽样点应包括最远布线点。

③ 系统性能检测单项合格判定。

● 如果一个被测项目的技术参数测试结果不合格，则该项目判为不合格。如果某一被测项目的检测结果与相应规定的差值在仪表准确度范围内，则该被测项目应判为合格。

● 按综合布线工程电气测试指标要求，采用 4 对对绞电缆作为水平电缆或主干电缆，所组成的链路或信道有一项指标测试结果不合格，则该水平链路、信道或主干链路判为不合格。

● 主干布线大对数电缆中按 4 对对绞线对测试，指标有一项不合格，则判为不合格。

● 如果光纤信道测试结果不满足指标要求，则该光纤信道判为不合格。

● 未通过检测的链路、信道的电缆线对或光纤信道可在修复后复检。

④ 竣工检测综合合格判定。

● 对绞电缆布线全部检测时，无法修复的链路、信道或不合格线对数量有一项超过被测总数的 1%，则判为不合格。光缆布线检测时，如果系统中有一条光纤信道无法修复，则判为不合格。

● 对绞电缆布线抽样检测时，被抽样检测点(线对)不合格比例不大于被测总数的 1%，则视为抽样检测通过，不合格点(线对)应予以修复并复检。被抽样检测点(线对)不合格比例如果大于 1%，则视为一次抽样检测未通过，应进行加倍抽样，加倍抽样不合格比例不大于 1%，则视为抽样检测通过。若不合格比例仍大于 1%，则视为抽样检测不通过，应进行全部检测，并按全部检测要求进行判定。

● 全部检测或抽样检测的结论为合格，则竣工检测的最后结论为合格；全部检测的结论为不合格，则竣工检测的最后结论为不合格。

⑤ 综合布线管理系统检测，标签和标识按 10% 抽检，系统软件功能全部检测。检测结果符合设计要求，则判为合格。

思考与练习 16

一、填空题

1. _____是由原信息产业部主编，建设部标准定制所组织中国计划出版社出版发行、并于 2007 年 10 月 1 日实施的综合布线系统工程验收国家标准，适用于新建、扩建、改建的建筑与建筑群的综合布线系统工程的验收。

2. 综合布线工程的验收工作贯穿于整个综合布线工程的施工过程，具体包括_____、_____、_____和_____4 个阶段。

二、选择题

1. 综合布线系统工程的验收内容中验收项目（　　）是环境要求验收内容。

A. 电缆电气性能测试　　B. 隐蔽工程签证　　　C. 外观检查　　　　　　D. 地板铺设

2. 工程竣工后施工单位应提供下列（　　）符合技术规范的综合布线工程竣工技术资料。

A. 工程说明　　　　　B. 测试记录　　　　　C. 设备、材料明细表　　D. 工程决算

三、判断题

1. 综合布线系统工程的验收贯穿了整个施工过程，我们应严格按 GB 50311—2007 规范执行。（　　）

2. 综合布线系统工程的验收标志着综合布线系统工程的结束。（　　）

3. 综合布线系统工程的验收贯穿了整个施工过程。（　　）

4. 布线系统性能检测验收合格，则布线系统验收合格。（　　）

5. 综合布线系统工程的验收是多方人员对工程质量和投资的认定。（　　）

四、简答题

1. 试述综合布线系统管理子系统验收要求。

2. 综合布线系统工程的竣工技术资料有哪些？

3. 综合布线系统工程的检验项目及内容是什么？

4. 综合布线系统工程验收标准及依据是什么？

项目实训 16

一、实训目的

通过实训，了解综合布线工程验收的阶段和各阶段的内容，完成综合布线工程的竣工验收工作，解决在工程验收中遇到的各种问题，培养团队意识和协作精神。

二、实训内容

以××模拟建筑物综合布线工程验收为例，由老师带领监理员、项目经理、布线工程师对工程施工质量进行现场验收，对技术文档进行审核验收。

三、实训过程

1. 现场验收

（1）工作区验收

① 线槽走向、布线是否美观大方，符合规范；

② 信息插座是否按规范进行安装；

③ 信息插座安装是否做到一样高、平、牢固；

④ 信息面板是否都固定牢靠；

⑤ 标志是否齐全。

（2）配线子系统验收

① 管、槽安装是否符合规范要求；

② 槽与槽、槽与槽盖是否接合良好；

③ 托架、吊杆是否安装牢靠；

④ 配线与干线、工作区交接处是否出现裸线，有没有按规范去做；

⑤ 配线槽内的缆线有没有固定；

⑥ 接地是否正确。

（3）干线子系统验收

干线子系统的验收除了类似于配线子系统的验收内容外，要检查楼层与楼层之间的洞口是否封闭，以防火灾出现时成为一个隐患点。缆线是否按间隔要求固定？拐弯缆线是否留有弧度？

（4）管理间、设备间、进线间验收

① 检查机柜安装的位置是否正确；规格、型号、外观是否符合要求；

② 跳线制作是否规范，配线面板的接线是否美观整洁。

（5）缆线布放

① 缆线规格、路由是否正确；

② 缆线的标号是否正确；

③ 缆线拐弯处是否符合规范；

④ 竖井的线槽、缆线固定是否牢靠；

⑤ 是否存在裸线；

⑥ 竖井层与楼层之间是否采取了防火措施。

（6）架空布线

① 架设竖杆位置是否正确；

② 吊线规格、垂度、高度是否符合要求；

③ 卡挂钩的间隔是否符合要求。

（7）管道布线

① 使用管孔、管孔位置是否合适；

② 缆线规格；

③ 缆线走向路由；

④ 防护设施。

（8）电气测试验收

按认证测试要求进行。

2. 技术文档验收

（1）FLUKE 的 UTP 认证测试报告（电子文档即可）；

（2）网络拓扑图；

（3）综合布线系统拓扑图；

（4）信息点分布图；

（5）管线路由图；

（6）机柜布局图及配线架上信息点分布图。

3. 验收审核签字

四、实训总结

通过本实训，能够学会并掌握综合布线工程竣工验收工作。

PART 7

项目七
综合布线工程监理

任务 17　综合布线工程监理

根据国家、地方建设行政管理部门制定的有关工程建设和工程监理的法律、法规等规定，工程施工必须实行工程监理。综合布线工程属于建筑工程中的一个单项工程，应该采取从设计到施工的全程监理方式，严格控制工程质量、工程造价和工程进度，对综合布线工程进行公正客观和全面科学的监督管理，达到合同规定的目标。本任务的目标是了解综合布线工程的监理依据，熟悉监理职责、阶段和工作内容，掌握监理方法，学会编写监理工作文档。

17.1　综合布线工程监理依据

2000 年国家出台了《建设工程监理规范》GB 50319—2000。此后，各相关行业行政主管部门和地方建设主管部门相继制定了工程建设监理制度，规范监理工作。综合布线工程监理的主要依据如下。

① 合同：施工承包合同，器材、设备采购合同，监理合同。

② 设计文件：施工图设计，设计会审纪要。

③ 综合布线系统设计、验收标准：GB 50311—2007，GB 50312—2007。

④ 通信管道、线路技术规范与验收规定（部分参照通信线路规范执行）。

⑤ 国家和行业标准

- 中华人民共和国通信行业标准：YD/T 926.1—2001 大楼通信综合布线系统；
- 中华人民共和国标准：GB 50174—2008《电子信息系统机房设计规范》；
- 中华人民共和国标准：GB 2887—2011《计算机场地通用规范》；
- 中华人民共和国标准：GB 9361—2011《计算机场地安全要求》；
- 中华人民共和国标准：GB 50057—2010《建筑物防雷设计规范》；
- 中华人民共和国标准：GB 9254—2008《信息技术设备的无线电骚扰限值和测量方法》；
- 中华人民共和国建设部标准：JGJ/T16—2008《民用建筑电气设计规范》；
- 中华人民共和国标准：GB 50116—2008《火灾自动报警系统设计规范》；
- 《中华人民共和国合同法》；
- 地方有关工程监理的政策、法规等文件。

17.2　综合布线工程监理职责

综合布线工程监理是指在综合布线项目建设过程中，监理单位接受建设方的委托，对综合布线工程实行全方位、全过程的控制和管理，促使工程建设达到建设方事先预定的目标和要求。综合布线工程监理的主要内容是协助建设方做好需求分析，设备和材料选型，施工单位选择；控制工程质量、进度和投资；管理相关文件；协调各方关系。工程监理对工程质量负有法律规定的责任。

综合布线工程监理的职责是通过设计会审、旁站监督施工、分项验收、竣工验收等过程，对综合布线工程实施质量控制、进度控制、投资控制，并做好合同管理和信息管理，同时协调好相关单位之间的工作关系。

投资控制是指控制综合布线工程建设所需的全部费用，包括设备、材料、工器具购置费、安装工程费和其他费。投资控制体现在前期阶段、设计阶段、建设项目发展阶段和建设实施阶段等不同阶段所发生的变化，将其费用控制在批准的投资限额以内，并随时纠正发生的偏差，以保证投资目标的实现。综合布线投资目标也会随着主体建筑需求的变化相应作出调整，需要分阶段进行修正，其总目标仍然是建立在保证质量和进度的基础上的合理控制额度。

进度控制是指对综合布线工程实施各建设阶段的工作内容、工作程序、持续时间和衔接关系等编制成计划进度流程表，并予以监督实施。在实施过程中经常检查实际进度是否与计划要求相符，对出现的偏差分析原因，采取补救措施或调整、修改原计划，直到工程竣工，交付使用。

质量控制就是通过一系列措施监督施工和验收，保证工程达到工程合同规定的各项要求。质量控制是指按照工程合同、设计文件、技术规范规定等的质量标准要求，核对工程的各个部分和施工的各阶段的质量情况是否符合要求，督促对不合格部分进行整改、返工，直至合格。

17.3　综合布线工程项目监理机构

综合布线的每个工程必须设立项目监理机构，全权代表监理单位对项目实施监理工作，由总监理工程师、总监理工程师代表、专业监理工程师和监理员等组成。监理任务完成后监理机构可以撤销。其行为规范如下。

① 监理机构必须理顺参与工程建设的各单位之间的关系，在授权范围内独立开展工作，科学管理；既要确保建设单位的利益，又要维护施工单位的合法权益。

② 监理机构必须坚持原则，热情服务，采取动态与静态相结合的控制方法，抓好关键点，确保工程顺利完成。

③ 监理机构不得聘用不合格的监理人员承担监理业务。

④ 监理机构必须廉洁自律，严禁行贿受贿。不得让施工单位管吃管住，严禁监理机构、建设单位或施工单位串通、弄虚作假、在工程上使用不符合设计要求的器材和设备，降低工程质量。

⑤ 监理机构应实事求是，不向建设单位隐瞒机构人员的状况，以及可能影响服务质量的因素。

⑥ 监理机构中的监理人员不得经营或参与该工程承包施工、设备材料采购或经营销售业务等有关活动，也不得在政府部门、施工单位、设备供应单位任职或兼职。

1. 总监理工程师

总监理工程师（简称总监）由监理单位任命，是建设单位的代表、准仲裁员，在授权范围内全权负责项目。总监必须持有专业工程师以上资格证、行业监理工程师资格证书和岗位证书，并具有两个以上工程监理经验；有一定的管理知识，具备一定的管理素质和才能；有良好的工作作风和生活作风；有良好的决策能力、组织指挥能力、控制能力、交际沟通能力、谈判能力等。总监的职责如下：

① 组织编制监理规划；

② 组织监理人员进行施工图设计会审；

③ 审批施工组织设计（方案）；

④ 审批施工分包单位资质，开、停（复）工报告，会同业主签发开、停（复）工指令；

⑤ 组织编制工程监理日、周、月报；

⑥ 组织工地监理例会，协调监理实施中相关各方面工作；

⑦ 签署重要工程设计变更、洽商；

⑧ 组织处理工程重大质量事故；

⑨ 审定工程延期和索赔费用、审核工程结算；

⑩ 定期巡视施工现场，并做好巡视记录；

⑪ 组织工程预验，参加竣工验收，签署验收、交接证书；

⑫ 组织编写监理报告、审查竣工结算。

2. 总监代表

总监代表（助理）由总监任命，向总监负责。在总监授权范围内工作，总监离岗期间代理总监工作。

3. 专业监理工程师

专业监理工程师由总监任命，向总监负责。专业监理工程师必须持有行业监理工程师资格证和岗位证书，且具有该专业的工程师以上资格证。热爱本职工作，忠于职守，认真负责，具有对建设单位和工程项目高度的责任感；严格按照工程合同来实施对工程的监理，既要保护建设单位的利益，又要公正地对待施工单位的利益；模范地遵守国家及地方的各种法律、法规和规定，也要求施工单位模范遵守，从而保护建设单位的正当权益；廉洁奉公，不接受所支付酬金外的报酬和任何回扣、提成津贴或其他间接报酬；对了解和掌握的有关建设单位的事业情报资料，必须保守秘密，不得有丝毫的失密行为。其职责如下：

① 参加《施工图设计》会审和《施工组织设计（方案）》的审查，并提出审查意见；

② 组织监理员检验进场器材、设备，进行巡视、旁站，实施工程质量控制；

③ 审查施工单位的质量保证和技术管理体系，并监督其完善和落实；

④ 检查工程关键部位，不合格的及时发《监理通知》，限令施工单位及时整改；

⑤ 搜集掌握工程质量、进度、投资相关情况；

⑥ 组织召开现场监理例会，分析总结质量、进度情况，提出改进意见；

⑦ 审查竣工文件及完工交验报告，组织工程预验；

⑧ 参加竣工验收，负责工程遗留问题的监理；

⑨ 记录监理日记，编写本专业范围内的监理总结。

4. 监理员

监理员人选由总监确定，必须持有行业培训合格证，且具有监理专业的技术员以上资格证；有良好的职业道德和敬业精神；熟悉综合布线工程的基本知识和施工规范，具有一定的施工管理经验和处理实际问题的能力；有较好的工作方法：工作提倡"四勤"和"四自"：腿勤、嘴勤、手勤、脑勤；自信、自尊、自重、自爱。监理员的职责如下：

① 检验进场器材、设备，实施质量控制；

② 进行工程沿线巡视检查，重点部位实行旁站监理；

③ 对隐蔽工程进行随工检查签证；

④ 核实设计变更工作量，会同业主随工代表、施工单位代表及时办理变更手续；

⑤ 对工程施工现场的安全生产、文明施工进行监督、检查；

⑥ 掌握责任段落的工程质量、进度情况，随时向专业监理工程师汇报；

⑦ 发现质量、安全隐患、事故苗头和异常情况要及时提醒施工单位，并向专业监理工程师汇报；

⑧ 坚持记监理日记，及时如实填报原始记录。

5. 资料员

资料员必须具有计算机操作能力，懂得计算机管理监理工作的基本知识。

17.4 综合布线工程监理阶段及工作内容

综合布线工程监理工作的内容很多，主要分为 3 个阶段，即工程设计阶段、施工阶段和竣工验收阶段。

17.4.1 工程设计阶段的监理

设计招标是综合布线工程的首要环节，能否选择好设计单位，将直接影响到整个综合布线系统的后续工作。建设单位在草拟招标文件时，就应该在设计资质、设计业绩、服务质量等几个方面对投标单位提出要求。在发标前，应对设计单位多做一些了解和调研。设计开标后，对投标文件进行评议，审查投标单位提交的设计方案。按照以下内容评议：制定方案设计的依据；技术方案是否完整，是否符合规范标准要求；主要性能指标是否满足要求；设备选型是否合理可行；系统及功能是否满足要求；报价是否合理并符合要求。最终根据选定的方案确定设计单位。

方案选定后，签订设计合同书，并严格监督管理合同的实施情况。在设计合同实施阶段，工程监理依据设计任务批准书，编制设计资金使用计划、设计进度计划、设计质量标准要求，与设计单位协商，达成一致意见，贯彻建设单位的意图。对设计工作进行跟踪检查、阶段性审查。设计完成后，要对设计文件进行全面审查，主要内容有：

① 设计文件的完整性、标准是否符合规范规定要求、技术的先进性、科学性、安全性、施工的可行性；

② 设计概算及施工图预算的合理性以及建设单位投资能力的许可性；

③ 全面审查设计合同的执行情况，核定设计费用。

在设计之前确定项目投资目标，设计阶段开始对投资进行宏观控制，持续到工程项目的正式动工。设计阶段的投资控制实施的是否有效，将对项目产生重大影响。同时，设计质量将直接影响整个项目的安全可靠性、实用性，同时对项目的进度、质量产生一定的影响。

17.4.2 工程施工阶段的监理

进行工程施工招标，编制综合布线工程项目施工招标文件。标书编制好以后，由建设单位组织招标、投标、开标、评标等活动，实际情况很多设计单位同时也是施工单位。

中标单位选定并签订施工合同后，建设单位制定总体施工规划，查看工程项目现场，向施工单位办理移交手续，审查施工单位的施工组织设计和施工技术方案，确定开工日期，下达开工令。

综合布线工程施工阶段监理，应该以现场旁站方式为主，及时现场检查所用设备材料质量和安装质量，尤其是隐蔽工程质量，记录当日工作量，严格控制变更内容，定期组织现场协调会。

17.4.3 工程竣工验收阶段的监理

在完成所有进货检验、过程检验、系统测试，且结果满足设计及规范规定的要求后，才可进行最终的工程施工验收。

验收的项目和内容依照验收规范编制。

验收方法：由施丁单位填写验收申请表申请验收；建设单位、施工单位、监理单位共同进行竣工验收。验收如发现不合格项，应由建设单位、施工单位、监理协商查明原因，分清责任，提出解决办法，并责成责任单位限期解决。

施工中遗留问题的处理，由于各种原因，遗留一些零星项目暂不能完成的要妥善处理，但不能影响办理整体验收手续，应按内容及工程量留足资金，限期完成。

综合布线工程竣工后，在全面自检基础上，施工单位应在竣工验收前，将全套文件、资料按规定的份数交给建设单位。竣工资料必须做到内容齐全、数据准确、保证质量、外观整洁。竣工资料包括：工程竣工文件、施工图纸、工程结算文件、设备技术说明书、工程变更记录、随工验收记录、工程洽谈记录、系统测试记录、隐蔽工程签证、随工验收记录、安装工程量表、设备器材明细表等。

综合布线工程监理必须依据综合布线工程建设的行政法规和技术标准，综合运用法律、经济、行政、技术标准和有关政策，约束建设行为的随意性和盲目性，对综合布线工程建设项目的投资、质量、进度目标进行有效的控制，达到维护建设单位和施工单位双方的合法权益，实现合同签订的要求及建设项目最佳综合效益的目的。

17.5 综合布线工程监理施工阶段的质量控制

17.5.1 一般要求

① 监理工程师应审查施工单位的资质，审查通过后方可进场施工。

② 监理工程师应复查施工单位的质量保证体系，把可能影响工序质量的因素纳入受控状态。

③ 监理工程师应对重要工序（包括隐蔽作业）进行旁站监理，并按照有关质量标准进行验收，合格后方可允许施工单位进行下道工序施工。

④ 监理工程师应检查用于本工程的主要设备器材的各种检验证明材料是否齐全，是否与设计文件相符，缆线是否与设计文件相一致。

⑤ 监理工程师应严格审查并审批施工单位提交的设计变更图纸和洽商。

⑥ 监理工程师应依法进行质量监督，对于在施工中出现的质量问题，应签发监理通知单，令其限期整改；问题严重者，应在征得建设单位同意的基础上签发工程停工通知单，并组织相关单位研究整改措施；对于工程质量事故的处理，应按国家有关规定和建设单位与施工单位签订的施工承包合同有关条款办理。

⑦ 所有现场进行质量验收的分项工程都必须先由施工单位进行自检合格的基础上，填写报验材料，请监理工程师进行审核，并进行抽查，重要部位进行全数复查。

17.5.2 质量控制要点

工程质量包括施工质量和系统工程质量，工程质量控制可通过施工质量控制和系统工程检测验收来实现。必须遵照《建筑与建筑群综合布线工程验收规范》GB 50312—2007 执行，确保工程质量。其监理要点如下。

（1）施工前质量控制要点

① 协助审核确定合格分承包方；

② 明确设备器材的分类；

③ 明确设备器材进货检验规程；

④ 明确本工程所用的缆线以及连接硬件的规格、参数、质量，核查器材检验记录；

⑤ 本工程所用的缆线型号是否符合设计合同的要求，缆线识别标志、出厂合格证是否齐全；组织进行电缆电气性能抽样测试，做好记录，严禁不合格产品进入现场；

⑥ 明确施工单位的质量保证体系和安全保证体系；

⑦ 审查施工单位提交的细部施工图。

（2）在缆线布放前的监理要点

① 各种型材、管材和铁件的材质、规格、型号是否符合设计要求，其表面是否完好；

② 各种线槽、管道、孔洞的位置、数量、尺寸是否与设计文件一致；抽查各种管道口的处理情况是否符合设计要求，引线、拉线是否到位；信息插座附近是否有电源插座，距地高度是否协调一致；

③ 各种电缆桥架的安装高度、距顶棚或其他障碍物的距离是否符合规范要求；线槽在吊顶安装时，开启面的净空距离是否符合规范要求；

④ 各种地面线槽交叉、转弯处的拉线盒，以及因线槽长度太长而安装的拉线盒与地面是否平齐，是否采取防水措施；各种预埋暗管的转弯角度及其个数和暗盒的设置情况；暗管转弯的曲率半径是否满足施工规范要求；暗管管口是否有绝缘套管，是否进行了封堵保护，管口伸出部位的长度是否满足要求；

⑤ 当桥架或线槽水平敷设时，支撑间距是否符合规范要求，垂直敷设时其固定在建筑物上的间距是否符合规范要求；当利用公用立柱布放缆线时，检查支撑点是否牢固。

（3）缆线敷设时的监理要点

① 各种缆线布放是否自然平直，是否产生扭绞、打圈等现象；路由、位置是否与设计相一致；抽查缆线起始、终端位置的标签是否齐全、清晰、正确；

② 电源线、信号电缆、对绞电缆、光缆以及建筑物其他布线系统的缆线分离情况，其最小间距是否满足规范要求；

③ 缆线在电信间、设备间、进线间、工作区的预留长度是否满足设计和规范要求，光缆在设备端的预留长度是否满足要求；大对数电缆、光缆的弯曲半径是否满足规范要求，在施工过程中其弯曲半径是否满足要求；

④ 缆线布放过程中，吊挂缆线的支点、牵引端头是否符合要求；水平线槽布放时，线在进出线槽部位、转弯处是否绑扎固定；垂直线槽布放时，缆线固定间隔是否满足规范要求；线槽、吊顶支撑柱布线时，缆线的分束绑扎情况及线槽占空比是否满足规范要求。在钢管、线槽布线时，严禁缆线出现中间接头。

（4）设备安装的监理要点

① 机柜、机架底座位置与成端电缆上线孔是否对应，如偏差较大，通知施工单位进行矫正，检查跳线是否平直、整齐；机柜直列上下两端的垂直度，如偏差超过 3mm，通知施工单位进行

矫正；检查机柜、机架的底座水平度，达到 2mm，也应通知施工单位进行矫正；检查机柜的各种标志是否齐全、完整；

② 总配线架是否按照设计规范要求进行抗震加固；其防雷接地装置是否符合设计或规范要求，电气连接是否良好。

（5）缆线终接的监理要点

① 缆线中间不允许有接头、缆线标签和颜色是否相对应，检查无误后，方可按顺序终接；

② 检查缆线终接是否符合设备厂家和设计要求；终接处是否卡接牢固、接触良好；电缆与插接件的连接是否匹配，严禁出现颠倒和错接。

（6）对绞电缆终接的监理要点

① 对绞电缆终接时，应抽查电缆的扭绞长度是否满足施工规范的要求；剥除电缆护套后，抽查电缆绝缘层是否损坏。认准线号、线位色标、不得颠倒和错接；

② 对绞电缆与信息插座的模块化插孔连接时，检查色标和线对卡接顺序是否正确；对绞电缆与信息插座的卡接端子连接时，检查卡接的顺序是否正确（先近后远、先下后上）；对绞电缆与接线模块（1DC、RJ-45）卡接时，检查卡接方法是否满足设计和厂家要求；

③ 屏蔽电缆的屏蔽层与插接件终端处屏蔽罩是否可靠接触，接触面和接触长度是否符合施工要求。

（7）光缆芯线终接的监理要点

① 光纤连接盒中，光纤的弯曲半径至少应为其外径的 15 倍；光纤连接盒的标志应清楚、安装应牢固；

② 光纤熔接或机械接续完毕，熔接或接续处是否牢固，是否采取保护措施；光纤的接续损耗测试是否满足规范要求，必要时应抽查；

③ 光跳线的活动连接器是否干净、整洁，适配器插入位置是否与设计要求相一致。

（8）系统测试的监理要点

① 测试用的仪表是否具有计量合格证、验证有效性，否则不得在工程测试中使用；测试仪表功能范围及精度应符合规范规定，满足施工及验收要求；

② 测试仪表应能存储测试数据并可输出测试信息；

③ 测试前，复查设备间的温度、湿度和电源电压是否符合要求；

④ 系统安装完成后，施工单位应进行全面自检，监理人员抽查部分重要环节；

⑤ 测试发现不合格，要查明原因，及时整改，直至符合设计和规范要求；

⑥ 测试记录应真实，打印清晰，整理归档；

⑦ 电缆敷设完毕，除进行导通测试感官检验外，还应进行综合性校验测试，其现场测试的参数按标准和设计文件执行；测试完毕，如实填写系统综合性校验测试记录表。

17.6　综合布线工程监理的进度控制

施工阶段工程进度控制的主要内容包括：

① 建立工程监理日志制度，详细记录每日完成的工程量；

② 督促施工单位及时提交施工进度周、月报表，并在审查认定后写出监理周、月报；

③ 定期召开例会和工程进度会，对进度问题提出监理意见，协调处理影响进度的问题。

17.6.1　一般要求

① 监理工程师应认真审核施工单位编制的工程进度计划，对施工组织及施工方法进行确

认，并核查施工单位人力及设备情况，同时应对施工中可能出现的问题进行预测；在施工过程中，监理工程师通过采取必要的监理措施，控制工期总目标，力求合同工期的实现。

② 监理工程师应要求施工单位在开工前提交总进度计划、现金流动计划及其他详细计划和工程变更。

③ 监理工程师应要求施工单位提交根据总体施工进度计划编制的周、月、季度的进度计划；监理工程师应要求施工单位在编制工程进度计划时必须贯彻合同条件及技术规范，真实、可靠并符合实际，清楚、明了并便于管理，表达施工中的全部活动及其他的相关联系，反映施工组织及施工方法，充分使用人力和设备，预料可能的施工障碍及变化。

④ 审批施工单位在开工前提交的施工进度计划、现金流动计划和施工说明以及在施工阶段提交的各种详细计划和变更计划，其中包括施工单位根据总体施工进度计划编制的周、月进度计划、季度计划、年度计划。监理工程师应采取必要的监理措施，控制建筑与建筑群综合布线工程工期，满足工期总目标的要求，保证合同工期的实现。

⑤ 在施工过程中检查和监督计划的实施，对出现的偏差分析原因，采取补救措施或调整原计划，直至工程竣工交付使用。

⑥ 定期向建设单位报告工程进度情况。

17.6.2　进度的事前控制

① 审核施工单位提交的施工组织设计及施工技术方案、施工现场平面图并协助建设单位编制项目实施总进度计划。

② 审核施工单位提交的施工进度计划，主要审核是否符合总工期控制目标的要求，审核施工进度计划与施工方案的协调性和合理性等。

③ 审查关于材料、设备的需用量和供应时间参数及编制的有关材料、设备部分的采购计划。

17.6.3　进度的事中控制

进度的事中控制，一方面是进行进度检查、动态控制和调整；另一方面，及时进行工程计量，为向施工单位支付进度款提供进度方面的依据。

① 建立反映工程进度的监理日志逐日如实记载每日形象部位及完成的实物工程量。同时，如实记载影响工程进度的内、外、人为和自然的各种因素。暴雨、大风、现场停水、现场停电等应注明起止时间（小时、分）。

② 工程进度的检查，审核施工单位每月提交的工程进度报告。审核的要点是：

● 计划进度与实际进度的差异；

● 形象进度、实物工程量与工作量指标完成情况的一致性。

③ 按合同要求，及时进行工程计量验收。

④ 有关进度、计量方面的签证。进度、计量方面的签证是支付工程进度款、计算索赔、延长工期的重要依据。

⑤ 工程进度的动态管理。实际进度与计划进度发生差异时，应分析产生的原因，提出进度调整的措施和方案，并相应调整施工进度计划及设计、材料设备、资金等进度计划；必要时调整工时目标。

⑥ 为工程进度款的支付签署进度、计量方面的认证意见。

⑦ 组织现场协调会。现场协调会功能有：

● 协调综合布线施工单位不能解决的各方关系问题；

● 对上次协调会结论执行结果进行检查，以及下一阶段工作安排，对影响工程进度的设备材料要及时督促采购部门订货；

- 总图管理上的问题；
- 材料质量与供应情况；
- 现场有关进度方面重大的问题；现场协调会应印发会议纪要。

⑧ 定期向总监理工程师、建设单位报告有关工程进度情况。

17.6.4 进度的事后控制

当实际进度与计划进度发生差异时，在分析原因的基础上采取以下措施。

① 制定保证工期不突破的对策措施。

- 技术措施：如缩短工艺时间、减少技术间歇时间、实行平行流水立体交叉作业等；
- 组织措施：如增加作业队伍、增加工作人数、增加工作班次以及增加施工设备等；
- 经济措施：如实行包干奖金、提高计件单价、提高奖金水平等；
- 其他配套措施：如改善外部配合条件、改善劳动条件、实施强有力的调度等。

② 制定工期突破后的补救措施。

③ 调整相应的施工计划、材料设备、资金供应计划等，在新的条件下组织新的协调和平衡。

17.7 综合布线工程监理的投资控制

工程造价控制的主要内容包括：

① 严格控制设计变更，减少不必要的投资；

② 按实际情况核准设备、材料的用量，杜绝虚报、假报的情况发生；

③ 按施工承包合同规定的工程付款办法审核工程量，并签发付款凭证（包括工程进度款、设计变更及洽商款、索赔款等），然后报建设单位。

17.7.1 投资控制的原则

① 投资控制的主要依据。

- 建设工程施工合同；
- 工程进度计划；
- 国家现行法规和政策。

② 按合同规定，现场计量核实合同工程量清单规定的所有已完工程的数量和价值。

③ 按合同规定审查、签发中期支付证书及合同中止后应支付款项的支付证书。对不符合合同要求的工程项目和施工活动，有权暂拒支付，直到上述项目和施工活动达到要求。

④ 施工合同文件规定，对合同执行期间由于国家或省（自治区、直辖市）颁布的法律、法令、法规等致使工程费用发生的增减和人工、材料或影响工程费用的其他事项价格的涨落而引起的工程费用的变化，监理工程师在与建设单位和施工单位协商后，计算确定新的合同价格或调整幅度，予以签认。

17.7.2 工程量清单与工程款支付

1. 工程量清单及工程量清单说明

监理工程师必须熟悉技术规范、工程量清单及工程量清单说明的内容，掌握工程具体项目的工作范围和内容、计量方式和方法。

（1）工程量清单数量

计量时应以实际完成并经监理工程师确认的数量为准。

（2）工程量清单单价说明

监理工程师应要求施工单位按照合同规定的内容与时间，报送单价的来源及其构成。

（3）工程量清单的变动

按合同规定办理工程变更时，应对工程量清单按下列方式进行相应的修改和补充：

① 变更工程数量，清单细目内容及单价不变；

② 工程性质变更引起单价变化，原清单细目内容及数量不变；

③ 清单细目内容、单价、数量全部变更（包括项目整个被取消）；

④ 新增工程，即清单细目、单价、数量全部是增列的。

2. 工程款支付

（1）前期支付

① 预付款。监理工程师收到并确认施工单位与建设单位签订的合同协议、履约保函及预付款保函之后，应按照合同规定，签发预付款金额的支付证明。

对预付款按合同规定的方法予以扣回。

② 履约保函。监理工程师收到并确认施工单位提供的履约保函后，应按合同规定签发相当履约保函一定百分比金额的支付证明。

③ 保险。监理工程师必须根据合同规定的保险范围审验施工单位的各项保险证明，并按照合同规定，签发相当保险额一定百分比金额的支付证明。

监理工程师应及时从支付证明中，扣除建设单位代替施工单位办理保险所支付的费用。

（2）中期支付

① 工程款。监理工程师必须对工程量审核无误后签发工程款支付证明。

② 材料设备预付款。监理工程师必须在下列要求满足后，签发支付材料设备的预付款证明。

- 材料设备将被用于永久性工程；
- 材料设备已运抵工地现场或监理工程师认可的施工单位的生产场地；
- 材料设备的质量和存放均满足合同要求；
- 施工单位向监理工程师提交材料设备的订货单或收据。

监理工程师签发材料设备预付款支付证明，不是对该材料设备的质量批准。

③ 监理工程师签发材料设备预付款支付证明时，应注意：

- 累计支付材料设备预付款的金额不应超过合同剩余工作量；
- 累计支付材料设备预付款的材料设备数量，不应超过工程所需的实际总数量；
- 预付款材料设备的品种应与工程计划进度相符合；
- 已支付材料设备预付款的材料设备，所有权归建设单位。

材料用于永久性工程后，监理工程师必须通过《中期支付证书》将材料设备预付款予以扣回。

（3）工程变更

监理工程师签发变更工程支付证明，必须以工程变更令其修改的工程量清单为依据。

（4）价格调整

① 监理工程师必须根据合同规定的价格调整方式，通过《中期支付证书》办理因价格调整引起的费用支付。

② 如果合同没有规定具体的调整方法，监理工程师应与建设单位、施工单位协商后，决定进行价格调整的具体方法。

（5）对指定分包人支付

① 监理工程师应通过施工单位对指定分包人进行支付。

② 监理工程师可要求施工单位出示指定分包人得到施工单位付款的证明。

③ 施工单位无正当理由拒绝向指定分包人付款，监理工程师必须帮助建设单位从《中期支付证书》中扣留指定分包人应得到的款项，直接向指定分包人支付。

（6）工程交工支付

监理工程师收到施工单位交工财务报告后，应完成对其报告中下列内容的审查，确认后向建设单位签发《中期支付证书》。

① 按照合同规定日期完成的全部工程的最终价值；

② 建设单位还应支付的任何追加款项；

③ 按照合同应付给施工单位的估算总额。

17.7.3 投资的事前控制

投资事前控制的目的是进行工程风险预测，并提前采取相应的防范性措施。

① 进度拨款支付依据是经有关部门审定的施工预算。

② 熟悉设计图纸、设计要求、标底标书、分析合同价构成因素，明确工程费用最易突破的部分和环节，从而明确投资控制的重点。

③ 预测工程风险及可能发生索赔的诱因，制定防范措施。

④ 按合同要求，建设单位要及时向施工单位提供设计图纸及技术资料。

⑤ 按合同规定的条件，建设单位要如期提交工程施工现场，使施工单位能如期开工、正常施工、连续施工。

⑥ 按合同要求，建设单位应如期、保质、保量地供应由其负责采购的材料、设备到现场。

17.7.4 投资的事中控制

① 按合同规定，及时答复施工单位提出的问题及配合要求。

② 工程变更、设计修改要慎重，事前应进行技术经济合理性预分析。

③ 严格经费签证，凡涉及经济费用支出的停窝工签证、用工签证、使用机械签证、材料代用和材料调价等的签证，由项目总监理工程师最后核签后方有效。

④ 按合同规定，及时对已完工程量进行验证。

⑤ 按合同规定，及时签署支付进度款凭证。

⑥ 完善价格信息收集制度，及时掌握国家调价的范围和幅度。

⑦ 监理单位应检查、监督施工单位执行合同情况。

⑧ 定期向建设单位、总监理工程师报告工程投资动态情况。

⑨ 定期、不定期地进行工程费用分析，要制定工程费用突破后的补救方案和措施。

⑩ 要求施工单位在当月 25 日前申报月完成工程量申报表，监理工程师只签认经检验认可合格的项目的工程量；不合格分项及未经签认的分项工程，工程量不予签认。

17.7.5 投资的事后控制

① 审核施工单位提交的工程竣工结算文件。

② 公正地处理施工单位提出的索赔。

17.8 综合布线工程监理的合同管理和信息管理

17.8.1 施工阶段的合同管理

① 监理工程师应协助建设单位确定建筑与建筑群综合布线工程项目的合同结构，并起草合同条款，参与合同谈判。

② 监理工程师应收集好建设单位与第三方签订的与本工程有关的所有合同的副本或复印件。

③ 监理工程师必须熟练掌握与本工程有关的各种合同内容,严格按照合同要求进行工程监理,并且对各类合同进行跟踪管理,维护建设单位和施工单位的合法权益。

④ 监理工程师应协助建设单位签订与工程相关的后续合同,并协助建设单位办理相关手续。

⑤ 监理工程师应协助建设单位处理与本工程项目有关的费用索赔、争端与仲裁,违约及保险等事宜。

17.8.2 工程竣工及交付

① 建筑与建筑群综合布线工程完工后,施工单位应填写验收申请表,由建设单位、设计单位、施工单位、监理单位联合验收。

② 验收过程中发现不合格项目,四方应查明原因,分清责任,提出解决办法,并责成责任单位限期整改。

③ 建筑与建筑群综合布线工程的竣工文件,要求整洁、齐全、完整、准确,在工程竣工验收前提交建设单位。

④ 工程监理档案。综合布线工程监理档案的主要内容包括:

a. 委托监理合同;

b. 监理规划;

c. 监理实施细则;

d. 监理工程师通知单;

e. 监理日志;

f. 监理月报;

g. 各种会议纪要;

h. 审核签认文件(包括施工单位报来的施工组织设计等各种文件和报表);

i. 材料、工程报验文件;

j. 工程款支付证书;

k. 工程验收资料;

l. 质量事故调查及处理报告;

m. 监理工作联系单;

n. 竣工结算审核意见书;

o. 监理工作总结;

p. 建设单位要求提交的其他资料。

⑤ 监理工程师在对建筑与建筑群综合布线工程颁发工程移交证书后,将整套监理文件向建设单位进行移交。

17.9 监理大纲、监理规划和监理细则

监理大纲、监理规划和监理实施细则都是构成建设工程监理工作文件的组成部分,它们之间既联系紧密,又有区别。监理大纲是轮廓性文件,是编制监理规划的依据。监理规划是指导监理开展具体监理工作的纲领性文件。监理实施细则是操作性文件,要依据监理规划来编制的。也就是说从监理大纲到监理规划再到监理实施细则,是逐步细化的,它们

的区别如下。

- 监理大纲在投标阶段根据监理招标文件编制，目的是承揽监理工程。监理规划是在签订监理委托合同后在总监的主持下编制，是针对具体的工程指导监理工作的纲领性文件。目的在于指导监理部开展日常工作。
- 监理实施细则是在监理规划编制完成后依据监理规划由专业监理工程师针对具体专业编制的操作性业务文件。目的在于指导具体的监理业务。

不是所有的工程都需要编制这 3 个文件。对于不同的工程，依据工程的复杂程度等，可以只编写监理大纲和监理规划或监理大纲和监理细则。

17.9.1　建设工程监理大纲

监理大纲又称监理方案，它是监理单位在业主开始委托监理的过程中，特别是在业主进行监理招标过程中，为承揽到监理业务而编写的监理方案性文件。

监理单位编制监理大纲有以下两个作用：一是使业主认可监理大纲中的监理方案，从而承揽到监理业务；二是为项目监理机构今后开展监理工作制定基本的方案。为使监理大纲的内容和监理实施过程紧密结合，监理大纲的编制人员应当是监理单位经营部门或技术管理部门人员，也应包括拟定的总监理工程师。总监理工程师参与编制监理大纲有利于监理规划的编制。监理大纲的内容应当根据业主所发布的监理招标文件的要求来制定，一般来说，应该包括以下内容。

（1）拟派往项目监理机构的监理人员情况介绍

在监理大纲中，监理单位需要介绍拟派往所承揽或投标工程的项目监理机构的主要监理人员，并对他们的资格情况进行说明。其中，应该重点介绍拟派往投标工程的项目总监理工程师的情况，这往往决定承揽监理业务的成败。

（2）拟采用的监理方案

监理单位应当根据业主所提供的工程信息，并结合自己为投标所初步掌握的工程资料，制定出拟采用的监理方案。监理方案的具体内容包括：项目监理机构的组织方案、建设工程三大目标的具体控制方案、工程建设各种合同的管理方案、项目监理机构在监理过程中进行组织协调的方案等。

（3）提供给业主的监理阶段性文件

在监理大纲中，监理单位还应该明确未来工程监理工作中向业主提供的反映监理阶段性成果的监理文件，这将有助于满足业主掌握工程建设过程的需要，有利于监理单位顺利承揽该建设工程的监理业务。

17.9.2　建设工程监理规划

监理规划是监理单位接受业主委托并签订委托监理合同之后，在项目总监理工程师的主持下，根据委托监理合同，在监理大纲的基础上，结合工程的具体情况，广泛收集工程信息和资料的情况下制定、经监理单位技术负责人批准，用来指导项目监理机构全面开展监理工作的指导性文件。

从内容范围上讲，监理大纲与监理规划都是围绕着整个项目监理机构所开展的监理工作来编写的，但监理规划的内容要比监理大纲更翔实、更全面。

1. 建设工程监理规划的编写要点

① 监理规划的编制应针对项目的实际情况，明确项目监理机构的工作目标，确定具体的监理工作制度、程序、方法和措施，并应具有可操作性。

② 监理规划编制的程序与依据应符合下列规定：

● 监理规划应在签订委托监理合同及收到设计文件后开始编制，完成后必须经监理单位技术负责人审核批准，并应在召开第一次工地会议前报送建设单位；

● 监理规划应由总监理工程师主持，专业监理工程师参加编制；

● 编制监理规划应依据：

a.建设工程的相关法律、法规及项目审批文件；

b.与建设工程项目有关的标准、设计文件、技术资料；

c.监理大纲、委托监理合同文件以及与建设工程项目相关的合同文件。

③ 在监理工作实施过程中，如实际情况或条件发生重大变化而需要调整监理规划时，应由总监理工程师组织专业监理工程师研究修改，按原报审程序经过批准后报建设单位。

2. 建设工程监理规划的作用

① 指导监理单位项目监理机构全面开展监理工作。建设工程监理的中心任务是协助实现项目总目标，而监理规划是实现项目总目标的前提和依据，是实施监理活动的行动纲领。

它明确规定，项目监理机构在工程监理实施过程中，应当做哪些工作？采用什么方法和手段来完成各项工作？由谁来做这些工作？在什么时间和地点来做这些工作？如何做好这些工作？对监理活动做出全面、系统的安排。项目监理机构只有依据监理规划，才能做到全面、有序、规范地开展监理工作。

② 监理规划是工程监理主管部门对监理单位实施监督管理的重要依据。建设工程监理主管部门对所有社会监理单位及其监理活动实施监督、管理和指导。这些监督管理工作主要包括两个方面：一是一般性的资质管理，即对其管理水平、人员素质、专业配套和监理业绩等进行核查和考评，以确定它的资质和资质等级；二是通过监理单位的实际工作来认定它的水平，而监理单位的实际水平和规范化程度，可从监理规划和它的实施中充分地表现出来。因此，建设工程监理主管部门对监理单位进行考核时十分重视对监理规划的检查，并把它作为对监理单位实施监督管理的重要依据。

③ 监理规划是建设单位确认监理单位是否全面认真履行建设工程监理委托合同的重要依据。监理规划也是监理单位是否全面履行监理合同的主要说明性文件，它全面地体现监理单位如何落实建设单位所委托的各项监理工作，是建设单位了解、确认和监督监理单位履行合同的重要资料。

④ 监理规划是监理单位重要的存档资料。项目监理规划的内容随着工程的进展而逐步调整和完善，它在一定程度上真实地反映了项目监理的全貌，是监理过程的综合性记录。因此，监理单位、建设单位都应把它作为重要的存档资料。

3. 建设工程监理规划编写的要求

① 监理规划的基本内容应当力求统一。监理规划是指导监理机构全面开展监理工作的指导性文件，应由项目总监理工程师主持编写，在总体内容组成上应力求做到统一。监理规划应符合建设工程监理的基本内容，能指导项目监理机构全面开展监理工作，根据监理委托合同所确定的监理内容、范围和深度加以选择并满足监理合同的各方面要求。

归纳起来，监理规划的基本内容一般应由工程项目说明、三方义务说明、目标规划、目标控制、组织协调、合同管理、信息管理等部分组成。

② 监理规划的内容应具有针对性和可操作性。监理规划是指导一个特定工程项目监理工作的技术组织文件，它的具体内容要适应于这个工程项目，同时又要符合特定的监理委托合同的要求。针对某项建设工程的监理规划，有它自己的投资、进度、质量控制目标，有它的项目组

织形式和相应的监理组织机构，有它的信息管理制度和合同管理措施，有它自己独特的目标控制措施、方法和手段。所以，监理规划的内容应具有针对性和可操作性，才能真正起到指导监理工作的作用。

③ 监理规划的表达方式应当标准化、格式化、规范化，这是科学管理的标志之一。监理规划的内容表达应当明确、简洁、直观，使它便于记忆。比较而言，图、表和简洁的文字说明应当是其基本方式。对编写监理规划各项内容应当采用什么表格、图示，以及哪些内容需要采用简单的文字说明等，应当做出一般规定，以满足监理规划格式化、标准化的要求。

④ 监理规划应分阶段编写、不断修改、补充和完善。监理规划是针对一个具体工程来编写的，监理规划的内容与工程进展密切相关，而工程的动态性很强，因此整个监理规划的编写需要有一个过程，可以将编写的整个过程划分为若干个阶段，每个编写阶段都与工程实施阶段相对应。同时，工程项目在实施过程中，内部和外部环境条件不可避免地要发生变化，这就需要对监理规划进行相应的补充、修改和完善，使建设工程监理工作能始终在监理规划的有效指导下进行。

⑤ 监理规划的审核。监理规划在编写完成后需要经监理单位的技术主管部门审核批准，其负责人应当签字认可。同时，还应当提交给建设单位，由建设单位确认，并监督实施。

监理规划不需要施工单位的确认，但在编写过程中还应听取被监理方的意见，集思广益，对监理规划的编制和实施有很多好处。

4. 建设工程监理规划的主要内容

① 工程项目概况。它包括工程项目名称、地点、组成、总投资、工期、总体质量要求以及工程项目结构和编码等。

② 监理工作范围。

③ 监理工作内容。它包括立项阶段、设计阶段、招标投标阶段、施工阶段、保修阶段的目标控制、合同管理、组织协调工作以及其他委托服务工作。

④ 监理工作目标。它包括目标控制、合同管理、信息管理和组织协调。

⑤ 监理工作依据。

⑥ 项目监理机构的组织形式。

⑦ 项目监理机构的人员配备计划。

⑧ 项目监理机构的人员岗位职责。

⑨ 监理工作程序。

⑩ 监理工作方法及措施。

⑪ 监理工作制度。

⑫ 监理设施。

在监理工作实施过程中，如实际情况或条件发生重大变化而需要调整监理规划时，应由总监理工程师组织专业监理工程师研究修改，按原报审程序经过批准后报建设单位。

17.9.3 建设工程监理实施细则

监理实施细则又简称监理细则，其与监理规划的关系可以比作施工图设计与初步设计的关系。也就是说，监理实施细则是在监理规划的基础上，由项目监理机构的专业监理工程师针对建设工程中某一专业或某一方面监理工作编写的，并经总监理工程师批准实施的操作性文件。

监理实施细则的作用是指导本专业或本子项目具体监理业务的开展。

17.10 综合布线工程监理的方法

《建设工程质量管理条例》第三十八条规定："监理工程师应当按照工程监理规范的要求采取旁站、巡视和平行检验等形式，对建设工程实施监理。"

1. 旁站和巡视

（1）旁站

旁站是指在关键部位或关键工序的施工过程中监理人员在施工现场所采取的监督活动。它的要素有：

① 旁站是针对关键部位或关键工序，是为保证这些关键工序或操作符合相应规范的要求所进行的；

② 旁站是监理人员在施工现场进行的；

③ 旁站是一个监督活动，并且一般情况下是间断的，视情况的需要也可以是连续的，可以通过目视、也可以通过仪器进行。

（2）巡视

巡视相对于旁站而言，是对于一般的施工工序或施工操作所进行的一种监督检查的手段。项目监理机构为了了解施工现场的具体情况（包括施工的部位、工种、操作机械、质量等情况）需要每天巡视施工现场。

2. 见证和平行检验

（1）见证

见证也是监理人员现场监理工作的一种方式，是指施工单位实施某一工序或进行某项工作时，应在监理人员的现场监督之下进行。见证的适用范围主要是质量的检查工作、工序验收、工程计量以及有关按合同实施人工工日、施工机械台班计量等。例如，监理人员在施工单位对工程材料的取样送检过程中进行的见证取样；又如，通信建设监理人员对施工单位在通信设备加电过程中所作的对加电试验过程的记录。

对于见证工作，项目监理机构应在项目的监理规划中确定见证工作的内容和项目并通知施工单位。施工单位在实施需要见证的工作时，应主动通知项目监理机构有关需见证的施工内容、施工时间和地点。

（2）平行检验

平行检验是项目监理机构独立于施工单位之外对一些重要的检验或试验项目所进行的检验或试验，是监理机构独立运用自有的试验设备或委托具有试验资质的实验室来完成的。

思考与练习 17

一、填空题

1. 工程建设监理制对于确保_____、控制_____和加快建设工期以及在协调参与各方的权益关系都发挥了重要的作用。

2. 监理单位在施工前期需要编制_____和_____，包括组织监理人员，配置车辆、仪器，质量控制、进度控制、投资控制措施等。

二、选择题（答案可能不止一个）

1. GCS 工程监理的主要职责是受建设单位（业主）委托，对项目建设的全过程进行监督管理，主要包括（　　　）。

A. 质量控制和进度控制　　　　　　　　B. 投资控制

C. 合同管理和信息管理　　　　　　　　D. 协调有关单位间的工作关系

2. 综合布线工程监理方法包括（　　）。

A. 旁站　　　　　　B. 巡视　　　　　C. 见证　　　　D. 平行检验

三、简答题

1. 简述 GCS 工程监理的主要职责。

2. 监理工作的依据是什么？

3. 简述综合布线工程监理的作用和主要内容。